交换代数

贾守卿　著

东北大学出版社
·沈　阳·

图书在版编目（CIP）数据

交换代数 / 贾守卿著. -- 沈阳 : 东北大学出版社,
2023.11

ISBN 978-7-5517-3452-3

Ⅰ. ①交… Ⅱ. ①贾… Ⅲ. ①交换环 Ⅳ.
①O187.3

中国国家版本馆CIP数据核字（2023）第243371号

出 版 者：东北大学出版社
地址：沈阳市和平区文化路三号巷11号
邮编：110819
电话：024-83683655（总编室）
024-83687331（营销部）
网址：http://press.neu.edu.cn
印 刷 者：辽宁一诺广告印务有限公司
发 行 者：东北大学出版社
幅面尺寸：185 mm × 260 mm
印　　张：17
字　　数：342千字
出版时间：2023年11月第1版
印刷时间：2023年11月第1次印刷
策划编辑：汪子珺
责任编辑：周凯丽
责任校对：汪子珺
封面设计：潘正一
责任出版：初　茗

ISBN 978-7-5517-3452-3　　定价：86.00元

目　录

第1章 交换环

1.1 环和环同态

定义1-1-1 环（ring） 在非空集合A中定义两个二元运算（加法和乘法），如果满足条件（1）~(3)，则称A是一个环。

（1）A对于加法是一个交换群（Abel群）。A的零元素记为0_A（在不引起混淆的情形下简记为0），任意$x\in A$有（加法）逆元素$-x$。

（2）乘法满足结合律：

$$(xy)z=x(yz)。$$

（3）乘法对于加法满足分配律：

$$x(y+z)=xy+xz,$$

$$(y+z)x=yx+zx。$$

上面x，y，$z\in A$。

以下考虑含单位元的交换环（commutative ring）。

（4）乘法满足交换律：

$$xy=yx,\quad \forall x,\ y\in A。$$

（5）存在单位元（identity element）$1_A\in A$（在不引起混淆的情形下把1_A简记为1），使得

$$x1=1x=x,\quad \forall x\in A。$$

本书中的环都是含单位元的交换环，即满足定义1-1-1（1）~(5）的环。

注（定义1-1-1）

（1）对$\forall x\in A$，有$x0=0x=0$。

（2）环的单位元是唯一的。

（3）对于任意环 A，有 $A=0 \Leftrightarrow 1=0$。

这里 $A=0$ 是 $A=\{0\}$ 的简写，此时称 A 为零环（zero ring）。

证明 （1）根据加法零元定义有 $0=0+0$，由分配律可得

$$0x=(0+0)x=0x+0x,$$

根据结合律可得

$$0=0x+(-0x)=(0x+0x)+(-0x)=0x+\big(0x+(-0x)\big)=0x+0=0x。$$

同样，可得 $0=x0$。

（2）设 1 和 $1'$ 都是单位元，则由定义 1–1–1（5）可得

$$1'1=11'=1',\quad 11'=1'1=1,$$

所以 $1=1'$。

（3）$\Rightarrow$：显然。$\Leftarrow$：$\forall x\in A$，由定义 1–1–1（5）和注（定义 1–1–1）（1）可得

$$x=x1=x0=0。$$

证毕。

定义 1–1–2 可逆元 单位（unit） 设 x 是环 A 中元素。若存在 $y\in A$，使得 $xy=1$，则称 x 是 A 中的可逆元或单位。这里的 y 记作 x^{-1}，称为 x 的逆元。

注（定义 1–1–2）

（1）逆元唯一。

（2）全体可逆元组成一个（乘法）交换群。

（3）单位（unit）与单位元（identity element）不是一回事。

证明 （1）设 y 和 y' 都是 x 的逆元，则 $y=y1=yxy'=1y'=y'$。

（2）根据定义验证即可。证毕。

命题 1–1–1 二项式定理 设 A 是环，则对 $\forall x$，$y\in A$，$\forall n\in N$，有

$$(x+y)^n=\sum_{i=0}^{n}\binom{n}{i}x^{n-i}y^i。$$

定义 1–1–3 子环（subring） 环 A 的子集 S 叫作 A 的子环，如果 S 是加法子群，对乘法封闭且含有 A 的单位元。

命题 1–1–2 设 A_i（$i\in I$）是环 A 的子环，那么 $A'=\bigcap_{i\in I}A_i$ 也是 A 的子环。

命题 1–1–3 设 $\{A_i\}_{i\in I}$ 是环 A 的子环链（即全序的，见定义 A–3），那么 $A'=\bigcup_{i\in I}A_i$ 也是 A 的子环。

证明 设 x，$y\in A'$，$x\in A_i$，$y\in A_j$，不妨设 $A_i\subseteq A_j$，则 x，$y\in A_j$。因此有 $x-y\in A_j$，$xy\in A_j$，所以 $x-y\in A'$，$xy\in A'$，即 A' 是 A 的子环。证毕。

定义 1–1–4 环同态（ring homomorphism） 设 A，B 是环，若映射 f: $A\to B$ 满

足下列条件，则称为环同态。

（1）f是加法交换群同态。

（2）$\forall x$，$y\in A$，$f(xy)=f(x)f(y)$。

（3）$f(1_A)=1_B$。

注（定义1-1-4）

（1）设S是A的子环，则包含（inclusion）映射：

$$i: S\to A\ ,\quad x\mapsto x$$

是环同态，称为包含同态。

（2）设f：$A\to B$是环同态，如果$a\in A$和$f(a)\in B$都可逆，则

$$f(a^{-1})=\left(f(a)\right)^{-1}。$$

证明　（1）显然。

（2）$f(a^{-1})f(a)=f(a^{-1}a)=f(1)=1$。证毕。

命题1-1-4　环同态的合成也是环同态。

命题1-1-5　设A是环，则存在唯一的$Z\to A$的环同态$f(n)=n\cdot 1$。

证明　$f(n)=f(1+\cdots+1)=f(1)+\cdots+f(1)=1+\cdots+1=n\cdot 1$。证毕。

命题1-1-6　设$A\xrightarrow{f}B\xrightarrow{g}C$是环同态。如果$g\circ f=0$，则$g=0$。

证明　$\forall b\in B$，$g(b)=g(b\cdot 1_B)=g(b)g(1_B)=g(b)g\left(f(1_A)\right)=0$，即$g=0$。证毕。

命题1-1-7　设f：$A\to B$是环同态，则

（1）如果A'是A的子环，那么$f(A')$是B的子环。

（2）如果B'是B的子环，那么$f^{-1}(B')$是A的子环。

证明　（1）设$f(x)$，$f(y)\in f(A')$，其中x，$y\in A'$，则

$$f(x)-f(y)=f(x-y)\in f(A'),\quad f(x)f(y)=f(xy)\in f(A'),$$

因此$f(A')$是B的子环。

（2）设x，$y\in f^{-1}(B')$，即$f(x)$，$f(y)\in B'$，则

$$f(x-y)=f(x)-f(y)\in B',\quad f(xy)=f(x)f(y)\in B',$$

即$x-y\in f^{-1}(B')$，$xy\in f^{-1}(B')$，即$f^{-1}(B')$是A的子环。证毕。

命题1-1-8　设f：$A\to B$是环同态，其中B是非零环，$x\in A$。如果$f(x)=0$，那么x是A中不可逆元。

证明　如果x是A中可逆元，那么$f(xx^{-1})=f(x)f(x^{-1})=0$。而$f(xx^{-1})=f(1)=1$，所以$1=0$，表明$B$是零环［注（定义1-1-1）（3）］，矛盾，所以$x$是$A$中不可逆元。证毕。

命题1-1-9　xy可逆$\Leftrightarrow x$与y都可逆，或者，xy不可逆$\Leftrightarrow x$或y不可逆。

证明 若 x 与 y 都可逆，则 $(xy)(y^{-1}x^{-1})=1$，即 xy 可逆。

若 xy 可逆，记 $u=(xy)^{-1}$，即 $xyu=1$，表明 $x^{-1}=yu$，$y^{-1}=xu$。证毕。

1.2 理想和商环

定义1-2-1 理想（ideal） 设 $\mathfrak{a}$ 是环 A 的一个加法子群。如果对 $\forall x\in A$，$\forall y\in\mathfrak{a}$，有 $xy\in\mathfrak{a}$（称为“吸收性”），则 $\mathfrak{a}$ 叫作环 A 的一个理想。

注（定义1-2-1）

（1）设 $\mathfrak{a}$ 是环 A 的理想，则 $A\mathfrak{a}=\mathfrak{a}$。

由定义1-2-1可知 $A\mathfrak{a}\subseteq\mathfrak{a}$。$\forall a\in\mathfrak{a}$ 有 $a=1\cdot a$，由于 $1\in A\mathfrak{a}$，所以 $a\in A$，表明 $\mathfrak{a}\subseteq A\mathfrak{a}$。

（2）设 A 是 $\tilde{A}$ 的子环，$\mathfrak{a}\subseteq A$。若 $\mathfrak{a}$ 是 $\tilde{A}$ 的理想，那么 $\mathfrak{a}$ 也是 A 的理想。但是，若 $\mathfrak{a}$ 是 A 的理想，则一般不能得出 $\mathfrak{a}$ 是 $\tilde{A}$ 的理想。因为对于 $x\in\tilde{A}$，$y\in\mathfrak{a}$，一般不能得出 $xy\in\mathfrak{a}$。

（3）0和 A 是 A 的理想，称为平凡理想。

命题1-2-1 设 $\mathfrak{a}$ 是环 A 的理想，x，$y\in A$，则

$$xy\notin\mathfrak{a}\Rightarrow(x\notin\mathfrak{a}\text{且}y\notin\mathfrak{a})。$$

证明 由理想的吸收性有 $x\in\mathfrak{a}\Rightarrow xy\in\mathfrak{a}$，$y\in\mathfrak{a}\Rightarrow xy\in\mathfrak{a}$。由此可得结论。证毕。

命题1-2-2 设 $\mathfrak{a}$ 是环 A 的理想，则

$$1\in\mathfrak{a}\Leftrightarrow\mathfrak{a}\text{中包含可逆元}\Leftrightarrow\mathfrak{a}=A。$$

证明 设 $1\in\mathfrak{a}$。$\forall x\in A$，由于理想的吸收性，$x=1x\in\mathfrak{a}$，所以 $A\subseteq\mathfrak{a}$，而 $\mathfrak{a}\subseteq A$，因此 $\mathfrak{a}=A$。

设 $\mathfrak{a}=A$，由于 $1\in A$，所以 $1\in\mathfrak{a}$。

设 $1\in\mathfrak{a}$，则 $\mathfrak{a}$ 中包含可逆元1。

设 $\mathfrak{a}$ 中包含可逆元 x，则 $1=xx^{-1}\in\mathfrak{a}$。

证毕。

命题1-2-3 若 $\{\mathfrak{a}_\alpha\}_{\alpha\in I}$ 是环 A 的一族理想，则 $\mathfrak{a}=\bigcap\limits_{\alpha\in I}\mathfrak{a}_\alpha$ 也是 A 的一个理想。

命题1-2-4 设 $\{\mathfrak{a}_\alpha\}_{\alpha\in I}$ 是环 A 的理想链（即全序的，见定义A-3），则 $\mathfrak{a}=\bigcup\limits_{\alpha\in I}\mathfrak{a}_\alpha$ 是 A 的一个理想。

证明 $\forall x$，$y\in\mathfrak{a}$，设 $x\in\mathfrak{a}_\alpha$，$y\in\mathfrak{a}_\beta$。不妨设 $\mathfrak{a}_\alpha\subseteq\mathfrak{a}_\beta$，则 x，$y\in\mathfrak{a}_\beta$，因而 $x-y\in\mathfrak{a}_\beta\subseteq\mathfrak{a}$。$\forall z\in A$，有 zx，$xz\in\mathfrak{a}_\alpha\subseteq\mathfrak{a}$，所以 $\mathfrak{a}$ 是 A 的一个理想。证毕。

定义1-2-2 商环（quotient ring） 设 $\mathfrak{a}$ 是环 A 的理想，则有（加法）商群 $A/\mathfrak{a}$。A 中乘法诱导出 $A/\mathfrak{a}$ 中唯一确定的乘法（这里 x，$y\in A$）：

$$\bar{x}\cdot\bar{y}:=\overline{x\cdot y}。$$

其中，上划线表示商群中的同余类：

$$\bar{x}=x+\mathfrak{a}。$$

这使得 $A/\mathfrak{a}$ 成为一个环，叫作商环或同余类环（residue-class ring）。有自然同态：

$$\pi: A\rightarrow A/\mathfrak{a},\ x\mapsto\bar{x},$$

其显然是满的环同态。

注（定义1-2-2） 有时采用记号 $x\equiv y(\mathrm{mod}\ \mathfrak{a})$，其等价于 $x-y\in\mathfrak{a}$。

命题1-2-5 设 $\mathfrak{a}$ 是环 A 的理想，E 是 A 的子集，记 $E/\mathfrak{a}$ 为 E 在自然同态 $\pi: A\rightarrow A/\mathfrak{a}$ 下的像：

$$E/\mathfrak{a}:=\pi(E)=\{\bar{x}|x\in E\}。$$

那么，对于 $\forall x\in A$，有

$$\bar{x}\in E/\mathfrak{a}\Leftrightarrow x\in E+\mathfrak{a}。$$

也就是

$$\pi^{-1}(E/\mathfrak{a})=E+\mathfrak{a}。$$

证明 $\bar{x}\in E/\mathfrak{a}\Leftrightarrow(\exists y\in E,\ \bar{x}=\bar{y})\Leftrightarrow(\exists y\in E,\ x-y\in\mathfrak{a})\Leftrightarrow x\in E+\mathfrak{a}$。证毕。

命题1-2-6 设 $\mathfrak{a}$ 是环 A 的理想，E 是 A 中包含 $\mathfrak{a}$ 的加法封闭子集。对于 $\forall x\in A$，有

$$\bar{x}\in E/\mathfrak{a}\Leftrightarrow x\in E。$$

也就是

$$\pi^{-1}(E/\mathfrak{a})=E。$$

证明 $\forall x\in E$，由于 $0\in\mathfrak{a}$，所以 $x=x+0\in E+\mathfrak{a}$，则表明 $E\subseteq E+\mathfrak{a}$。设 $x+y\in E+\mathfrak{a}$，其中 $x\in E$，$y\in\mathfrak{a}$。由于 $y\in E$，且 E 对加法封闭，所以 $x+y\in E$，则表明 $E+\mathfrak{a}\subseteq E$。因此 $E+\mathfrak{a}=E$。由命题1-2-5即可得结论。证毕。

命题1-2-7 设 $\mathfrak{a}$ 是环 A 的理想，E，F 是 A 中包含 $\mathfrak{a}$ 的加法封闭子集，则

$$E/\mathfrak{a}\subseteq F/\mathfrak{a}\Leftrightarrow E\subseteq F。$$

从而

$$E/\mathfrak{a}=F/\mathfrak{a}\Leftrightarrow E=F,$$

$$E/\mathfrak{a}\subsetneq F/\mathfrak{a}\Leftrightarrow E\subsetneq F。$$

证明 有

$$E/\mathfrak{a}\subseteq F/\mathfrak{a}\Leftrightarrow(\bar{x}\in E/\mathfrak{a}\Rightarrow\bar{x}\in F/\mathfrak{a})。$$

根据命题1-2-6，则

$$上式 \Leftrightarrow (x\in E \Rightarrow x\in F) \Leftrightarrow E\subseteq F。$$

于是

$$E/\mathfrak{a}=F/\mathfrak{a} \Leftrightarrow (E/\mathfrak{a}\subseteq F/\mathfrak{a},\ E/\mathfrak{a}\supseteq F/\mathfrak{a}) \Leftrightarrow (E\subseteq F,\ E\supseteq F) \Leftrightarrow E=F。$$

由以上两式，可得 $E/\mathfrak{a}\subsetneq F/\mathfrak{a} \Leftrightarrow E\subsetneq F$。证毕。

命题1-2-8 设$\mathfrak{a}$，$\mathfrak{b}$是环 A 的理想，且$\mathfrak{b}\supseteq\mathfrak{a}$，则$\mathfrak{b}/\mathfrak{a}$ 是 $A/\mathfrak{a}$ 的理想。

证明 由$\mathfrak{b}$是 A 的子群，可得$\mathfrak{b}/\mathfrak{a}$ 是 $A/\mathfrak{a}$ 的子群。设 $a\in A$，$x\in\mathfrak{b}$，由于$\mathfrak{b}$是 A 的理想，所以 $ax\in\mathfrak{b}$，从而 $\bar{a}\cdot\bar{x}\in\mathfrak{b}/\mathfrak{a}$，表明$\mathfrak{b}/\mathfrak{a}$ 是 $A/\mathfrak{a}$ 的理想。证毕。

命题1-2-9 设$\mathfrak{a}$是环 A 的理想，$\mathfrak{b}$是 A 中包含$\mathfrak{a}$的加法封闭子集。若$\mathfrak{b}/\mathfrak{a}$ 是 $A/\mathfrak{a}$ 的理想，则$\mathfrak{b}$是 A 的理想。

证明 设 x，$y\in\mathfrak{b}$，由于$\mathfrak{b}/\mathfrak{a}$ 是 $A/\mathfrak{a}$ 的子群，所以 $\overline{x-y}=\bar{x}-\bar{y}\in\mathfrak{b}/\mathfrak{a}$，从而 $x-y\in\mathfrak{b}$（命题1-2-6），表明$\mathfrak{b}$是 A 的子群。设 $a\in A$，$x\in\mathfrak{b}$，由于$\mathfrak{b}/\mathfrak{a}$ 是 $A/\mathfrak{a}$ 的理想，所以 $\overline{ax}\in\mathfrak{b}/\mathfrak{a}$，从而 $ax\in\mathfrak{b}$（命题1-2-6），表明$\mathfrak{b}$是 A 的理想。证毕。

定理1-2-1 设$\mathfrak{a}$是环 A 的理想。环 A 中包含$\mathfrak{a}$的那些理想$\mathfrak{b}$与环 $A/\mathfrak{a}$ 的理想$\mathfrak{b}/\mathfrak{a}$之间存在着保持包含关系的一一对应。

也就是说，用$\mathcal{I}_{\mathfrak{a}}(A)$表示 A 中所有包含$\mathfrak{a}$的理想的集合，用$\mathcal{I}(A/\mathfrak{a})$表示 $A/\mathfrak{a}$ 的所有理想的集合，则有保持包含关系的双射（命题1-2-8和命题1-2-9表明该映射的定义是合理的）

$$\tilde{\pi}:\ \mathcal{I}_{\mathfrak{a}}(A)\to\mathcal{I}(A/\mathfrak{a}),\ \mathfrak{b}\mapsto\pi(\mathfrak{b})=\mathfrak{b}/\mathfrak{a},$$

$$\tilde{\pi}^{-1}:\ \mathcal{I}(A/\mathfrak{a})\to\mathcal{I}_{\mathfrak{a}}(A),\ \mathfrak{b}/\mathfrak{a}\mapsto\pi^{-1}(\mathfrak{b}/\mathfrak{a})=\mathfrak{b}。$$

其中，π：$A\to A/\mathfrak{a}$ 是自然同态。保持包含关系是指，设$\mathfrak{b}_1$，$\mathfrak{b}_2$是 A 中包含$\mathfrak{a}$的理想，则有

$$\mathfrak{b}_1/\mathfrak{a}\subseteq\mathfrak{b}_2/\mathfrak{a}\Leftrightarrow\mathfrak{b}_1\subseteq\mathfrak{b}_2,$$
$$\mathfrak{b}_1/\mathfrak{a}=\mathfrak{b}_2/\mathfrak{a}\Leftrightarrow\mathfrak{b}_1=\mathfrak{b}_2,$$
$$\mathfrak{b}_1/\mathfrak{a}\subsetneq\mathfrak{b}_2/\mathfrak{a}\Leftrightarrow\mathfrak{b}_1\subsetneq\mathfrak{b}_2。$$

证明 由命题1-2-7知上面三个等价式成立。

由 $\mathfrak{b}_1/\mathfrak{a}=\mathfrak{b}_2/\mathfrak{a}\Leftrightarrow\mathfrak{b}_1=\mathfrak{b}_2$ 知 $\tilde{\pi}$：$\mathcal{I}_{\mathfrak{a}}(A)\to\mathcal{I}(A/\mathfrak{a})$ 是单射。

设 $E/\mathfrak{a}\in\mathcal{I}(A/\mathfrak{a})$。令

$$E'=E\cup\mathfrak{a},$$

由于 $E/\mathfrak{a}$ 中含 $A/\mathfrak{a}$ 的零元，而 $\mathfrak{a}/\mathfrak{a}=0$，所以

$$E/\mathfrak{a}=E'/\mathfrak{a}。$$

令

$$\mathfrak{b}=E'\cup\{x+y|x,\ y\in E'\},$$

由于 $E\subseteq\mathfrak{b}$，所以 $E'/\mathfrak{a}\subseteq\mathfrak{b}/\mathfrak{a}$。取 x，$y\in E'$，由于 $E'/\mathfrak{a}$ 对加法封闭（因为 $E/\mathfrak{a}$ 是理想），

所以 $\overline{x+y}\in E'/\mathfrak{a}$，这表明 $\mathfrak{b}/\mathfrak{a}\subseteq E'/\mathfrak{a}$。因此 $E'/\mathfrak{a}=\mathfrak{b}/\mathfrak{a}$，于是

$$E/\mathfrak{a}=\mathfrak{b}/\mathfrak{a}。$$

$\mathfrak{b}$是包含$\mathfrak{a}$的加法封闭子集，由命题1-2-9知$\mathfrak{b}$是 A 的理想，所以上式就是 $E/\mathfrak{a}=\tilde{\pi}(\mathfrak{b})$，表明 $\tilde{\pi}$ 是满射。证毕。

命题1-2-10　设$\mathfrak{a}$是环 A 的理想，E_i（$i\in I$）是 A 的子集，则

$$\bigcup_{i\in I}(E_i/\mathfrak{a})=\left(\bigcup_{i\in I}E_i\right)/\mathfrak{a},\quad \bigcap_{i\in I}(E_i/\mathfrak{a})=\left(\bigcap_{i\in I}E_i\right)/\mathfrak{a}。$$

证明　由命题1-2-5和命题B-32可得

$$\bar{x}\in\bigcup_{i\in I}(E_i/\mathfrak{a})\Leftrightarrow(\exists i\in I,\ \ \bar{x}\in E_i/\mathfrak{a})\Leftrightarrow(\exists i\in I,\ \ x\in E_i+\mathfrak{a})$$

$$\Leftrightarrow x\in\bigcup_{i\in I}(E_i+\mathfrak{a})=\left(\bigcup_{i\in I}E_i\right)+\mathfrak{a}\Leftrightarrow\bar{x}\in\left(\bigcup_{i\in I}E_i\right)/\mathfrak{a},$$

即 $\bigcup_{i\in I}(E_i/\mathfrak{a})=\left(\bigcup_{i\in I}E_i\right)/\mathfrak{a}$。同理可得 $\bigcap_{i\in I}(E_i/\mathfrak{a})=\left(\bigcap_{i\in I}E_i\right)/\mathfrak{a}$。证毕。

定义1-2-3　核（kernel）　像（image）　设 f: $A\to B$ 是环同态，f 的核定义为

$$\ker f:=f^{-1}(0)。$$

f 的像定义为

$$\mathrm{Im}f:=f(A)。$$

注（定义1-2-3）

（1）$\ker f$ 是 A 的理想。

（2）f单 $\Leftrightarrow\ker f=0$。

证明　（1）设x，$y\in\ker f$，则 $f(x-y)=f(x)-f(y)=0$，说明 $x-y\in\ker f$，即 $\ker f$ 是 A 的子群。设 $a\in A$，则 $f(ax)=f(a)f(x)=0$，说明 $ax\in\ker f$，因此 $\ker f$ 是 A 的理想。

（2）$\Rightarrow$：设 $x\in\ker f$，即 $f(x)=0$。有 $f(0)=0$，而f单，所以 $x=0$，这表明 $\ker f=0$。

$\Leftarrow$：设 $f(x_1)=f(x_2)$，其中 x_1，$x_2\in A$。有 $f(x_1-x_2)=f(x_1)-f(x_2)=0$，所以 $x_1-x_2\in\ker f=0$，即 $x_1=x_2$，表明f单。证毕。

命题1-2-11　设 f: $A\to B$ 是环同态。

（1）设$\mathfrak{b}$是 B 的一个理想，则$f^{-1}(\mathfrak{b})$ 是 A 的一个理想，并且 $\ker f\subseteq f^{-1}(\mathfrak{b})$。

（2）设 f 满，$\mathfrak{a}$是 A 的一个理想，则$f(\mathfrak{a})$ 是 B 的一个理想。

证明　（1）$\forall x$，$y\in f^{-1}(\mathfrak{b})$，有 $f(x)$，$f(y)\in\mathfrak{b}$，因而

$$f(x-y)=f(x)-f(y)\in\mathfrak{b},$$

即 $x-y\in f^{-1}(\mathfrak{b})$。对于 $\forall a\in A$，有

$$f(ax)=f(a)f(x)\in\mathfrak{b},$$

即 $ax\in f^{-1}(\mathfrak{b})$，所以$f^{-1}(\mathfrak{b})$ 是 A 的一个理想。由 $0\in\mathfrak{b}$ 和命题A-2（2），可得 $f^{-1}(0)\subseteq f^{-1}(\mathfrak{b})$，即 $\ker f\subseteq f^{-1}(\mathfrak{b})$。

（2）$\forall f(x)$，$f(y)\in f(\mathfrak{a})$，其中 x，$y\in\mathfrak{a}$，由于 $x-y\in\mathfrak{a}$，所以

$$f(x)-f(y)=f(x-y)\in f(\mathfrak{a})。$$

$\forall f(x)\in f(\mathfrak{a})$，其中 $x\in\mathfrak{a}$。对于 $\forall b\in B$，由于f是满的，所以有 $a\in A$，使得 $f(a)=b$，由于 $ax\in\mathfrak{a}$，所以

$$bf(x)=f(a)f(x)=f(ax)\in f(\mathfrak{a})。$$

所以$f(\mathfrak{a})$是 B 的一个理想。证毕。

命题1-2-12 设$\mathfrak{a}$是环 A 的理想，$\mathfrak{b}$是环 B 的理想，φ：$A\to B$ 是环同态，满足

$$\varphi(\mathfrak{a})\subseteq b，即 a\subseteq\varphi^{-1}(\mathfrak{b})。$$

（1）φ 诱导出唯一的环同态：

$$\bar{\varphi}：A/\mathfrak{a}\to B/\mathfrak{b}，x+\mathfrak{a}\mapsto\varphi(x)+\mathfrak{b},$$

使得（其中 π_A 和 π_B 是自然同态）

$$\bar{\varphi}\circ\pi_A=\pi_B\circ\varphi，即 \begin{array}{ccc} A & \xrightarrow{\varphi} & B \\ {\scriptstyle\pi_A}\downarrow & & \downarrow{\scriptstyle\pi_B} \\ A/\mathfrak{a} & \xrightarrow{\bar{\varphi}} & B/\mathfrak{b} \end{array}。$$

（2）如果 φ 满，那么 $\bar{\varphi}$ 满。

（3）如果 $\mathfrak{a}=\varphi^{-1}(\mathfrak{b})$，那么 $\bar{\varphi}$ 单。

证明 （1）需证 $\bar{\varphi}$ 的定义与代表元选择无关。设 $\bar{x}=\bar{y}$，即 $x-y\in\mathfrak{a}$，则

$$\varphi(x)-\varphi(y)=\varphi(x-y)\in\varphi(\mathfrak{a})\subseteq\mathfrak{b},$$

所以

$$\overline{\varphi(x)}=\overline{\varphi(y)}。$$

$$\bar{\varphi}(\bar{x}+\bar{y})=\bar{\varphi}(\overline{x+y})=\overline{\varphi(x+y)}=\overline{\varphi(x)+\varphi(y)}=\overline{\varphi(x)}+\overline{\varphi(y)}=\bar{\varphi}(\bar{x})+\bar{\varphi}(\bar{y}),$$

$$\bar{\varphi}(\bar{x}\cdot\bar{y})=\bar{\varphi}(\overline{xy})=\overline{\varphi(xy)}=\overline{\varphi(x)\varphi(y)}=\overline{\varphi(x)}\cdot\overline{\varphi(y)}=\bar{\varphi}(\bar{x})\cdot\bar{\varphi}(\bar{y}),$$

$$\bar{\varphi}(\bar{1})=\overline{\varphi(1)}=\bar{1},$$

表明 $\bar{\varphi}$ 是环同态。$\bar{\varphi}\circ\pi_A=\pi_B\circ\varphi$ 完全确定了 $\bar{\varphi}$。

（2）显然。

（3）如果 $\mathfrak{a}=\varphi^{-1}(\mathfrak{b})$，则有

$$\bar{x}\in\ker\bar{\varphi}\Leftrightarrow\overline{\varphi(x)}=0\Leftrightarrow\varphi(x)\in\mathfrak{b}\Leftrightarrow x\in\varphi^{-1}(\mathfrak{b})=\mathfrak{a}\Leftrightarrow\bar{x}=0,$$

即 $\ker\bar{\varphi}=0$，所以 $\bar{\varphi}$ 是单同态。证毕。

命题 1-2-12′　设 $\mathfrak{a}$ 是环 A 的理想，φ：$A\to B$ 是环同态，满足

$$\varphi(\mathfrak{a})=0，即\ \mathfrak{a}\subseteq\ker\varphi。$$

（1）φ 诱导出唯一的环同态：

$$\bar{\varphi}：A/\mathfrak{a}\to B,\quad \bar{x}\mapsto\varphi(x),$$

使得（其中 π 是自然同态）

$$\bar{\varphi}\circ\pi=\varphi，即\ \begin{array}{ccc} A & \xrightarrow{\varphi} & B \\ {\scriptstyle\pi}\downarrow & \nearrow{\scriptstyle\bar{\varphi}} & \\ A/\mathfrak{a} & & \end{array}。$$

（2）如果 φ 满，那么 $\bar{\varphi}$ 满。

（3）如果 $\mathfrak{a}=\ker\varphi$，那么 $\bar{\varphi}$ 单。

证明　命题1-2-12中取 $\mathfrak{b}=0$ 即可。证毕。

定理 1-2-2　环同态基本定理　设 φ：$A\to B$ 是环同态，则有同构：

$$\bar{\varphi}：A/\ker\varphi\to\operatorname{Im}\varphi,\quad \bar{x}\mapsto\varphi(x)。$$

证明　这是命题1-2-12′中取 $\mathfrak{a}=\ker\varphi$ 的情形。证毕。

命题 1-2-13　设 $\mathfrak{a}$ 是环 A 的一个理想，H 是 A 的一个子环，则有

$$\frac{H+\mathfrak{a}}{\mathfrak{a}}=\frac{H}{\mathfrak{a}}。$$

证明　易验证 $H+\mathfrak{a}$ 是 A 的子环。由于 $H\subseteq H+\mathfrak{a}$，所以 $\frac{H}{\mathfrak{a}}\subseteq\frac{H+\mathfrak{a}}{\mathfrak{a}}$。设 $\overline{h+a}\in\frac{H+\mathfrak{a}}{\mathfrak{a}}$，其中 $h\in H$，$a\in\mathfrak{a}$，由于 $\bar{a}=0$，所以 $\overline{h+a}=\bar{h}\in\frac{H}{\mathfrak{a}}$，因此 $\frac{H+\mathfrak{a}}{\mathfrak{a}}\subseteq\frac{H}{\mathfrak{a}}$。证毕。

定理 1-2-3　第一环同构定理　设 $\mathfrak{a}$ 是环 A 的一个理想，H 是 A 的一个子环，则有环同构：

$$\frac{H}{H\cap\mathfrak{a}}\cong\frac{H+\mathfrak{a}}{\mathfrak{a}}。$$

证明　令

$$\varphi：H\to\frac{H+\mathfrak{a}}{\mathfrak{a}},\quad x\mapsto\bar{x}。$$

由命题1-2-13知 $\frac{H+\mathfrak{a}}{\mathfrak{a}}=\frac{H}{\mathfrak{a}}$，说明 φ 是满的。设 $x\in H$，则有

$$x\in\ker\varphi\Leftrightarrow\bar{x}=0\Leftrightarrow x\in H\cap\mathfrak{a},$$

表明 $\ker\varphi = H\cap\mathfrak{a}$。由定理1-2-2（环同态基本定理）可得结论。证毕。

定理1-2-4　第二环同构定理　设 $\mathfrak{a}$，$\mathfrak{b}$ 是环 A 的理想，且 $\mathfrak{a}\subseteq\mathfrak{b}$，则有环同构：

$$\frac{A/\mathfrak{a}}{\mathfrak{b}/\mathfrak{a}}\cong\frac{A}{\mathfrak{b}}。$$

证明　根据命题1-2-12，恒等同态 id_A：$A\to A$ 诱导满同态：

$$\varphi：A/\mathfrak{a}\to A/\mathfrak{a}，\ x+\mathfrak{a}\to x+\mathfrak{b}。$$

有

$$x+\mathfrak{a}\in\ker\varphi\Leftrightarrow x+\mathfrak{b}=0\Leftrightarrow x\in\mathfrak{b},$$

由命题1-2-6知

$$上式\Leftrightarrow x+\mathfrak{a}\in\mathfrak{b}/\mathfrak{a}。$$

所以 $\ker\varphi=\mathfrak{b}/\mathfrak{a}$ 。由定理1-2-2（环同态基本定理）可得结论。证毕。

定义1-2-4　生成理想　设 S 是环 A 的一个非空子集，把 A 的所有包含 S 的理想的交集称为由 S 生成的理想，记作 (S)，即

$$(S)=\bigcap_{\mathfrak{a}是A的理想且\mathfrak{a}\supseteq S}\mathfrak{a}。$$

或者说，(S) 是包含 S 的最小理想。

注（定义1-2-4） 对于理想 $\mathfrak{a}$ 有（$\mathfrak{a}$）$=\mathfrak{a}$。

证明　$\mathfrak{a}$ 是包含 $\mathfrak{a}$ 的最小理想。证毕。

命题1-2-14　设 S 是环 A 的一个非空子集，则

$$(S)=\{a_1s_1+\cdots+a_ns_n|a_1，\cdots，a_n\in A，s_1，\cdots，s_n\in S，n\in N\}。$$

证明　上式右边的集合记为 $\mathfrak{a}$，易验证 $\mathfrak{a}$ 是包含 S 的一个理想。根据定义1-2-4可见，(S) 是包含 S 的最小理想，所以有 $(S)\subseteq\mathfrak{a}$。任取 $\mathfrak{a}$ 中元素 $\sum_{i=1}^{n}a_is_i$，根据理想的加法封闭性和吸收性可知，$\sum_{i=1}^{n}a_is_i\in(S)$，因而 $\mathfrak{a}\subseteq(S)$。所以 $(S)=\mathfrak{a}$。证毕。

命题1-2-14′　设 A 是环，x_1，$\cdots$，$x_n\in A$，则

$$(x_1，\cdots，x_n)=\{a_1x_1+\cdots+a_nx_n|a_1，\cdots，a_n\in A\}。$$

定义1-2-5　主理想（principal ideal）　由一个元素 $x\in A$ 生成的理想 (x) 叫作主理想。

注（定义1-2-5） 可把环 A 记作 (1) 。

命题1-2-15　环中有 $(xy)\subseteq(x)$。

证明　设 $z\in(xy)$，则 $z=axy$。显然 $z\in(x)$。证毕。

命题1-2-16　环中有 x 可逆 $\Leftrightarrow(x)=(1)$。

证明　x 可逆 $\Leftrightarrow xx^{-1}=1\Leftrightarrow 1\in(x)$，由命题1–2–2可得，$1\in(x)\Leftrightarrow(x)=(1)$。证毕。

命题1–2–17　设 S，T 是环 A 的子集，则 $S\subseteq T\Rightarrow(S)\subseteq(T)$。

证明　根据定义1–2–4可知，有

$$(S)=\bigcap_{\mathfrak{a}\in\Omega_S}\mathfrak{a},\quad (T)=\bigcap_{\mathfrak{a}\in\Omega_T}\mathfrak{a},$$

其中，Ω_S 是包含 S 的理想的集合，Ω_T 是包含 T 的理想的集合。当 $S\subseteq T$ 时，由于包含 T 的理想一定包含 S，所以 $\Omega_T\subseteq\Omega_S$，因此 $(S)\subseteq(T)$。证毕。

命题1–2–18　设 S 是环 A 的子集，则 $(S)=((S))$。

证明　见注（定义1–2–4）。证毕。

命题1–2–19　设 S，T 是环 A 的子集，则 $(S\cup T)=((S)\cup T)$，进而可得 $(S\cup T)=((S)\cup T)=((S)\cup(T))$。

证明　由于 $S\subseteq(S)$，所以 $S\cup T\subseteq(S)\cup T$，由命题1–2–17可得

$$(S\cup T)\subseteq((S)\cup T)。$$

$(S\cup T)$ 是包含 S 的一个理想，而 (S) 是包含 S 的最小理想，所以有 $(S)\subseteq(S\cup T)$，又有 $T\subseteq(S\cup T)$，所以

$$(S)\cup T\subseteq(S\cup T),$$

由命题1–2–17和命题1–2–18可得

$$((S)\cup T)\subseteq((S\cup T))=(S\cup T)。$$

证毕。

命题1–2–20　设 S，T 是环 A 的子集，则 $(S)+(T)=(S\cup T)$。

证明　根据命题1–2–14有

$$x\in(S)+(T)\Leftrightarrow x=a_1s_1+\cdots+a_ns_n+b_1t_1+\cdots+b_mt_m\Leftrightarrow x\in(S\cup T),$$

即 $(S)+(T)=(S\cup T)$。证毕。

命题1–2–20′　设 $\mathfrak{a}$ 是环 A 的理想，则 $\mathfrak{a}+(x)=(\mathfrak{a},x)$。

证明　有（$\mathfrak{a}$）$=\mathfrak{a}$（注（定义1–2–4）），由命题1–2–20可得结论。证毕。

命题1–2–21　设 S，T 是环 A 的子集，则

$$(S)=(S\cup T)=(S)+(T)\Leftrightarrow(T)\subseteq(S)。$$

证明　由命题1–2–20知 $(S\cup T)=(S)+(T)$。

$\Leftarrow$：显然。$\Rightarrow$：$\forall x\in(T)$，有 $x=x+0\in(T)+(S)=(S)$，因此 $(T)\subseteq(S)$。证毕。

命题1–2–22　设 $\mathfrak{a}$ 是环 A 的理想，$x\in A$，则 $x\in\mathfrak{a}\Leftrightarrow(x)\subseteq\mathfrak{a}$。

证明　$\Leftarrow$：显然。$\Rightarrow$：$\forall y\in(x)$，有 $y=x'x$，其中 $x'\in A$。由理想的吸收性知 $y\in\mathfrak{a}$。

因此 $(x)\subseteq\mathfrak{a}$。证毕。

命题1-2-23 设$\mathfrak{a}$是环 A 的理想，$x\in A$，则

$$\mathfrak{a}=(\mathfrak{a},\ x)=a+(x)\Leftrightarrow x\in\mathfrak{a}。$$

证明 由命题1-2-21可得

$$(\mathfrak{a})=(\mathfrak{a},\ x)=(\mathfrak{a})+(x)\Leftrightarrow(x)\subseteq(\mathfrak{a})。$$

由注（定义1-2-4）和命题1-2-22知结论成立。证毕。

命题1-2-24 设$\mathfrak{a}$是环 A 的理想，S 是 A 的子集，则 $(S)/\mathfrak{a}=(S/\mathfrak{a})$。

证明 设 $x\in A$。由命题1-2-5可得

$$\bar{x}\in(S)/\mathfrak{a}\Leftrightarrow x\in(S)+\mathfrak{a}\Leftrightarrow x=\sum_i x_i s_i+a\Leftrightarrow\bar{x}=\sum_i\bar{x}_i\bar{s}_i\Leftrightarrow\bar{x}\in(S/\mathfrak{a})。$$

证毕。

命题1-2-25 在 $k[x_1,\ \cdots,\ x_n]$ 中（k是域），设 $m_i>0$（$i=1,\ \cdots,\ n$）。

（1）$\left(x_1^{m_1},\ \cdots,\ x_n^{m_n}\right)\subseteq(x_1,\ \cdots,\ x_n)$。

（2）若至少有一个 $m_i>1$，则 $\left(x_1^{m_1},\ \cdots,\ x_n^{m_n}\right)\subsetneq(x_1,\ \cdots,\ x_n)$。

证明 （1）$\forall f\in\left(x_1^{m_1},\ \cdots,\ x_n^{m_n}\right)$，有

$$f(x_1,\ \cdots,\ x_n)=x_1^{m_1}g_1(x_1,\ \cdots,\ x_n)+\cdots+x_n^{m_n}g_n(x_1,\ \cdots,\ x_n),$$

可写成

$$f(x_1,\ \cdots,\ x_n)=x_1\left[x_1^{m_1-1}g_1(x_1,\ \cdots,\ x_n)\right]+\cdots+x_n\left[x_n^{m_n-1}g_n(x_1,\ \cdots,\ x_n)\right]\in(x_1,\ \cdots,\ x_n),$$

所以 $\left(x_1^{m_1},\ \cdots,\ x_n^{m_n}\right)\subseteq(x_1,\ \cdots,\ x_n)$。

（2）不妨设 $m_1>1$。显然，$x_1\in(x_1,\ \cdots,\ x_n)$，但 $x_1\notin\left(x_1^{m_1},\ \cdots,\ x_n^{m_n}\right)$，所以 $\left(x_1^{m_1},\ \cdots,\ x_n^{m_n}\right)\subsetneq(x_1,\ \cdots,\ x_n)$。证毕。

命题1-2-26 设 A 是环，设$\mathfrak{J}$是多项式环 $A[x]$ 的理想，$\mathfrak{J}$中所有多项式的首项系数的集合记为$\mathfrak{a}$，那么$\mathfrak{a}$是 A 的理想。

证明 $\forall a,\ b\in\mathfrak{a}$，有 $f(x)$，$g(x)\in\mathfrak{J}$，使得

$$f(x)=ax^n+a_1x^{n-1}+\cdots+a_{n-1}x+a_n,\quad g(x)=bx^m+b_1x^{m-1}+\cdots+b_{m-1}x+b_m。$$

不妨设 $n\leqslant m$，由于$\mathfrak{J}$是 $A[x]$ 的理想，所以 $x^{m-n}f(x)-g(x)\in\mathfrak{J}$。而 $x^{m-n}f(x)-g(x)$ 的首项系数是 $a-b$，所以 $a-b\in\mathfrak{a}$。$\forall a'\in A$，显然 $a'f(x)\in\mathfrak{J}$，而 $a'f(x)$ 的首项系数是 $a'a$，所以 $a'a\in\mathfrak{a}$。因此$\mathfrak{a}$是 A 的理想。证毕。

命题1-2-27 设 A 是 $\mathbf{R}\to\mathbf{R}$ 的光滑函数环（环的乘法是函数乘法），$\mathfrak{a}$是所有在原点取0值的函数构成的理想，即

$$\mathfrak{a}=\{f\in A|f(0)=0\},$$

记 $\mathrm{id}\in A$ 是恒等函数，即 $\mathrm{id}(x)=x$（$\forall x\in\mathbf{R}$），那么 id 生成 $\mathfrak{a}$，即

$$\mathfrak{a}=(\mathrm{id})。$$

证明　注意环的单位元是常值函数 $f_1(x)=1$（$\forall x\in\mathbf{R}$）。根据Taylor定理，对 $\forall f\in A$ 有

$$f(x)=f(0)+f'(0)x+\cdots+\frac{f^{(n-1)}(0)}{(n-1)!}x^{n-1}+R_n(x)x^n,$$

其中，R_n 也是光滑的，即 $R_n\in A$。对于任意 $f\in\mathfrak{a}$，有 $f(0)=0$，所以

$$f(x)=\left[f'(0)+\cdots+\frac{f^{(n-1)}(0)}{(n-1)!}x^{n-2}+R_n(x)x^{n-1}\right]x=g(x)\mathrm{id}(x)\in(\mathrm{id}),$$

即 $\mathfrak{a}\subseteq(\mathrm{id})$。显然 $(\mathrm{id})\subseteq\mathfrak{a}$，所以 $\mathfrak{a}=(\mathrm{id})$。证毕。

命题1-2-28　环中有 $(x)\subseteq(y)\Leftrightarrow x\in(y)\Leftrightarrow y|x$。

证明　有 $x\in(y)\Leftrightarrow x=yz\Leftrightarrow y|x$。

若 $(x)\subseteq(y)$，由 $x\in(x)$ 可得 $x\in(y)$。反之，若 $x\in(y)$，则有 $x=yz$，对 $\forall xw\in(x)$，有 $xw=yzw\in(y)$，表明 $(x)\subseteq(y)$。因此 $(x)\subseteq(y)\Leftrightarrow x\in(y)$。证毕。

命题1-2-29　环中有 $x\sim y\Leftrightarrow(x)=(y)$。这里“~”表示相伴。

证明　由命题1-2-28可知

$$x\sim y\Leftrightarrow(x|y\text{ 且 }y|x)\Leftrightarrow\big((x)\supseteq(y)\text{ 且 }(y)\supseteq(x)\big)\Leftrightarrow(x)=(y)。$$

证毕。

命题1-2-30　设 p 是素数，则 $n\notin(p)\Leftrightarrow n$ 与 p 互素。

证明　由命题1-2-28知 $n\notin(p)\Leftrightarrow p\nmid n$，即 p 不是 n 的因子，由定理B-1′知这等价于 n 与 p 互素。证毕。

命题1-2-31　设 $A\subseteq B$ 都是环，$\mathfrak{a}$ 是 A 的理想，$x\in B$。若 $x\mathfrak{a}\subseteq A$，则 $x\mathfrak{a}$ 是 A 的理想。

证明　设 xa_1，$xa_2\in x\mathfrak{a}$，其中 a_1，$a_2\in\mathfrak{a}$，则有 $xa_1-xa_2=x(a_1-a_2)\in x\mathfrak{a}$。设 $y\in A$，由于 $ya_1\in\mathfrak{a}$，所以 $yxa_1\in x\mathfrak{a}$。表明 $x\mathfrak{a}$ 是 A 的理想。证毕。

命题1-2-32　若由任意两个元素生成的理想是主理想，则由任意有限个元素生成的理想是主理想。

证明　对于由三个元素生成的理想 (a, b, c)，根据命题1-2-19有 $(a, b, c)=((a, b), c)$，设 $(a, b)=(c')$，则 $(a, b, c)=((c'), c)$，再由命题1-2-19可得 $(a, b, c)=(c', c)$，所以 (a, b, c) 是主理想。以此类推，由任意有限个元素生成的理想是主理想。证毕。

命题1-2-33　设 $\mathfrak{a}$ 是理想。若 $m\geqslant n$，则 $\mathfrak{a}^m\subseteq\mathfrak{a}^n$。

证明 根据吸收性知$\mathfrak{a}^2\subseteq A\mathfrak{a}\subseteq\mathfrak{a}$，从而结论成立。证毕。

1.3 零因子与幂零元

定义1-3-1 零因子（zero-divisor） 设A是环，$x\in A$。如果存在$y\in A\backslash\{0\}$，使得$xy=0$，则称x为A的零因子。

命题1-3-1 零因子不可逆。

证明 设x是零因子，则有$y\neq 0$，使得$xy=0$。假设x可逆，则有$y=y1=yxx^{-1}=0$，矛盾。证毕。

命题1-3-2 对$n>0$有x^n是零因子$\Leftrightarrow x$是零因子。

证明 $\Leftarrow$：设有$a\neq 0$，使得$xa=0$，则$x^n a=0$，即x^n是零因子。

$\Rightarrow$：对n作归纳。$n=1$时显然成立。$n>1$时，假设命题对$n-1$成立，需要对n的情形进行分析。

设有$a\neq 0$，使得$x^n a=0$，即$x\left(x^{n-1}a\right)=0$。如果$x^{n-1}a\neq 0$，说明x是零因子。如果$x^{n-1}a=0$，说明x^{n-1}是零因子，根据归纳假设可知x是零因子。证毕。

命题1-3-3 xy是零因子$\Leftrightarrow x$或y是零因子。或者，xy是非零因子$\Leftrightarrow x$和y都是非零因子。

证明 设xy是零因子，即有$z\neq 0$，使得$xyz=0$。如果$yz=0$，则y是零因子；如果$yz\neq 0$，由$x(yz)=0$知x是零因子。

反之，设x是零因子，即有$z\neq 0$，使得$xz=0$，所以$(xy)z=0$，表明xy是零因子。证毕。

定义1-3-2 整环（domain） 没有非零零因子的非零环叫作整环。

注（定义1-3-2） A是整环$\Leftrightarrow(xy=0\Rightarrow(x=0$或$y=0))$

$$\Leftrightarrow((xy=0,\ x\neq 0)\Rightarrow y=0)$$

$$\Leftrightarrow(x,\ y\neq 0\Rightarrow xy\neq 0)。$$

例1-3-1 整数环$\mathbf{Z}$和$k[x_1,\ \cdots,\ x_n]$（其中，k是域，$x_1,\ \cdots,\ x_n$是未定元）都是整环。

命题1-3-4 整环A中所有零因子的集合D是A的理想。

证明 设$x,\ y\in D$，则有$a,\ b\neq 0$，使得$xa=0$，$yb=0$。由于A是整环，所以$ab\neq 0$［注（定义1-3-2）］，有$(x-y)ab=0$，所以$x-y\in D$。设$z\in A$，则$zxa=0$，即$zx\in D$。所以，D是A的一个理想。证毕。

定义1-3-3 幂零元（nilpotent element） 元素$x\in A$叫作幂零元，如果存在$n>0$，使得$x^n=0$。

命题1-3-5　非零环中的幂零元是零因子。

证明　设 x 是幂零元。若 $x=0$，它当然是零因子。若 $x\neq 0$，有 $n>1$，使得 $x^n=0$，即 $xx^{n-1}=0$，所以 x^{n-1} 是零因子，由命题1-3-2知 x 是零因子。证毕。

定义1-3-4　域（field）　如果非零环 A 中每个非零元都是可逆元，则 A 就叫作域。

命题1-3-6　设 A 是非零环，则以下条件等价：

（1）A 是域。

（2）A 的理想只有 0 和 (1)。

（3）任意从 A 映入非零环的同态是单的。

证明　（1）⇒（2）：设 $\mathfrak{a}\neq 0$ 是 A 中的理想，那么 $\mathfrak{a}$ 包含一个非零元 x，由命题1-2-22知 $(x)\subseteq\mathfrak{a}$。由于 A 是域，所以 x 可逆，由命题1-2-16知 $(x)=A$，所以 $A\subseteq\mathfrak{a}$。显然 $\mathfrak{a}\subseteq A$，所以 $\mathfrak{a}=A$。

（2）⇒（3）：设φ：$A\to B$是环同态，其中 $B\neq 0$。由于 $\varphi(1)=1$，所以 $1\notin\ker\varphi$，由命题1-2-2知 $\ker\varphi\neq(1)$。由（2）知 $\ker\varphi=0$，即 φ 是单的。

（3）⇒（1）：设 $x\in A$ 是不可逆元，则由命题1-2-16知 $(x)\neq A$，所以 $A/(x)\neq 0$。由（3）知自然同态 π：$A\to A/(x)$ 是单的，因此 $(x)=\ker\pi=0$，即 $x=0$。这表明 A 中不可逆元只有0，所以非零元都是可逆元。证毕。

命题1-3-7　域是整环。

证明　设 $xy=0$。如果 $x\neq 0$，则 x 可逆（域中的非零元都可逆），在 $xy=0$ 两边乘 x^{-1} 可得 $y=0$。所以有 $x=0$ 或 $y=0$。由注（定义1-3-2）知域是整环。

命题1-3-8　设 $A\subseteq B$ 都是域，$x\in A\backslash\{0\}$，$y\in B\backslash A$，则 $xy\in B\backslash A$。

证明　如果 $xy\in A$，则 $y=x^{-1}(xy)\in A$，矛盾。证毕。

命题1-3-9　整环中的幂零元只有零。

证明　幂零元是零因子（命题1-3-5），而整环中的零因子只有零。证毕。

命题1-3-10　在整环中，xy 幂零 ⇒ x 幂零或 y 幂零。

证明　设 $(xy)^n=x^ny^n=0$，根据注（定义1-3-2）有 $x^n=0$ 或 $y^n=0$，即 x 幂零或 y 幂零。证毕。

命题1-3-11　若 A 是整环，则 $A[x]$ 是整环。进一步，$A[x_1, \cdots, x_n]$ 也是整环。

证明　任取非零多项式 f，$g\in A[x]$，设

$$f=a_0+a_1x+\cdots+a_nx^n,\quad g=b_0+b_1x+\cdots+b_mx^m,$$

其中，$a_0\neq 0$，$b_0\neq 0$。有

$$fg=a_0b_0+(a_1b_0+a_0b_1)x+\cdots+a_nb_mx^{n+m}。$$

由于 A 是整环，所以 $a_0b_0\neq 0$［注（定义1-3-2）］，表明 $fg\neq 0$，由注（定义1-3-2）

知 $A[x]$ 是整环。

若 $A[x_1, \cdots, x_{n-1}]$ 是整环，根据上述结论，可知 $A[x_1, \cdots, x_n]=A[x_1, \cdots, x_{n-1}][x_n]$，且也是整环。根据归纳法，对任意的 n，$A[x_1, \cdots, x_n]$ 都是整环。证毕。

命题1-3-12 若 F 是域，则 $F[x_1, \cdots, x_n]$ 是整环。

证明 F 是整环（命题1-3-7），由命题1-3-11知结论成立。证毕。

命题1-3-13 设 $n>0$，在整环中有 $a=0 \Leftrightarrow a^n=0$。

证明 $\Rightarrow$：显然。$\Leftarrow$：如果 $a\neq 0$，而 $aa^{n-1}=a^n=0$，由注（定义1-3-2）可得 $a^{n-1}=0$，继续下去可得 $a=0$，矛盾。证毕。

命题1-3-14 设在整环中 $a\neq 0$，b 不可逆，则 $a\notin (ab)$。

证明 如果 $a\in (ab)$，则有 $a=abc$，即 $a(1-bc)=0$，由于 $a\neq 0$，所以 $1=bc$ [注（定义1-3-2）]，即 b 可逆，矛盾。证毕。

命题1-3-14′ 设在整环中 $a\neq 0$ 且不可逆，$0<n<m$，则 $a^n\notin (a^m)$。

证明 由命题1-3-13知 $a^n\neq 0$。由命题1-1-8知 a^{m-n} 不可逆。由命题1-3-14知 $a^n\notin (a^n a^{m-n})=(a^m)$。证毕。

命题1-3-15 设在整环中 $a\neq 0$ 且不可逆，$0<n<m$，则 $(a^m)\subsetneq (a^n)$。

证明 由命题1-2-15知 $(a^m)\subseteq (a^n)$。由命题1-3-14′知 $a^n\notin (a^m)$，因此 $(a^m)\subsetneq (a^n)$。证毕。

命题1-3-16 设 $\mathfrak{a}$ 是整环 A 的非零理想，$x\in A$，则 $x\mathfrak{a}=0\Rightarrow x=0$。

证明 如果 $x\neq 0$，由于 $x\mathfrak{a}=0$，所以对 $\forall a\in \mathfrak{a}$，有 $ax=0$。由于 $x\neq 0$，所以 $a=0$ [注（定义1-3-2）]，即 $\mathfrak{a}=0$，矛盾。证毕。

定义1-3-5 幂等元（idempotent element） 将满足条件 $x^2=x$ 的元素 x 称为幂等元。

命题1-3-17 x 是幂等元 $\Leftrightarrow$（$\forall n>0$，$x^n=x$）。

证明 $\Leftarrow$：取 $n=2$ 即可。$\Rightarrow$：$n=1$ 时显然成立。对 $n\geqslant 2$，$x^n=x^{n-2}x^2=x^{n-2}x=x^{n-1}$，以此类推可得 $x^n=x$。证毕。

命题1-3-18 非零幂等元不是幂零元。

证明 设 $x\neq 0$ 是幂等元，根据命题1-3-17，对 $\forall n>0$，有 $x^n=x\neq 0$，即 x 不是幂零元。证毕。

命题1-3-19 可逆幂等元是1。

证明 $x^2=x$ 等式两边乘 x^{-1} 得 $x=1$。证毕。

1.4 素理想和极大理想

定义1-4-1 素理想（prime ideal） 环 A 中的理想 $\mathfrak{p}$ 叫作素理想，如果 $\mathfrak{p}\neq A$（由

命题1-2-2知$1\notin\mathfrak{p}$)，且满足

$$xy\in\mathfrak{p}\Rightarrow(x\in\mathfrak{p}\text{或}y\in\mathfrak{p})。\quad(1-4-1)$$

式（1-4-1）也可写成

$$(xy\in\mathfrak{p},\ x\in A\setminus\mathfrak{p})\Rightarrow y\in\mathfrak{p},\quad(1-4-2)$$

或

$$(x\in A\setminus\mathfrak{p},\ y\in A\setminus\mathfrak{p})\Rightarrow xy\in A\setminus\mathfrak{p}。\quad(1-4-3)$$

注（定义1-4-1） 设$\mathfrak{p}$是环A的素理想，$\mathfrak{a}$，$\mathfrak{b}$是A的理想，则

$$\mathfrak{ab}\subseteq\mathfrak{p}\Rightarrow(\mathfrak{a}\subseteq\mathfrak{p}\text{或}\mathfrak{b}\subseteq\mathfrak{p})。\quad(1-4-4)$$

式（1-4-4）也可写成

$$(\mathfrak{a}\not\subseteq\mathfrak{p},\ \mathfrak{b}\not\subseteq\mathfrak{p})\Rightarrow\mathfrak{ab}\not\subseteq\mathfrak{p}。\quad(1-4-5)$$

证明 设$\mathfrak{a}\not\subseteq\mathfrak{p}$，$\mathfrak{b}\not\subseteq\mathfrak{p}$，则有$x\in\mathfrak{a}$但$x\notin\mathfrak{p}$，有$y\in\mathfrak{b}$但$y\notin\mathfrak{p}$。根据式（1-4-3）有$xy\notin\mathfrak{p}$，而$xy\in\mathfrak{ab}$，所以$\mathfrak{ab}\not\subseteq\mathfrak{p}$。证毕。

命题1-4-1 设$\mathfrak{p}$是环A的素理想，$f\in A$，$n>0$，则$f^n\in\mathfrak{p}\Leftrightarrow f\in\mathfrak{p}$。

证明 $\Leftarrow$：由理想的吸收性可得。

$\Rightarrow$：若$n=1$，则$f\in\mathfrak{p}$。若$n>1$，则$f^{n-1}f\in\mathfrak{p}$。如果$f\notin\mathfrak{p}$，则由式（1-4-2）可知$f^{n-1}\in\mathfrak{p}$。重复这个过程，最终得到$f\in\mathfrak{p}$。证毕。

命题1-4-2 设$\{\mathfrak{p}_\alpha\}_{\alpha\in I}$是环$A$的素理想链（全序的，见定义A-3），则$\mathfrak{p}=\bigcap_{\alpha\in I}\mathfrak{p}_\alpha$也是$A$的素理想。

证明 由命题1-2-3知$\mathfrak{p}$是理想。设x，$y\in A\setminus\mathfrak{p}$，则存在$\alpha$，$\beta\in I$，使得$x\notin\mathfrak{p}_\alpha$，$y\notin\mathfrak{p}_\beta$。不妨设$\mathfrak{p}_\alpha\subseteq\mathfrak{p}_\beta$，则$x$，$y\notin\mathfrak{p}_\alpha$，根据式（1-4-3）有$xy\notin\mathfrak{p}_\alpha$。而$\mathfrak{p}\subseteq\mathfrak{p}_\alpha$，所以$xy\notin\mathfrak{p}$，由式（1-4-3）知$\mathfrak{p}$是素理想。证毕。

命题1-4-3 设在整环中$a\neq0$且不可逆，若$k>1$，则(a^k)不是素理想。

证明 有$a\cdot a^{k-1}\in(a^k)$。由命题1-3-14′知$a\notin(a^k)$，$a^{k-1}\notin(a^k)$。由素理想定义知(a^k)不是素理想。证毕。

定理1-4-1 设$\mathfrak{p}\neq(1)$是环A的理想，则$\mathfrak{p}$是素理想$\Leftrightarrow A/\mathfrak{p}$是整环。特别地，零理想是$A$的素理想$\Leftrightarrow A$是整环。

证明 根据注（定义1-3-2）和式（1-4-1）有

$$\begin{aligned}A/\mathfrak{p}\text{是整环}&\Leftrightarrow(\bar{x}\bar{y}=0\Rightarrow(\bar{x}=0\text{或}\bar{y}=0))\\&\Leftrightarrow(xy\in\mathfrak{p}\Rightarrow(x\in\mathfrak{p}\text{或}y\in\mathfrak{p}))\\&\Leftrightarrow\mathfrak{p}\text{是素理想。}\end{aligned}$$

证毕。

命题 1-4-4 设 $f: A \to B$ 是环同态，$\mathfrak{q}$ 是 B 的素理想，则 $f^{-1}(\mathfrak{q})$ 是 A 的素理想。

证明 令环同态：

$$\tilde{f}: A \to B/\mathfrak{q}, \quad x \mapsto \overline{f(x)}。$$

有

$$x \in \ker\tilde{f} \Leftrightarrow \overline{f(x)} = 0 \Leftrightarrow f(x) \in \mathfrak{q} \Leftrightarrow x \in f^{-1}(\mathfrak{q}),$$

即 $\ker\tilde{f} = f^{-1}(\mathfrak{q})$。由环同态基本定理（定理 1-2-2）知

$$A/f^{-1}(\mathfrak{q}) \cong \operatorname{Im}\tilde{f}。$$

由定理 1-4-1 知 $B/\mathfrak{q}$ 是整环。而 $\operatorname{Im}\tilde{f}$ 是 $B/\mathfrak{q}$ 的子环［命题 1-1-7（1）］，所以 $\operatorname{Im}\tilde{f}$ 也是整环。因此 $A/f^{-1}(\mathfrak{q})$ 是整环，$f^{-1}(\mathfrak{q})$ 是 A 的素理想（定理 1-4-1）。证毕。

命题 1-4-5 域中：素理想=零理想。

证明 根据命题 1-3-6，可知域只有平凡理想（0 与 (1)）。根据定义 1-4-1，知 (1) 不是素理想。域是整环（命题 1-3-7），所以 0 是素理想（定理 1-4-1）。证毕。

定义 1-4-2 极大理想（maximal ideal） 环 A 中的理想 $\mathfrak{m}$ 叫作极大理想，如果理想 $\mathfrak{m}$ 不等于环 A（由命题 1-2-2 知 $1 \notin \mathfrak{m}$），且不存在理想 $\mathfrak{a}$ 满足 $\mathfrak{m} \subsetneqq \mathfrak{a} \subsetneqq A$。

也可叙述为，环 A 中的理想 $\mathfrak{m}$ 叫作极大理想，如果 $\mathfrak{m} \neq A$，且对任意理想 $\mathfrak{a}$ 满足

$$\mathfrak{m} \subseteq \mathfrak{a} \subseteq A \Rightarrow (\mathfrak{a} = \mathfrak{m} \text{ 或 } \mathfrak{a} = A)。 \tag{1-4-6}$$

式（1-4-6）也可写成

$$\mathfrak{m} \subsetneqq \mathfrak{a} \subseteq A \Rightarrow \mathfrak{a} = A, \tag{1-4-7}$$

或

$$\mathfrak{m} \subseteq \mathfrak{a} \subsetneqq A \Rightarrow \mathfrak{a} = \mathfrak{m}。 \tag{1-4-8}$$

定理 1-4-2 $\mathfrak{m} \neq (1)$ 是环 A 的理想，则 $\mathfrak{m}$ 是极大理想 $\Leftrightarrow A/\mathfrak{m}$ 是域。特别地，零理想是 A 的极大理想 $\Leftrightarrow A$ 是域。

证明 根据命题 1-3-6 有

$$A/\mathfrak{m} \text{ 是域} \Leftrightarrow A/\mathfrak{m} \text{ 的理想只有零理想和 } A/\mathfrak{m},$$

$A/\mathfrak{m}$ 的零理想是 $\mathfrak{m}/\mathfrak{m}$，所以可得

$$\text{上式} \Leftrightarrow A/\mathfrak{m} \text{ 的理想只有 } \mathfrak{m}/\mathfrak{m} \text{ 和 } A/\mathfrak{m},$$

根据定理 1-2-1，知

$$\text{上式} \Leftrightarrow A \text{ 的包含 } \mathfrak{m} \text{ 的理想只有 } \mathfrak{m} \text{ 和 } A,$$

由定义 1-4-2 知

$$\text{上式} \Leftrightarrow \mathfrak{m} \text{ 是极大理想。}$$

证毕。

命题1-4-6 设 f: $A\to B$ 是满的环同态，$\mathfrak{n}$ 是 B 的极大理想，则 $f^{-1}(\mathfrak{n})$ 是 A 的极大理想。

证明 有环同态：

$$\tilde{f}: A\to B/\mathfrak{n},\quad x\mapsto \overline{f(x)}。$$

由于 f 满，所以 $\tilde{f}$ 满，即 $\mathrm{Im}\tilde{f}=B/\mathfrak{n}$。同命题1-4-4的证明，可得

$$A/f^{-1}(\mathfrak{n})\cong B/\mathfrak{n}。$$

由定理1-4-2知 $B/\mathfrak{n}$ 是域，所以 $A/f^{-1}(\mathfrak{n})$ 是域，于是 $f^{-1}(\mathfrak{n})$ 是 A 的极大理想（定理1-4-2）。证毕。

命题1-4-7 极大理想是素理想。

证明 域是整环（命题1-3-7），由定理1-4-1和定理1-4-2即可得出结论。证毕。

定义1-4-3 素谱（prime spectrum） 极大谱（maximal spectrum） 用 $\mathrm{Spec}(A)$ 表示环 A 所有素理想的集合，称为环 A 的素谱。用 $\mathrm{Max}(A)$ 表示环 A 所有极大理想的集合，称为环 A 的极大谱。命题1-4-7也可写成

$$\mathrm{Max}(A)\subseteq\mathrm{Spec}(A)。$$

命题1-4-8 设 $\mathfrak{m}$ 是环 A 的极大理想，则对 $\forall x\in A$，$\exists a\in A$，使得 $x(ax-1)\in\mathfrak{m}$。

证明 由定理1-4-2可知，$A/\mathfrak{m}$ 是域。若 $x\in\mathfrak{m}$，显然对 $\forall a\in A$ 有 $x(ax-1)\in\mathfrak{m}$。若 $x\notin\mathfrak{m}$，则 $\bar{x}\neq 0\in A/\mathfrak{m}$，由于 $A/\mathfrak{m}$ 是域，所以 $\bar{x}$ 可逆，因而存在 $a\in A$，使得 $\overline{ax}=\bar{1}$，即 $ax-1\in\mathfrak{m}$，所以 $x(ax-1)\in\mathfrak{m}$。证毕。

定理1-4-3 每个非零环 A 中都有极大理想，从而有素理想（本书只考虑有单位元的交换环）。

证明 用 $\boldsymbol{\Sigma}$ 表示 A 中所有 $\neq(1)$ 的理想的集合。按包含关系在 $\boldsymbol{\Sigma}$ 中引进次序（规定序关系“$\leqslant$”为“$\subseteq$”），集合 $\boldsymbol{\Sigma}$ 包含0，因而非空。设 $\{\mathfrak{a}_\alpha\}$ 是 $\boldsymbol{\Sigma}$ 中的一个理想链，即对任一对下标 α，β，都有 $\mathfrak{a}_\alpha\subseteq\mathfrak{a}_\beta$ 或 $\mathfrak{a}_\alpha\supseteq\mathfrak{a}_\beta$。令 $\mathfrak{a}=\bigcup_\alpha\mathfrak{a}_\alpha$，由命题1-2-4知 $\mathfrak{a}$ 是 A 的理想。对 $\forall\alpha$，因为 $\mathfrak{a}_\alpha\neq(1)$，所以 $1\notin\mathfrak{a}_\alpha$（命题1-2-2），于是 $1\notin\mathfrak{a}$，因此 $\mathfrak{a}\neq(1)$（命题1-2-2），所以 $\mathfrak{a}\in\boldsymbol{\Sigma}$，说明 $\mathfrak{a}$ 是 $\{\mathfrak{a}_\alpha\}$ 的上界。由Zorn引理（引理A-1）知 $\boldsymbol{\Sigma}$ 中有极大元。显然，$\boldsymbol{\Sigma}$ 的极大元是极大理想。由命题1-4-7知 $\boldsymbol{\Sigma}$ 的极大元也是素理想。证毕。

定义1-4-4 极小素理想（minimal prime ideal） $\mathrm{Spec}(A)$ 中的（对于包含关系的）极小元称为 A 的极小素理想。或者说，设 $\mathfrak{p}$ 是环 A 的素理想。若不存在素理想 $\mathfrak{q}$ 满足 $\mathfrak{q}\subsetneq\mathfrak{p}$，则称 $\mathfrak{p}$ 是 A 的极小素理想。

命题1-4-9 非零环存在极小素理想。

证明 定义 Spec(A) 中的序关系"$\leqslant$"为"$\supseteq$"。对于任一素理想链（全序子集），这些素理想的交就是它关于"$\supseteq$"的下界（命题1-4-2），也就是关于"$\leqslant$"的上界。根据Zorn引理（引理A-1），Spec(A) 中有"$\leqslant$"的极大元，也就是"$\supseteq$"的极小元。证毕。

命题1-4-10 若 A 中一个理想 $\mathfrak{a}\neq(1)$，则 A 中存在一个包含 $\mathfrak{a}$ 的极大理想。

证明 $A/\mathfrak{a}$ 是非零环，根据定理1-4-3，$A/\mathfrak{a}$ 有极大理想 $\mathfrak{m}/\mathfrak{a}$，即不存在 $A/\mathfrak{a}$ 中理想 $\mathfrak{b}/\mathfrak{a}$ 满足 $\mathfrak{m}/\mathfrak{a}\subsetneqq\mathfrak{b}/\mathfrak{a}\subsetneqq A/\mathfrak{a}$。根据定理1-2-1，$\mathfrak{m}$ 是 A 中包含 $\mathfrak{a}$ 的理想，且不存在 A 中理想 $\mathfrak{b}$ 满足 $\mathfrak{m}\subsetneqq\mathfrak{b}\subsetneqq A$。也就是说，$\mathfrak{m}$ 是包含 $\mathfrak{a}$ 的极大理想。证毕。

命题1-4-11 设 $\mathfrak{a}$ 是环 A 的理想，$\mathfrak{a}\neq(1)$，且 $\mathfrak{a}$ 不是 A 的极大理想，则存在 A 的极大理想 $\mathfrak{m}$ 满足 $\mathfrak{m}\supsetneqq\mathfrak{a}$。

证明 根据极大理想的定义，存在理想 $\mathfrak{b}$ 满足 $\mathfrak{a}\subsetneqq\mathfrak{b}\subsetneqq(1)$。根据命题1-4-10，存在包含 $\mathfrak{b}$ 的极大理想 $\mathfrak{m}$，显然 $\mathfrak{a}\subsetneqq\mathfrak{m}$。证毕。

命题1-4-12 设 $\mathfrak{m}\neq(1)$ 是环 A 的一个理想，则

（存在子集 $E\subseteq\mathfrak{m}$，$\mathfrak{m}$ 是包含 E 的唯一素理想）$\Leftrightarrow$ $\mathfrak{m}$ 是极大理想。

证明 $\Rightarrow$：假设 $\mathfrak{m}$ 不是极大理想，则存在理想 $\mathfrak{a}$ 满足 $\mathfrak{m}\subsetneqq\mathfrak{a}\subsetneqq A$。根据命题1-4-10可知，存在极大理想（素理想）$\mathfrak{p}\supseteq\mathfrak{a}$。$\forall E\subseteq\mathfrak{m}$，有 $E\subseteq\mathfrak{m}\subsetneqq\mathfrak{p}$，与前提矛盾。

$\Leftarrow$：令 $E=\mathfrak{m}$。不存在理想 $\mathfrak{a}$ 满足 $E\subsetneqq\mathfrak{a}\subsetneqq A$，即 $\mathfrak{m}$ 是包含 E 的唯一素理想。证毕。

命题1-4-13 环 A 中任一不可逆元都包含在一极大理想 $\mathfrak{m}$ 中。

证明 设 $x\in A$ 是不可逆元，由命题1-2-16知 $(x)\neq(1)$，由命题1-4-10知 A 中存在一个包含 (x) 的极大理想 $\mathfrak{m}$，有 $x\in(x)\subseteq\mathfrak{m}$。证毕。

定义1-4-5 局部环（local ring） 同余类域（residue field） 若环 A 只有一个极大理想 $\mathfrak{m}$，则把 A 叫作局部环。域 $k=A/\mathfrak{m}$ 叫作环 A 的同余类域。

例1-4-1 域是局部环。

证明 由定理1-4-2知域的零理想是极大理想。设 $\mathfrak{m}$ 是极大理想，则 $0\subseteq\mathfrak{m}\subsetneqq(1)$，由式（1-4-8）知 $\mathfrak{m}=0$，说明零理想是唯一极大理想。证毕。

命题1-4-14 局部环的极大理想包含了所有不可逆元。

证明 根据命题1-4-13，任一不可逆元都包含在唯一极大理想中。证毕。

命题1-4-15 设 $\mathfrak{m}\neq(1)$ 是环 A 的理想。若 A 的任一不等于 (1) 的理想 $\mathfrak{a}$ 都满足 $\mathfrak{a}\subseteq\mathfrak{m}$，则 $\mathfrak{m}$ 是 A 的唯一极大理想。

证明 设理想 $\mathfrak{a}$ 满足 $\mathfrak{m}\subseteq\mathfrak{a}\neq(1)$，根据题设有 $\mathfrak{a}\subseteq\mathfrak{m}$，所以 $\mathfrak{a}=\mathfrak{m}$。由式（1-4-8）

知$\mathfrak{m}$是极大理想。设$\tilde{\mathfrak{m}}$也是A的极大理想，根据定义1-4-2有$\tilde{\mathfrak{m}}\neq(1)$，根据题设有，$\tilde{\mathfrak{m}}\subseteq\mathfrak{m}\neq(1)$。由式（1-4-8）知$\tilde{\mathfrak{m}}=\mathfrak{m}$。这表明$\mathfrak{m}$是唯一极大理想。证毕。

命题1-4-16 设$\mathfrak{m}$是环A的一个极大理想，$x\in A\backslash\mathfrak{m}$，则$(x)+\mathfrak{m}=A$。

证明 显然$(x)+\mathfrak{m}\supseteq\mathfrak{m}$，由命题1-2-23知$(x)+\mathfrak{m}\neq\mathfrak{m}$，而$\mathfrak{m}$极大，所以$(x)+\mathfrak{m}=A$。证毕。

命题1-4-17 设A是一个环。

（1）设$\mathfrak{m}\neq(1)$是A的一个理想。若A中不可逆元都在$\mathfrak{m}$中（或者说，$A\backslash\mathfrak{m}$中元素都可逆），那么A是局部环，$\mathfrak{m}$是它的唯一极大理想。

（2）设$\mathfrak{m}$是A的一个极大理想。若$1+\mathfrak{m}$中任一元素都是A中可逆元，那么A是局部环。

（3）设$\mathfrak{m}$是A中所有不可逆元的集合，则

$$A\text{是局部环}\Leftrightarrow\mathfrak{m}\text{是}A\text{的理想。}$$

此时，A的极大理想是$\mathfrak{m}$。

证明 （1）设$\mathfrak{a}$是A的任一不等于(1)的理想，由命题1-2-2知$\mathfrak{a}$中元素都是不可逆元。根据题设有$\mathfrak{a}\subseteq\mathfrak{m}$。由命题1-4-15知$\mathfrak{m}$是$A$的唯一极大理想。

（2）$\forall x\in A\backslash\mathfrak{m}$，由命题1-4-16知$(x)+\mathfrak{m}=(1)$，所以$1\in(x)+\mathfrak{m}$，即存在$y\in A$，$t\in\mathfrak{m}$，使得$xy+t=1$，由此可得$xy=1-t\in1+\mathfrak{m}$。根据题设，$xy$可逆，所以$x$可逆（命题1-1-9）。由（1）知$\mathfrak{m}$是$A$的唯一极大理想。

（3）$\Rightarrow$：设A的唯一极大理想是$\tilde{\mathfrak{m}}\neq(1)$，由命题1-2-2知$\tilde{\mathfrak{m}}$中的元素都不可逆，所以$\tilde{\mathfrak{m}}\subseteq\mathfrak{m}$。由命题1-4-14知$\mathfrak{m}\subseteq\tilde{\mathfrak{m}}$，因此$\mathfrak{m}=\tilde{\mathfrak{m}}$是理想。

$\Leftarrow$：显然$1\notin\mathfrak{m}$，所以$\mathfrak{m}\neq(1)$（命题1-2-2）。由（1）知A是局部环，$\mathfrak{m}$是其唯一极大理想。证毕。

命题1-4-18 域k上n元多项式环$A=k[x_1,\ \cdots,\ x_n]$中所有常数项等于0的多项式组成的集合$\mathfrak{m}=(x_1,\ \cdots,\ x_n)$（见命题B-13）是$A$的一个极大理想。

证明 有满的环同态：

$$\varphi:\ A\to k,\quad f\mapsto f(0),$$

且有

$$f\in\ker\varphi\Leftrightarrow f(0)=0\Leftrightarrow f\in\mathfrak{m},$$

即$\ker\varphi=\mathfrak{m}$。由环同态基本定理（定理1-2-2）知$A/\mathfrak{m}\cong k$，说明$A/\mathfrak{m}$是域。由定理1-4-2知$\mathfrak{m}$是极大理想。证毕。

命题1-4-19 设A是$\mathbf{R}\to\mathbf{R}$的函数环，$\mathfrak{m}$是所有在原点取0值的函数构成的理想，即$\mathfrak{m}=\{f\in A|f(0)=0\}$，那么$\mathfrak{m}$是$A$的极大理想。

证明 有满同态 $\varphi: A\to\mathbf{R}$，$f\mapsto f(0)$。以下与命题1-4-18的证明同理可证。证毕。

定义 1-4-6 主理想整环（principal ideal domain, PID） 所有理想都是主理想的整环叫作主理想整环。

命题1-4-20 主理想整环中任一非零素理想都是极大理想。

证明 设$(x)\neq 0$是素理想（显然$x\neq 0$），$(y)\supsetneq(x)$，要证$(y)=(1)$。由$x\in(x)$可得$x\in(y)$，可设

$$x=yz,$$

则

$$x|yz。$$

如果$x|y$，则$(y)\subseteq(x)$（命题1-2-28），这与$(y)\supsetneq(x)$矛盾，所以$x\nmid y$，由上式知$x|z$。可设$z=tx$，则

$$x=ytx,$$

即

$$(1-yt)x=0。$$

在整环中，由于$x\neq 0$，所以$yt=1$［注（定义1-3-2）］，表明y是可逆元，于是$(y)=(1)$（命题1-2-16）。这说明(x)是极大理想。证毕。

命题1-4-21 设$\mathfrak{a}\neq(1)$是环A的理想，则A中包含$\mathfrak{a}$的素理想与$A/\mathfrak{a}$的素理想一一对应，即有双射：

$$\operatorname{Spec}_{\mathfrak{a}}(A)\to\operatorname{Spec}(A/\mathfrak{a}),\quad \mathfrak{p}\mapsto\pi(\mathfrak{p})=\mathfrak{p}/\mathfrak{a},$$

$$\operatorname{Spec}(A/\mathfrak{a})\to\operatorname{Spec}_{\mathfrak{a}}(A),\quad \mathfrak{p}/\mathfrak{a}\mapsto\pi^{-1}(\mathfrak{p}/\mathfrak{a})=\mathfrak{p}。$$

其中，$\pi: A\to A/\mathfrak{a}$是自然同态，则有

$$\operatorname{Spec}_{\mathfrak{a}}(A)=\{\mathfrak{p}\in\operatorname{Spec}(A)\mathfrak{p}|\supseteq\mathfrak{a}\}。$$

证明 由定理1-2-1和定理1-4-1可得

$$\mathfrak{p}/\mathfrak{a}\text{ 是 }A/\mathfrak{a}\text{ 的素理想}\Leftrightarrow(\mathfrak{p}\text{是 }A\text{ 中包含 }\mathfrak{a}\text{ 的理想，}\frac{A/\mathfrak{a}}{\mathfrak{p}/\mathfrak{a}}\text{ 是整环})。$$

由第二环同构定理（定理1-2-4）知$\dfrac{A/\mathfrak{a}}{\mathfrak{p}/\mathfrak{a}}\cong A/\mathfrak{p}$，所以可得

$$\text{上式}\Leftrightarrow(\mathfrak{p}\text{是 }A\text{ 中包含 }\mathfrak{a}\text{ 的理想，}A/\mathfrak{p}\text{ 是整环})。$$

再由定理1-4-1知

$$\text{上式}\Leftrightarrow\mathfrak{p}\text{是 }A\text{ 中包含 }\mathfrak{a}\text{ 的素理想。}$$

证毕。

命题1-4-22　设$\mathfrak{a}\neq(1)$是A的理想，则A中包含$\mathfrak{a}$的极大理想与$A/\mathfrak{a}$的极大理想一一对应，即有双射：

$$\mathrm{Max}_{\mathfrak{a}}(A)\to\mathrm{Max}(A/\mathfrak{a}),\ \mathfrak{m}\mapsto\pi(\mathfrak{m})=\mathfrak{m}/\mathfrak{a},$$

$$\mathrm{Max}(A/\mathfrak{a})\to\mathrm{Max}_{\mathfrak{a}}(A),\ \mathfrak{m}/\mathfrak{a}\mapsto\pi^{-1}(\mathfrak{m}/\mathfrak{a})=\mathfrak{m}。$$

其中，π：$A\to A/\mathfrak{a}$是自然同态，则有

$$\mathrm{Max}_{\mathfrak{a}}(A)=\{\mathfrak{m}\in\mathrm{Max}(A)|\mathfrak{m}\supseteq\mathfrak{a}\}。$$

证明　由定理1-4-2和第二环同构定理（定理1-2-4）可得

$\mathfrak{m}/\mathfrak{a}$是$A/\mathfrak{a}$的极大理想$\Leftrightarrow$（$\mathfrak{m}$是$A$中包含$\mathfrak{a}$的理想，$(A/\mathfrak{a})/(\mathfrak{m}/\mathfrak{a})\cong A/\mathfrak{m}$是域）

$$\Leftrightarrow\mathfrak{m}\text{是}A\text{的包含}\mathfrak{a}\text{的极大理想。}$$

证毕。

命题1-4-23　设A是局部环，$\mathfrak{m}$是它的极大理想，$\mathfrak{a}\neq(1)$是A的理想，那么$A/\mathfrak{a}$也是局部环，极大理想为$\mathfrak{m}/\mathfrak{a}$。

证明　由命题1-4-22知$\mathfrak{m}/\mathfrak{a}$是$A/\mathfrak{a}$的唯一极大理想，即$A/\mathfrak{a}$也是局部环。证毕。

命题1-4-24　设φ：$A\to B$是满的环同态，则有双射：

$$\alpha:\ \mathcal{I}_{\ker\varphi}(A)\to\mathcal{I}(B),\ \mathfrak{a}\mapsto\varphi(\mathfrak{a}),$$

$$\beta=\alpha^{-1}:\ \mathcal{I}(B)\to\mathcal{I}_{\ker\varphi}(A),\ \mathfrak{b}\mapsto\varphi^{-1}(\mathfrak{b})。$$

其中，$\mathcal{I}_{\ker\varphi}(A)$是$A$的所有包含$\ker\varphi$的理想的集合，$\mathcal{I}(B)$是$B$的所有理想的集合。对于$\mathfrak{a}=\varphi^{-1}(\mathfrak{b})\in\mathcal{I}_{\ker\varphi}(A)$，$\mathfrak{b}=\varphi(\mathfrak{a})\in\mathcal{I}(B)$有

$$\mathfrak{a}\text{是}A\text{中素理想}\Leftrightarrow\mathfrak{b}\text{是}B\text{中素理想，}$$

$$\mathfrak{a}\text{是}A\text{中极大理想}\Leftrightarrow\mathfrak{b}\text{是}B\text{中极大理想。}$$

证明　在α，β的表达式中，由命题1-2-11（1）知$\varphi^{-1}(\mathfrak{b})\supseteq\ker\varphi$，由命题1-2-11（2）知$\varphi(\mathfrak{a})$是$B$的理想。由$\varphi$满及环同态基本定理（定理1-2-2）知有同构：

$$\bar{\varphi}:\ A/\ker\varphi\to B,$$

其中，π：$A\to A/\ker\varphi$是自然同态，则有

$$\bar{\varphi}\pi=\varphi。$$

从而有双射：

$$\tilde{\varphi}:\ \mathcal{I}(A/\ker\varphi)\to\mathcal{I}(B),\ \bar{\mathfrak{a}}\mapsto\bar{\varphi}(\bar{\mathfrak{a}})。$$

根据定理1-2-1可知，有双射：

$$\tilde{\pi}: \mathcal{I}_{\ker\varphi}(A) \to \mathcal{I}(A/\ker\varphi), \quad \mathfrak{a} \mapsto \pi(\mathfrak{a})。$$

于是有双射

$$\alpha = \tilde{\varphi}\tilde{\pi}: \mathcal{I}_{\ker\varphi}(A) \to \mathcal{I}(B), \quad \mathfrak{a} \mapsto \bar{\varphi}\pi(\mathfrak{a}) = \varphi(\mathfrak{a})。$$

对$\mathfrak{b} \in \mathcal{I}(B)$，有$\alpha\beta(\mathfrak{b}) = \varphi\varphi^{-1}(\mathfrak{b})$。由于$\varphi$满，由命题A–2（3b）知$\varphi\varphi^{-1}(\mathfrak{b}) = \mathfrak{b}$，所以$\alpha\beta(\mathfrak{b}) = \mathfrak{b}$，即

$$\alpha\beta = \mathrm{id}_{\mathcal{I}(B)}。$$

由于α是双射，所以$\beta = \alpha^{-1}$也是双射。

对于$\mathfrak{a} \in \mathcal{I}_{\ker\varphi}(A)$，根据命题1–4–21和命题1–4–22有

$$\mathfrak{a}\text{是}A\text{中素（极大）理想} \Leftrightarrow \pi(\mathfrak{a})\text{是}A/\ker\varphi\text{中素（极大）理想。}$$

由于$\bar{\varphi}: A/\ker\varphi \to B$是同构，所以可得

$$\pi(\mathfrak{a})\text{是}A/\ker\varphi\text{中素（极大）理想} \Leftrightarrow \bar{\varphi}\pi(\mathfrak{a}) = \varphi(\mathfrak{a})\text{是}B\text{中素（极大）理想。}$$

所以可得

$$\mathfrak{a}\text{是}A\text{中素（极大）理想} \Leftrightarrow \varphi(\mathfrak{a})\text{是}B\text{中素（极大）理想。}$$

证毕。

定义1–4–7　乘法封闭子集（multiplicatively closed subset）　设S是环A的非空子集，若$1 \in S$，且S对乘法封闭，则称S是A的乘法封闭子集或乘性子集（multiplicative subset）。

命题1–4–25　设$\mathfrak{p}$是环A的理想，则

$$\mathfrak{p}\text{是素理想} \Leftrightarrow A\backslash\mathfrak{p}\text{是乘法封闭子集。}$$

证明　由素理想定义及命题1–2–2可得

$$\begin{aligned}\mathfrak{p}\text{是}A\text{的素理想} &\Leftrightarrow (\mathfrak{p} \neq (1),\ xy \in \mathfrak{p} \Rightarrow (x \in \mathfrak{p}\text{或}y \in \mathfrak{p}))\\ &\Leftrightarrow (1 \in A\backslash\mathfrak{p},\ (x \in A\backslash\mathfrak{p},\ y \in A\backslash\mathfrak{p}) \Rightarrow xy \in A\backslash\mathfrak{p})\\ &\Leftrightarrow A\backslash\mathfrak{p}\text{是}A\text{的乘法封闭子集。}\end{aligned}$$

证毕。

注（命题1–4–25）设S是乘法封闭子集，$A\backslash S$不一定是理想，所以一般不能得出$A\backslash S$是素理想。

命题1–4–26　设S是环A的乘法封闭子集，$\mathfrak{a}$是A的理想，且$\mathfrak{a} \cap S = \varnothing$。令

$$\boldsymbol{\Sigma} = \{\text{理想}\mathfrak{b} \mid \mathfrak{b} \supseteq \mathfrak{a},\ \mathfrak{b} \cap S = \varnothing\},$$

那么$\boldsymbol{\Sigma}$有极大元，且每个极大元都是素理想。

证明　规定序关系“$\leqslant$”为“$\subseteq$”。显然$\mathfrak{a} \in \boldsymbol{\Sigma}$，即$\boldsymbol{\Sigma}$非空。设$\{\mathfrak{b}_\alpha\}$是$\boldsymbol{\Sigma}$中的一个

理想链，令 $\mathfrak{b}=\bigcup_{\alpha}\mathfrak{b}_{\alpha}$，由命题1-2-4知 $\mathfrak{b}$ 是理想，即 $\{\mathfrak{b}_{\alpha}\}$ 有上界 $\mathfrak{b}$。由Zorn引理（引理A-1）知 $\boldsymbol{\Sigma}$ 有极大元 $\mathfrak{p}$。

设 x，$y\notin\mathfrak{p}$，由命题1-2-23可得 $\mathfrak{p}\subsetneqq\mathfrak{p}+(x)$，$\mathfrak{p}\subsetneqq\mathfrak{p}+(y)$，而 $\mathfrak{p}$ 是 $\boldsymbol{\Sigma}$ 的极大元，所以 $\mathfrak{p}+(x)\notin\boldsymbol{\Sigma}$，$\mathfrak{p}+(y)\notin\boldsymbol{\Sigma}$。显然，$\mathfrak{p}+(x)\supseteq\mathfrak{p}\supseteq\mathfrak{a}$，$\mathfrak{p}+(y)\supseteq\mathfrak{p}\supseteq\mathfrak{a}$，按照 $\boldsymbol{\Sigma}$ 的定义有 $[\mathfrak{p}+(x)]\cap S\neq\varnothing$，$[\mathfrak{p}+(y)]\cap S\neq\varnothing$，即 p_1，$p_2\in\mathfrak{p}$，a，$b\in A$，使得

$$p_1+ax\in S,\quad p_2+by\in S。$$

由于 S 对乘法封闭，所以可得

$$(p_1+ax)(p_2+by)=p_1p_2+p_1by+p_2ax+abxy\in S,$$

其中，$p_1p_2+p_1by+p_2ax\in\mathfrak{p}$，如果 $xy\in\mathfrak{p}$，则上式与 $\mathfrak{p}\cap S=\varnothing$ 矛盾，所以 $xy\notin\mathfrak{p}$，说明 $\mathfrak{p}$ 是素理想。证毕。

命题1-4-26′ 设 S 是环 A 不含0的乘性子集，令

$$\boldsymbol{\Sigma}=\{\text{理想 }\mathfrak{b}\mid\mathfrak{b}\cap S=\varnothing\},$$

那么，$\boldsymbol{\Sigma}$ 有极大元，且每个极大元都是素理想。

证明 命题1-4-26中取 $\mathfrak{a}=0$ 即可。证毕。

1.5 小根和大根

定义1-5-1 幂零根（nilradical，又称小根） 环 A 的所有幂零元（定义1-3-3）的集合 $\mathfrak{N}_A$（为不引起混淆，简记为 $\mathfrak{N}$）叫作环 A 的幂零根或小根。

命题1-5-1 设 D 是环 A 中所有零因子的集合，$\mathfrak{N}$ 是 A 的幂零根，则

$$D\subseteq\mathfrak{N}\Leftrightarrow(xy=0\Rightarrow(x=0\text{ 或 }y\in\mathfrak{N}))。$$

证明 $\Rightarrow$：设 $xy=0$，如果 $x\neq0$，说明 y 是零因子，即 $y\in D$，因此 $y\in\mathfrak{N}$。

$\Leftarrow$：$\forall x\in D$，存在 $y\neq0$，使得 $xy=0$。根据已知条件可得 $x\in\mathfrak{N}$，因此 $D\subseteq\mathfrak{N}$。证毕。

命题1-5-2

（1）环 A 的幂零根 $\mathfrak{N}_A$ 是 A 的理想。

（2）环 $A/\mathfrak{N}_A$ 中没有非零幂零元，即 $\mathfrak{N}_{A/\mathfrak{N}_A}=0$。

证明 （1）$\forall x\in\mathfrak{N}_A$，设 $x^n=0$，则对 $\forall a\in A$，有 $(ax)^n=a^nx^n=0$，所以 $ax\in\mathfrak{N}$。

$\forall x$，$y\in\mathfrak{N}_A$，设 $x^n=0$，$y^m=0$，根据二项式定理（命题1-1-1），$(x-y)^{n+m-1}$ 是乘积 x^ry^s 的带整系数的和，其中 $r+s=n+m-1$。显然，不等式 $r\leqslant(n-1)$ 和 $s\leqslant(m-1)$ 不能同时成立，即 $r\geqslant n$ 或 $s\geqslant m$，因而 $x^ry^s=0$，就是说 $(x-y)^{n+m-1}=0$。因此 $x-y\in\mathfrak{N}_A$。这

证明$\mathfrak{N}_A$是理想。

（2）将$x\in A$在$A/\mathfrak{N}_A$中的同余类记作$\bar{x}$。设$\bar{x}\in\mathfrak{N}_{A/\mathfrak{N}_A}$，则有$\bar{x}^n=0$，即$x^n\in\mathfrak{N}_A$，因而有$x^{nk}=0$，这表明$x\in\mathfrak{N}_A$，所以$\bar{x}=0$。证毕。

命题1-5-3 A的幂零根$\mathfrak{N}$是A中所有素理想的交：

$$\mathfrak{N}=\bigcap_{\mathfrak{p}\in\operatorname{Spec}(A)}\mathfrak{p}。$$

证明 $\forall f\in\mathfrak{N}$，有$n>0$使得$f^n=0$。$\forall\mathfrak{p}\in\operatorname{Spec}(A)$，显然$f^n=0\in\mathfrak{p}$，由命题1-4-1知$f\in\mathfrak{p}$。因此$f\in\bigcap_{\mathfrak{p}\in\operatorname{Spec}(A)}\mathfrak{p}$，说明$\mathfrak{N}\subseteq\bigcap_{\mathfrak{p}\in\operatorname{Spec}(A)}\mathfrak{p}$。

$\forall f\notin\mathfrak{N}$，则$f\neq0$（因为$0\in\mathfrak{N}$）。令

$$\Sigma=\{\mathfrak{a}\mid\mathfrak{a}\text{是}A\text{的理想，}\forall n>0,\ f^n\notin\mathfrak{a}\},$$

由于f不幂零，所以对$\forall n>0$，$f^n\neq0$。这说明$\{0\}\in\boldsymbol{\Sigma}$（根据$\boldsymbol{\Sigma}$的定义），即$\boldsymbol{\Sigma}$非空。将$\boldsymbol{\Sigma}$按包含关系引进次序，用定理1-4-3中的方法能够将Zorn引理（引理A-1）应用到$\boldsymbol{\Sigma}$上，因此$\boldsymbol{\Sigma}$中有一个极大元，记为$\mathfrak{p}$。由于$\mathfrak{p}\in\boldsymbol{\Sigma}$，根据$\Sigma$的定义有

$$f\notin\mathfrak{p}。\tag{1-5-1}$$

设x，$y\notin\mathfrak{p}$，由命题1-2-23可得$\mathfrak{p}\subsetneqq\mathfrak{p}+(x)$，$\mathfrak{p}\subsetneqq\mathfrak{p}+(y)$，而$\mathfrak{p}$是$\boldsymbol{\Sigma}$的极大元，所以$\mathfrak{p}+(x)\notin\boldsymbol{\Sigma}$，$\mathfrak{p}+(y)\notin\boldsymbol{\Sigma}$。按照$\boldsymbol{\Sigma}$的定义，存在$m$，$n>0$，使得$f^m\in\mathfrak{p}+(x)$，$f^n\in\mathfrak{p}+(y)$。设

$$f^m=p_1+xt,\quad f^n=p_2+ys,$$

其中，p_1，$p_2\in\mathfrak{p}$，t，$s\in A$，则

$$f^{m+n}=p_1p_2+p_1ys+p_2xt+xyts\in\mathfrak{p}+(xy),$$

按照$\boldsymbol{\Sigma}$的定义，$\mathfrak{p}+(xy)\notin\boldsymbol{\Sigma}$，而$\mathfrak{p}\in\boldsymbol{\Sigma}$，所以$\mathfrak{p}+(xy)\neq\mathfrak{p}$。由命题1-2-23可得$xy\notin\mathfrak{p}$。

这就证明了

$$x,\ y\notin\mathfrak{p}\Rightarrow xy\notin\mathfrak{p},$$

说明$\mathfrak{p}$是素理想。而$f\notin\mathfrak{p}$［见式（1-5-1）］，所以$f\notin\bigcap_{\mathfrak{p}'\in\operatorname{Spec}(A)}\mathfrak{p}'$。

以上证明了$f\notin\mathfrak{N}\Rightarrow f\notin\bigcap_{\mathfrak{p}\in\operatorname{Spec}(A)}\mathfrak{p}$，即$f\in\bigcap_{\mathfrak{p}\in\operatorname{Spec}(A)}\mathfrak{p}\Rightarrow f\in\mathfrak{N}$，也就是$\bigcap_{\mathfrak{p}\in\operatorname{Spec}(A)}\mathfrak{p}\subseteq\mathfrak{N}$。证毕。

命题1-5-4 $\mathfrak{N}=\bigcap_{\mathfrak{p}\text{是}A\text{的极小素理想}}\mathfrak{p}$。

证明 由命题1-5-3和$\bigcap_{\mathfrak{p}\in\operatorname{Spec}(A)}\mathfrak{p}=\bigcap_{\mathfrak{p}\text{是}\operatorname{Spec}(A)\text{中的极小元}}\mathfrak{p}$可得结论。证毕。

定义1-5-2 Jacobson 根（又称大根） 环A的Jacobson根或大根$\mathfrak{R}_A$（为不引起混淆，简记为$\mathfrak{R}$）定义为它的所有极大理想的交：

$$\mathfrak{R}_A=\bigcap_{\mathfrak{m}\in\operatorname{Max}(A)}\mathfrak{m}。$$

命题1-5-5　$x\in\mathfrak{R}\Leftrightarrow(\forall y\in A$，$1-xy$ 都是可逆元)。

证明　$\Rightarrow$：如果 $\exists y\in A$，使得 $1-xy$ 是不可逆元，则由命题1-4-13，有极大理想 $\mathfrak{m}$，使得 $1-xy\in\mathfrak{m}$。而 $x\in\mathfrak{R}\subseteq\mathfrak{m}$，所以 $xy\in\mathfrak{m}$，于是 $1=(1-xy)+xy\in\mathfrak{m}$，由命题1-2-2得 $\mathfrak{m}=(1)$，与极大理想的定义矛盾。

$\Leftarrow$：如果 $x\notin\mathfrak{R}$，则有极大理想 $\mathfrak{m}$，使得 $x\notin\mathfrak{m}$。根据命题1-4-16有 $(x)+\mathfrak{m}=A$，于是 $1\in(x)+\mathfrak{m}$，即有 $u\in\mathfrak{m}$，$y\in A$，使得 $xy+u=1$，就是说 $1-xy=u\in\mathfrak{m}\neq(1)$，由命题1-2-2知 $1-xy$ 不可逆，与前提矛盾。证毕。

命题1-5-6　小根 $\subseteq$ 大根。

证明　根据命题1-5-3和定义1-5-2，可知

$$\mathfrak{N}=\bigcap_{\mathfrak{a}\in\mathrm{Spec}(A)}\mathfrak{a},\quad \mathfrak{R}=\bigcap_{\mathfrak{a}\in\mathrm{Max}(A)}\mathfrak{a}。$$

而 $\mathrm{Max}(A)\subseteq\mathrm{Spec}(A)$（命题1-4-7），所以 $\mathfrak{N}\subseteq\mathfrak{R}$。证毕。

命题1-5-7　设 φ：$A\to B$ 是环同态，则

$$\varphi(\mathfrak{N}_A)\subseteq\mathfrak{N}_B，\mathfrak{N}_A\subseteq\varphi^{-1}(\mathfrak{N}_B)。$$

证明　$x\in\mathfrak{N}_A\Leftrightarrow x^n=0\Rightarrow\varphi(x)^n=0\Leftrightarrow\varphi(x)\in\mathfrak{N}_B$，即 $\varphi(\mathfrak{N}_A)\subseteq\mathfrak{N}_B$，或者 $\mathfrak{N}_A\subseteq\varphi^{-1}(\mathfrak{N}_B)$ [命题A-2（5）]。证毕。

命题1-5-8　设 $\mathfrak{m}$ 是 A 的一个极大理想，$\mathfrak{R}$ 是 A 的大根，则

$$A\text{ 是局部环}\Leftrightarrow\mathfrak{m}=\mathfrak{R}\Leftrightarrow\mathfrak{m}\subseteq\mathfrak{R}。$$

证明　由大根定义知 $\mathfrak{R}\subseteq\mathfrak{m}$，所以 $\mathfrak{m}\subseteq\mathfrak{R}\Leftrightarrow\mathfrak{m}=\mathfrak{R}\Leftrightarrow\mathfrak{m}$ 是 A 的唯一极大理想 $\Leftrightarrow A$ 是局部环。证毕。

命题1-5-9　设 A 是非零环，$\mathfrak{N}$ 是它的小根。下列条件等价：

（1）A 只有一个素理想。

（2）A 中任一元素是可逆元或者幂零元。

（3）$A/\mathfrak{N}$ 是域。

证明　(1)$\Rightarrow$(3)：根据命题1-5-3可知，$\mathfrak{N}$ 是 A 的唯一的素理想。根据定理1-4-3可知，A 有极大理想，根据命题1-4-7可知，极大理想是素理想，所以 $\mathfrak{N}$ 是极大理想，因此 $A/\mathfrak{N}$ 是域（定理1-4-2）。

(3)$\Rightarrow$(2)：设 $x\in A$，$\bar{x}\in A/\mathfrak{N}$，有

$$\bar{x}=0\text{ 或 }\bar{x}\text{ 可逆，}$$

即

$$x\in\mathfrak{N}\text{或 }x\text{ 可逆。}$$

(2)$\Rightarrow$(1)：设 $\mathfrak{p}$ 是素理想，根据命题1-5-3有 $\mathfrak{p}\supseteq\mathfrak{N}$。假设 $\mathfrak{p}\neq\mathfrak{N}$，即 $x\in\mathfrak{p}$ 但 $x\notin$

$\mathfrak{N}$。根据题设，x 可逆。由命题1-2-2知 $\mathfrak{p}=A$，这与素理想的定义矛盾，所以 $\mathfrak{p}=\mathfrak{N}$。证毕。

1.6 理想的运算

定义1-6-1 理想的和 设 $\mathfrak{a}$ 和 $\mathfrak{b}$ 是环 A 中的理想，它们的和定义为

$$\mathfrak{a}+\mathfrak{b}=\{x+y|x\in\mathfrak{a},\ y\in\mathfrak{b}\}。$$

更一般地，还可以定义环 A 中任意一组理想（不一定是有限个）的和：

$$\sum_{i\in I}\mathfrak{a}_i=\left\{x_{i_1}+\cdots+x_{i_k}\middle|x_{i_1}\in\mathfrak{a}_{i_1},\ \cdots,\ x_{i_k}\in\mathfrak{a}_{i_k},\ i_1,\ \cdots,\ i_k\in I,\ k\in N\right\}。$$

注意，上式集合中的元素是有限项的和。

命题1-6-1 $\sum\limits_{i\in I}\mathfrak{a}_i$ 是包含 $\bigcup\limits_{i\in I}\mathfrak{a}_i$ 的最小理想，即 $\sum\limits_{i\in I}\mathfrak{a}_i=\left(\bigcup\limits_{i\in I}\mathfrak{a}_i\right)$。

证明 易证 $\sum\limits_{i\in I}\mathfrak{a}_i$ 是理想。设 $\mathfrak{b}$ 是任一包含 $\bigcup\limits_{i\in I}\mathfrak{a}_i$ 的理想，任取 $x_i\in\mathfrak{a}_i$，显然 $x_i\in\mathfrak{b}$，所以 $\sum\limits_{i\in I}x_i\in\mathfrak{b}$，表明 $\sum\limits_{i\in I}\mathfrak{a}_i\subseteq\mathfrak{b}$。证毕。

命题1-6-2 任意一组理想的交仍是理想（命题1-2-3）。

定义1-6-2 理想的积 环 A 中两个理想 $\mathfrak{a}$ 和 $\mathfrak{b}$ 的积 $\mathfrak{ab}$ 定义为由一切可能的乘积 ab（其中，$a\in\mathfrak{a}$，$b\in\mathfrak{b}$）所生成的理想：

$$\mathfrak{ab}=\{a_1b_1+\cdots+a_kb_k|a_j\in\mathfrak{a},\ b_j\in\mathfrak{b},\ 1\leqslant j\leqslant k,\ k\in N\}。$$

类似地，可定义任意有限个理想的积：

$$\mathfrak{a}_1\cdots\mathfrak{a}_n=\left\{a_1^1\cdots a_n^1+\cdots+a_1^k\cdots a_n^k\middle|a_i^j\in\mathfrak{a}_i,\ 1\leqslant i\leqslant n,\ 1\leqslant j\leqslant k,\ k\in N\right\}。$$

特别地，对任意理想 $\mathfrak{a}$，可定义它的幂：

$$\mathfrak{a}^n=\left\{a_1^1\cdots a_n^1+\cdots+a_1^k\cdots a_n^k\middle|a_i^j\in\mathfrak{a},\ 1\leqslant i\leqslant n,\ 1\leqslant j\leqslant k,\ k\in N\right\},\quad n>0。$$

按照惯例，规定：

$$\mathfrak{a}^0=(1)。$$

例1-6-1 在 $k[x_1,\ \cdots,\ x_n]$ 中（k 是域），$\mathfrak{a}=(x_1,\ \cdots,\ x_n)$，这时 $\mathfrak{a}^m$ 是不含次数小于 m 的项的所有多项式（连同0）的集合。

命题1-6-3 在环中 $(a)(b)=(ab)$。

证明 设 $x\in(a)(b)$，则有 $x=\sum\limits_i y_ia\cdot z_ib=\left(\sum\limits_i y_iz_i\right)ab\in(ab)$。设 $x\in(ab)$，则 $x=yab\in(a)(b)$。证毕。

命题1-6-4 若$\mathfrak{a}$和$\mathfrak{b}$是环A的理想，则$\mathfrak{ab}\subseteq\mathfrak{a}\cap\mathfrak{b}\subseteq\mathfrak{a}+\mathfrak{b}$。

证明 任取$\mathfrak{ab}$中的元素$\sum_i x_iy_i$，其中，$x_i\in\mathfrak{a}$，$y_i\in\mathfrak{b}$。由于$\mathfrak{a}$和$\mathfrak{b}$都是理想，所以$x_iy_i\in\mathfrak{a}$且$x_iy_i\in\mathfrak{b}$，即$x_iy_i\in\mathfrak{a}\cap\mathfrak{b}$，所以$\sum_i x_iy_i\in\mathfrak{a}\cap\mathfrak{b}$，因此$\mathfrak{ab}\subseteq\mathfrak{a}\cap\mathfrak{b}$。任取$x\in\mathfrak{a}\cap\mathfrak{b}$，则$x=x+0\in\mathfrak{a}+\mathfrak{b}$，所以$\mathfrak{a}\cap\mathfrak{b}\subseteq\mathfrak{a}+\mathfrak{b}$。证毕。

命题1-6-5 若$\mathfrak{a}$和$\mathfrak{b}$是环A的理想，则$\mathfrak{a}^n\mathfrak{b}^n\subseteq(\mathfrak{a}\cap\mathfrak{b})^n\subseteq(\mathfrak{a}+\mathfrak{b})^n$。

证明 由命题1-6-4可得

$$\mathfrak{a}^n\mathfrak{b}^n=\overbrace{(\mathfrak{ab})\cdots(\mathfrak{ab})}^{n个}\subseteq\overbrace{(\mathfrak{a}\cap\mathfrak{b})\cdots(\mathfrak{a}\cap\mathfrak{b})}^{n个}\subseteq\overbrace{(\mathfrak{a}+\mathfrak{b})\cdots(\mathfrak{a}+\mathfrak{b})}^{n个},$$

所以结论成立。证毕。

命题1-6-6 在整数环$\mathbf{Z}$中有

(1) $(n)(m)=(nm)$。

(2) $(n)\cap(m)=([n,\ m])$。

(3) $(n)+(m)=((n,\ m))$。

(4) $(a)\cap((b)+(c))=(a)\cap(b)+(a)\cap(c)$。

(5) $(a)+((b)\cap(c))=((a)+(b))\cap((a)+(c))$。

(6) $((a)+(b))((a)\cap(b))=(a)(b)$。

其中，$[n,\ m]$和$(n,\ m)$分别是n，m的最小公倍数和最大公约数。

证明 (1)
$$\begin{aligned}(n)(m)&=\left\{\sum_{i=1}^{t}(k_in)(l_im)\,\middle|\,k_i,\ l_i\in\mathbf{Z},\ 1\leqslant i\leqslant t,\ t\in N^*\right\}\\&=\left\{\left(\sum_{i=1}^{t}k_il_i\right)nm\,\middle|\,k_i,\ l_i\in\mathbf{Z},\ 1\leqslant i\leqslant t,\ t\in N^*\right\}\\&=\{knm\mid k\in\mathbf{Z}\}\\&=(nm)。\end{aligned}$$

(2) $(n)\cap(m)=\{a|\exists k_1,\ k_2\in\mathbf{Z},\ a=nk_1=mk_2\}=\{n与m的公倍数\}=[n,\ m]\mathbf{Z}=([n,\ m])$。

(3) $\forall a\in(n)+(m)$，有

$$a=kn+lm=kn_1(n,\ m)+lm_1(n,\ m)=(kn_1+lm_1)(n,\ m)\in((n,\ m)),$$

所以$(n)+(m)\subseteq((n,\ m))$。

$\forall a\in((n,\ m))$，有$a=k(n,\ m)$，由命题B-3′有$(n,\ m)=un+vm$，所以

$$a=k(un+vm)=kun+kvm\in(n)+(m),$$

即$((n,\ m))\subseteq(n)+(m)$。所以$(n)+(m)=((n,\ m))$。

(4) 由 (2) (3) 可得

$$(a)\cap((b)+(c))=(a)\cap((b,\ c))=([a,\ (b,\ c)]),$$

$$(a)\cap(b)+(a)\cap(c)=([a,\ b])+([a,\ c])=(([a,\ b],\ [a,\ c]))。$$

由命题B-6（1）知上面两式相等。

（5）由（2）（3）可得

$$(a)+((b)\cap(c))=(a)+([b,\ c])=((a,\ [b,\ c])),$$

$$((a)+(b))\cap((a)+(c))=((a,\ b))\cap((a,\ c))=([(a,\ b),\ (a,\ c)])。$$

由命题B-6（2）知上面两式相等。

（6）由（1）（2）（3）以及命题B-5′可得

$$((a)+(b))((a)\cap(b))=((a,\ b))([a,\ b])=((a,\ b)[a,\ b])=(ab)=(a)(b)。$$

证毕。

命题1-6-7 设$\mathfrak{a}$，$\mathfrak{b}$，$\mathfrak{c}$都是环A的理想，则

（1）$\mathfrak{a}+\mathfrak{b}=\mathfrak{b}+\mathfrak{a}$。

（2）$\mathfrak{a}\mathfrak{b}=\mathfrak{b}\mathfrak{a}$。

（3）$(\mathfrak{a}+\mathfrak{b})+\mathfrak{c}=\mathfrak{a}+(\mathfrak{b}+\mathfrak{c})$。

（4）$(\mathfrak{a}\mathfrak{b})\mathfrak{c}=\mathfrak{a}(\mathfrak{b}\mathfrak{c})$。

（5）$\mathfrak{a}(\mathfrak{b}+\mathfrak{c})=\mathfrak{a}\mathfrak{b}+\mathfrak{a}\mathfrak{c}$。

（6）$(\mathfrak{a}+\mathfrak{b})\mathfrak{c}=\mathfrak{a}\mathfrak{c}+\mathfrak{b}\mathfrak{c}$。

命题1-6-8 设$\mathfrak{a}$，$\mathfrak{b}$，$\mathfrak{c}$都是环A的理想，若$\mathfrak{a}\supseteq\mathfrak{b}$或$\mathfrak{a}\supseteq\mathfrak{c}$，则

$$\mathfrak{a}\cap(\mathfrak{b}+\mathfrak{c})=\mathfrak{a}\cap\mathfrak{b}+\mathfrak{a}\cap\mathfrak{c}。$$

命题1-6-9 设$\mathfrak{a}$，$\mathfrak{b}$都是环A的理想，则

$$(\mathfrak{a}+\mathfrak{b})(\mathfrak{a}\cap\mathfrak{b})\subseteq\mathfrak{a}\mathfrak{b}。$$

证明 由分配律，可得

$$(\mathfrak{a}+\mathfrak{b})(\mathfrak{a}\cap\mathfrak{b})=\mathfrak{a}(\mathfrak{a}\cap\mathfrak{b})+\mathfrak{b}(\mathfrak{a}\cap\mathfrak{b})。$$

由于$\mathfrak{a}\cap\mathfrak{b}\subseteq\mathfrak{a}$，$\mathfrak{a}\cap\mathfrak{b}\subseteq\mathfrak{b}$，所以

$$(\mathfrak{a}+\mathfrak{b})(\mathfrak{a}\cap\mathfrak{b})\subseteq\mathfrak{a}\mathfrak{b}+\mathfrak{b}\mathfrak{a}=\mathfrak{a}\mathfrak{b}。$$

证毕。

定义1-6-3 互素（coprime comaximal） 如果$\mathfrak{a}+\mathfrak{b}=(1)$，则理想$\mathfrak{a}$和$\mathfrak{b}$叫作互素的。

命题1-6-10 $\mathfrak{a}$和$\mathfrak{b}$互素$\Leftrightarrow$（$\exists x\in\mathfrak{a}$，$\exists y\in\mathfrak{b}$，$x+y=1$）$\Leftrightarrow$（$\exists x\in\mathfrak{a}$，$x\equiv 1(\mathrm{mod}\,\mathfrak{b})$）。

证明 由命题1-2-2知，$\mathfrak{a}+\mathfrak{b}=(1)\Leftrightarrow 1\in\mathfrak{a}+\mathfrak{b}$。证毕。

命题1-6-11　在整数环 **Z** 中，有

$$(n)(m)=(n)\cap(m)\Leftrightarrow m\text{ 与 }n\text{ 互素}\Leftrightarrow(m)\text{ 与 }(n)\text{ 互素。}$$

证明　由命题1-6-6（1）（2）可得

$$(n)(m)=(n)\cap(m)\Leftrightarrow(nm)=([n,\ m]),$$

由命题1-2-29知

$$\text{上式}\Leftrightarrow nm=[n,\ m],$$

由命题B-5′知

$$\text{上式}\Leftrightarrow(n,\ m)=1,$$

即 m 与 n 互素。由命题1-6-6（3）知

$$\text{上式}\Leftrightarrow(m)+(n)=(1),$$

即 (m) 与 (n) 互素。证毕。

命题1-6-12　若理想 $\mathfrak{a}$ 和 $\mathfrak{b}$ 互素，则 $\mathfrak{a}\cap\mathfrak{b}=\mathfrak{a}\mathfrak{b}$。

证明　由命题1-6-4可得 $\mathfrak{a}\mathfrak{b}\subseteq\mathfrak{a}\cap\mathfrak{b}$，由命题1-6-9可得 $\mathfrak{a}\cap\mathfrak{b}\subseteq\mathfrak{a}\mathfrak{b}$，所以 $\mathfrak{a}\cap\mathfrak{b}=\mathfrak{a}\mathfrak{b}$。证毕。

定义1-6-4　直积（direct product）　设 A_1，…，A_n 是一些环，它们的直积定义为

$$A=\prod_{i=1}^{n}A_i=\left\{x=(x_1,\ \cdots,\ x_n)|x_i\in A_i,\ 1\leqslant i\leqslant n\right\}\text{。}$$

A 中的加法和乘法分别定义为按分量相加和相乘：

$$(x_1,\ \cdots,\ x_n)+(y_1,\ \cdots,\ y_n)=(x_1+y_1,\ \cdots,\ x_n+y_n),$$

$$(x_1,\ \cdots,\ x_n)\cdot(y_1,\ \cdots,\ y_n)=(x_1\cdot y_1,\ \cdots,\ x_n\cdot y_n)\text{。}$$

它是一个有单位元 $(1,\ \cdots,\ 1)$ 的交换环，投影：

$$p_i:\ A\to A_i,\ \ (x_1,\ \cdots,\ x_n)\mapsto x_i$$

是环同态。

命题1-6-13　设 A 是一个环，$\mathfrak{a}_1$，…，$\mathfrak{a}_n$ 是它的理想，定义同态：

$$\varphi:\ A\to\prod_{i=1}^{n}A/\mathfrak{a}_i,\ \ x\mapsto(x+\mathfrak{a}_1,\ \cdots,\ x+\mathfrak{a}_n)\text{。}$$

（1）如果 $\mathfrak{a}_1$，…，$\mathfrak{a}_n$ 两两互素，则 $\mathfrak{a}_1\cdots\mathfrak{a}_n=\mathfrak{a}_1\cap\cdots\cap\mathfrak{a}_n$。

（2）φ 是满同态 $\Leftrightarrow$ $\mathfrak{a}_1$，…，$\mathfrak{a}_n$ 两两互素。

（3）φ 是单同态 $\Leftrightarrow\bigcap_{i=1}^{n}\mathfrak{a}_i=0$。

证明　（1）对 n 作归纳。$n=2$ 的情形在命题1-6-12中已证。

设 $n>2$，假定对于 $\mathfrak{a}_1$，…，$\mathfrak{a}_{n-1}$ 结果成立，那么令

$$\mathfrak{b}=\mathfrak{a}_1\cdots\mathfrak{a}_{n-1}=\mathfrak{a}_1\cap\cdots\cap\mathfrak{a}_{n-1}。$$

对于 $1\leqslant i\leqslant n-1$ 有 $\mathfrak{a}_i+\mathfrak{a}_n=(1)$，于是 $1\in\mathfrak{a}_i+\mathfrak{a}_n$，即有 $x_i\in\mathfrak{a}_i$，$y_i\in\mathfrak{a}_n$，使得 $x_i+y_i=1$，于是

$$x_1\cdots x_{n-1}=(1-y_1)\cdots(1-y_{n-1})。$$

将等式右边展开即可得到

$$x_1\cdots x_{n-1}\equiv 1(\operatorname{mod}\mathfrak{a}_n)。$$

而 $x_1\cdots x_{n-1}\in\mathfrak{a}_1\cdots\mathfrak{a}_{n-1}=\mathfrak{b}$，由命题1–6–10知 $\mathfrak{a}_n$ 与 $\mathfrak{b}$ 互素，利用 $n=2$ 情形的结果可得

$$\mathfrak{a}_1\cdots\mathfrak{a}_n=\mathfrak{b}\mathfrak{a}_n=\mathfrak{b}\cap\mathfrak{a}_n=\mathfrak{a}_1\cap\cdots\cap\mathfrak{a}_n。$$

（2）$\Rightarrow$：作为例子，我们证明 $\mathfrak{a}_1$ 与 $\mathfrak{a}_2$ 互素。由于 φ 满，所以存在元素 $x\in A$，使得 $\varphi(x)=(1+\mathfrak{a}_1,\ 0+\mathfrak{a}_2,\ \cdots,\ 0+\mathfrak{a}_n)$，即

$$(x+\mathfrak{a}_1,\ \cdots,\ x+\mathfrak{a}_n)=(1+\mathfrak{a}_1,\ 0+\mathfrak{a}_2,\ \cdots,\ 0+\mathfrak{a}_n),$$

也就是

$$x-1\in\mathfrak{a}_1,\quad x\in\mathfrak{a}_2。$$

而 $1=(1-x)+x$，由命题1–6–10可得 $\mathfrak{a}_1$ 与 $\mathfrak{a}_2$ 互素。

$\Leftarrow$：只需要证明，譬如 $\forall z\in A$，存在一个元素 $x\in A$，使得

$$\varphi(x)=(z+\mathfrak{a}_1,\ 0+\mathfrak{a}_2,\ \cdots,\ 0+\mathfrak{a}_n)。$$

对于一般的 $(z_1+\mathfrak{a}_1,\ \cdots,\ z_n+\mathfrak{a}_n)$，只需将上述结果相加即可。

对于 $i>1$ 有 $\mathfrak{a}_1+\mathfrak{a}_i=A$，所以存在 $u_i\in\mathfrak{a}_1$，$v_i\in\mathfrak{a}_i$，使得

$$u_i+v_i=z,\quad i>1。$$

令

$$x=\prod_{i=2}^{n}v_i,$$

则

$$x=\prod_{i=2}^{n}(z-u_i)\equiv z(\operatorname{mod}\mathfrak{a}_1),$$

且

$$x\equiv 0(\operatorname{mod}\mathfrak{a}_i),\quad i>1,$$

这表明

$$(x+\mathfrak{a}_1,\ x+\mathfrak{a}_2,\ \cdots,\ x+\mathfrak{a}_n)=(z+\mathfrak{a}_1,\ 0+\mathfrak{a}_2,\ \cdots,\ 0+\mathfrak{a}_n),$$

即

$$\varphi(x)=(z+\mathfrak{a}_1,\ 0+\mathfrak{a}_2,\ \cdots,\ 0+\mathfrak{a}_n)。$$

（3）显然，$\ker\varphi=\bigcap_{i=1}^{n}\mathfrak{a}_i$。证毕。

命题1-6-14

（1）设 $\mathfrak{p}_1$，⋯，$\mathfrak{p}_n$ 是素理想，$\mathfrak{a}$ 是理想，则

$$\mathfrak{a}\subseteq\bigcup_{i=1}^{n}\mathfrak{p}_i\Rightarrow(\exists i，使得\ \mathfrak{a}\subseteq\mathfrak{p}_i)。$$

（2）设 $\mathfrak{a}_1$，⋯，$\mathfrak{a}_n$ 是理想，$\mathfrak{p}$ 是素理想，则

$$\mathfrak{p}\supseteq\bigcap_{i=1}^{n}\mathfrak{a}_i\Rightarrow(\exists i，使得\ \mathfrak{p}\supseteq\mathfrak{a}_i)，$$

$$\mathfrak{p}=\bigcap_{i=1}^{n}\mathfrak{a}_i\Rightarrow(\exists i，使得\ \mathfrak{p}=\mathfrak{a}_i)。$$

证明　（1）对 n 进行归纳来证明如下命题：

$$(\mathfrak{a}\not\subseteq\mathfrak{p}_i,\ 1\leqslant i\leqslant n)\Rightarrow\mathfrak{a}\not\subseteq\bigcup_{i=1}^{n}\mathfrak{p}_i。$$

当 $n=1$ 时，这是显然的。设 $n>1$，假设对于 $n-1$ 命题成立，下面来看 n 的情形。

给定 $1\leqslant i\leqslant n$，根据归纳假设，由 $\mathfrak{a}\not\subseteq\mathfrak{p}_j$（$j\neq i$），可得 $\mathfrak{a}\not\subseteq\bigcup_{\substack{j=1\\ j\neq i}}^{n}\mathfrak{p}_j$，即存在 x_i 满足

$$x_i\in\mathfrak{a},\quad x_i\notin\bigcup_{\substack{j=1\\ j\neq i}}^{n}\mathfrak{p}_j,$$

也就是

$$x_i\in\mathfrak{a},\quad x_i\notin\mathfrak{p}_j,\quad j\neq i,\quad 1\leqslant i\leqslant n。$$

如果 $\exists i$，使得 $x_i\notin\mathfrak{p}_i$，则

$$x_i\in\mathfrak{a},\quad x_i\notin\mathfrak{p}_j,\quad 1\leqslant j\leqslant n,$$

即 $\mathfrak{a}\not\subseteq\bigcup_{j=1}^{n}\mathfrak{p}_j$，命题得证。

否则，对于 $\forall i$ 有 $x_i\in\mathfrak{p}_i$：

$$x_i\in\mathfrak{a},\quad x_i\in\mathfrak{p}_i,\quad x_i\notin\mathfrak{p}_j,\quad j\neq i,\quad 1\leqslant i\leqslant n。$$

考查元素：

$$y=\sum_{i=1}^{n}x_1\cdots\hat{x}_i\cdots x_n,$$

其中，$\hat{x}_i$ 表示删除这一项。$x_1\cdots\hat{x}_i\cdots x_n$ 中的每一项都不属于 $\mathfrak{p}_i$，根据素理想的定义有 $x_1\cdots\hat{x}_i\cdots x_n\notin\mathfrak{p}_i$。对于 $j\neq i$，有 $x_j\in\mathfrak{p}_j$，由理想的吸收性，有 $x_1\cdots\hat{x}_i\cdots x_n\in\mathfrak{p}_j$，即

$$x_1\cdots\hat{x}_i\cdots x_n\notin\mathfrak{p}_i,\quad x_1\cdots\hat{x}_j\cdots x_n\in\mathfrak{p}_i,\quad j\neq i,\quad 1\leqslant i\leqslant n。$$

把 y 写成

$$y=x_1\cdots\hat{x}_i\cdots x_n+\sum_{\substack{j=1\\ j\neq i}}^{n}x_1\cdots\hat{x}_j\cdots x_n,$$

由命题B-30可得

$$y\notin\mathfrak{p}_i,\quad 1\leqslant i\leqslant n。$$

显然，$y\in\mathfrak{a}$，所以 $\mathfrak{a}\not\subseteq\bigcup_{i=1}^{n}\mathfrak{p}_i$。

（2）如果对于 $\forall i$ 有 $\mathfrak{p}\not\supseteq\mathfrak{a}_i$，则存在 x_i 满足

$$x_i\in\mathfrak{a}_i,\quad x_i\notin\mathfrak{p},\quad 1\leqslant i\leqslant n。$$

有 $x_1\cdots x_n\in\mathfrak{a}_1\cdots\mathfrak{a}_n$，根据命题1-6-4有 $\mathfrak{a}_1\cdots\mathfrak{a}_n\subseteq\bigcap_{i=1}^{n}\mathfrak{a}_i$，所以

$$x_1\cdots x_n\in\bigcap_{i=1}^{n}\mathfrak{a}_i。$$

由于 $x_i\notin\mathfrak{p}$，$1\leqslant i\leqslant n$，根据素理想的定义有

$$x_1\cdots x_n\notin\mathfrak{p}。$$

表明 $\mathfrak{p}\not\supseteq\bigcap_{i=1}^{n}\mathfrak{a}_i$，矛盾，所以 $\exists i$ 使得 $\mathfrak{p}\supseteq\mathfrak{a}_i$。

若 $\mathfrak{p}=\bigcap_{j=1}^{n}\mathfrak{a}_j$，根据上面的结论，$\exists i$ 使得 $\mathfrak{p}\supseteq\mathfrak{a}_i$。显然 $\mathfrak{p}=\bigcap_{j=1}^{n}\mathfrak{a}_j\subseteq\mathfrak{a}_i$，所以 $\mathfrak{p}=\mathfrak{a}_i$。证毕。

定义1-6-5　商理想　设 $\mathfrak{a}$，$\mathfrak{b}$ 是环 A 的理想，它们的商定义为集合

$$(\mathfrak{a}:\mathfrak{b})=\{x\in A|x\mathfrak{b}\subseteq\mathfrak{a}\}。$$

它是一个理想。

定义1-6-6　零化子（annihilator）（$0:\mathfrak{b}$）叫作理想 $\mathfrak{b}$ 的零化子，记作

$$\mathrm{Ann}(\mathfrak{b})=(0:\mathfrak{b})=\{x\in A|x\mathfrak{b}=0\}。$$

注（定义1-6-6）　如果 $\mathfrak{b}$ 是主理想 (x)，则将 $(\mathfrak{a}:(x))$ 简记为 $(\mathfrak{a}:x)$，将 $\mathrm{Ann}((x))$ 简记为 $\mathrm{Ann}(x)$。

命题1-6-15　$\mathrm{Ann}(x)=\{a\in A|ax=0\}$。

命题1-6-16　环 A 中所有零因子的集合 D 可表示成

$$D=\bigcup_{x\neq0}\mathrm{Ann}(x)。$$

证明　由命题1-6-15可得

$$y\in D\Leftrightarrow(\exists x\neq0,\quad xy=0)\Leftrightarrow(\exists x\neq0,\quad y\in\mathrm{Ann}(x))\Leftrightarrow y\in\bigcup_{x\neq0}\mathrm{Ann}(x)。$$

证毕。

命题1-6-17　在整数环 $\mathbf{Z}$ 中，$\mathfrak{a}=(m)$，$\mathfrak{b}=(n)$，这里 $m=p_1^{\mu_1}\cdots p_s^{\mu_s}$，$n=p_1^{\nu_1}\cdots p_s^{\nu_s}$，其中 p_i（$1\leqslant i\leqslant s$）是互不相等的素数，μ_i，$\nu_i\geqslant 0$（$1\leqslant i\leqslant s$）。那么

$$(\mathfrak{a}:\mathfrak{b})=(q),$$

这里

$$q=p_1^{\mu_1-\min\{\mu_1,\ \nu_1\}}\cdots p_s^{\mu_s-\min\{\mu_s,\ \nu_s\}}=\frac{m}{(m,\ n)}。$$

证明　$\forall x\in(\mathfrak{a}:\mathfrak{b})$，有 $x(n)\subseteq(m)$，因而 $xn\in(m)$，即存在 $u\in\mathbf{Z}$，使得 $xn=um$，即

$$xp_1^{\nu_1}\cdots p_s^{\nu_s}=up_1^{\mu_1}\cdots p_s^{\mu_s}。$$

由此可得

$$xp_1^{\nu_1-\min\{\mu_1,\ \nu_1\}}\cdots p_s^{\nu_s-\min\{\mu_s,\ \nu_s\}}=up_1^{\mu_1-\min\{\mu_1,\ \nu_1\}}\cdots p_s^{\mu_s-\min\{\mu_s,\ \nu_s\}}=uq,$$

即

$$q|xp_1^{\nu_1-\min\{\mu_1,\ \nu_1\}}\cdots p_s^{\nu_s-\min\{\mu_s,\ \nu_s\}}。$$

由于 q 与 $p_1^{\nu_1-\min\{\mu_1,\ \nu_1\}}\cdots p_s^{\nu_s-\min\{\mu_s,\ \nu_s\}}$ 互素，所以 $q|x$（命题B-2′），即 $x\in(q)$，因此 $(\mathfrak{a}:\mathfrak{b})\subseteq(q)$。

$\forall x\in(q)$，即有 $u\in\mathbf{Z}$，使得

$$x=up_1^{\mu_1-\min\{\mu_1,\ \nu_1\}}\cdots p_s^{\mu_s-\min\{\mu_s,\ \nu_s\}}。$$

有

$$xn=up_1^{\mu_1+\nu_1-\min\{\mu_1,\ \nu_1\}}\cdots p_s^{\mu_s+\nu_s-\min\{\mu_s,\ \nu_s\}}=ump_1^{\nu_1-\min\{\mu_1,\ \nu_1\}}\cdots p_s^{\nu_s-\min\{\mu_s,\ \nu_s\}}\in(m)。$$

所以 $x(n)\subseteq(m)$，即 $x\in(\mathfrak{a}:\mathfrak{b})$，因此 $(q)\subseteq(\mathfrak{a}:\mathfrak{b})$。所以 $(\mathfrak{a}:\mathfrak{b})=(q)$。

又有

$$(m,\ n)=p_1^{\min\{\mu_1,\ \nu_1\}}\cdots p_s^{\min\{\mu_s,\ \nu_s\}},$$

所以可得

$$m=p_1^{\mu_1}\cdots p_s^{\mu_s}=p_1^{\mu_1-\min\{\mu_1,\ \nu_1\}}\cdots p_s^{\mu_s-\min\{\mu_s,\ \nu_s\}}p_1^{\min\{\mu_1,\ \nu_1\}}\cdots p_s^{\min\{\mu_s,\ \nu_s\}}=q(m,\ n)。$$

证毕。

命题1-6-18

（1）$\mathfrak{a}\subseteq(\mathfrak{a}:\mathfrak{b})$。

（2）$(\mathfrak{a}:\mathfrak{b})\mathfrak{b}\subseteq\mathfrak{a}$。

（3）$((\mathfrak{a}:\mathfrak{b}):\mathfrak{c})=(\mathfrak{a}:\mathfrak{b}\mathfrak{c})=((\mathfrak{a}:\mathfrak{c}):\mathfrak{b})$。

（4）$\left(\left(\bigcap_{i\in I}\mathfrak{a}_i\right):\mathfrak{b}\right)=\bigcap_{i\in I}(\mathfrak{a}_i:\mathfrak{b})$。

（5）$\left(\mathfrak{a}:\sum_{i\in I}\mathfrak{b}_i\right)=\bigcap_{i\in I}(\mathfrak{a}:\mathfrak{b}_i)$。

证明 （1）$\forall x\in\mathfrak{a}$，显然 $x\mathfrak{b}\subseteq\mathfrak{a}$，即 $x\in(\mathfrak{a}:\mathfrak{b})$。

（2）任取 $\sum_{i=1}^{k}x_iy_i\in(\mathfrak{a}:\mathfrak{b})\mathfrak{b}$，其中，$x_i\in(\mathfrak{a}:\mathfrak{b})$，$y_i\in\mathfrak{b}$。由于 $x_i\mathfrak{b}\subseteq\mathfrak{a}$，所以 $x_iy_i\in\mathfrak{a}$，因此 $\sum_{i=1}^{k}x_iy_i\in\mathfrak{a}$。

（3）$x\in((\mathfrak{a}:\mathfrak{b}):\mathfrak{c})\Leftrightarrow x\mathfrak{c}\subseteq(\mathfrak{a}:\mathfrak{b})\Leftrightarrow x\mathfrak{c}\mathfrak{b}\subseteq\mathfrak{a}\Leftrightarrow x\in(\mathfrak{a}:\mathfrak{b}\mathfrak{c})$，即 $((\mathfrak{a}:\mathfrak{b}):\mathfrak{c})=(\mathfrak{a}:\mathfrak{b}\mathfrak{c})$。同样有 $((\mathfrak{a}:\mathfrak{c}):\mathfrak{b})=(\mathfrak{a}:\mathfrak{b}\mathfrak{c})$。

（4）$x\in\left(\left(\bigcap_i\mathfrak{a}_i\right):\mathfrak{b}\right)\Leftrightarrow x\mathfrak{b}\subseteq\bigcap_i\mathfrak{a}_i\Leftrightarrow(x\mathfrak{b}\subseteq\mathfrak{a}_i,\ \forall i)\Leftrightarrow(x\in(\mathfrak{a}_i:\mathfrak{b}),\ \forall i)\Leftrightarrow x\in\bigcap_i(\mathfrak{a}_i:\mathfrak{b})$。

（5）只需证 $(\mathfrak{a}:\mathfrak{b}_1+\mathfrak{b}_2)=(\mathfrak{a}:\mathfrak{b}_1)\cap(\mathfrak{a}:\mathfrak{b}_2)$。

先证

$$x(\mathfrak{b}_1+\mathfrak{b}_2)\subseteq\mathfrak{a}\Leftrightarrow x\mathfrak{b}_i\subseteq\mathfrak{a}，i=1，2。$$

$\Leftarrow$ 是显然的，只需证 $\Rightarrow$：如果 $x\mathfrak{b}_1\not\subseteq\mathfrak{a}$ 或 $x\mathfrak{b}_2\not\subseteq\mathfrak{a}$，即有 $y\in\mathfrak{b}_1$（或 $\mathfrak{b}_2$），使得 $xy\notin\mathfrak{a}$。由于 $\mathfrak{b}_1$（或 $\mathfrak{b}_2$）$\subseteq\mathfrak{b}_1+\mathfrak{b}_2$，所以 $xy\in x(\mathfrak{b}_1+\mathfrak{b}_2)$，表明 $x(\mathfrak{b}_1+\mathfrak{b}_2)\not\subseteq\mathfrak{a}$，矛盾。

因此有

$$x\in(\mathfrak{a}:\mathfrak{b}_1+\mathfrak{b}_2)\Leftrightarrow x(\mathfrak{b}_1+\mathfrak{b}_2)\subseteq\mathfrak{a}\Leftrightarrow(x\mathfrak{b}_i\subseteq\mathfrak{a}，i=1，2)\Leftrightarrow x\in(\mathfrak{a}:\mathfrak{b}_1)\cap(\mathfrak{a}:\mathfrak{b}_2)。$$

证毕。

定义 1-6-7 根（radical） 设 $\mathfrak{a}$ 是环 A 的理想，它的根定义为

$$\sqrt{\mathfrak{a}}=\{x\in A\mid\exists n>0，x^n\in\mathfrak{a}\}。$$

注（定义 1-6-7） 小根是零理想的根：$\mathfrak{N}=\sqrt{0}$。

命题 1-6-19 设 $\pi:A\to A/\mathfrak{a}$ 是自然同态，那么

$$\sqrt{\mathfrak{a}}=\pi^{-1}(\mathfrak{N}_{A/\mathfrak{a}}),$$

从而有

$$\sqrt{\mathfrak{a}}/\mathfrak{a}=\mathfrak{N}_{A/\mathfrak{a}}。$$

证明 $x\in\sqrt{\mathfrak{a}}\Leftrightarrow(\exists n>0，x^n\in\mathfrak{a})\Leftrightarrow(\exists n>0，\pi(x^n)=0)\Leftrightarrow(\exists n>0，\pi(x)^n=0)\Leftrightarrow\pi(x)\in\mathfrak{N}_{A/\mathfrak{a}}\Leftrightarrow x\in\pi^{-1}(\mathfrak{N}_{A/\mathfrak{a}})$，即 $\sqrt{\mathfrak{a}}=\pi^{-1}(\mathfrak{N}_{A/\mathfrak{a}})$。由命题 A-2（3b）可得

$$\sqrt{\mathfrak{a}}/\mathfrak{a}=\pi(\sqrt{\mathfrak{a}})=\pi(\pi^{-1}(\mathfrak{N}_{A/\mathfrak{a}}))=\mathfrak{N}_{A/\mathfrak{a}}。$$

证毕。

命题 1-6-20 若 $\mathfrak{a}$ 是环 A 的理想，则 $\sqrt{\mathfrak{a}}$ 是 A 的理想。

证明　由命题1-6-19知 $\sqrt{\mathfrak{a}}=\pi^{-1}(\mathfrak{N}_{A/\mathfrak{a}})$。根据命题1-5-2（1）知 $\mathfrak{N}_{A/\mathfrak{a}}$ 是 $A/\mathfrak{a}$ 的理想，根据定理1-2-1知 $\sqrt{\mathfrak{a}}$ 是 A 的理想。证毕。

命题1-6-21

（1）$\mathfrak{a}\subseteq\mathfrak{b}\Rightarrow\sqrt{\mathfrak{a}}\subseteq\sqrt{\mathfrak{b}}$。

（2）$\mathfrak{a}\subseteq\sqrt{\mathfrak{a}}$。

（3）$\sqrt{\sqrt{\mathfrak{a}}}=\sqrt{\mathfrak{a}}$。

（4）$\sqrt{\mathfrak{ab}}=\sqrt{\mathfrak{a}\cap\mathfrak{b}}=\sqrt{\mathfrak{a}}\cap\sqrt{\mathfrak{b}}$，从而对 $\forall n>0$，有 $\sqrt{\mathfrak{a}^n}=\sqrt{\mathfrak{a}}$。

（5）$\sqrt{\mathfrak{a}}=(1)\Leftrightarrow\mathfrak{a}=(1)$。

（6）$\sqrt{\mathfrak{a}+\mathfrak{b}}=\sqrt{\sqrt{\mathfrak{a}}+\sqrt{\mathfrak{b}}}$。

（7）设 $\mathfrak{p}$ 是素理想，$\forall n>0$，有 $\sqrt{\mathfrak{p}^n}=\mathfrak{p}$。

证明　（1）设 $x\in\sqrt{\mathfrak{a}}$，则有 $x^n\in\mathfrak{a}$，于是 $x^n\in\mathfrak{b}$，表明 $x\in\sqrt{\mathfrak{b}}$。

（2）$\forall x\in\mathfrak{a}$，取 $n=1$，则 $x^n\in\mathfrak{a}$，即 $x\in\sqrt{\mathfrak{a}}$。

（3）由（2）知 $\sqrt{\sqrt{\mathfrak{a}}}\supseteq\sqrt{\mathfrak{a}}$。设 $x\in\sqrt{\sqrt{\mathfrak{a}}}$，则有 $x^n\in\sqrt{\mathfrak{a}}$，即有 $x^{nk}\in\mathfrak{a}$，表明 $x\in\sqrt{\mathfrak{a}}$，因此 $\sqrt{\sqrt{\mathfrak{a}}}\subseteq\sqrt{\mathfrak{a}}$。

（4）先证明 $\sqrt{\mathfrak{ab}}=\sqrt{\mathfrak{a}\cap\mathfrak{b}}$。

由命题1-6-4知 $\mathfrak{ab}\subseteq\mathfrak{a}\cap\mathfrak{b}$，由（1）知 $\sqrt{\mathfrak{ab}}\subseteq\sqrt{\mathfrak{a}\cap\mathfrak{b}}$。设 $x\in\sqrt{\mathfrak{a}\cap\mathfrak{b}}$，即有 $x^n\in\mathfrak{a}\cap\mathfrak{b}$，则 $x^{2n}=x^nx^n\in\mathfrak{ab}$，所以 $x\in\sqrt{\mathfrak{ab}}$，即有 $\sqrt{\mathfrak{a}\cap\mathfrak{b}}\subseteq\sqrt{\mathfrak{ab}}$。

再证明 $\sqrt{\mathfrak{a}\cap\mathfrak{b}}=\sqrt{\mathfrak{a}}\cap\sqrt{\mathfrak{b}}$。

设 $x\in\sqrt{\mathfrak{a}\cap\mathfrak{b}}$，即有 $x^n\in\mathfrak{a}\cap\mathfrak{b}$，也就是 $x^n\in\mathfrak{a}$ 且 $x^n\in\mathfrak{b}$，因此 $x\in\sqrt{\mathfrak{a}}$ 且 $x\in\sqrt{\mathfrak{b}}$，也就是 $x\in\sqrt{\mathfrak{a}}\cap\sqrt{\mathfrak{b}}$，表明 $\sqrt{\mathfrak{a}\cap\mathfrak{b}}\subseteq\sqrt{\mathfrak{a}}\cap\sqrt{\mathfrak{b}}$。

设 $x\in\sqrt{\mathfrak{a}}\cap\sqrt{\mathfrak{b}}$，即有 $x^n\in\mathfrak{a}$，$x^k\in\mathfrak{b}$。于是 $x^{nk}\in\mathfrak{a}$，$x^{nk}\in\mathfrak{b}$，即 $x^{nk}\in\mathfrak{a}\cap\mathfrak{b}$，说明 $x\in\sqrt{\mathfrak{a}\cap\mathfrak{b}}$，因此 $\sqrt{\mathfrak{a}}\cap\sqrt{\mathfrak{b}}\subseteq\sqrt{\mathfrak{a}\cap\mathfrak{b}}$。

对 $\forall n>0$，有 $\sqrt{\mathfrak{a}^n}=\sqrt{\mathfrak{a}\cap\cdots\cap\mathfrak{a}}=\sqrt{\mathfrak{a}}$。

（5）根据命题1-2-2，有

$$\sqrt{\mathfrak{a}}=(1)\Leftrightarrow 1\in\sqrt{\mathfrak{a}}\Leftrightarrow(\exists n>0,\ 1^n\in\mathfrak{a})\Leftrightarrow 1\in\mathfrak{a}\Leftrightarrow\mathfrak{a}=(1)。$$

（6）根据（2）有 $\mathfrak{a}\subseteq\sqrt{\mathfrak{a}}$，$\mathfrak{b}\subseteq\sqrt{\mathfrak{b}}$，所以 $\mathfrak{a}+\mathfrak{b}\subseteq\sqrt{\mathfrak{a}}+\sqrt{\mathfrak{b}}$，由（1）可得 $\sqrt{\mathfrak{a}+\mathfrak{b}}\subseteq\sqrt{\sqrt{\mathfrak{a}}+\sqrt{\mathfrak{b}}}$。

设 $x\in\sqrt{\sqrt{\mathfrak{a}}+\sqrt{\mathfrak{b}}}$，即有 $x^n\in\sqrt{\mathfrak{a}}+\sqrt{\mathfrak{b}}$，可设 $x^n=u+v$，其中，$u\in\sqrt{\mathfrak{a}}$，$v\in\sqrt{\mathfrak{b}}$。有 $u^s\in\mathfrak{a}$，$v^t\in\mathfrak{b}$，而 $x^{n(s+t)}=(u+v)^{s+t}$，由二项式定理（命题1-1-1）可得 $x^{n(s+t)}\in\mathfrak{a}+\mathfrak{b}$，即 $x\in\sqrt{\mathfrak{a}+\mathfrak{b}}$。因此 $\sqrt{\sqrt{\mathfrak{a}}+\sqrt{\mathfrak{b}}}\subseteq\sqrt{\mathfrak{a}+\mathfrak{b}}$。

（7）根据（4），只需证 $\sqrt{\mathfrak{p}}=\mathfrak{p}$。由命题1-4-1可得 $x\in\sqrt{\mathfrak{p}}\Leftrightarrow x^n\in\mathfrak{p}\Leftrightarrow x\in\mathfrak{p}$。证毕。

定义1-6-8　根理想（radical ideal） 满足 $\sqrt{\mathfrak{a}}=\mathfrak{a}$（等价于 $\sqrt{\mathfrak{a}}\subseteq\mathfrak{a}$）的理想 $\mathfrak{a}$ 称为根理想。

命题1-6-22　素理想是根理想。

证明　由命题1-6-21（7）可知。证毕。

命题1-6-23　理想 $\mathfrak{a}\neq(1)$ 的根是包含 $\mathfrak{a}$ 的一切素理想的交：

$$\sqrt{\mathfrak{a}}=\bigcap_{\mathfrak{p}\in\mathrm{Spec}(A),\ \mathfrak{p}\supseteq\mathfrak{a}}\mathfrak{p}。$$

证明　由命题1-5-3知 $A/\mathfrak{a}$ 的幂零根 $\mathfrak{N}_{A/\mathfrak{a}}$ 是 $A/\mathfrak{a}$ 中所有素理想的交：

$$\mathfrak{N}_{A/\mathfrak{a}}=\bigcap_{\bar{\mathfrak{p}}\in\mathrm{Spec}(A/\mathfrak{a})}\bar{\mathfrak{p}}。$$

由命题1-6-19和命题A-2（8）可得

$$\sqrt{\mathfrak{a}}=\pi^{-1}\left(\mathfrak{N}_{A/\mathfrak{a}}\right)=\bigcap_{\bar{\mathfrak{p}}\in\mathrm{Spec}(A/\mathfrak{a})}\pi^{-1}(\bar{\mathfrak{p}}),$$

其中，π：$A\to A/\mathfrak{a}$ 是自然同态。由命题1-4-21知

$$\left\{\pi^{-1}(\bar{\mathfrak{p}})\middle|\bar{\mathfrak{p}}\in\mathrm{Spec}(A/\mathfrak{a})\right\}=\left\{\mathfrak{p}\,|\,\mathfrak{p}\in\mathrm{Spec}(A),\ \mathfrak{p}\supseteq\mathfrak{a}\right\}。$$

所以结论成立。证毕。

定义1-6-9　可以用同样的方法定义环 A 中任意子集 E 的根：

$$\sqrt{E}=\{x\in A|\exists n>0,\ x^n\in E\}。$$

它一般不是理想。

命题1-6-24　设 E_α 是环 A 的子集，则 $\sqrt{\bigcup_\alpha E_\alpha}=\bigcup_\alpha\sqrt{E_\alpha}$。

证明　$x\in\sqrt{\bigcup_\alpha E_\alpha}\Leftrightarrow(\exists n>0,\ x^n\in\bigcup_\alpha E_\alpha)\Leftrightarrow(\exists n>0,\ \exists\alpha,\ x^n\in E_\alpha)\Leftrightarrow(\exists\alpha,\ x\in\sqrt{E_\alpha})$ $\Leftrightarrow x\in\bigcup_\alpha\sqrt{E_\alpha}$。证毕。

命题1-6-25　记 D 是环 A 中所有零因子的集合，则 $D=\sqrt{D}$。

证明　由命题1-3-2可得 $x\in\sqrt{D}\Leftrightarrow x^n\in D\Leftrightarrow x\in D$。证毕。

命题1-6-26　记 D 是环 A 中所有零因子的集合，则

$$D=\bigcup_{x\neq0}\sqrt{\mathrm{Ann}(x)}。$$

证明　由命题1-6-25和命题1-6-16可得 $D=\sqrt{D}=\sqrt{\bigcup_{x\neq0}\mathrm{Ann}(x)}$，再由命题1-6-24可知结论成立。证毕。

命题1-6-27　设 $m>1$，m 的相异素因子记为 p_i（$1\leqslant i\leqslant r$），即

$$m=p_1^{\mu_1}\cdots p_r^{\mu_r}，\quad \mu_i>0\ （1\leqslant i\leqslant r），$$

那么

$$\sqrt{(m)}=(p_1\cdots p_r)=\bigcap_{i=1}^{r}(p_i)。$$

证明　设 $x\in\sqrt{(m)}$，则有 $x^n\in(m)$，即有 $u\in\mathbf{Z}$，使得 $x^n=um$，即 $x^n=up_1^{\mu_1}\cdots p_r^{\mu_r}$，所以 $p_1\cdots p_r|x^n$。由于 p_i 是素数，所以 $p_1\cdots p_r|x$（命题B-15），即 $x\in(p_1\cdots p_r)$，说明 $\sqrt{(m)}\subseteq(p_1\cdots p_r)$。

反之，设 $x\in(p_1\cdots p_r)$，即有 $u\in\mathbf{Z}$，使得 $x=up_1\cdots p_r$。记 $n=\max\limits_{1\leqslant i\leqslant r}\mu_i$，则 $x^n=u^n p_1^n\cdots p_r^n\in\left(p_1^{\mu_1}\cdots p_r^{\mu_r}\right)=(m)$，即 $x\in\sqrt{(m)}$。说明 $(p_1\cdots p_r)\subseteq\sqrt{(m)}$。

由命题1-6-6（1）可得 $(p_1\cdots p_r)=(p_1)\cdots(p_r)$。由命题1-6-11可得 $(p_1)\cdots(p_r)=\bigcap_{i=1}^{r}(p_i)$。证毕。

命题1-6-28　$\sqrt{\mathfrak{a}}$ 与 $\sqrt{\mathfrak{b}}$ 互素 $\Leftrightarrow$ $\mathfrak{a}$ 与 $\mathfrak{b}$ 互素。

证明　由命题1-6-21（5）得

$$\mathfrak{a}+\mathfrak{b}=(1)\Leftrightarrow\sqrt{\mathfrak{a}+\mathfrak{b}}=(1),$$

由命题1-6-21（6）得

$$\text{上式}\Leftrightarrow\sqrt{\sqrt{\mathfrak{a}}+\sqrt{\mathfrak{b}}}=(1),$$

由命题1-6-21（5）得

$$\text{上式}\Leftrightarrow\sqrt{\mathfrak{a}}+\sqrt{\mathfrak{b}}=(1)。$$

证毕。

命题1-6-29　设 A，B，C 是任意集合，则 $A(B\cap C)\subseteq AB\cap AC$。

证明　设 $y\in A(B\cap C)$，则 $y=\sum a_i x_i$，其中，$a_i\in A$，$x_i\in B\cap C$，即 $x_i\in B$ 且 $x_i\in C$，所以 $y\in AB$ 且 $y\in AC$，即 $y\in AB\cap AC$。证毕。

命题1-6-30　设 f：$A\to B$ 是环同态，E_1，E_2 是 A 中子集，则

$$f(E_1+E_2)=f(E_1)+f(E_2),\quad f(E_1E_2)=f(E_1)f(E_2)。$$

证明

$$y\in f(E_1+E_2)\Leftrightarrow y=f(x_1+x_2)\Leftrightarrow y=f(x_1)+f(x_2)\Leftrightarrow y\in f(E_1)+f(E_2),$$

$$y\in f(E_1E_2)\Leftrightarrow y=f\left(\sum x_{1i}x_{2i}\right)\Leftrightarrow y=\sum f(x_{1i})f(x_{2i})\Leftrightarrow y\in f(E_1)f(E_2)。$$

证毕。

命题1-6-31 设 f: $A\to B$ 是环同态，F_1，F_2 是 B 中子集，则

$$f^{-1}(F_1)+f^{-1}(F_2)\subseteq f^{-1}(F_1+F_2),\quad f^{-1}(F_1)f^{-1}(F_2)\subseteq f^{-1}(F_1F_2)。$$

证明 设 $x\in f^{-1}(F_1)+f^{-1}(F_2)$，则 $x=x_1+x_2$，其中，$x_j\in f^{-1}(F_j)$ $(j=1,\ 2)$，即 $f(x_j)\in F_j$。有 $f(x)=f(x_1+x_2)=f(x_1)+f(x_2)\in F_1+F_2$，所以 $x\in f^{-1}(F_1+F_2)$。

设 $x\in f^{-1}(F_1)f^{-1}(F_2)$，则 $x=\sum_i x_i^{(1)}x_i^{(2)}$，其中，$x_i^{(j)}\in f^{-1}(F_j)$ $(j=1,\ 2)$，即 $f\left(x_i^{(j)}\right)\in F_j$。有 $f(x)=\sum_i f\left(x_i^{(1)}\right)f\left(x_i^{(2)}\right)\in F_1F_2$，所以 $x\in f^{-1}(F_1F_2)$。证毕。

命题1-6-32 $x\notin\sqrt{\mathfrak{a}}\Leftrightarrow(\forall n>0,\ x^n\notin\sqrt{\mathfrak{a}})$。

证明 $\Leftarrow$：取 $n=1$ 即可。

$\Rightarrow$：如果 $\exists n>0$，使得 $x^n\in\sqrt{\mathfrak{a}}$，则有 $k>0$，使得 $x^{nk}\in\mathfrak{a}$，表明 $x\in\sqrt{\mathfrak{a}}$，矛盾。证毕。

命题1-6-33 设 E，F 是环 A 的子集，则 $AE\subseteq F\Rightarrow E\subseteq F$。

证明 如果 $E\not\subseteq F$，即存在 $x\in E$，$x\notin F$。有 $x=1\cdot x\in AE$，所以 $AE\not\subseteq F$。证毕。

命题1-6-34 设 E 是环 A 的子集，$\mathfrak{a}$是 A 的理想，则 $AE\subseteq\mathfrak{a}\Leftrightarrow E\subseteq\mathfrak{a}$。

证明 $\Rightarrow$：由命题1-6-33可知。

$\Leftarrow$：有 $AE\subseteq A\mathfrak{a}$，由于$\mathfrak{a}$是理想，所以 $A\mathfrak{a}\subseteq\mathfrak{a}$。证毕。

命题1-6-35 设 $\mathfrak{a}\neq(1)$ 是环 A 的理想，对 $\forall n>0$ 有 $f^n\notin\mathfrak{a}$，则存在素理想 $\mathfrak{p}$ 满足

$$\mathfrak{p}\supseteq\mathfrak{a},\quad f^n\notin\mathfrak{p},\quad \forall n\geqslant 0。$$

证明 由命题1-2-2知 $1\notin\mathfrak{a}$。令 $S=\{1,\ f,\ f^2,\ \cdots\}$，显然它是 A 的乘性子集，且 $\mathfrak{a}\cap S=\varnothing$。由命题1-4-26知结论成立。证毕。

命题1-6-36 设 $\mathfrak{a}\neq(1)$ 是环 A 的理想，$f\notin\sqrt{\mathfrak{a}}$，则存在素理想 $\mathfrak{p}$ 满足

$$\mathfrak{p}\supseteq\sqrt{\mathfrak{a}},\quad f^n\notin\mathfrak{p},\quad \forall n\geqslant 0。$$

证明 由命题1-6-21（5）知 $\sqrt{\mathfrak{a}}\neq(1)$。由命题1-6-32知 $f^n\notin\sqrt{\mathfrak{a}}$ $(\forall n>0)$。把命题1-6-35中的$\mathfrak{a}$换成 $\sqrt{\mathfrak{a}}$ 即可得出结论。证毕。

命题1-6-37 设 $\mathfrak{a}\neq(1)$ 是环 A 的理想，则

$$f\in\sqrt{\mathfrak{a}}\Leftrightarrow(\text{任意包含 }\sqrt{\mathfrak{a}}\text{ 的素理想 }\mathfrak{p}\text{，有 }f\in\mathfrak{p})。$$

证明 $\Rightarrow$：显然。$\Leftarrow$：由命题1-6-36可知。证毕。

命题1-6-38 对于幂零根$\mathfrak{N}$，有 $\sqrt{\mathfrak{N}}=\mathfrak{N}$。

证明 有$\mathfrak{N}=\sqrt{0}$ [注（定义1-6-7）]。由命题1-6-21（3）可得 $\sqrt{\mathfrak{N}}=\sqrt{\sqrt{0}}=\sqrt{0}=\mathfrak{N}$。证毕。

命题1-6-39 设 φ: $A\to B$ 是环同态，$\mathfrak{b}$是 B 的理想，则

$$\varphi^{-1}\left(\sqrt{\mathfrak{b}}\right)=\sqrt{\varphi^{-1}(\mathfrak{b})}。$$

证明 $x\in\varphi^{-1}(\sqrt{\mathfrak{b}})\Leftrightarrow\varphi(x)\in\sqrt{\mathfrak{b}}\Leftrightarrow\varphi(x^n)\in\mathfrak{b}\Leftrightarrow x^n\in\varphi^{-1}(\mathfrak{b})\Leftrightarrow x\in\sqrt{\varphi^{-1}(\mathfrak{b})}$。证毕。

命题1-6-40 设 φ：$A\to B$ 是环同态，则

$$\varphi^{-1}(\mathfrak{N}_B)=\sqrt{\ker\varphi}。$$

证明 命题1-6-39中取 $\mathfrak{b}=0$ 即可。证毕。

命题1-6-41 设 A 是环，a，$b\in A$。若 $a+b=1$，$ab=0$，则

$$A\cong A/(a)\times A/(b)。$$

证明 有环同态：

$$\varphi\text{：}A\to A/(a)\times A/(b),\quad x\mapsto(x+(a),\ x+(b))。$$

$\forall x\in(a)\bigcap(b)$，设 $x=ac=bd$，由 $b=1-a$ 得 $ac=(1-a)d$，即 $a(c+d)=d$。两边乘 b，由 $ab=0$ 可得 $bd=0$，即 $x=0$。这说明 $(a)\bigcap(b)=0$。由命题1-6-13（3）知 φ 是单同态。$a+b=1$ 表明 $1\in(a)+(b)$，所以 $(a)+(b)=(1)$（命题1-2-2），即 (a) 与 (b) 互素。由命题1-6-13（2）知 φ 是满同态。所以 φ 是同构。证毕。

命题1-6-42 设 $\mathfrak{a}$ 是环 A 的理想，$\mathfrak{N}$ 是幂零根，则 $\sqrt{\mathfrak{a}}\supseteq\mathfrak{N}$。

证明 有 $\mathfrak{N}=\sqrt{0}$ ［注（定义1-6-7）］。而 $\mathfrak{a}\supseteq\{0\}$，由命题1-6-21（1）即可得 $\sqrt{\mathfrak{a}}\supseteq\sqrt{0}=\mathfrak{N}$。证毕。

命题1-6-43 在环 A 中有 $xy\in\mathfrak{a}\Leftrightarrow y\in(\mathfrak{a}:x)$。

这里 $(\mathfrak{a}:x)=(\mathfrak{a}:(x))$。

证明 $\Rightarrow$：$\forall x'\in A$，有 $x'xy\in\mathfrak{a}$，即 $y(x)\subseteq\mathfrak{a}$，也就是 $y\in(\mathfrak{a}:x)$。

$\Leftarrow$：有 $y(x)\subseteq\mathfrak{a}$，显然 $xy\in\mathfrak{a}$。证毕。

命题1-6-44 在环中对 $\forall n\geqslant0$ 有 $(x)^n=(x^n)$。

证明 由命题1-6-3可得。证毕。

定义1-6-10 幂零理想 幂等理想 设 $\mathfrak{a}$ 是环 A 的理想。

如果存在 $n>0$，使得 $\mathfrak{a}^n=0$，则称 $\mathfrak{a}$ 是幂零的。

如果 $\mathfrak{a}^2=\mathfrak{a}$，则称 $\mathfrak{a}$ 是幂等的。

命题1-6-45 在环 A 中有 (x) 幂等 $\Leftrightarrow$（$\exists a\in A$，$ax^2=x$）。

证明 $\Rightarrow$：$x\in(x)=(x)^2$，由命题1-6-44知 $x\in(x^2)$，即 $\exists a\in A$，$x=ax^2$。

$\Leftarrow$：$\forall yx\in(x)$，有 $yx=ayx^2\in(x)^2$，所以 $(x)\subseteq(x)^2$。又有 $(x)^2\subseteq(x)$（命题1-2-33）。证毕。

命题1-6-46 对于环 A，有 $\mathrm{Ann}(A)=0$。

证明 若 $A=0$，结论显然成立。若 $A\neq0$，$\forall x\in A\backslash\{0\}$，由于 $1\cdot x\neq0$，所以 $xA\neq0$，即 $x\notin\mathrm{Ann}(A)$，因此 $\mathrm{Ann}(A)=0$。证毕。

命题1-6-47 在 $k[x_1,\ \cdots,\ x_n]$ 中，设 $m_i>0$（$i=1$，$\cdots$，n），则

$$\left(x_1^{m_1},\ \cdots,\ x_n^{m_n}\right)\subseteq\sqrt{\left(x_1^{m_1},\ \cdots,\ x_n^{m_n}\right)}\subseteq\left(x_1,\ \cdots,\ x_n\right)。$$

证明 由命题1-6-21（2）知$\left(x_1^{m_1},\ \cdots,\ x_n^{m_n}\right)\subseteq\sqrt{\left(x_1^{m_1},\ \cdots,\ x_n^{m_n}\right)}$。$\forall f\in\sqrt{\left(x_1^{m_1},\ \cdots,\ x_n^{m_n}\right)}$，有 $f^s\in\left(x_1^{m_1},\ \cdots,\ x_n^{m_n}\right)$，即有

$$f^s\left(x_1,\ \cdots,\ x_n\right)=x_1^{m_1}g_1\left(x_1,\ \cdots,\ x_n\right)+\cdots+x_n^{m_n}g_n\left(x_1,\ \cdots,\ x_n\right),$$

显然 f^s 的常数项为零。如果 f 的常数项不为零，根据二项式定理（命题1-1-1）可知 f^s 的常数项也不为零，矛盾，所以 f 的常数项为零。由命题B-13知 $f\in\left(x_1,\ \cdots,\ x_n\right)$，因此 $\sqrt{\left(x_1^{m_1},\ \cdots,\ x_n^{m_n}\right)}\subseteq\left(x_1,\ \cdots,\ x_n\right)$。证毕。

命题1-6-48 在 $k\left[x_1,\ \cdots,\ x_n\right]$ 中，设 $m>1$，则

$$\left(x_1,\ \cdots,\ x_n\right)^m\subsetneqq\left(x_1,\ \cdots,\ x_i^m,\ \cdots,\ x_n\right)。$$

证明 不妨取 $i=1$。取 $\left(x_1,\ \cdots,\ x_n\right)^m$ 中元素

$$\prod_{s=1}^{m}\left[x_1g_1^{(s)}\left(x_1,\ \cdots,\ x_n\right)+\cdots+x_ng_n^{(s)}\left(x_1,\ \cdots,\ x_n\right)\right],$$

展开上式，其中含 x_1 的次数小于 m 的项（不算 $g_i^{(s)}$ 中的 x_1）一定含其他的 x_j（$j\neq1$），所以上式$\in\left(x_1^m,\ x_2,\ \cdots,\ x_n\right)$。因此$\left(x_1,\ \cdots,\ x_n\right)^m\subseteq\left(x_1,\ \cdots,\ x_i^m,\ \cdots,\ x_n\right)$。

显然 $x_2\in\left(x_1^m,\ x_2,\ \cdots,\ x_n\right)$，由于$\left(x_1,\ \cdots,\ x_n\right)$中没有常数项（命题B-13），所以 $x_2\notin\left(x_1,\ \cdots,\ x_n\right)^m$，因此$\left(x_1,\ \cdots,\ x_n\right)^m\subsetneqq\left(x_1,\ \cdots,\ x_i^m,\ \cdots,\ x_n\right)$。证毕。

命题1-6-49 设$\mathfrak{a}$，$\mathfrak{b}$是环 A 的理想，且$\mathfrak{b}\supseteq\mathfrak{a}$，则

$$\sqrt{\mathfrak{b}/\mathfrak{a}}=\sqrt{\mathfrak{b}}/\mathfrak{a}。$$

证明 由命题1-2-6可得

$$\bar{x}\in\sqrt{\mathfrak{b}/\mathfrak{a}}\Leftrightarrow\overline{x^n}\in\mathfrak{b}/\mathfrak{a}\Leftrightarrow x^n\in\mathfrak{b}\Leftrightarrow x\in\sqrt{\mathfrak{b}}\Leftrightarrow\bar{x}\in\sqrt{\mathfrak{b}}/\mathfrak{a}。$$

证毕。

命题1-6-50 设$\mathfrak{a}$是环 A 的理想，$\bar{D}$ 是 $A/\mathfrak{a}$ 的所有零因子的集合，则

$$\bar{D}=\left\{x\in A\,|\,(\mathfrak{a}:x)\neq\mathfrak{a}\right\}/\mathfrak{a},$$

或

$$\pi^{-1}(\bar{D})=\left\{x\in A\,|\,(\mathfrak{a}:x)\neq\mathfrak{a}\right\}。$$

其中，π：$A\to A/\mathfrak{a}$ 是自然同态。

证明 $x\in\pi^{-1}(\bar{D})\Leftrightarrow\bar{x}\in\bar{D}\Leftrightarrow$（$\exists\bar{y}\neq0$，$\bar{x}\bar{y}=0$）$\Leftrightarrow$（$\exists y\in A\backslash\mathfrak{a}$，$xy\in\mathfrak{a}$），根据命题1-6-47，可得

$$上式 \Leftrightarrow (\exists y \in A \backslash \mathfrak{a},\ y \in (\mathfrak{a}:x))。$$

根据命题1-6-18（1）有 $\mathfrak{a} \subseteq (\mathfrak{a}:x)$，所以可得

$$上式 \Leftrightarrow \mathfrak{a} \neq (\mathfrak{a}:x)。$$

这就证明了

$$\pi^{-1}(\bar{D}) = \{x \in A \mid (\mathfrak{a}:x) \neq \mathfrak{a}\}。$$

由于 π 满，所以由命题A-2（3b）可得

$$\bar{D} = \pi(\pi^{-1}(\bar{D})) = \pi(\{x \in A \mid (\mathfrak{a}:x) \neq \mathfrak{a}\}) = \{x \in A \mid (\mathfrak{a}:x) \neq \mathfrak{a}\}/\mathfrak{a}。$$

证毕。

命题1-6-51

（1） $\mathfrak{a} \subseteq \mathfrak{b} \Rightarrow (\mathfrak{a}:\mathfrak{c}) \subseteq (\mathfrak{b}:\mathfrak{c})$。

（2） $\mathfrak{b} \subseteq \mathfrak{c} \Rightarrow (\mathfrak{a}:\mathfrak{b}) \supseteq (\mathfrak{a}:\mathfrak{c})$。

证明 （1）设 $x \in (\mathfrak{a}:\mathfrak{c})$，则 $x\mathfrak{c} \subseteq \mathfrak{a} \subseteq \mathfrak{b}$，所以 $x \in (\mathfrak{b}:\mathfrak{c})$。

（2）设 $x \in (\mathfrak{a}:\mathfrak{c})$，则 $x\mathfrak{c} \subseteq \mathfrak{a}$，所以 $x\mathfrak{b} \subseteq x\mathfrak{c} \subseteq \mathfrak{a}$，即 $x \in (\mathfrak{a}:\mathfrak{b})$。证毕。

命题1-6-52 设 $\mathfrak{a}$ 是环 A 的理想，$x \in A$，则 $(0:\bar{x}) = (\mathfrak{a}:x)/\mathfrak{a}$。

证明 根据命题1-6-43和命题1-2-6有

$$\bar{y} \in (0:\bar{x}) \Leftrightarrow \bar{x}\bar{y} = 0 \Leftrightarrow xy \in \mathfrak{a} \Leftrightarrow y \in (\mathfrak{a}:x) \Leftrightarrow \bar{y} \in (\mathfrak{a}:x)/\mathfrak{a}。$$

证毕。

命题1-6-53 设 f: $A \to B$ 是环同态，$\mathfrak{a}$，$\mathfrak{b}$ 是 B 的理想，那么

$$f^{-1}(\mathfrak{a})\, f^{-1}(\mathfrak{b}) \subseteq f^{-1}(\mathfrak{a}\mathfrak{b})。$$

证明 由命题1-2-11（1）知 $f^{-1}(\mathfrak{a})$，$f^{-1}(\mathfrak{b})$，$f^{-1}(\mathfrak{a}\mathfrak{b})$都是 A 的理想。$f^{-1}(\mathfrak{a})$，$f^{-1}(\mathfrak{b})$中的元素写成 $\sum_i x_i y_i$，其中，$x_i \in f^{-1}(\mathfrak{a})$，$y_i \in f^{-1}(\mathfrak{b})$，即 $f(x_i) \in \mathfrak{a}$，$f(y_i) \in \mathfrak{b}$，则 $f(x_i y_i) = f(x_i) f(y_i) \in \mathfrak{a}\mathfrak{b}$，即 $x_i y_i \in f^{-1}(\mathfrak{a}\mathfrak{b})$。因此 $\sum_i x_i y_i \in f^{-1}(\mathfrak{a}\mathfrak{b})$。证毕。

命题1-6-54 设 $\mathfrak{a} \neq (1)$ 和 $\mathfrak{b} \neq (1)$ 是 A 的理想。若 $\mathfrak{a}$ 与 $\mathfrak{b}$ 互素，则 $\mathfrak{a} \not\subseteq \mathfrak{b}$ 且 $\mathfrak{a} \not\supseteq \mathfrak{b}$。

证明 如果 $\mathfrak{a} \subseteq \mathfrak{b}$，则 $\mathfrak{a} + \mathfrak{b} = \mathfrak{b} \neq (1)$，矛盾。证毕。

命题1-6-55 两个不同的极大理想互素。

证明 设 $\mathfrak{m}$，$\mathfrak{m}'$ 是两个不同的极大理想，则有 $\mathfrak{m} \not\subseteq \mathfrak{m}'$（否则 $\mathfrak{m} = \mathfrak{m}'$）。取 $x \in \mathfrak{m} \backslash \mathfrak{m}'$，由命题1-4-16知 $(1) = (x) + \mathfrak{m}'$。显然 $(x) \subseteq \mathfrak{m}$，所以 $(1) \subseteq \mathfrak{m} + \mathfrak{m}'$，于是 $(1) = \mathfrak{m} + \mathfrak{m}'$。证毕。

命题1-6-56 $\sqrt{\mathfrak{a}} = 0 \Rightarrow \mathfrak{a} = 0$。

证明 由命题1-6-21（2）可得 $\mathfrak{a} \subseteq \sqrt{\mathfrak{a}} = 0$。证毕。

命题1-6-57 设 $\mathfrak{a} \supseteq \mathfrak{c}$，$\mathfrak{b} \supseteq \mathfrak{c}$ 都是理想，则

$$(\mathfrak{a}/\mathfrak{c})(\mathfrak{b}/\mathfrak{c})=(\mathfrak{ab})/\mathfrak{c}。$$

证明

$$\bar{x}\in(\mathfrak{a}/\mathfrak{c})(\mathfrak{b}/\mathfrak{c})\Leftrightarrow\bar{x}=\sum_i\bar{a}_i\bar{b}_i\Leftrightarrow\bar{x}=\overline{\sum_i a_ib_i}\Leftrightarrow\bar{x}\in(\mathfrak{ab})/\mathfrak{c}。$$

证毕。

命题1-6-58 设 A 是 $\mathbf{R}\to\mathbf{R}$ 的光滑函数环（环的乘法是函数乘法），$\mathfrak{a}$是所有在原点取0值的函数构成的理想，即 $\mathfrak{a}=\{f\in A|f(0)=0\}$，那么

$$\bigcap_{n=1}^{\infty}\mathfrak{a}^n=\{f\in A|f^{(k)}(0)=0,\ \forall k\geqslant 0\}。$$

证明 由命题1-2-27知 $\mathfrak{a}=(\mathrm{id})$。由命题1-6-44知 $\mathfrak{a}^n=(x^n)$（注意，这里 x^n 表示函数 $f(x)=x^n$）。

设 $f\in\bigcap_{n=1}^{\infty}\mathfrak{a}^n$，即对于 $\forall n\geqslant 1$ 有 $f\in(x^n)$。对于 $k\geqslant 0$ 有 $f\in(x^{k+1})$，设 $f(x)=g(x)x^{k+1}$，显然 $f^{(k)}(0)=0$。

反之，设 $f^{(k)}(0)=0$（$\forall k\geqslant 0$），那么对于 $\forall n\geqslant 1$，有 $f(0)=f'(0)=\cdots=f^{(n-1)}(0)=0$，根据Taylor定理有 $f(x)=R_n(x)x^n\in(x^n)$，因而 $f\in\bigcap_{n=1}^{\infty}\mathfrak{a}^n$。证毕。

命题1-6-59 设 $\mathfrak{a}\neq(1)$ 是环 A 中的理想，则

$$\mathfrak{a}=\sqrt{\mathfrak{a}}\Leftrightarrow\mathfrak{a}是一些素理想的交。$$

证明 $\Rightarrow$：根据命题1-6-23，$\mathfrak{a}$是包含$\mathfrak{a}$的一切素理想的交。

$\Leftarrow$：根据命题1-6-23，$\sqrt{\mathfrak{a}}=\bigcap_{\alpha\in I_m}\mathfrak{p}_\alpha$，其中，$\mathfrak{p}_\alpha$（$\alpha\in I_m$）是所有包含$\mathfrak{a}$的素理想。设 $\mathfrak{a}=\bigcap_{\alpha\in I}\mathfrak{p}_\alpha$，其中，$I\subseteq I_m$，则有 $\sqrt{\mathfrak{a}}\subseteq\mathfrak{a}$。根据命题1-6-21（2）有 $\sqrt{\mathfrak{a}}\supseteq\mathfrak{a}$，所以$\mathfrak{a}=\sqrt{\mathfrak{a}}$。证毕。

1.7 扩张和局限

定义1-7-1 扩张理想（extension ideal） 局限理想（contraction ideal） 设 f：$A\to B$ 是环同态，$\mathfrak{a}$是 A 的理想。$f(\mathfrak{a})$ 在 B 中生成的理想 $Bf(\mathfrak{a})$ 叫作理想$\mathfrak{a}$的（关于 f 的）扩张理想，记作$\mathfrak{a}^e$，有

$$\mathfrak{a}^e=Bf(\mathfrak{a})=\{y_1f(x_1)+\cdots+y_kf(x_k)|x_i\in\mathfrak{a},\ y_i\in B,\ 1\leqslant i\leqslant k,\ k\in N\}。$$

设$\mathfrak{b}$是 B 中的一个理想，这时 $f^{-1}(\mathfrak{b})$总是 A 中理想［命题1-2-11（1）］，叫作理想$\mathfrak{b}$的（关于 f 的）局限理想，记作$\mathfrak{b}^c$。

命题1-7-1（同命题1-4-4）　$\mathfrak{q}$是素理想$\Rightarrow\mathfrak{q}^c$是素理想。

命题1-7-2

（1）$\mathfrak{a}_1\subseteq\mathfrak{a}_2\Rightarrow\mathfrak{a}_1^e\subseteq\mathfrak{a}_2^e$。

（2）$\mathfrak{b}_1\subseteq\mathfrak{b}_2\Rightarrow\mathfrak{b}_1^c\subseteq\mathfrak{b}_2^c$。

证明　由命题A-2（1）（2）即可得。证毕。

命题1-7-3　设f：$A\to B$是环同态，$\mathfrak{a}$是A中理想，$\mathfrak{b}$是B中理想。

（1）$\mathfrak{a}\subseteq\mathfrak{a}^{ec}$，$\mathfrak{b}\supseteq\mathfrak{b}^{ce}$。

（2）$\mathfrak{b}^c=\mathfrak{b}^{cec}$，$\mathfrak{a}^e=\mathfrak{a}^{ece}$。

（3）记

$$C=\{\mathfrak{b}^c|\,\mathfrak{b}\text{是}B\text{中理想}\},\quad E=\{\mathfrak{a}^e|\,\mathfrak{a}\text{是}A\text{中理想}\},$$

则

$$C=\{\mathfrak{a}|\mathfrak{a}^{ec}=\mathfrak{a}\},\quad E=\{\mathfrak{b}|\mathfrak{b}^{ce}=\mathfrak{b}\}。$$

而

$$e:\ C\to E,\quad \mathfrak{a}\mapsto\mathfrak{a}^e$$

是双射，它的逆映射是

$$e^{-1}=c:\ E\to C,\quad \mathfrak{b}\mapsto\mathfrak{b}^c。$$

证明　（1）设$x\in\mathfrak{a}$，则$f(x)\in f(\mathfrak{a})$，从而$x\in f^{-1}\big(f(\mathfrak{a})\big)$。显然$f(\mathfrak{a})\subseteq Bf(\mathfrak{a})=\mathfrak{a}^e$，由命题A-2（2）可知$x\in f^{-1}\big(f(\mathfrak{a})\big)\subseteq f^{-1}(\mathfrak{a}^e)=\mathfrak{a}^{ec}$，所以$\mathfrak{a}\subseteq\mathfrak{a}^{ec}$。

设$y\in\mathfrak{b}^{ce}$，即$y\in\big(f^{-1}(\mathfrak{b})\big)^e=Bf\big(f^{-1}(\mathfrak{b})\big)$，由命题A-2（3a）可知$f\big(f^{-1}(\mathfrak{b})\big)\subseteq\mathfrak{b}$，所以$y\in B\mathfrak{b}=\mathfrak{b}$。所以$\mathfrak{b}^{ce}\subseteq\mathfrak{b}$。

（2）根据（1）中的第一式可得$\mathfrak{b}^c\subseteq\mathfrak{b}^{cec}$，根据（1）中的第二式$\mathfrak{b}\supseteq\mathfrak{b}^{ce}$和命题1-7-2（2）可得$\mathfrak{b}^c\supseteq\mathfrak{b}^{cec}$，所以$\mathfrak{b}^c=\mathfrak{b}^{cec}$。

同理，根据（1）中的第二式可得$\mathfrak{a}^e\supseteq\mathfrak{a}^{ece}$，根据（1）中的第一式$\mathfrak{a}\subseteq\mathfrak{a}^{ec}$和命题1-7-2（1）可得$\mathfrak{a}^e\subseteq\mathfrak{a}^{ece}$，所以$\mathfrak{a}^e=\mathfrak{a}^{ece}$。

（3）设$\mathfrak{a}=\mathfrak{b}^c\in C$，则由（2）中的第一式有$\mathfrak{a}=\mathfrak{b}^c=\mathfrak{b}^{cec}=\mathfrak{a}^{ec}$；反之，设$\mathfrak{a}=\mathfrak{a}^{ec}$，即$\mathfrak{a}$是$\mathfrak{a}^e$的局限理想，所以$\mathfrak{a}\in C$。这就证明了$C=\{\mathfrak{a}|\mathfrak{a}^{ec}=\mathfrak{a}\}$。同理可证$E=\{\mathfrak{b}|\mathfrak{b}^{ce}=\mathfrak{b}\}$。

$\forall\mathfrak{a}\in C$，有$\mathfrak{a}^{ec}=\mathfrak{a}$，即$c\circ e=\mathrm{id}_C$。同样，有$e\circ c=\mathrm{id}_E$。所以$e$：$C\to E$和$c$：$E\to C$是互逆的双射（命题A-7）。证毕。

命题1-7-4　设$\mathfrak{a}$，$\mathfrak{a}_1$，$\mathfrak{a}_2$是A中理想，$\mathfrak{b}$，$\mathfrak{b}_1$，$\mathfrak{b}_2$是B中理想，那么有

$$(\mathfrak{a}_1+\mathfrak{a}_2)^e=\mathfrak{a}_1^e+\mathfrak{a}_2^e,\quad(\mathfrak{b}_1+\mathfrak{b}_2)^c\supseteq\mathfrak{b}_1^c+\mathfrak{b}_2^c,$$

$$(\mathfrak{a}_1\cap\mathfrak{a}_2)^e\subseteq\mathfrak{a}_1^e\cap\mathfrak{a}_2^e,\quad(\mathfrak{b}_1\cap\mathfrak{b}_2)^c=\mathfrak{b}_1^c\cap\mathfrak{b}_2^c,$$

$$(\mathfrak{a}_1\mathfrak{a}_2)^e=\mathfrak{a}_1^e\mathfrak{a}_2^e,\quad (\mathfrak{b}_1\mathfrak{b}_2)^c\supseteq \mathfrak{b}_1^c\mathfrak{b}_2^c,$$

$$(\mathfrak{a}_1:\mathfrak{a}_2)^e\subseteq(\mathfrak{a}_1^e:\mathfrak{a}_2^e),\quad (\mathfrak{b}_1:\mathfrak{b}_2)^c\subseteq(\mathfrak{b}_1^c:\mathfrak{b}_2^c),$$

$$\sqrt{\mathfrak{a}}^e\subseteq\sqrt{\mathfrak{a}^e},\quad \sqrt{\mathfrak{b}}^c=\sqrt{\mathfrak{b}^c}。$$

这表明 E 对于和与积是封闭的，C 对于交与根运算是封闭的。

证明 由命题1-6-30第一式和命题1-6-7（5）可得 $Bf(\mathfrak{a}_1+\mathfrak{a}_2)=B(f(\mathfrak{a}_1)+f(\mathfrak{a}_2))=Bf(\mathfrak{a}_1)+Bf(\mathfrak{a}_2)$，即

$$(\mathfrak{a}_1+\mathfrak{a}_2)^e=\mathfrak{a}_1^e+\mathfrak{a}_2^e。$$

由命题1-6-31第一式可得 $f^{-1}(\mathfrak{b}_1+\mathfrak{b}_2)\supseteq f^{-1}(\mathfrak{b}_1)+f^{-1}(\mathfrak{b}_2)$，即

$$(\mathfrak{b}_1+\mathfrak{b}_2)^c\supseteq\mathfrak{b}_1^c+\mathfrak{b}_2^c。$$

由命题A-2（11a）知 $(\mathfrak{a}_1\cap\mathfrak{a}_2)^e=Bf(\mathfrak{a}_1\cap\mathfrak{a}_2)\subseteq B(f(\mathfrak{a}_1)\cap f(\mathfrak{a}_2))$，由命题1-6-29知 $B(f(\mathfrak{a}_1)\cap f(\mathfrak{a}_2))\subseteq Bf(\mathfrak{a}_1)\cap Bf(\mathfrak{a}_2)$，所以 $(\mathfrak{a}_1\cap\mathfrak{a}_2)^e\subseteq Bf(\mathfrak{a}_1)\cap Bf(\mathfrak{a}_2)=\mathfrak{a}_1^e\cap\mathfrak{a}_2^e$。这证明了

$$(\mathfrak{a}_1\cap\mathfrak{a}_2)^e\subseteq\mathfrak{a}_1^e\cap\mathfrak{a}_2^e。$$

根据命题A-2（8）知 $f^{-1}(\mathfrak{b}_1\cap\mathfrak{b}_2)=f^{-1}(\mathfrak{b}_1)\cap f^{-1}(\mathfrak{b}_2)$，即

$$(\mathfrak{b}_1\cap\mathfrak{b}_2)^c=\mathfrak{b}_1^c\cap\mathfrak{b}_2^c。$$

由命题1-6-30第二式可得 $Bf(\mathfrak{a}_1\mathfrak{a}_2)=Bf(\mathfrak{a}_1)f(\mathfrak{a}_2)=Bf(\mathfrak{a}_1)Bf(\mathfrak{a}_2)$，即

$$(\mathfrak{a}_1\mathfrak{a}_2)^e=\mathfrak{a}_1^e\mathfrak{a}_2^e。$$

由命题1-6-31第二式可得 $f^{-1}(\mathfrak{b}_1\mathfrak{b}_2)\supseteq f^{-1}(\mathfrak{b}_1)f^{-1}(\mathfrak{b}_2)$，即

$$(\mathfrak{b}_1\mathfrak{b}_2)^c\supseteq\mathfrak{b}_1^c\mathfrak{b}_2^c。$$

设 $y\in(\mathfrak{a}_1:\mathfrak{a}_2)^e=Bf(\mathfrak{a}_1:\mathfrak{a}_2)$，则

$$y=\sum_i y_i f(u_i),\quad u_i\in(\mathfrak{a}_1:\mathfrak{a}_2),\quad y_i\in B。$$

任取 $y'\in\mathfrak{a}_2^e=Bf(\mathfrak{a}_2)$，则

$$y'=\sum_i y_i' f(v_i),\quad v_i\in\mathfrak{a}_2,\quad y_i'\in B,$$

有

$$yy'=\sum_{i,j}y_i y_j' f(u_i)f(v_j)=\sum_{i,j}y_i y_j' f(u_i v_j),$$

由于 $u_i\in(\mathfrak{a}_1:\mathfrak{a}_2)$，$v_j\in\mathfrak{a}_2$，所以 $u_i v_j\in\mathfrak{a}_1$。而 $y_i y_j'\in B$，因此 $yy'\in Bf(\mathfrak{a}_1)=\mathfrak{a}_1^e$，这表明 $y\mathfrak{a}_2^e\subseteq\mathfrak{a}_1^e$，即 $y\in(\mathfrak{a}_1^e:\mathfrak{a}_2^e)$。这证明了

$$(\mathfrak{a}_1:\mathfrak{a}_2)^e \subseteq (\mathfrak{a}_1^e:\mathfrak{a}_2^e)。$$

设 $x\in(\mathfrak{b}_1:\mathfrak{b}_2)^c=f^{-1}(\mathfrak{b}_1:\mathfrak{b}_2)$，则 $f(x)\in(\mathfrak{b}_1:\mathfrak{b}_2)$，即有

$$f(x)\mathfrak{b}_2\subseteq\mathfrak{b}_1。$$

任取 $x_2\in\mathfrak{b}_2^c=f^{-1}(\mathfrak{b}_2)$，则 $f(x_2)\in\mathfrak{b}_2$，由上式可得

$$f(xx_2)=f(x)f(x_2)\in\mathfrak{b}_1,$$

即 $xx_2\in f^{-1}(\mathfrak{b}_1)=\mathfrak{b}_1^c$，这表明 $x\mathfrak{b}_2^c\subseteq\mathfrak{b}_1^c$，即 $x\in(\mathfrak{b}_1^c:\mathfrak{b}_2^c)$。这证明了

$$(\mathfrak{b}_1:\mathfrak{b}_2)^c\subseteq(\mathfrak{b}_1^c:\mathfrak{b}_2^c)。$$

设 $y\in\sqrt{\mathfrak{a}}^e=Bf(\sqrt{\mathfrak{a}})$，则

$$y=\sum_i y_if(x_i),\quad x_i\in\sqrt{\mathfrak{a}},\quad y_i\in B。$$

存在 $n_i>0$，使得

$$x_i^{n_i}\in\mathfrak{a}。$$

令（这是有限和）

$$n=\sum_i n_i,$$

由二项式定理（命题1-1-1）可知，y^n 展开式的每一项中至少有一个 $(y_if(x_i))^k=y_i^kf(x_i^k)$ 的次数 $k\geqslant n_i$，所以 $x_i^k\in\mathfrak{a}$，$y_i^kf(x_i^k)\in Bf(\mathfrak{a})=\mathfrak{a}^e$，因此 $y^n\in\mathfrak{a}^e$，即 $y\in\sqrt{\mathfrak{a}^e}$。这证明了

$$\sqrt{\mathfrak{a}}^e\subseteq\sqrt{\mathfrak{a}^e}。$$

有

$$x\in\sqrt{\mathfrak{b}}^c=f^{-1}(\sqrt{\mathfrak{b}})\Leftrightarrow f(x)\in\sqrt{\mathfrak{b}}\Leftrightarrow f(x^n)=f(x)^n\in\mathfrak{b}\Leftrightarrow x^n\in f^{-1}(\mathfrak{b})=\mathfrak{b}^c\Leftrightarrow x\in\sqrt{\mathfrak{b}^c},$$

即

$$\sqrt{\mathfrak{b}}^c=\sqrt{\mathfrak{b}^c}。$$

证毕。

命题1-7-5　设 f: $A\to B$ 是环同态，$\mathfrak{b}$ 是 B 的理想，则 $A/\mathfrak{b}^c\cong(\mathrm{Im}f)/\mathfrak{b}$。

证明　有同态：

$$\bar{f}:\ A\to B/\mathfrak{b},\quad x\mapsto\overline{f(x)}。$$

有

$$x\in\ker\bar{f}\Leftrightarrow\overline{f(x)}=0\Leftrightarrow f(x)\in\mathfrak{b}\Leftrightarrow x\in f^{-1}(\mathfrak{b})=\mathfrak{b}^c,$$

即 $\ker\bar{f}=\mathfrak{b}^c$。根据定理1-2-2（环同态基本定理）可知结论成立。证毕。

命题1-7-6 设 $A\xrightarrow{f_1}B\xrightarrow{f_2}C$ 是环同态，记 $f=f_2\circ f_1$：$A\to C$。用 c，c_1，c_2 分别表示 f，f_1，f_2 下的局限，则对于 C 中的任意理想 $\mathfrak{c}$，有 $\mathfrak{c}^c=\mathfrak{c}^{c_2c_1}$。

证明 根据命题A-3有 $\mathfrak{c}^c=f^{-1}(\mathfrak{c})=\left(f_2\circ f_1\right)^{-1}(\mathfrak{c})=f_1^{-1}\circ f_2^{-1}(\mathfrak{c})=\mathfrak{c}^{c_2c_1}$。证毕。

命题1-7-7 设 $A\subseteq A'\subseteq A''$ 都是环。i_1：$A\to A'$，i_2：$A'\to A''$，i：$A\to A''$ 是包含同态，用 e，e_1，e_2 分别表示 i，i_1，i_2 下的扩张，则对于 A 中的任意理想 $\mathfrak{a}$，有 $\mathfrak{a}^e=\mathfrak{a}^{e_1e_2}$。

证明

$$\mathfrak{a}^{e_1}=A'i_1(\mathfrak{a})=A'\mathfrak{a},$$

$$\mathfrak{a}^{e_1e_2}=A''i_2(A'\mathfrak{a})=A''A'\mathfrak{a}。$$

而 $A''A'=A''$，可得

$$上式=A''\mathfrak{a}=A''i(\mathfrak{a})=\mathfrak{a}^e。$$

证毕。

命题1-7-8 设 A 是环 A' 的子环，S 是 A 的子集。用 (S) 和 $(S)'$ 分别表示 S 在 A 和 A' 中生成的理想，则

$$(S)'=(S)^e。$$

等式右边是在包含同态 i：$A\to A'$ 下的扩张。

证明 有

$$(S)^e=A'i((S))=A'(S)。$$

设 $x\in(S)'$，则 $x=\sum_i a'_i s_i$，其中，$a'_i\in A'$，$s_i\in S$。显然，$a'_i s_i\in A'(S)=(S)^e$，所以 $x\in(S)^e$。设 $x\in(S)^e=A'(S)$，则 $x=\sum_i a'_i b_i$，其中，$a'_i\in A'$，$b_i\in(S)$。有 $b_i=\sum_j a_{ij}s_{ij}$，其中，$a_{ij}\in A$，$s_{ij}\in S$。于是 $x=\sum_{i,j}a'_i a_{ij}s_{ij}$，而 $a'_i a_{ij}\in A'$，所以 $x\in(S)'$。证毕。

命题1-7-9 设 $\mathfrak{a}$ 是环 A 的理想，那么 $\mathfrak{a}$ 关于包含同态 i：$A\to A[x]$ 的扩张为

$$\mathfrak{a}^e=\mathfrak{a}[x]。$$

其中，$\mathfrak{a}[x]$ 表示 $A[x]$ 中系数在 $\mathfrak{a}$ 中的一切多项式的集合。

证明 任取 $\mathfrak{a}[x]$ 中的多项式 $\sum_{i=0}^n a_i x^i$，其中，$a_i\in\mathfrak{a}$，显然 $a_i x^i\in\mathfrak{a}A[x]$，所以 $\sum_{i=0}^n a_i x^i\in\mathfrak{a}A[x]$，因而 $\mathfrak{a}[x]\subseteq\mathfrak{a}A[x]$。对于 $\mathfrak{a}\sum_{i=1}^k b_i x^i\in\mathfrak{a}A[x]$，其中，$a\in\mathfrak{a}$，$\sum_{i=1}^k b_i x^i\in A[x]$，由于 $ab_i\in\mathfrak{a}$，所以 $a\sum_{i=1}^k b_i x^i\in\mathfrak{a}[x]$。$\mathfrak{a}A[x]$ 中的元素是有限个形如 $a\sum_{i=1}^k b_i x^i$ 元素之和，因此 $\mathfrak{a}A[x]\subseteq\mathfrak{a}[x]$。

所以可得

$$\mathfrak{a}A[x]=\mathfrak{a}[x]。$$

于是有

$$\mathfrak{a}^{e}=i(\mathfrak{a})A[x]=\mathfrak{a}A[x]=\mathfrak{a}[x]。$$

证毕。

1.8 Zariski拓扑

定义1-8-1 设E是环A的子集，定义素谱$\mathrm{Spec}(A)$的子集：

$$V(E)=\{\mathfrak{p}\in\mathrm{Spec}(A)|\mathfrak{p}\supseteq E\}。$$

对于f_1，…，$f_n\in A$，把$V(\{f_1,\cdots,f_n\})$简记为$V(f_1,\cdots,f_n)$。

命题1-8-1 设E，F，E_i（$i\in I$）是环A的子集，$\mathfrak{a}$，$\mathfrak{b}$，$\mathfrak{a}_i$（$i\in I$）是环A的理想。

（1） $E\subseteq F\Rightarrow V(E)\supseteq V(F)$。

（2） $V(E)=V((E))$。

（3） $V(\mathfrak{a})=V(\sqrt{\mathfrak{a}})$。

（4） $V(0)=\mathrm{Spec}(A)$， $V(A)=\varnothing$。

（5） $V\left(\bigcup_{i\in I}E_i\right)=\bigcap_{i\in I}V(E_i)$。

（6） $V\left(\bigcup_{i\in I}\mathfrak{a}_i\right)=V\left(\sum_{i\in I}\mathfrak{a}_i\right)=\bigcap_{i\in I}V(\mathfrak{a}_i)$。

（7） $V(\mathfrak{a}\cap\mathfrak{b})=V(\mathfrak{a}\mathfrak{b})=V(\mathfrak{a})\cup V(\mathfrak{b})$。

（8） $\mathrm{Spec}(A)=\varnothing\Leftrightarrow A=0$。

（9）若$\mathfrak{a}\neq A$，则$\sqrt{\mathfrak{a}}=\bigcap_{\mathfrak{p}\in V(\mathfrak{a})}\mathfrak{p}$。

（10） $\sqrt{\mathfrak{a}}\subseteq\sqrt{\mathfrak{b}}\Leftrightarrow V(\mathfrak{a})\supseteq V(\mathfrak{b})$。

（11） $\sqrt{\mathfrak{a}}=\sqrt{\mathfrak{b}}\Leftrightarrow V(\mathfrak{a})=V(\mathfrak{b})$。

（12） $\sqrt{\mathfrak{a}}\subsetneq\sqrt{\mathfrak{b}}\Leftrightarrow V(\mathfrak{a})\supsetneq V(\mathfrak{b})$。

（13）设$\mathfrak{p}$，$\mathfrak{q}$是环A的素理想，则有

$$\mathfrak{p}\subseteq\mathfrak{q}\Leftrightarrow V(\mathfrak{p})\supseteq V(\mathfrak{q}),\ \mathfrak{p}=\mathfrak{q}\Leftrightarrow V(\mathfrak{p})=V(\mathfrak{q}),\ \mathfrak{p}\subsetneq\mathfrak{q}\Leftrightarrow V(\mathfrak{p})\supsetneq V(\mathfrak{q})。$$

证明 记$X=\mathrm{Spec}(A)$。

（1）设$\mathfrak{p}\in V(F)$，则$\mathfrak{p}\supseteq F\supseteq E$，于是$\mathfrak{p}\in V(E)$，所以$V(F)\subseteq V(E)$。

（2）记 $\mathfrak{a}=(E)$，有 $E\subseteq\mathfrak{a}$，由（1）知 $V(E)\supseteq V(\mathfrak{a})$。$\forall\mathfrak{p}\in V(E)$，有 $\mathfrak{p}\supseteq E$。根据生成理想的定义，$\mathfrak{a}$ 是包含 E 的最小理想，所以 $\mathfrak{a}\subseteq\mathfrak{p}$，从而 $\mathfrak{p}\in V(\mathfrak{a})$，因此 $V(E)\subseteq V(\mathfrak{a})$。

（3）根据命题1-6-21（2）有 $\sqrt{\mathfrak{a}}\supseteq\mathfrak{a}$，由（1）知 $V\left(\sqrt{\mathfrak{a}}\right)\subseteq V(\mathfrak{a})$。$\forall\mathfrak{p}\in V(\mathfrak{a})$，则 $\mathfrak{p}\supseteq\mathfrak{a}$。根据命题1-6-21（7）（1）有 $\mathfrak{p}=\sqrt{\mathfrak{p}}\supseteq\sqrt{\mathfrak{a}}$，所以 $\mathfrak{p}\in V\left(\sqrt{\mathfrak{a}}\right)$，从而 $V(\mathfrak{a})\subseteq V\left(\sqrt{\mathfrak{a}}\right)$。

（4）$\forall\mathfrak{p}\in X$，显然 $0\in\mathfrak{p}$，即 $\mathfrak{p}\in V(0)$，表明 $X\subseteq V(0)$，所以 $X=V(0)$。包含 A 的理想只能是 A，而 A 不是素理想，所以 $V(A)=\varnothing$。

（5）$\mathfrak{p}\in V\left(\bigcup_{i\in I}E_i\right)\Leftrightarrow\mathfrak{p}\supseteq\bigcup_{i\in I}E_i\Leftrightarrow(\forall i\in I,\ \mathfrak{p}\supseteq E_i)\Leftrightarrow(\forall i\in I,\ \mathfrak{p}\in V(E_i))\Leftrightarrow\mathfrak{p}\in\bigcap_{i\in I}V(E_i)$。

（6）由（2）（5）和命题1-6-1可得。

（7）根据命题1-6-4有 $\mathfrak{ab}\subseteq\mathfrak{a}\cap\mathfrak{b}$，由（1）可得 $V(\mathfrak{ab})\supseteq V(\mathfrak{a}\cap\mathfrak{b})$。$\forall\mathfrak{p}\in V(\mathfrak{ab})$，有 $\mathfrak{p}\supseteq\mathfrak{ab}$。$\forall x\in\mathfrak{a}\cap\mathfrak{b}$，有 $x\cdot x\in\mathfrak{ab}\subseteq\mathfrak{p}$，根据素理想的定义有 $x\in\mathfrak{p}$，所以 $\mathfrak{a}\cap\mathfrak{b}\subseteq\mathfrak{p}$，即 $\mathfrak{p}\in V(\mathfrak{a}\cap\mathfrak{b})$，所以 $V(\mathfrak{ab})\subseteq V(\mathfrak{a}\cap\mathfrak{b})$，这证明了

$$V(\mathfrak{a}\cap\mathfrak{b})=V(\mathfrak{ab})。$$

由于 $\mathfrak{a}\cap\mathfrak{b}\subseteq\mathfrak{a}$，$\mathfrak{a}\cap\mathfrak{b}\subseteq\mathfrak{b}$，由（1）可得 $V(\mathfrak{a})\subseteq V(\mathfrak{a}\cap\mathfrak{b})$，$V(\mathfrak{b})\subseteq V(\mathfrak{a}\cap\mathfrak{b})$，所以

$$V(\mathfrak{a})\cup V(\mathfrak{b})\subseteq V(\mathfrak{a}\cap\mathfrak{b})=V(\mathfrak{ab})。$$

设 $\mathfrak{p}$ 是素理想，由式（1-4-4）有

$$\mathfrak{p}\supseteq\mathfrak{ab}\Rightarrow(\mathfrak{p}\supseteq\mathfrak{a}\text{或}\mathfrak{p}\supseteq\mathfrak{b}),$$

也就是

$$\mathfrak{p}\in V(\mathfrak{ab})\Rightarrow\mathfrak{p}\in V(\mathfrak{a})\cup V(\mathfrak{b}),$$

所以

$$V(\mathfrak{ab})\subseteq V(\mathfrak{a})\cup V(\mathfrak{b})。$$

这证明了

$$V(\mathfrak{ab})=V(\mathfrak{a})\cup V(\mathfrak{b})。$$

（8）如果 $A=0$，则 A 没有素理想，即 $X=\varnothing$。如果 $A\neq0$，由定理1-4-3知 $X\neq\varnothing$。

（9）同命题1-6-23。

（10）$\Rightarrow$：由（1）（3）可得。$\Leftarrow$：根据（9）有 $\sqrt{\mathfrak{a}}=\bigcap_{\mathfrak{p}\in V(\mathfrak{a})}\mathfrak{p}\subseteq\bigcap_{\mathfrak{p}\in V(\mathfrak{b})}\mathfrak{p}=\sqrt{\mathfrak{b}}$。

（11）由（10）得 $\sqrt{\mathfrak{a}}=\sqrt{\mathfrak{b}}\Leftrightarrow(\sqrt{\mathfrak{a}}\subseteq\sqrt{\mathfrak{b}}\text{且}\sqrt{\mathfrak{a}}\supseteq\sqrt{\mathfrak{b}})\Leftrightarrow(V(\mathfrak{a})\supseteq V(\mathfrak{b})\text{且}V(\mathfrak{a})\subseteq V(\mathfrak{b}))\Leftrightarrow V(\mathfrak{a})=V(\mathfrak{b})$。

（12）由（10）（11）可得。

（13）由（10）（11）（12）和命题1-6-21（7）可得。

证毕。

定义 1-8-2　Zariski 拓扑　由命题1-8-1（4）（6）（7）知 Spec(A) 中形如 $V(\mathfrak{a})$（其中，$\mathfrak{a}$是理想）的子集满足拓扑的闭集公理（定义C-1），从而可定义为 Spec(A) 中的闭集。这个拓扑被称为 Spec(A) 的Zariski拓扑。

定义 1-8-3　基本开集（basic open set）　设 A 是环，$f\in A$，定义 Spec(A) 中的开集：

$$D(f)=\operatorname{Spec}(A)\backslash V(f)=\{\mathfrak{p}\in\operatorname{Spec}(A)|\mathfrak{p}\not\supseteq(f)\}=\{\mathfrak{p}\in\operatorname{Spec}A\,|f\notin\mathfrak{p}\},$$

则称 $D(f)$ 为 Spec(A) 的基本开集。

注（定义 1-8-3）　上式中由命题1-8-1（2）知 $V(f)=V((f))$，由命题1-2-22知 $(f)\not\subseteq\mathfrak{p}\Leftrightarrow f\notin\mathfrak{p}$。

命题 1-8-2　设 A 是由 $\{f_i\}_{i\in I}$ 生成的环，即 $A=(\{f_i\}_{i\in I})$。

（1）Spec$(A)=\bigcup_{i\in I}D(f_i)$。

（2）存在 I 的有限子集 I_0，使得 Spec$(A)=\bigcup_{i\in I_0}D(f_i)$。

证明　（1）设 $\mathfrak{p}\in$ Spec(A)。如果 $\forall i\in I$ 有 $f_i\in\mathfrak{p}$，则有 $A\subseteq\mathfrak{p}$，即 $A=\mathfrak{p}$，这与素理想的定义矛盾。因此，$\exists i\in I$ 使得 $f_i\notin\mathfrak{p}$，即 $\mathfrak{p}\in D(f_i)$，所以 Spec $A\subseteq\bigcup_{i\in I}D(f_i)$。

（2）由命题1-2-2知 $1\in(\{f_i\}_{i\in I})$，从而有 I 的有限子集 I_0，使得

$$1=\sum_{i\in I_0}a_if_i,\quad a_i\in A。$$

设 $\mathfrak{p}\in X$。如果 $\forall i\in I_0$ 有 $f_i\in\mathfrak{p}$，则由上式可得 $1\in\mathfrak{p}$，于是 $\mathfrak{p}=A$（命题1-2-2），这与素理想的定义矛盾。所以 $\exists i\in I_0$，使得 $f_i\notin\mathfrak{p}$，即 $\mathfrak{p}\in D(f_i)$，也就是 $\mathfrak{p}\in\bigcup_{i\in I_0}D(f_i)$，这表明 Spec $A\subseteq\bigcup_{i\in I_0}D(f_i)$。证毕。

命题 1-8-3　设 A 是环，f，$g\in A$。

（1）$\{D(f)\}_{f\in A}$ 是 Spec A 的拓扑基（定义C-4）。

（2）$D(f)\cap D(g)=D(fg)$。

（3）$D(f)=\varnothing\Leftrightarrow f\in\mathfrak{N}_A$，这里 $\mathfrak{N}_A$ 是 A 的幂零根。

（4）$D(f)=\operatorname{Spec}A\Leftrightarrow f$ 可逆。

（5）$D(f)\subseteq D(g)\Leftrightarrow\sqrt{(f)}\subseteq\sqrt{(g)}$。

（6）$D(f)=D(g)\Leftrightarrow\sqrt{(f)}=\sqrt{(g)}$。

（7）Spec(A) 是紧的（定义C-13）。

（8）$D(f)$是紧的。

（9）设U是Spec A中的一个开子集，则U是紧的$\Leftrightarrow U$是有限个形如$D(f)$的集合的并。

证明 记$X=\operatorname{Spec}A$。

（1）由命题1-8-1（5）可得

$$V(\mathfrak{a})=\bigcap_{f\in\mathfrak{a}}V(f)。$$

所以可得

$$X\backslash V(\mathfrak{a})=\bigcup_{f\in\mathfrak{a}}X\backslash V(f)=\bigcup_{f\in\mathfrak{a}}D(f),$$

即X中任意开集可表示成$\{D(f)\}_{f\in A}$中成员的并集，所以$\{D(f)\}_{f\in A}$是拓扑基。

（2）设$\mathfrak{p}\in X$，由式（1-4-3）有f，$g\notin\mathfrak{p}\Rightarrow fg\notin\mathfrak{p}$，即$\mathfrak{p}\in D(f)\cap D(g)\Rightarrow\mathfrak{p}\in D(fg)$，所以$D(f)\cap D(g)\subseteq D(fg)$。

由命题1-2-1有$fg\notin\mathfrak{p}\Rightarrow$（$f\notin\mathfrak{p}$且$g\notin\mathfrak{p}$），即$\mathfrak{p}\in D(fg)\Rightarrow$（$\mathfrak{p}\in D(f)$且$\mathfrak{p}\in D(g)$），所以$D(fg)\subseteq D(f)\cap D(g)$。

（3）需要证明：$D(f)\neq\varnothing\Leftrightarrow f\notin\mathfrak{N}_A$。

$\Rightarrow$：取$\mathfrak{p}\in D(f)$，即$f\notin\mathfrak{p}$，由命题1-4-1知$f^n\notin\mathfrak{p}$（$\forall n>0$）。由于$0\in\mathfrak{p}$，所以$f^n\neq0$（$\forall n>0$），即f不是幂零元。

$\Leftarrow$：由命题1-5-3知$f\notin\bigcap_{\mathfrak{p}\in X}\mathfrak{p}$，所以存在$\mathfrak{p}\in X$，使得$f\notin\mathfrak{p}$，即$\mathfrak{p}\in D(f)$，从而$D(f)\neq\varnothing$。

（4）需要证明：$D(f)\neq X\Leftrightarrow f$不可逆。

$\Leftarrow$：根据命题1-4-13，有极大理想$\mathfrak{m}$，使得$f\in\mathfrak{m}$。而$\mathfrak{m}\in X$（命题1-4-7），所以$\mathfrak{m}\notin D(f)$。表明$X\backslash D(f)$非空，即$D(f)\neq X$。

$\Rightarrow$：取$\mathfrak{p}\in X\backslash D(f)$，即$f\in\mathfrak{p}$。由于$\mathfrak{p}\neq A$，所以$f$不可逆（命题1-2-2）。

（5）同命题1-8-1（10）。

（6）同命题1-8-1（11）。

（7）根据（1），可设$\{D(f_i)\}_{i\in I}$是X的一个开覆盖。如果$\left(\{f_i\}_{i\in I}\right)\neq A$，则由命题1-4-10知存在极大理想$\mathfrak{p}$（由命题1-4-7知它是素理想），使得$\left(\{f_i\}_{i\in I}\right)\subseteq\mathfrak{p}$。对于$\forall i\in I$，有$f_i\in\mathfrak{p}$，即$\mathfrak{p}\notin D(f_i)$，表明$\mathfrak{p}\notin\bigcup_{i\in I}D(f_i)$。这与$\{D(f_i)\}_{i\in I}$覆盖$X$矛盾，所以$\left(\{f_i\}_{i\in I}\right)=A$。由命题1-8-2（2）知有$I$的有限子集$J$，使得$\{D(f_j)\}_{j\in J}$覆盖$X$。

（8）设 $\{D(f_i)\}_{i\in I}$ 是 $D(f)$ 的一个开覆盖。如果 $\left(\{f_i\}_{i\in I}\right)=A$，由命题1-8-2（2）知 $D(f)$ 有有限子覆盖。下面设 $\left(\{f_i\}_{i\in I}\right)\neq A$。

假设 $\forall n>0$，有 $f^n\notin\left(\{f_i\}_{i\in I}\right)$。根据命题1-6-35，存在素理想 $\mathfrak{p}$ 满足

$$\mathfrak{p}\supseteq\left(\{f_i\}_{i\in I}\right),\quad f^n\notin\mathfrak{p},\quad \forall n\geqslant 0。$$

对于 $\forall i\in I$，有 $f_i\in\mathfrak{p}$，即 $\mathfrak{p}\notin D(f_i)$，表明

$$\mathfrak{p}\notin\bigcup_{i\in I}D(f_i)。$$

由 $f^n\notin\mathfrak{p}$ 可得 $f\notin\mathfrak{p}$（命题1-4-1），即

$$\mathfrak{p}\in D(f)。\tag{1-8-1}$$

以上两式与 $\{D(f_i)\}_{i\in I}$ 覆盖 $D(f)$ 矛盾。所以 $\exists n>0$，使得 $f^n\in\left(\{f_i\}_{i\in I}\right)$，即有

$$f^n=\sum_{j\in J}a_jf_j,\quad a_j\in A,$$

其中，J 是 I 的一个有限子集。设 $\mathfrak{p}\in D(f)$，如果对于 $\forall j\in J$ 有 $f_j\in\mathfrak{p}$，则由上式可得 $f^n\in\mathfrak{p}$，因此 $f\in\mathfrak{p}$（命题1-4-1），即 $\mathfrak{p}\notin D(f)$，与式（1-8-1）矛盾。所以 $\exists j\in J$，使得 $f_j\notin\mathfrak{p}$，即 $\mathfrak{p}\in D(f_j)$，也就是 $\mathfrak{p}\in\bigcup_{j\in J}D(f_j)$。这表明 $D(f)\subseteq\bigcup_{j\in J}D(f_j)$，即 $\{D(f_j)\}_{j\in I}$ 覆盖 $D(f)$。

（9）$\Rightarrow$：由于 $\{D(f)\}_{f\in A}$ 是拓扑基，可设 $U=\bigcup_{i\in I}D(f_i)$。$\{D(f_i)\}_{i\in I}$ 是 U 的开覆盖，它有有限子覆盖 $\{D(f_j)\}_{j\in J}$（J 是 I 的一个有限子集），即有 $U\subseteq\bigcup_{j\in J}D(f_j)$，而 $\bigcup_{j\in J}D(f_j)\subseteq\bigcup_{i\in I}D(f_i)=U$，所以 $U=\bigcup_{j\in J}D(f_j)$。

$\Leftarrow$：设 $U=\bigcup_{j\in J}D(f_j)$，其中，J 是有限集。设 $\{D(g_i)\}_{i\in I}$ 是 U 的开覆盖，则有 $D(f_j)$ 的开覆盖 $\{D(f_j)\cap D(g_i)\}_{i\in I}$。由（8）知 $D(f_j)$ 有有限子覆盖 $\{D(f_j)\cap D(g_i)\}_{i\in I_j}$，其中，$I_j$ 是 I 的一个有限子集。显然，$\bigcup_{j\in J}\{D(g_i)\}_{i\in I_j}$ 就是 U 的一个有限子覆盖。证毕。

命题1-8-4 设 φ：$A\to B$ 是环同态，记 $X=\mathrm{Spec}(A)$，$Y=\mathrm{Spec}(B)$。由命题1-7-1知 φ 诱导映射：

$$\tilde{\varphi}:\ Y\to X,\quad \mathfrak{q}\mapsto\mathfrak{q}^c=\varphi^{-1}(\mathfrak{q})。$$

由命题1-2-11（1）知

$$\tilde{\varphi}(Y)\subseteq V(\ker\varphi),$$

所以 $\tilde{\varphi}$ 可以写成

$$\tilde{\varphi}:\ Y \to V(\ker\varphi),\quad \mathfrak{q} \mapsto \mathfrak{q}^c = \varphi^{-1}(\mathfrak{q})。$$

（1）对于 $f\in A$，有 $\tilde{\varphi}^{-1}\big(D(f)\big)=D\big(\varphi(f)\big)$，因此映射 $\tilde{\varphi}$ 是连续的。

（2）对于 A 中理想 $\mathfrak{a}$，有 $\tilde{\varphi}^{-1}(V(\mathfrak{a}))=V(\mathfrak{a}^e)$。

（3）对于 B 中理想 $\mathfrak{b}$，有 $\overline{\tilde{\varphi}(V(\mathfrak{b}))}=V(\mathfrak{b}^c)$。

（4） φ 满 $\Rightarrow \tilde{\varphi}:\ Y\to V(\ker\varphi)$ 是同胚。特别地， $\operatorname{Spec}A$ 和 $\operatorname{Spec}\big(A/\mathfrak{N}_A\big)$ 自然同胚，这里 $\mathfrak{N}_A$ 是 A 的幂零根。

（5） $\tilde{\varphi}(Y)$ 在 X 中稠密（即 $\overline{\tilde{\varphi}(V)}=X$ ）$\Leftrightarrow \ker\varphi\subseteq\mathfrak{N}_A$。

（6）设 ψ：$B\to C$ 是另一环同态，那么 $\widetilde{\psi\varphi}=\tilde{\varphi}\tilde{\psi}$。

证明 （1） $\mathfrak{q}\in\tilde{\varphi}^{-1}\big(D(f)\big)\Leftrightarrow\tilde{\varphi}(\mathfrak{q})\in D(f)\Leftrightarrow f\notin\tilde{\varphi}(\mathfrak{q})=\varphi^{-1}(\mathfrak{q})\Leftrightarrow\varphi(f)\notin\mathfrak{q}\Leftrightarrow\mathfrak{q}\in D\big(\varphi(f)\big)$，即 $\tilde{\varphi}^{-1}\big(D(f)\big)=D\big(\varphi(f)\big)$。

（2） $\mathfrak{q}\in\tilde{\varphi}^{-1}(V(\mathfrak{a}))\Leftrightarrow\tilde{\varphi}(\mathfrak{q})\in V(\mathfrak{a})\Leftrightarrow\varphi^{-1}(\mathfrak{q})=\tilde{\varphi}(\mathfrak{q})\supseteq\mathfrak{a}$。

根据命题A-2（5），可得

$$上式\Leftrightarrow\mathfrak{q}\supseteq\varphi(\mathfrak{a})。$$

根据命题1-6-34，可得

$$上式\Leftrightarrow\mathfrak{q}\supseteq B\varphi(\mathfrak{a})=\mathfrak{a}^e\Leftrightarrow\mathfrak{q}\in V(\mathfrak{a}^e)。$$

所以 $\tilde{\varphi}^{-1}(V(\mathfrak{a}))=V(\mathfrak{a}^e)$。

（3）由命题1-8-1（3）知 $V(\mathfrak{b}^c)=V\big(\sqrt{\mathfrak{b}^c}\big)$，由命题1-7-4知 $\sqrt{\mathfrak{b}^c}=\sqrt{\mathfrak{b}}^c$，所以只需证明

$$\overline{\tilde{\varphi}(V(\mathfrak{b}))}=V\big(\sqrt{\mathfrak{b}}^c\big)。\tag{1-8-2}$$

对于 $\forall f\in A$，可以证明

$$f\in\sqrt{\mathfrak{b}}^c\Leftrightarrow D(f)\cap\tilde{\varphi}(V(\mathfrak{b}))=\varnothing。\tag{1-8-3}$$

由命题1-8-1（9）可得

$$\begin{aligned}
f\in\sqrt{\mathfrak{b}}^c=\varphi^{-1}\big(\sqrt{\mathfrak{b}}\big)\Leftrightarrow\varphi(f)\in\sqrt{\mathfrak{b}}\Leftrightarrow\varphi(f)\in\bigcap_{\mathfrak{q}\in V(\mathfrak{b})}\mathfrak{q}
&\Leftrightarrow(\ \forall\mathfrak{q}\in V(\mathfrak{b}),\ \ \varphi(f)\in\mathfrak{q}\ )\\
&\Leftrightarrow(\ \forall\mathfrak{q}\in V(\mathfrak{b}),\ \ f\in\varphi^{-1}(\mathfrak{q})=\tilde{\varphi}(\mathfrak{q})\ )\\
&\Leftrightarrow(\ \forall\mathfrak{p}\in\tilde{\varphi}(V(\mathfrak{b})),\ \ f\in\mathfrak{p}\ )\\
&\Leftrightarrow(\ \forall\mathfrak{p}\in\tilde{\varphi}(V(\mathfrak{b})),\ \ \mathfrak{p}\notin D(f)\ )\\
&\Leftrightarrow D(f)\cap\tilde{\varphi}(V(\mathfrak{b}))=\varnothing。
\end{aligned}$$

这证明了式（1-8-3）。

根据定义C-9（闭包），可知

$$\mathfrak{p}\in\overline{\tilde{\varphi}(V(\mathfrak{b}))}\Leftrightarrow(\forall\,\mathfrak{p}\text{ 的开邻域 }U,\ U\cap\tilde{\varphi}(V(\mathfrak{b}))\neq\varnothing),$$

由于 $\{D(f)\}_{f\in A}$ 是 X 的拓扑基［命题1-8-3（1）］，所以可得

$$\text{上式}\Leftrightarrow(\mathfrak{p}\in D(f)\Rightarrow D(f)\cap\tilde{\varphi}(V(\mathfrak{b}))\neq\varnothing)$$

$$\Leftrightarrow(D(f)\cap\tilde{\varphi}(V(\mathfrak{b}))=\varnothing\Rightarrow\mathfrak{p}\notin D(f)),$$

由式（1-8-3）可知

$$\text{上式}\Leftrightarrow(f\in\sqrt{\mathfrak{b}^{c}}\Rightarrow f\in\mathfrak{p})\Leftrightarrow\sqrt{\mathfrak{b}^{c}}\subseteq\mathfrak{p}\Leftrightarrow\mathfrak{p}\in V(\sqrt{\mathfrak{b}^{c}})。$$

这证明了式（1-8-2）。

（4）由于 φ 满，由命题1-4-24知 $\tilde{\varphi}$：$Y\to V(\ker\varphi)$ 是双射。由（1）知 $\tilde{\varphi}$ 连续，需证明 $\tilde{\varphi}^{-1}$：$V(\ker\varphi)\to Y$ 连续。

设 $\mathfrak{b}$ 是 B 中的任一理想，我们要证明

$$\tilde{\varphi}(V(\mathfrak{b}))=V(\mathfrak{b}^{c})。\qquad(1\text{-}8\text{-}4)$$

显然，有

$$\mathfrak{p}\in\tilde{\varphi}(V(\mathfrak{b}))\Leftrightarrow(\exists\mathfrak{q}\in V(\mathfrak{b}),\ \mathfrak{p}=\tilde{\varphi}(\mathfrak{q}))\Leftrightarrow(\text{有素理想 }\mathfrak{q}\supseteq\mathfrak{b},\ \mathfrak{p}=\varphi^{-1}(\mathfrak{q})),$$

$$\mathfrak{p}\in V(\mathfrak{b}^{c})\Leftrightarrow\text{素理想 }\mathfrak{p}\supseteq\mathfrak{b}^{c}=\varphi^{-1}(\mathfrak{b})。$$

为证明式（1-8-4），只需证明

$$(\text{有素理想 }\mathfrak{q}\supseteq\mathfrak{b},\ \mathfrak{p}=\varphi^{-1}(\mathfrak{q}))\Leftrightarrow\text{素理想 }\mathfrak{p}\supseteq\varphi^{-1}(\mathfrak{b})。$$

$\Rightarrow$：由命题A-2（2）知 $\varphi^{-1}(\mathfrak{q})\supseteq\varphi^{-1}(\mathfrak{b})$，所以 $\mathfrak{p}\supseteq\varphi^{-1}(\mathfrak{b})$。

$\Leftarrow$：由命题1-2-11（1）知 $\varphi^{-1}(\mathfrak{b})\supseteq\ker\varphi$，所以 $\mathfrak{p}\supseteq\ker\varphi$，即 $\mathfrak{p}\in V(\ker\varphi)$。由于 $\tilde{\varphi}$：$Y\to V(\ker\varphi)$ 是双射，所以有素理想 $\mathfrak{q}$，使得 $\mathfrak{p}=\tilde{\varphi}(\mathfrak{q})=\varphi^{-1}(\mathfrak{q})$。由于 $\mathfrak{p}\supseteq\varphi^{-1}(\mathfrak{b})$，所以有 $\varphi^{-1}(\mathfrak{q})\supseteq\varphi^{-1}(\mathfrak{b})$，于是 $\varphi\varphi^{-1}(\mathfrak{q})\supseteq\varphi\varphi^{-1}(\mathfrak{b})$。由于 φ 满，由命题A-2（3b）可得 $\mathfrak{q}\supseteq\mathfrak{b}$。

这证明了式（1-8-4），这表明 $\tilde{\varphi}$ 把 Y 中闭集映为 $V(\ker\varphi)$ 中闭集，所以 $\tilde{\varphi}^{-1}$：$V(\ker\varphi)\to Y$ 连续，表明 $\tilde{\varphi}$：$Y\to V(\ker\varphi)$ 是同胚。

命题1-8-3（3）可写成

$$V(f)=X\Leftrightarrow f\in\mathfrak{N}_{A}。\qquad(1\text{-}8\text{-}5)$$

由命题1-8-1（5）和上式可得

$$V(\mathfrak{N}_{A})=\bigcap_{f\in\mathfrak{N}_{A}}V(f)=X。\qquad(1\text{-}8\text{-}6)$$

取 $B=A/\mathfrak{N}_A$，φ：$A\to B$ 是自然同态，$\ker\varphi=\mathfrak{N}_A$。根据上面的结论，可知 $Y=\operatorname{Spec}\left(A/\mathfrak{N}_A\right)$ 与 $V\left(\ker\varphi\right)=X=\operatorname{Spec}(A)$ 同胚。

（5）在（3）中取 $\mathfrak{b}=0$，由于 $V(\mathfrak{b})=Y$ ［命题1-8-1（4）］，$\mathfrak{b}^c=\varphi^{-1}(\mathfrak{b})=\ker\varphi$，所以可得

$$\overline{\tilde{\varphi}(Y)}=V\left(\ker\varphi\right)。$$

由命题1-8-1（3）和命题1-6-40可得 $V\left(\ker\varphi\right)=V\left(\sqrt{\ker\varphi}\right)=V\left(\varphi^{-1}(\mathfrak{N}_B)\right)$，所以可得

$$\overline{\tilde{\varphi}(Y)}=V\left(\ker\varphi\right)=V\left(\varphi^{-1}(\mathfrak{N}_B)\right)。\tag{1-8-7}$$

若 $\tilde{\varphi}(Y)$ 在 X 中稠密，即 $\overline{\tilde{\varphi}(Y)}=X$，则由上式可得 $X=V\left(\ker\varphi\right)$，即 $\forall\mathfrak{p}\in X$ 有 $\mathfrak{p}\supseteq\ker\varphi$，由此可得 $\bigcap\limits_{\mathfrak{p}\in X}\mathfrak{p}\supseteq\ker\varphi$，由命题1-5-3知 $\mathfrak{N}_A\supseteq\ker\varphi$。

反之，若 $\ker\varphi\subseteq\mathfrak{N}_A$，则 $\sqrt{\ker\varphi}\subseteq\sqrt{\mathfrak{N}_A}$ ［命题1-6-21（1）］，由命题1-6-40（$\sqrt{\ker\varphi}=\varphi^{-1}(\mathfrak{N}_B)$）和命题1-6-38（$\sqrt{\mathfrak{N}_A}=\mathfrak{N}_A$）可得 $\varphi^{-1}(\mathfrak{N}_B)\subseteq\mathfrak{N}_A$。由命题1-5-7（$\mathfrak{N}_A\subseteq\varphi^{-1}(\mathfrak{N}_B)$）可得

$$\varphi^{-1}(\mathfrak{N}_B)=\mathfrak{N}_A。$$

由式（1-8-7）和上式可得 $\overline{\tilde{\varphi}(Y)}=V(\mathfrak{N}_A)$，由式（1-8-6）（$V(\mathfrak{N}_A)=X$）可得 $\overline{\tilde{\varphi}(Y)}=X$，即 $\tilde{\varphi}(Y)$ 在 X 中稠密。

（6）设 $\mathfrak{r}$ 是 C 中的素理想，则（命题A-3）

$$\widetilde{\psi\varphi}(\mathfrak{r})=\left(\psi\varphi\right)^{-1}(\mathfrak{r})=\varphi^{-1}\left(\psi^{-1}(\mathfrak{r})\right)=\tilde{\varphi}\left(\tilde{\psi}(\mathfrak{r})\right)。$$

证毕。

第2章 模

2.1 模和模同态

定义 2-1-1 模（module） 设 A 是一个环，M 是一个加法交换群。有 A 与 M 的乘法（被称为标量乘法）：

$$A\times M\to M,\ (a,\ x)\mapsto ax$$

满足以下公理（其中，a，$b\in A$，x，$y\in M$）：

（1）$a(x+y)=ax+ay$。

（2）$(a+b)x=ax+bx$。

（3）$(ab)x=a(bx)$。

（4）$1x=x$。

就把 M 称为一个 A-模。

注（定义 2-1-1） $AM=M$。

根据模的定义，显然有 $AM\subseteq M$。对于 $\forall x\in M$，有 $x=1x$，由于 $1\in A$，所以 $x\in AM$，这表明 $M\subseteq AM$。

例 2-1-1

（1）环 A 的任意理想 $\mathfrak{a}$ 是一个 A-模。特别地，A 本身是一个 A-模。

（2）设 k 是域，则 k-模就是 k-向量空间。

（3）Z-模 = 交换群，标量乘法为 $nx=\underbrace{x+\cdots+x}_{n个}$。

命题 2-1-1 设 M 是 A-模，$a\in A$，$m\in M$，则有

$$a0=0,\ 0m=0,\ (-1)m=-m,\ (-a)m=-(am)=a(-m)。$$

证明 $a0=a(0+0)=a0+a0$，所以 $a0=0$。

$0m=(0+0)m=0m+0m$，所以 $0m=0$。

$(-1)m+m=(-1)m+1m=(1-1)m=0m=0$，所以 $(-1)m=-m$。

$(-a)m=(-1a)m=(-1)(am)=-(am)$，$a(-m)=a(-1m)=(-1a)m=(-a)m$。

证毕。

定义 2-1-2 模同态（module homomorphism） 设 M 和 N 是两个 A-模，如果满足下述条件，则映射 f：$M\to N$ 叫作 A-模同态或 A-同态或 A-线性（A-linear）映射：

（1）f 是加法群同态，即 $f(x+y)=f(x)+f(y)$，$\forall x$，$y\in M$。

（2）$f(ax)=af(x)$，$\forall a\in A$，$\forall x\in M$。

注（定义 2-1-2）

（1）设 k 是域，那么 k-模同态就是 k-线性变换。

（2）环同态 $f(ax)=f(a)f(x)$，模同态 $f(ax)=af(x)$。

命题 2-1-2 A-模同态的合成仍是 A-模同态。

定义 2-1-3 设 M，N 是 A-模，记 $\mathrm{Hom}_A(M, N)$［不引起混淆时可省略下标 A，简记为 $\mathrm{Hom}(M, N)$］为所有 $M\to N$ 的 A-模同态的集合。

命题 2-1-3 $\mathrm{Hom}_A(M, N)$ 是一个 A-模，加法和标量乘法为（其中，$a\in A$，f，$g\in \mathrm{Hom}_A(M, N)$）

$$(f+g)(x)=f(x)+g(x),\quad \forall x\in M,$$

$$(af)(x)=af(x),\quad \forall x\in M。$$

命题 2-1-4 对任意 A-模 M，有自然的 A-模同构：

$$\varphi：\mathrm{Hom}_A(A, M)\to M,\quad f\mapsto f(1)。$$

证明 易验证 φ 是 A-模同态。设 f，$g\in \mathrm{Hom}_A(A, M)$，若 $f(1)=g(1)$，则对 $\forall a\in A$，有

$$f(a)=af(1)=ag(1)=g(a),$$

即 $f=g$，表明 φ 是单同态。$\forall x\in M$，令

$$f：A\to M,\quad a\mapsto ax,$$

易验证 f 是 A-模同态，即 $f\in \mathrm{Hom}_A(A, M)$。显然，$f(1)=x$，即 $\varphi(f)=x$，说明 φ 是满同态。因此 φ 是 A-模同构。

命题 2-1-5 设 f：$M\to M'$ 是 A-模同态，N 是 A-模。f 诱导出两个 A-模同态：

$$f^*：\mathrm{Hom}_A(M', N)\to \mathrm{Hom}_A(M, N),\quad u\mapsto u\circ f, \tag{2-1-1}$$

$$f_*：\mathrm{Hom}_A(N, M)\to \mathrm{Hom}_A(N, M'),\quad u\mapsto f\circ u。 \tag{2-1-2}$$

证明 设 u，$v\in \mathrm{Hom}_A(M', N)$，$a\in A$。对于 $\forall x\in M$，有

$$f^*(u+v)(x)=(u+v)\circ f(x)=u\circ f(x)+v\circ f(x)=f^*(u)(x)+f^*(v)(x),$$

$$f^*(au)(x)=(au)\circ f(x)=au\circ f(x)=af^*(u)(x),$$

即

$$f^*(u+v)=f^*(u)+f^*(v),$$

$$f^*(au)=af^*(u)。$$

设u，$v\in \mathrm{Hom}_A(N，M)$，$a\in A$，对于$\forall x\in N$，有

$$f_*(u+v)(x)=f\circ(u+v)(x)=f\circ u(x)+f\circ v(x)=f_*(u)(x)+f_*(v)(x),$$

$$f_*(au)(x)=f\circ(au)(x)=af\circ u(x)=af_*(u)(x),$$

即

$$f_*(u+v)=f_*(u)+f_*(v),$$

$$f_*(au)=af_*(u)。$$

证毕。

命题2–1–6 设有A-模同态$M'\xrightarrow{f}M\xrightarrow{g}M''$，则

$$(g\circ f)^*=f^*\circ g^*, \tag{2–1–3}$$

$$(g\circ f)_*=g_*\circ f_*。 \tag{2–1–4}$$

证明 有

$$(g\circ f)^*:\ \mathrm{Hom}(M''，N)\to \mathrm{Hom}(M'，N),$$

$$(g\circ f)_*:\ \mathrm{Hom}(N，M')\to \mathrm{Hom}(N，M'')。$$

根据式（2–1–1），设$u\in \mathrm{Hom}(M''，N)$，则

$$(g\circ f)^*(u)=u\circ g\circ f,\quad f^*\circ g^*(u)=f^*(u\circ g)=u\circ g\circ f,$$

所以$(g\circ f)^*=f^*\circ g^*$。根据式（2–1–2），设$u\in \mathrm{Hom}(N，M')$，则

$$(g\circ f)_*(u)=g\circ f\circ u,\quad g_*\circ f_*(u)=g_*(f\circ u)=g\circ f\circ u,$$

所以$(g\circ f)_*=g_*\circ f_*$。证毕。

2.2 子模和商模

定义2–2–1 子模（submodule） A-模M的子模M'是M的加法子群，它对于标量乘法是封闭的，即对于$\forall a\in A$，$\forall x\in M'$，有$ax\in M'$（换句话说，M'也是A-模）。

注（定义2-2-1）

（1）设 M 和 M' 是两个 A-模，只要 $M'\subseteq M$，M' 就是 M 的子模。

（2）环 A 作为 A-模，其子模与理想的概念是等价的。

（3）设 k 是域，则 k-子模就是 k-线性子空间。

定义2-2-2 商模（quotient module） 设 M' 是 A-模 M 的子模，可在加法商群 M/M' 上定义标量乘法（$\bar{x}=x+M'$ 是 x 在 M/M' 中的同余类）：

$$A\times M/M'\to M/M',\quad (a,\ \bar{x})\mapsto a\bar{x}=\overline{ax},$$

因此，M/M' 也是 A-模，叫作 M 对于 M' 的商模。自然映射：

$$\pi:\ M\to M/M',\quad x\mapsto \bar{x}$$

是 A-模同态，称为自然同态。

命题2-2-1 设 M' 是 M 的子模，E 是 M 的子集，记 E/M' 是 E 在自然同态 π：$M\to M/M'$ 下的像，即

$$E/M'=\pi(E)=\{\bar{x}|x\in E\}。$$

类似命题1-2-5有

$$\bar{x}\in E/M'\Leftrightarrow x\in E+M',$$

即

$$\pi^{-1}(E/M')=E+M'。$$

类似命题1-2-6，如果 E 是 M 的包含 M' 的加法封闭子集，则

$$\bar{x}\in E/M'\Leftrightarrow x\in E,$$

即

$$\pi^{-1}(E/M')=E。$$

类似命题1-2-7有命题2-2-2。

命题2-2-2 设 M' 是 M 的子模，E，F 是 M 的包含 M' 的加法封闭子集，则

$$E/M'\subseteq F/M'\Leftrightarrow E\subseteq F,$$

$$E/M'=F/M'\Leftrightarrow E=F,$$

$$E/M'\underset{\neq}{\subseteq}F/M'\Leftrightarrow E\underset{\neq}{\subseteq}F。$$

类似定理1-2-1有定理2-2-1。

定理2-2-1 设 M' 是 M 的子模。在 M 的包含 M' 的子模与 M/M' 的子模之间存在着保持包含关系的一一对应。

也就是说，用 $\mathcal{M}_{M'}(M)$ 表示 M 的所有包含 M' 的子模的集合，用 $\mathcal{M}(M/M')$ 表示 M/M' 的所有子模的集合，则有保持包含关系的双射（其中，π：$M\to M/M'$ 是自然同态）：

$$\tilde{\pi}: \mathcal{M}_{M'}(M) \to \mathcal{M}(M/M'),\quad N \mapsto \pi(N) = N/M',$$

$$\tilde{\pi}^{-1}: \mathcal{M}(M/M') \to \mathcal{M}_{M'}(M),\quad N/M' \mapsto \pi^{-1}(N/M') = N。$$

保持包含关系是指，设 N_1，N_2 是 M 中包含 M' 的子模，则

$$N_1/M' \subseteq N_2/M' \Leftrightarrow N_1 \subseteq N_2,$$

$$N_1/M' = N_2/M' \Leftrightarrow N_1 = N_2,$$

$$N_1/M' \subsetneq N_2/M' \Leftrightarrow N_1 \subsetneq N_2。$$

定义 2-2-3　核（kernel）　像（image）　余核（cokernel）　设 f: $M \to N$ 是一个 A-模同态。它的核定义为

$$\ker f = f^{-1}(0)。$$

f 的像定义为

$$\mathrm{Im} f = f(M)。$$

f 的余核定义为

$$\mathrm{Coker} f = N/\mathrm{Im} f。$$

注（定义 2-2-3）　$\ker f$ 是 M 的子模，$\mathrm{Im} f$ 是 N 的子模。

证明　设 x，$y \in \ker f$，即 $f(x)=f(y)=0$，则 $f(x-y)=f(x)-f(y)=0$，即 $x-y \in \ker f$。设 $a \in A$，则 $f(ax)=af(x)=0$，即 $ax \in \ker f$。因此 $\ker f$ 是 M 的子模。

设 $f(x)$，$f(y) \in \mathrm{Im} f$，其中 x，$y \in M$，则 $x-y \in M$，因而 $f(x)-f(y)=f(x-y) \in \mathrm{Im} f$。设 $a \in A$，则 $ax \in M$，因而 $af(x)=f(ax) \in \mathrm{Im} f$。所以 $\mathrm{Im} f$ 是 N 的子模。证毕。

命题 2-2-3

（1）f 单 $\Leftrightarrow \ker f = 0$。

（2）f 满 $\Leftrightarrow \mathrm{Coker} f = 0$。

证明　（1）同注定义 1-2-3（2）。

（2）f 满 $\Leftrightarrow \mathrm{Im} f = N \Leftrightarrow \mathrm{Coker} f = N/\mathrm{Im} f = 0$。证毕。

类似命题 1-2-12、命题 1-2-12′、定理 1-2-2 有命题 2-2-4、命题 2-2-4′、定理 2-2-2。

命题 2-2-4　设 M' 是 A-模 M 的子模，N' 是 A-模 N 的子模，φ: $M \to N$ 是 A-模同态，满足

$$\varphi(M') \subseteq N'，即\ M' \subseteq \varphi^{-1}(N')。$$

（1）φ 诱导出唯一的 A-模同态：

$$\bar{\varphi}: M/M' \to N/N',\quad x + M' \mapsto \varphi(x) + N',$$

使得（其中，π_M 和 π_N 是自然同态）

$$\bar{\varphi}\circ\pi_M=\pi_N\circ\varphi，\text{即}\quad \begin{array}{ccc} M & \xrightarrow{\bar{\varphi}} & N \\ {\scriptstyle\pi_M}\downarrow & & \downarrow{\scriptstyle\pi_N} \\ M/M' & \xrightarrow{\bar{\varphi}} & N/N' \end{array}\text{。}$$

（2）如果 φ 满，则 $\bar{\varphi}$ 满。

（3）如果 $M'=\varphi^{-1}(N')$，则 $\bar{\varphi}$ 单。

命题2-2-4′ 设 M' 是 A-模 M 的子模，φ：$M\to N$ 是 A-模同态，有

$$\varphi(M')=0，\text{即 } M'\subseteq\ker\varphi\text{。}$$

（1）φ 诱导出唯一的 A-模同态：

$$\bar{\varphi}：M/M'\to N，\quad \bar{x}\mapsto\varphi(x),$$

使得（其中，π 是自然同态）

$$\bar{\varphi}\circ\pi=\varphi，\text{即}\quad \begin{array}{ccc} M & \xrightarrow{\varphi} & N \\ {\scriptstyle\pi}\downarrow & \nearrow{\scriptstyle\bar{\varphi}} & \\ M/M' & & \end{array}\quad\text{。}$$

（2）如果 φ 满，则 $\bar{\varphi}$ 满。

（3）如果 $M'=\ker\varphi$，则 $\bar{\varphi}$ 单。

定理2-2-2　模同态基本定理 设 f：$M\to N$ 是一个 A-模同态，则有 A-模同构：

$$\bar{f}：M/\ker f\to \mathrm{Im} f，\quad \bar{x}\mapsto f(x)\text{。}$$

命题2-2-5 设 N 是 L，M 的子模，L，M 是更大模的子模，则

$$\frac{L+M}{N}=\frac{L}{N}+\frac{M}{N}\text{。}$$

证明

$$\begin{aligned}\bar{x}\in\frac{L+M}{N}&\Leftrightarrow(\ \bar{x}=l+m+N，\ l\in L，\ m\in M\ )\\&\Leftrightarrow(\ \bar{x}=(l+N)+(m+N)，\quad l\in L，\quad m\in M)\\&\Leftrightarrow\bar{x}\in\frac{L}{N}+\frac{M}{N}\text{。}\end{aligned}$$

证毕。

命题2-2-6 设 N 是 M 的子模，则

$$\frac{M+N}{N}=\frac{M}{N}\text{。}$$

证明 由命题2-2-5可得 $\frac{M+N}{N}=\frac{M}{N}+\frac{N}{N}$，而 $\frac{N}{N}=0$。证毕。

命题2-2-7 设 $L\supseteq M\supseteq N$，它们都是 A-模，则

$$\frac{L}{N}=\frac{M}{N}\Leftrightarrow L=M+N\text{。}$$

证明 $\Leftarrow$：由命题2-2-6可得。

$\Rightarrow$：显然 $L \supseteq M+N$。对于 $\forall l \in L$，有 $l+N \in M/N$，即 $l+N=m+N$ （$m \in M$）。因此 $n=l-m \in N$，即 $l=m+n \in M+N$，表明 $L \subseteq M+N$。证毕。

命题2-2-8 设 M，N 是 A-模 L 的子模，记

$$\varphi: N \to L/M, \quad x \mapsto x+M。$$

那么有

$$\varphi \text{ 是满射} \Leftrightarrow L=M+N。$$

证明

$$\begin{aligned}\varphi \text{ 是满射} &\Leftrightarrow (\forall l \in L,\ \exists n \in N,\ \varphi(n)=l+M) \\ &\Leftrightarrow (\forall l \in L,\ \exists n \in N,\ n+M=l+M) \\ &\Leftrightarrow (\forall l \in L,\ \exists n \in N,\ l-n \in M) \\ &\Leftrightarrow (\forall l \in L,\ \exists n \in N,\ \exists m \in M,\ l=m+n) \\ &\Leftrightarrow L \subseteq M+N \Leftrightarrow L=M+N。\end{aligned}$$

证毕。

命题2-2-9 设 $M' \xrightarrow{f} M \xrightarrow{g} M''$ 是 A-模同态序列，则

$$g \circ f=0 \Leftrightarrow \mathrm{Im} f \subseteq \ker g。$$

证明 $g \circ f=0 \Leftrightarrow (\forall x \in M',\ g(f(x))=0) \Leftrightarrow (\forall x \in M',\ f(x) \in \ker g) \Leftrightarrow \mathrm{Im} f \subseteq \ker g$。证毕。

命题2-2-10 若 $\varphi: M \to N$ 是单同态，则 $M \cong \mathrm{Im}\,\varphi$。

证明 有 $\ker \varphi=0$。由定理2-2-2（模同态基本定理）可得 $\mathrm{Im}\,\varphi \cong M/\ker \varphi = M/0=M$。证毕。

命题2-2-11 设 M' 是 M 的子模。若 $\varphi: M \to N$ 是同构，则 $\dfrac{M}{M'} \cong \dfrac{N}{\varphi(M')}$。

证明 由命题2-2-4可得。证毕。

命题2-2-12 设 M' 是 M 的子模，设 N' 是 N 的子模，则

$$\frac{M \times N}{M' \times N'} \cong \frac{M}{M'} \times \frac{N}{N'}。$$

证明 有满同态：

$$\varphi: M \times N \to \frac{M}{M'} \times \frac{N}{N'}, \quad (x,\ y) \mapsto (x+M',\ y+N')。$$

有

$$(x,\ y) \in \ker \varphi \Leftrightarrow (x+M',\ y+N')=0 \Leftrightarrow (x,\ y) \in M' \times N',$$

即 $\ker\varphi = M'\times N'$。由定理2-2-2（模同态基本定理）即可得出结论。证毕。

命题2-2-13 设 $M\xrightarrow{\varphi}N\xrightarrow{f}L$ 是 A-模同态列，f 是同构，则

$$\ker\varphi = \ker(f\circ\varphi)。$$

证明

$$x\in\ker\varphi \Leftrightarrow \varphi(x)=0 \Leftrightarrow f(\varphi(x))=0 \Leftrightarrow x\in\ker(f\circ\varphi),$$

即 $\ker(f\circ\varphi)=\ker\varphi$。证毕。

2.3 子模上的运算

定义2-3-1 和 设 $\{M_i\}_{i\in I}$ 是 A-模 M 的一族子模，它们的和 $\sum\limits_{i\in I}M_i$ 的定义为所有有限和 $\sum\limits_i x_i$ 的集合：

$$\sum_{i\in I}M_i=\left\{x_{i_1}+\cdots+x_{i_k}\middle| x_{i_1}\in M_{i_1},\ \cdots,\ x_{i_k}\in M_{i_k},\ i_1,\ \cdots,\ i_k\in I,\ k\in N\right\}。$$

命题2-3-1 $\sum\limits_{i\in I}M_i$ 是包含所有 M_i（$i\in I$）的最小子模，即

$$\sum_{i\in I}M_i=\left(\bigcup_{i\in I}M_i\right)。$$

证明 易证 $\sum\limits_{i\in I}M_i$ 是 M 的子模。设 N 是任一包含所有 M_i 的子模，即对于 $\forall i\in I$，有 $M_i\subseteq N$。任取 $x_i\in M_i$，则 $x_i\in N$，所以 $\sum\limits_{i\in I}x_i\in N$，表明 $\sum\limits_{i\in I}M_i\subseteq N$。证毕。

命题2-3-2 $\bigcap\limits_{i\in I}M_i$ 是含于所有 M_i（$i\in I$）的最大子模。

证明 易证 $\bigcap\limits_{i\in I}M_i$ 是 M 的子模。设 N 是任一含于所有 M_i 的子模，即对于 $\forall i\in I$，有 $N\subseteq M_i$。显然 $N\subseteq\bigcap\limits_{i\in I}M_i$。证毕。

类似定理1-2-3和定理1-2-4有定理2-3-1。

定理2-3-1 设 M_1，M_2 都是 M 的子模，那么有

$$\frac{M_1+M_2}{M_1}\cong\frac{M_2}{M_1\bigcap M_2}。$$

定理2-3-2 设 $L\supseteq M\supseteq N$，它们都是 A-模，那么有

$$\frac{L/N}{M/N}\cong\frac{L}{M}。$$

定义2-3-2 积 设 $\mathfrak{a}$ 是环 A 的理想，M 是 A-模。定义 $\mathfrak{a}M$ 是一切可能的有限和 $\sum\limits_i a_ix_i$ 所组成的集合，其中，$a_i\in\mathfrak{a}$，$x_i\in M$，即

$$\mathfrak{a}M=\left\{\sum_{i=1}^{k}a_i x_i \middle| a_i\in\mathfrak{a},\ x_i\in M,\ 1\leqslant i\leqslant k,\ k\in Z^+\right\}。$$

注（定义2–3–2） $\mathfrak{a}M$ 是 M 的子模。

定义2–3–3 如果 N 和 P 是 A-模 M 的两个子模，定义为

$$(N:P)=\{a\in A|aP\subseteq N\}。$$

注（定义2–3–3） $(N:P)$ 是 A 的理想。

定义2–3–4 零化子（annihilator） 设 M 是 A-模。定义 M 的零化子为

$$\mathrm{Ann}_A(M)=(0:M)=\{a\in A|aM=0\}。$$

为避免引起混淆，也可把 $\mathrm{Ann}_A(M)$ 简记为 $\mathrm{Ann}(M)$。

命题2–3–3 设 $\mathfrak{a}$ 是环 A 的理想，M 是 A-模。如果 $\mathfrak{a}\subseteq\mathrm{Ann}(M)$，那么 M 可以看作 $A/\mathfrak{a}$-模。

证明 设 $\bar{x}=x+\mathfrak{a}\in A/\mathfrak{a}$，定义标量乘法：

$$A/\mathfrak{a}\times M\to M,\ (\bar{x},\ m)\mapsto\bar{x}m=xm。\tag{2–3–1}$$

若有 $\bar{x}$ 的另一代表元 x'，则 $x-x'\in\mathfrak{a}\subseteq\mathrm{Ann}(M)$，于是 $xm-x'm=(x-x')m=0$，即 $xm=x'm$。表明式（2–3–1）不依赖于 $\bar{x}$ 的代表元 x 的选择。证毕。

定义2–3–5 忠实模（faithful module） 如果 $\mathrm{Ann}_A(M)=0$，则 A-模 M 叫作忠实的。

命题2–3–4 设 $\mathfrak{a}$ 是环 A 的理想，M 是 A-模。记 $\mathfrak{a}=\mathrm{Ann}(M)$，则 M 看作 $A/\mathfrak{a}$-模是忠实的。

证明 有

$$\bar{x}\in\mathrm{Ann}_{A/\mathfrak{a}}(M)\Leftrightarrow\bar{x}M=0\Leftrightarrow xM=0\Leftrightarrow x\in\mathrm{Ann}(M)=\mathfrak{a}\Leftrightarrow\bar{x}=0,$$

即 $\mathrm{Ann}_{A/\mathfrak{a}}(M)=0$。证毕。

命题2–3–5

（1） $\mathrm{Ann}(M+N)=\mathrm{Ann}(M)\cap\mathrm{Ann}(N)$。

（2） $(N:P)=\mathrm{Ann}\left(\dfrac{N+P}{N}\right)=\mathrm{Ann}(P/N)$。

证明 （1）设 $a\in\mathrm{Ann}(M+N)$，即

$$a(m+n)=0,\ \forall m\in M,\ \forall n\in N。$$

取 $n=0$，则对于 $\forall m\in M$，有 $am=0$，即 $aM=0$，因而 $a\in\mathrm{Ann}(M)$。同样有 $a\in\mathrm{Ann}(N)$，所以 $a\in\mathrm{Ann}(M)\cap\mathrm{Ann}(N)$。

设 $a\in\mathrm{Ann}(M)\cap\mathrm{Ann}(N)$，则 $aM=0$，$aN=0$，因此 $a(M+N)=0$，即 $a\in\mathrm{Ann}(M+N)$。

（2） $a\in(N:P)\Leftrightarrow aP\subseteq N\Leftrightarrow$（ $\forall p\in P$， $ap\in N$ ）$\Leftrightarrow$（ $\forall p\in P$， $\forall n\in N$， $a(n+p)\in N$ ）$\Leftrightarrow$（ $\forall p\in P$， $\forall n\in N$， $a(n+p+N)=N$ ）$\Leftrightarrow a\in\mathrm{Ann}\left(\dfrac{N+P}{N}\right)$，即 $(N:P)=\mathrm{Ann}\left(\dfrac{N+P}{N}\right)$。根

据命题2–2–6有 $\frac{N+P}{N}=\frac{P}{N}$。证毕。

定义 2–3–6 生成元（generator） 设 M 是 A-模，X 是 M 的一个子集，记

$$(X)=\sum_{x\in X}Ax=\{a_1x_1+\cdots+a_kx_k|a_1,\ \cdots,\ a_k\in A,\ x_1,\ \cdots,\ x_k\in X,\ k\in N\}。$$

它是 M 的子模。如果 $M=(X)$，那么 X 叫作 M 的一个生成元组（set of generators），X 中的元素叫作 M 的生成元。

定义 2–3–7 有限生成模（finitely generated module） 如果A-模M里面存在着有限生成元组，则其叫作有限生成的。

注（定义 2–3–7） 可将 $\mathrm{Ann}_A((x))$ 简记为 $\mathrm{Ann}_A(x)$，有

$$\mathrm{Ann}_A(x)=\{a\in A|ax=0\}。$$

命题 2–3–6 设 X 是 M 的子集，那么 (X) 是包含 X 的最小子模。

证明 显然，(X) 是包含 X 的子模。设 M' 是任一包含 X 的子模，任取 (X) 中元素 $\sum_i a_ix_i$，其中，$a_i\in A$，$x_i\in X$，由于 $x_i\in M'$，所以 $a_ix_i\in M'$，因此 $\sum_{i=1}^k a_ix_i\in M'$，表明 $(X)\subseteq M'$。证毕。

命题 2–3–7 设 N 是 A-模 M 的子模，$\mathfrak{a}$ 是 A 的理想，则

$$\mathfrak{a}(M/N)=(\mathfrak{a}M)/N。$$

证明

$$\bar{x}\in\mathfrak{a}(M/N)\Leftrightarrow\bar{x}=\sum_i a_i(x_i+N)=\sum_i(a_ix_i+N)=\left(\sum_i a_ix_i\right)+N\Leftrightarrow\bar{x}\in(\mathfrak{a}M)/N。$$

证毕。

命题 2–3–8 设 N 是 A-模 M 的子模，则

$$\{x_i\}_{i\in I}\text{ 是 }M\text{ 的生成元}\Rightarrow\{x_i+N\}_{i\in I}\text{ 是 }M/N\text{ 的生成元。}$$

证明 $\forall x\in M$，有 $x=\sum_{j=1}^k a_jx_j$，因而 $x+N=\sum_{j=1}^k a_jx_j+N=\sum_{j=1}^k a_j(x_j+N)$，即 $\{x_i+N\}_{i\in I}$ 是 M/N 的生成元。证毕。

由命题2–3–8可得命题2–3–9。

命题 2–3–9 设 N 是 A-模 M 的子模，则

$$M\text{ 有限生成}\Rightarrow M/N\text{ 有限生成。}$$

命题 2–3–10 设 M 是由 x_1，$\cdots$，x_n 生成的 A-模，$\mathfrak{a}$ 是 A 的一个理想，则 $\forall x\in\mathfrak{a}M$ 可写成

$$x=\sum_{i=1}^n a_ix_i,\quad a_i\in\mathfrak{a},\quad i=1,\ \cdots,\ n。$$

证明 根据积的定义，有

$$x=\sum_{i=1}^{k}b_iy_i,\quad b_i\in\mathfrak{a},\quad y_i\in M\quad(i=1,\cdots,k)。$$

由于 $x_1,\cdots,x_n$ 是 M 的生成元，所以有

$$y_i=\sum_{j=1}^{n}a_{ij}x_j,\quad a_{ij}\in A\quad(i=1,\cdots,k;\ j=1,\cdots,n)。$$

于是

$$x=\sum_{j=1}^{n}\sum_{i=1}^{k}b_ia_{ij}x_j,$$

由于 $\mathfrak{a}$ 是理想，所以 $b_ia_{ij}\in\mathfrak{a}$，令 $a_j=\sum_{i=1}^{k}b_ia_{ij}\in\mathfrak{a}$，则 $x=\sum_{j=1}^{n}a_jx_j$。证毕。

命题2-3-11　设 M 是 A-模，$\mathfrak{a}$ 是 A 的一个理想，则 $\mathfrak{a}\subseteq\mathrm{Ann}_A(M/\mathfrak{a}M)$。

证明　用上画线表示 $M/\mathfrak{a}M$ 中的同余类，有

$$a\in\mathfrak{a}\Rightarrow(\forall x\in M,\ ax\in\mathfrak{a}M)\Leftrightarrow(\forall x\in M,\ \overline{ax}=0)\Leftrightarrow(\forall x\in M,\ a\bar{x}=0)$$
$$\Leftrightarrow a(M/\mathfrak{a}M)=0\Leftrightarrow a\in\mathrm{Ann}(M/\mathfrak{a}M)。$$

证毕。

命题2-3-11′　设 $\mathfrak{a}$ 是 A 的理想，则 $\mathfrak{a}/\mathfrak{a}^2$ 作为 A-模有 $\mathfrak{a}\subseteq\mathrm{Ann}(\mathfrak{a}/\mathfrak{a}^2)$。

证明　命题2-3-11中取 $M=\mathfrak{a}$。证毕。

命题2-3-12　设 $M\xrightarrow{g}N\xrightarrow{f}P$ 是 A-模同态。若 $\mathrm{Im}\,g$ 是 N 的生成元组，且 $f\circ g=0$，则 $f=0$。

证明　$\forall n\in N$，有 $n=\sum_i a_in_i$，其中，$a_i\in A$，$n_i\in\mathrm{Im}\,g$。可写成 $n=\sum_i a_ig(m_i)$，其中，$m_i\in M$。有 $f(n)=\sum_i a_if\circ g(m_i)=0$，即 $f=0$。证毕。

命题2-3-13　设 f: $M\to N$ 是 A-同态。若 $\{x_i\}_{i\in I}$ 是 M 的生成元组，则 f 由 $\{f(x_i)\}_{i\in I}$ 唯一确定。

证明　设 f': $M\to N$ 是 A-同态。$\forall x\in M$，设 $x=\sum_{i\in I}a_ix_i$，则

$$f(x)=\sum_{i\in I}a_if(x_i),\quad f'(x)=\sum_{i\in I}a_if'(x_i)。$$

若 $f(x_i)=f'(x_i)$（$\forall i\in I$），则 $f(x)=f'(x)$，即 $f=f'$。表明 f 由 $\{f(x_i)\}_{i\in I}$ 唯一确定。证毕。

命题2-3-14　设 $\mathfrak{a}$ 是环 A 的一个理想，将 $A/\mathfrak{a}$ 视为 A-模，则 $\mathfrak{a}=\mathrm{Ann}_A(A/\mathfrak{a})$。

证明　$x\in\mathrm{Ann}(A/\mathfrak{a})\Leftrightarrow(\forall y\in A,\ x(y+\mathfrak{a})=0)\Leftrightarrow(\forall y\in A,\ xy\in\mathfrak{a})\Leftrightarrow x\in\mathfrak{a}$。

最后一步的 $\Leftarrow$：显然；$\Rightarrow$：只需取 $y=1$。证毕。

命题2-3-15　设 X，Y 是 A-模 M 的子集，则 $(X)+(Y)=(X\cup Y)$。

证明　$x\in(X)+(Y)\Leftrightarrow x\in a_1x_1+\cdots+a_nx_n+b_1y_1+\cdots+b_my_m\Leftrightarrow x\in(X\cup Y)$。证毕。

命题2-3-16　有 A-模同构 $(x)\cong A/\mathrm{Ann}(x)$。

证明　有满同态：

$$\varphi: A\to(x),\quad a\mapsto ax。$$

有 $a\in\ker\varphi\Leftrightarrow ax=0\Leftrightarrow a\in\mathrm{Ann}(x)$，即 $\ker\varphi=\mathrm{Ann}(x)$。根据定理2-2-2（模同态基本定理）可得结论。证毕。

命题2-3-17　若有模同构 $M\cong N$，则 $\mathrm{Ann}(M)=\mathrm{Ann}(N)$。

证明　设同构映射 $\varphi: M\to N$，则

$$a\in\mathrm{Ann}(M)\Leftrightarrow(\forall x\in M,\quad ax=0)\Leftrightarrow(\forall x\in M,\quad a\varphi(x)=0)$$

$$\Leftrightarrow(\forall y\in N,\quad ay=0)\Leftrightarrow a\in\mathrm{Ann}(N)。$$

证毕。

命题2-3-18　设 $\{M_i\}_{i\in I}$ 是 M 的一族子模，则

$$\sum_{i\in I}M_i=0\Leftrightarrow(\forall i\in I,\quad M_i=0)。$$

证明　$\Leftarrow$：显然。$\Rightarrow$：如果 $\exists i\in I$，使得 $M_i\neq0$，取 $x_i\in M_i\backslash\{0\}$，显然 $x_i\in\sum_{i\in I}M_i$，这与 $\sum_{i\in I}M_i=0$ 矛盾。证毕。

命题2-3-19　设 $\mathfrak{a}$ 是环 A 的理想，把 $A/\mathfrak{a}$ 看作 A-模，$x\in A$，$\bar{x}=x+\mathfrak{a}\in A/\mathfrak{a}$，则

$$\mathrm{Ann}_A(\bar{x})=(\mathfrak{a}:x)。$$

证明　$y\in\mathrm{Ann}(\bar{x})\Leftrightarrow y\bar{x}=0\Leftrightarrow yx\in\mathfrak{a}\Leftrightarrow$（命题1-6-43）$y\in(\mathfrak{a}:x)$。证毕。

命题2-3-20　设 M 是 A-模，$\{M_i\}_{i\in I}$ 是 M 的子模链，即对于 $\forall i$，$j\in I$，有 $M_i\subseteq M_j$ 或 $M_i\supseteq M_j$。那么 $M'=\bigcup_{i\in I}M_i$ 也是 M 的子模。

证明　$\forall a\in A$，$\forall x$，$y\in M'$，设 $x\in M_i$，$y\in M_j$，不妨设 $M_i\subseteq M_j$，则 x，$y\in M_j$，于是 $x-y\in M_j\subseteq M'$，$ax\in M_i\subseteq M'$。所以 M' 是 M 的子模。证毕。

命题2-3-21　设 M_1，M_2 是 A-模 M 的子模，$\mathfrak{a}$ 是 A 的理想，则

$$\mathfrak{a}(M_1\cap M_2)\subseteq\mathfrak{a}M_1\cap\mathfrak{a}M_2。$$

2.4　直积与直和

定义2-4-1　直积（direct product）直和（direct sum）　设 $\{M_i\}_{i\in I}$ 是任一组 A-模，它们的直积为

$$\prod_{i\in I}M_i=\left\{(x_i)_{x\in I}\middle|x_i\in M_i\right\}。$$

定义加法和标量乘法：

$$(x_i)_{x\in I}+(y_i)_{x\in I}=(x_i+y_i)_{x\in I},$$

$$a(x_i)_{x\in I}=(ax_i)_{x\in I},$$

则 $\prod_{i\in I}M_i$ 是一个 A-模。

它们的直和定义为

$$\bigoplus_{i\in I}M_i=\left\{(x_i)_{x\in I}\middle|x_i\in M_i，只有有限个x_i\neq 0\right\}。$$

加法与标量乘法同上。

注（定义2-4-1）

(1) 如果 I 是有限集，直和就与直积一样。但在一般情形二者相异。

(2) 环的直积（定义1-6-4）与模的直积不同。

命题2-4-1 若环 A 是 n 个环的直积，那么 A 作为 A-模是 n 个理想的直和。

证明 设 $A=\prod_{i=1}^{n}A_i$，令

$$\mathfrak{a}_i=\{(0,\ \cdots,\ 0,\ a_i,\ 0,\ \cdots,\ 0)|a_i\in A_i\},\quad 1\leqslant i\leqslant n。$$

它是 A 的理想。环 A 看作 A-模，就是理想 $\mathfrak{a}_1$，…，$\mathfrak{a}_n$ 的直和（见命题2-4-4）。证毕。

命题2-4-2 给定环 A 作为 A-模的直和分解：

$$A=\mathfrak{a}_1\oplus\cdots\oplus\mathfrak{a}_n,$$

其中，$\mathfrak{a}_i$（$i=1$，…，n）是 A 的理想，那么有

$$A\cong\prod_{i=1}^{n}A/\mathfrak{b}_i,$$

$$\mathfrak{b}_i=\bigoplus_{j\neq i}\mathfrak{a}_j=\{(a_1,\ \cdots,\ a_{i-1},\ 0,\ a_{i+1},\ \cdots,\ a_n)|a_j\in\mathfrak{a}_j,\ j\neq i\}。$$

有环同构：

$$\mathfrak{a}_i\cong A/\mathfrak{b}_i,$$

其中，$\mathfrak{a}_i$ 的单位元 e_i 是 A 中的幂等元，$\mathfrak{a}_i=(e_i)$。

证明 显然，$\mathfrak{b}_i$（$i=1$，…，n）是 A 的理想。做环同态：

$$\varphi:\ A\to\prod_{i=1}^{n}A/\mathfrak{b}_i,\quad x\mapsto(x+\mathfrak{b}_1,\ \cdots,\ x+\mathfrak{b}_n)。$$

显然，对于 $i\neq j$ 有 $\mathfrak{b}_i+\mathfrak{b}_j=A$，即 $\mathfrak{b}_1$，…，$\mathfrak{b}_n$ 两两互素，根据命题1-6-13 (2) 知 φ 是满的。

$$x\in\bigcap_{i=1}^{n}\mathfrak{b}_i\Leftrightarrow(x\in\mathfrak{b}_i,\ i=1,\ \cdots,\ n)\Leftrightarrow(x_i=0,\ i=1,\ \cdots,\ n)\Leftrightarrow x=0,$$

即$\bigcap\limits_{i=1}^{n}\mathfrak{b}_i=0$，根据命题1-6-13（3）知$\varphi$是单的。因此，$\varphi$是同构。

投影同态：

$$p_i: A\to\mathfrak{a}_i,\quad x\mapsto x_i。$$

显然，$\ker p_i=\mathfrak{b}_i$，所以$A/\mathfrak{b}_i\cong\mathfrak{a}_i$（定理1-2-2）。

$$e_i=(0,\ \cdots,\ 0,\ 1_i,\ 0,\ \cdots,\ 0),$$

显然，它是A中的幂等元，$\mathfrak{a}_i=(e_i)$。证毕。

命题2-4-3 设$\{M_i\}_{i\in I}$是一组A-模，M是它们的直和：

$$M=\bigoplus_{i\in I}M_i=\left\{(\cdots,\ 0,\ x_{i_1},\ \cdots,\ x_{i_k},\ 0,\ \cdots)\middle|x_{i_1}\in M_{i_1},\ \cdots,\ x_{i_k}\in M_{i_k}\right\},$$

记

$$\tilde{M}_i=\{(\cdots,\ 0,\ x_i,\ 0,\ \cdots)\in M|x_i\in M_i\},$$

那么，$\tilde{M}_i$（$i\in I$）是M的子模，且满足

（1）$M=\sum\limits_{i\in I}\tilde{M}_i$；

（2）$\forall i\in I$，$\tilde{M}_i\cap\left(\sum\limits_{j\in I,\ j\neq i}\tilde{M}_j\right)=0$（蕴含$\tilde{M}_i\cap\tilde{M}_j=0$，$i\neq j$）。

有典范同构：

$$\varphi_i: M_i\to\tilde{M}_i,\quad x_i\mapsto(\cdots,\ 0,\ x_i,\ 0,\ \cdots)。$$

如果把$\tilde{M}_i$与M_i等同，那么M中的任意元素：

$$x=(\cdots,\ 0,\ x_1,\ \cdots,\ x_n,\ 0,\cdots)=\sum_i(\cdots,\ 0,\ x_i,\ 0,\ \cdots)$$

可写成（注意这里的和是“形式和”，只起连接作用）

$$x=\sum_i x_i。$$

这个分解式显然是唯一的。

命题2-4-4 内直和（inner direct sum） 设M_i（$i\in I$）是A-模M的子模，如果有下列条件

（1）$M=\sum\limits_{i\in I}M_i$；

（2）$\forall i\in I$，$M_i\cap\left(\sum\limits_{j\in I,\ j\neq i}M_j\right)=0$（蕴含$M_i\cap M_j=0$，$i\neq j$），

则

$$M\cong\bigoplus_{i\in I}M_i,$$

$\forall x\in M$有唯一分解式：

$$x=\sum_{i\in I}x_i,\quad x_i\in M_i\text{。}$$

此时说 M 是 M_i 的内直和，也可记为 $M=\bigoplus_{i\in I}M_i$ 。

证明　有同态：

$$\varphi:\ \bigoplus_{i\in I}M_i\to M,\ (\cdots,\ 0,\ x_1,\ \cdots,\ x_k,\ 0,\ \cdots)\mapsto\sum_{i=1}^{k}x_i\text{。}$$

条件（1）表明 φ 是满同态。由条件（2）可得

$$x=(\cdots,\ 0,\ x_1,\ \cdots,\ x_k,\ 0,\ \cdots)\in\ker\varphi\Rightarrow\sum_{j=1}^{k}x_j=0\Rightarrow$$

$$(\ \forall i,\quad x_i=-\sum_{\substack{j=1\\ j\neq i}}^{k}x_j\in M_i\cap\left(\sum_{j\in I,\ j\neq i}M_j\right)=0\ )\Rightarrow x=0,$$

表明 $\ker\varphi=0$ ，因而 φ 是单同态。所以 φ 是同构。这表明 $\forall x\in M$ 有唯一分解式。证毕。

注（命题2-4-4）　从命题2-4-3和命题2-4-4可知直和与内直和是等价的。

命题2-4-5　设 $L=M\oplus N$，则

L 是有限生成的 $\Leftrightarrow$ M 和 N 都是有限生成的。

证明　$\Rightarrow$：设 $(m_1,\ n_1)$，$\cdots$，$(m_k,\ n_k)$ 生成 L，则对于 $\forall m\in M$，$\forall n\in N$，有

$$(m,\ n)=\sum_{i=1}^{k}(m_i,\ n_i),$$

即

$$m=\sum_{i=1}^{k}m_i,\quad n=\sum_{i=1}^{k}n_i\text{。}$$

表明 m_1，$\cdots$，m_k 生成 M，n_1，$\cdots$，n_k 生成 N。

$\Leftarrow$：设 m_1，$\cdots$，m_k 生成 M，n_1，$\cdots$，n_l 生成 N，则 $\forall(m,\ n)\in L$，有

$$(m,\ n)=(m,\ 0)+(0,\ n)=\sum_{i=1}^{k}a_i(m_i,\ 0)+\sum_{j=1}^{l}a_j'(0,\ n_j),$$

即 $\{(m_i,\ 0),\ (0,\ n_j)\}_{1\leqslant i\leqslant k,\ 1\leqslant j\leqslant l}$ 生成 L 。证毕。

命题2-4-6　设 M 是 A-模，M' 是 $\bigoplus_{i\in I}M$ 中以下元素生成的子模：

$$(\cdots,\ 0,\ x_i,\ 0,\ \cdots,\ 0,\ x_j,\ 0,\ \cdots),\quad x_i=-x_j,\quad i,\ j\in I,\quad x\in M,$$

则

$$\left(\bigoplus_{i\in I}M\right)/M'\cong M\text{。}$$

证明　有满同态：

$$\varphi: \bigoplus_{i\in I} M \to M, \quad (x_i)_{i\in I} \mapsto \sum_{i\in I} x_i 。$$

对于任意 $(x_i)_{i\in I} \in M'$，显然 $\sum\limits_{i\in I} x_i = 0$，即 $(x_i)_{i\in I} \in \ker\varphi$，因此 $M' \subseteq \ker\varphi$。

反之，设 $(\cdots, 0, x_1, \cdots, x_n, 0, \cdots) \in \ker\varphi$，即 $x_1 + \cdots + x_n = 0$，则有

$$\begin{aligned}(\cdots, 0, x_1, \cdots, x_n, 0, \cdots) &= \left(\cdots, 0, x_1, \cdots, x_{n-1}, -\sum_{j=1}^{n-1} x_j, 0, \cdots\right) \\ &= (\cdots, 0, x_1, 0, \cdots, 0, -x_1, 0, \cdots) + (\cdots, 0, x_2, 0, \cdots, \\ &\quad 0, -x_2, 0, \cdots) + \cdots + (\cdots, 0, x_{n-1}, -x_{n-1}, 0, \cdots) \in M',\end{aligned}$$

即 $\ker\varphi \subseteq M'$。所以 $\ker\varphi = M'$。由定理2-2-2（模同态基本定理）即可得出结论。证毕。

命题2-4-7 $\bigoplus_{i\in I}\left(M_i/M_i'\right) \cong \left(\bigoplus_{i\in I} M_i\right)/\left(\bigoplus_{i\in I} M_i'\right)$。

证明 有满同态：

$$\varphi: \bigoplus_{i\in I} M_i \to \bigoplus_{i\in I}\left(M_i/M_i'\right), \quad (x_i)_{i\in I} \mapsto \left(x_i + M_i'\right)_{i\in I}。$$

有

$$(x_i)_{i\in I} \in \ker\varphi \Leftrightarrow \left(x_i + M_i'\right)_{i\in I} = 0 \Leftrightarrow x_i \in M_i' \Leftrightarrow (x_i)_{i\in I} \in \bigoplus_{i\in I} M_i',$$

即 $\ker\varphi = \bigoplus_{i\in I} M_i'$，由定理2-2-2（模同态基本定理）可得结论。证毕。

命题2-4-8 $(M_1 \oplus M_2)/M_2 \cong M_1$（将 M_2 等同于 $0 \oplus M_2$）。

证明 这是命题2-2-4的特例。证毕。

命题2-4-9 设 $\left\{f_i: M_i \to M_i'\right\}_{i\in I}$ 是一族 A-模同态，令

$$\bigoplus_{i\in I} f_i: \bigoplus_{i\in I} M_i \to \bigoplus_{i\in I} M_i', \quad (x_i)_{i\in I} \mapsto \left(f_i(x_i)\right)_{i\in I},$$

则

$$f_i\,(i\in I) \text{ 都是单同态} \Leftrightarrow \bigoplus_{i\in I} f_i \text{ 是单同态。}$$

证明 $\bigoplus\limits_{i\in I} f_i$ 是单同态 $\Leftrightarrow$ ($\left(f_i(x_i)\right)_{i\in I} = \left(f_i(x_i')\right)_{i\in I} \Rightarrow (x_i)_{i\in I} = (x_i')_{i\in I}$)

$$\Leftrightarrow (\ \forall i \in I, \ f_i(x_i) = f_i(x_i') \Rightarrow x_i = x_i'\ )$$

$$\Leftrightarrow f_i\,(i\in I) \text{ 都是单同态。}$$

证毕。

2.5 自由模与有限生成模

定义2-5-1 自由模（free module） 设 M 是 A-模。如果有 A-模 $M_i\,(i\in I)$，使得

$$M \cong \bigoplus_{i \in I} M_i, \quad M_i \cong A, \quad i \in I,$$

则称 M 是 A-自由模，可记作 $M = A^{(I)}$。

若 $I = \{1, \cdots, n\}$，则称 $A^{(I)}$ 是有限生成的自由 A-模，可记为 A^n（按惯例，约定 A^0 为零模，记为 $A^0 = 0$），即

$$A^n = \overbrace{A \oplus \cdots \oplus A}^{n个}。 \tag{2-5-1}$$

定义2-5-2　线性无关　设 X 是 A-模 M 的一个子集。若对于 $\forall n \in \mathbf{N}$，$\forall x_1, \cdots, x_n \in X$，$\forall a_1, \cdots, a_n \in A$，有

$$a_1 x_1 + \cdots + a_n x_n = 0 \Rightarrow a_1 = \cdots = a_n = 0,$$

则称 X 是线性无关的。

定义2-5-3　基（basis）　模中一个线性无关的生成元组称为该模的一个基。

命题2-5-1　X 是 M 的基 $\Leftrightarrow$ M 中任意元素能用 X 唯一线性展开。

证明　$\Rightarrow$：设 $x \in M$ 有两个展开式：

$$x = a_1 x_1 + \cdots + a_n x_n = a_1' x_1 + \cdots + a_n' x_n,$$

则

$$(a_1 - a_1')x_1 + \cdots + (a_n - a_n')x_n = 0。$$

由于 X 线性无关，所以 $a_1 - a_1' = \cdots = a_n - a_n' = 0$，即 $a_1 = a_1'$，$\cdots$，$a_n = a_n'$。

$\Leftarrow$：显然 X 是 M 的生成元组。设 $a_1 x_1 + \cdots + a_n x_n = 0$，显然 $0x_1 + \cdots + 0x_n = 0$，由唯一性知 $a_1 = \cdots = a_n = 0$，即 X 线性无关。证毕。

命题2-5-2　自由 A-模 $A^{(I)}$ 有基。

证明　设同构映射：

$$\varphi: \bigoplus_{i \in I} M_i \to A^{(I)}。$$

$$\sigma_i: A \to M_i, \quad i \in I。$$

记

$$e_i = (\cdots, 0, \sigma_i(1), 0, \cdots) \in \bigoplus_{j \in I} M_j, \quad x_i = \varphi(e_i) \in A^{(I)}, \quad i \in I。$$

$\forall x \in A^{(I)}$，令 $e = \varphi^{-1}(x) \in \bigoplus_{i \in I} M_i$，设：

$$\begin{aligned} e &= (\cdots, 0, m_1, \cdots, m_k, 0, \cdots) \\ &= (\cdots, 0, \sigma_1(a_1), \cdots, \sigma_k(a_k), 0, \cdots) \\ &= (\cdots, 0, a_1\sigma_1(1), \cdots, a_k\sigma_k(1), 0, \cdots) \\ &= \sum_{j=1}^{k} a_j e_j, \end{aligned}$$

则

$$x=\varphi(e)=\sum_{j=1}^{k}a_j\varphi(e_j)=\sum_{j=1}^{k}a_jx_j,$$

表明 $\{x_i\}_{i\in I}$ 是 $A^{(I)}$ 的生成元组。有

$$\begin{aligned}\sum_{i=1}^{n}a_ix_i=0&\Leftrightarrow\varphi\left(\sum_{i=1}^{n}a_ie_i\right)=0\\&\Leftrightarrow\sum_{i=1}^{n}a_ie_i=0\\&\Leftrightarrow(\cdots,\ 0,\ a_1\sigma_1(1),\ \cdots,\ a_n\sigma_n(1),\ 0,\ \cdots)=0\\&\Leftrightarrow(\cdots,\ 0,\ \sigma_1(a_1),\ \cdots,\ \sigma_n(a_n),\ 0,\ \cdots)=0\\&\Leftrightarrow\sigma_1(a_1)=\cdots=\sigma_n(a_n)=0\\&\Leftrightarrow a_1=\cdots=a_n=0,\end{aligned}$$

即 $\{x_i\}_{i\in I}$ 线性无关。所以 $\{x_i\}_{i\in I}$ 是 $A^{(I)}$ 的基。证毕。

命题2-5-3 若 A-模 M 有基 $\{x_i\}_{i\in I}$，则

$$M\cong\bigoplus_{i\in I}Ax_i,\quad Ax_i\cong A,\quad\forall i\in I。$$

证明 有

$$M=\sum_{i\in I}Ax_i。$$

显然，$0\in Ax_i\cap\left(\sum_{j\in I,\ j\neq i}Ax_j\right)$。设 $x\in Ax_i\cap\left(\sum_{j\in I,\ j\neq i}Ax_j\right)$，则有

$$x=a_ix_i=a_1x_1+\cdots+a_nx_n,\quad i\neq1,\ \cdots,\ n。$$

由于 $\{x_i\}_{i\in I}$ 线性无关，所以 $a_i=a_1=\cdots=a_n=0$，即 $x=0$，表明

$$Ax_i\cap\left(\sum_{j\in I,\ j\neq i}Ax_j\right)=0。$$

由命题2-4-4可知 $M\cong\bigoplus_{i\in I}Ax_i$。

令

$$\lambda_i:\ A\to Ax_i,\quad a\mapsto ax_i,$$

它显然是满同态。由于 $\{x_i\}_{i\in I}$ 线性无关，所以有

$$a\in\ker\lambda_i\Leftrightarrow ax_i=0\Leftrightarrow a=0,$$

即 $\ker\lambda_i=0$，λ_i 是单同态。因此，λ_i 是同构。证毕。

命题2-5-4　设 M 是 A-模，则 M 有基 $\Leftrightarrow M$ 是自由模。

证明　$\Leftarrow$：同命题2-5-2。$\Rightarrow$：同命题2-5-3。证毕。

命题2-5-5　设 A 是环，X 是非空集，则存在以 X 为基的自由 A-模。

证明　令 M 是以 X 为生成元组的 A-模：

$$M=\left\{\sum_{x\in X}a_x x \mid a_x\in A，只有有限个 a_x\neq 0\right\}。$$

定义 M 中的加法：

$$\sum_{x\in X}a_x x+\sum_{x\in X}a'_x x=\sum_{x\in X}\left(a_x+a'_x\right)x,$$

M 的零元为 $\sum\limits_{x\in X}0x$。定义标量乘法：

$$a\sum_{x\in X}a_x x=\sum_{x\in X}\left(aa_x\right)x。$$

设 x_1，…，$x_n\in X$，a_1，…，$a_n\in A$，若 $\sum\limits_{i=1}^{n}a_i x_i=0$，由于 M 中的零元为 $\sum\limits_{x\in X}0x$，所以 $a_1=\cdots=a_n=0$，表明 X 是基，即 M 是以 X 为基的自由 A-模。证毕。

命题2-5-6　秩（rank）　自由模 M 的不同基具有相同的势。我们把这个势称为 M 的秩，记为 $\mathrm{Rank}(M)$。

证明　参见文献［4］定理2.2.2，第41页。

注（命题2-5-6）　线性空间的秩就是维数。

命题2-5-7　设 M，N 是有限秩的自由模，则 $M\cong N\Leftrightarrow \mathrm{Rank}(M)=\mathrm{Rank}(N)$。

证明　参见文献［4］推论2.2.1，第42页。

命题2-5-8　$\mathrm{Rank}\left(A^n\right)=n$。

证明　易验证

$$e_i=\left(0，\cdots，0，1_i，0，\cdots，0\right)，\ i=1，\cdots，n$$

是 $A^n=A\oplus\cdots\oplus A$ 的基。称 $\{e_i\}_{1\leqslant i\leqslant n}$ 是 A^n 的典范基（canonical basis）。证毕。

命题2-5-9　设 $\{x_i\}_{1\leqslant i\leqslant n}$ 是 A^n 的生成元集，$\{e_i\}_{1\leqslant i\leqslant n}$ 是 A^n 的典范基。若有 A-同构：

$$\varphi：A^n\to A^n，\ \sum_{i=1}^{n}a_i e_i\mapsto\sum_{i=1}^{n}a_i x_i,$$

则 $\{x_i\}_{1\leqslant i\leqslant n}$ 是 A^n 的基。

证明　设 $\sum\limits_{i=1}^{n}a_i x_i=0$，由于 φ 是同构，所以 $\sum\limits_{i=1}^{n}a_i e_i=0$，而 $\{e_i\}_{1\leqslant i\leqslant n}$ 线性无关，所以 $a_i=0$（$i=1$，…，n），即 $\{x_i\}_{1\leqslant i\leqslant n}$ 线性无关，因此是基。证毕。

命题2-5-10　设 j：$M\to N$ 是 A-模满同态，且 N 是自由模，则

$$M\cong N\oplus\ker j。$$

证明 根据命题2-5-2，N有基X。由于j满，所以对于任意的$x\in X\subseteq N$，$j^{-1}(x)\subseteq M$非空，定义映射θ：$X\to M$，使得$\theta(x)\in j^{-1}(x)$，即有

$$j\circ\theta(x)=x,\quad \forall x\in X。\tag{2-5-2}$$

由θ线性扩张得到A-模同态（命题2-5-1保证了合理性）：

$$\varphi: N\to M,\quad \sum_i a_i x_i \mapsto \sum_i a_i\theta(x_i)。\tag{2-5-3}$$

由式（2-5-2）和式（2-5-3）可得

$$j\circ\varphi\left(\sum_i a_i x_i\right)=j\left(\sum_i a_i\theta(x_i)\right)=\sum_i a_i j\circ\theta(x_i)=\sum_i a_i x_i,$$

即

$$j\circ\varphi=\mathrm{id}_N。\tag{2-5-4}$$

由此可得

$$\varphi(n_1)=\varphi(n_2)\Rightarrow j\circ\varphi(n_1)=j\circ\varphi(n_2)\Rightarrow n_1=n_2,$$

表明φ是单同态，所以可得

$$N\cong \operatorname{Im}\varphi。\tag{2-5-5}$$

任取$m\in M$，令

$$m_1=\varphi\circ j(m),\quad m_2=m-m_1,\tag{2-5-6}$$

由式（2-5-4）和式（2-5-6）可得

$$j(m_2)=j(m)-j(m_1)=j(m)-j\circ\varphi\circ j(m)=j(m)-j(m)=0,$$

表明$m_2\in\ker j$。显然，$m_1\in\operatorname{Im}\varphi$，而$m=m_1+m_2$，因此$M\subseteq\operatorname{Im}\varphi+\ker j$。而$\operatorname{Im}\varphi+\ker j\subseteq M$，所以可得

$$M=\operatorname{Im}\varphi+\ker j。\tag{2-5-7}$$

任取$m\in\operatorname{Im}\varphi\cap\ker j$，则

$$j(m)=0,\quad m=\varphi(n)\quad (n\in N)。$$

利用式（2-5-4）可得

$$m=\varphi(n)=\varphi\big(j\circ\varphi(n)\big)=\varphi\big(j(m)\big)=0,$$

所以可得

$$\operatorname{Im}\varphi\cap\ker j=0。\tag{2-5-8}$$

由式（2-5-7）、式（2-5-8）及命题2-4-4可知$M\cong\operatorname{Im}\varphi\oplus\ker j$，再由式（2-5-5）可知$M\cong N\oplus\ker j$。证毕。

命题2-5-11　设 M 是 A-模，则

$$M\text{ 是有限生成的} \Leftrightarrow (\text{存在 } n>0,\ M \text{ 同构于 } A^n \text{ 的一个商模})。$$

证明　$\Rightarrow$：设 x_1，⋯，x_n 生成 M，令

$$\varphi: A^n \to M,\ (a_1,\ \cdots,\ a_n) \mapsto a_1x_1+\cdots+a_nx_n。$$

这是一个 A-模满同态。由定理2-2-2（模同态基本定理）可知，$M \cong A^n/\ker\varphi$。

$\Leftarrow$：设同构 $\sigma: A^n/N \to M$，则有满同态：

$$\varphi: A^n \to M,\ a \mapsto \sigma(\bar{a}),$$

其中，$\bar{a}=a+N \in A^n/N$。$\forall x \in M$，有 $a=(a_1,\ \cdots,\ a_n) \in A^n$，使得 $x=\varphi(a)$。令

$$e_i=(0,\ \cdots,\ 0,\ 1_i,\ 0,\ \cdots,\ 0),\ i=1,\ \cdots,\ n,$$

则

$$x=\varphi\left(\sum_{i=1}^n a_ie_i\right)=\sum_{i=1}^n a_i\varphi(e_i),$$

说明 M 由 $\{\varphi(e_i)\}_{1\leqslant i\leqslant n}$ 生成。证毕。

命题2-5-12　设 M 是有限生成的 A-模，$\mathfrak{a}$ 是 A 的一个理想。φ 是 M 的自同态，满足 $\varphi(M)\subseteq \mathfrak{a}M$。那么 φ 满足以下形式的方程：

$$\varphi^n+a_1\varphi^{n-1}+\cdots+a_{n-1}\varphi+a_n=0,$$

其中，a_1，⋯，$a_n \in \mathfrak{a}$。

证明　设 x_1，⋯，x_n 是 M 的生成元，则 $\varphi(x_i)\in M$（$i=1$，⋯，n），由命题2-3-10可知

$$\varphi(x_i)=\sum_{j=1}^n a_{ij}x_j,\ i=1,\ \cdots,\ n,$$

其中，$a_{ij}\in\mathfrak{a}$。将上式写成矩阵形式：

$$\boldsymbol{AX}=0,$$

其中，$\boldsymbol{A}=[\delta_{ij}\varphi-a_{ij}]$（$\delta_{ij}$ 是Kronecker记号），$\boldsymbol{X}=[x_j]$。将上式等式左边乘以 $\boldsymbol{A}$ 的伴随矩阵 $\boldsymbol{A}^*$，由 $\boldsymbol{A}^*\boldsymbol{A}=\det(\boldsymbol{A})\boldsymbol{I}$ 可得

$$\det(\boldsymbol{A})\boldsymbol{X}=0,$$

即

$$\det(\boldsymbol{A})x_i=0,\ i=1,\ \cdots,\ n。$$

展开 $\det(\boldsymbol{A})=\det[\delta_{ij}\varphi-a_{ij}]$，有

$$\det(\boldsymbol{A})=\varphi^n+a_1\varphi^{n-1}+\cdots+a_{n-1}\varphi+a_n,$$

其中，a_1，⋯，$a_n\in\mathfrak{a}$，易验证 $\det(\boldsymbol{A})$ 是 M 的自同态。对于 $\forall x\in M$，设 $x=\sum_{i=1}^n b_ix_i$，则

$$\det(\boldsymbol{A})x=\sum_{i=1}^{n}b_i\det(\boldsymbol{A})x_i=0,$$

这表明 $\det(\boldsymbol{A})$ 是零同态，结论成立。证毕。

命题2-5-13 设 M 是有限生成的 A-模，$\mathfrak{a}$ 是 A 的一个理想，满足 $\mathfrak{a}M=M$，那么存在一个元素 $x\equiv 1(\operatorname{mod}\mathfrak{a})$，使得 $xM=0$。

证明 命题2-5-12中的 φ 取恒等映射，取 $x=1+a_1+\cdots+a_n$，则 $x\equiv 1(\operatorname{mod}\mathfrak{a})$。对于 $\forall y\in M$，有

$$\left(\varphi^n+a_1\varphi^{n-1}+\cdots+a_{n-1}\varphi+a_n\right)y=0,$$

即 $xy=0$。所以 $xM=0$。证毕。

引理2-5-1 Nakayama 设 M 是有限生成的 A-模，$\mathfrak{a}$ 是 A 的一个理想，且 $\mathfrak{a}\subseteq\mathfrak{R}$（大根）。如果 $\mathfrak{a}M=M$，则 $M=0$。

证明 根据命题2-5-13，存在 $x\equiv 1(\operatorname{mod}\mathfrak{a})$，使得 $xM=0$。有 $y=x-1\in\mathfrak{a}\subseteq\mathfrak{R}$，则 $x=1+y$，由命题1-5-5知 x 是可逆元，从而有 $M=x^{-1}xM=0$。证毕。

命题2-5-14 设 M 是有限生成的 A-模，N 是 M 的一个子模，$\mathfrak{a}$ 是 A 的一个理想，且 $\mathfrak{a}\subseteq\mathfrak{R}$（大根），则

$$M=\mathfrak{a}M+N\Rightarrow M=N。$$

证明 由命题2-2-6和命题2-3-7可得

$$(\mathfrak{a}M+N)/N=(\mathfrak{a}M)/N=\mathfrak{a}(M/N)。$$

若 $M=\mathfrak{a}M+N$，则上式为

$$\mathfrak{a}(M/N)=M/N。$$

由命题2-3-9可知 M/N 是有限生成的。由引理2-5-1（Nakayama）可得 $M/N=0$，即 $M=N$。证毕。

命题2-5-15 设 M 是 A-模，$\mathfrak{m}$ 是 A 的极大理想，域 $k=A/\mathfrak{m}$，那么 $M/\mathfrak{m}M$ 是一个 k-向量空间。

若 M 是有限生成的，那么 $M/\mathfrak{m}M$ 是有限维的。

证明 由命题2-3-11知 $\mathfrak{m}\subseteq\operatorname{Ann}(M/\mathfrak{m}M)$，由命题2-3-3知 $M/\mathfrak{m}M$ 可以看成 $A/\mathfrak{m}$-模，即 k-向量空间。

若 M 是有限生成的，则由命题2-3-9可知 $M/\mathfrak{m}M$ 是有限维的。证毕。

命题2-5-16 设 A 是局部环，$\mathfrak{m}$ 是它的极大理想，M 是一个 A-模，x_1，…，$x_n\in M$。如果 x_1，…，x_n 在 $M/\mathfrak{m}M$ 中的像（即 $x_1+\mathfrak{m}M$，…，$x_n+\mathfrak{m}M$）组成向量空间 $M/\mathfrak{m}M$ 的一组基，那么 x_1，…，x_n 生成 M。

证明 设 N 是 x_1，…，x_n 生成的 M 的子模，需证 $M=N$。令

$$\varphi: N \to M/\mathfrak{m}M, \quad x \mapsto x + \mathfrak{m}M。$$

对于 $\forall x \in M$，有

$$x + \mathfrak{m}M = \sum_{i=1}^{n} \bar{a}_i (x_i + \mathfrak{m}M),$$

其中，$\bar{a}_i = a_i + \mathfrak{m} \in A/\mathfrak{m}$。根据式（2-3-1）有

$$x + \mathfrak{m}M = \sum_{i=1}^{n} a_i (x_i + \mathfrak{m}M) = \left(\sum_{i=1}^{n} a_i x_i\right) + \mathfrak{m}M,$$

由于 x_1，…，x_n 生成 N，所以 $\sum_{i=1}^{n} a_i x_i \in N$，因此上式为

$$x + \mathfrak{m}M = \varphi\left(\sum_{i=1}^{n} a_i x_i\right),$$

表明 φ 是满射。根据命题2-2-8可得 $M = \mathfrak{m}M + N$。对于局部环有 $\mathfrak{R} = \mathfrak{m}$（命题1-5-8），根据命题2-5-14可得 $M = N$。证毕。

2.6　正合列

定义2-6-1　正合（exact）　设有 A-模同态序列

$$\cdots \longrightarrow M_{i-1} \xrightarrow{f_i} M_i \xrightarrow{f_{i+1}} M_{i+1} \longrightarrow \cdots。 \tag{2-6-1}$$

如果

$$\mathrm{Im} f_i = \ker f_{i+1},$$

则称序列在 M_i 处正合（exact）。如果序列在每个 M_i 处都正合（除了端点），就叫作正合列（exact sequence）。

注（定义2-6-1）　对于序列：

$$\cdots \longrightarrow M \longrightarrow 0 \longrightarrow M' \longrightarrow \cdots,$$

$M \to 0$ 是零同态，$0 \to M'$ 是包含同态。

命题2-6-1　$0 \longrightarrow M' \xrightarrow{f} M$ 正合 $\Leftrightarrow f$ 是单的。

证明　用 i 表示第一个同态（即包含同态），由命题2-2-3（1）可知序列正合 $\Leftrightarrow$ $\ker f = \mathrm{Im}\, i = 0 \Leftrightarrow f$ 是单的。证毕。

命题2-6-2　$M \xrightarrow{g} M'' \longrightarrow 0$ 正合 $\Leftrightarrow g$ 是满的。

证明　用0表示最后一个同态（即零同态）。序列正合 $\Leftrightarrow \mathrm{Im}\, g = \ker 0 = M'' \Leftrightarrow g$ 是满的。证毕。

综合命题2-6-1和命题2-6-2可知以下命题。

命题2-6-3 $0\longrightarrow M\xrightarrow{\varphi}M''\longrightarrow 0$ 正合 $\Leftrightarrow \varphi$ 是同构。

命题2-6-4 $M'\xrightarrow{f}M\xrightarrow{g}M''$ 正合 $\Rightarrow g\circ f=0$。

证明 由 $\mathrm{Im}f=\ker g$ 和命题2-2-9可得结论。证毕。

命题2-6-5 若有正合列 $M'\xrightarrow{f}M\xrightarrow{g}M''$，则有同构

$$\varphi:\ \mathrm{Coker}f\to\mathrm{Im}g,\quad x+\mathrm{Im}f\mapsto g(x)。$$

证明 由定理2-2-2（模同态基本定理）知有同构

$$\varphi:\ M/\ker g\to\mathrm{Im}g,\quad x+\ker g\mapsto g(x)。$$

由正合性可知 $\mathrm{Im}f=\ker g$，由此可得结论。证毕。

命题2-6-6 $0\longrightarrow M'\xrightarrow{f}M\xrightarrow{g}M''\longrightarrow 0$ 正合 $\Leftrightarrow$（f 单，g 满，$\mathrm{Coker}f\cong M''$）。该正合列被叫作短正合列（short exact sequence）。

证明 $\Rightarrow$：由命题2-6-1和命题2-6-2可知 f 单，g 满。由命题2-6-5可知 $\mathrm{Coker}f\cong M''$。

$\Leftarrow$：由命题2-6-1和命题2-6-2可知 f 单和 g 满保证了序列在 M' 与 M'' 处的正合性。由 g 满与定理2-2-2可得 $M''\cong M/\ker g$，所以 $M/\ker g\cong\mathrm{Coker}f=M/\mathrm{Im}f$，所以 $\ker g=\mathrm{Im}f$，即序列在 M 处正合。证毕。

命题2-6-7 设 M' 是 M 的子模，则有正合列

$$0\longrightarrow M'\xrightarrow{i}M\xrightarrow{\pi}M/M'\longrightarrow 0。$$

其中，i 是包含同态，π 是自然同态。

证明 显然 i 单，所以序列在 M' 处正合（命题2-6-1）。显然 π 满，所以序列在 M/M' 处正合（命题2-6-2）。有 $\mathrm{Im}\,i=M'=\ker\pi$，所以序列在 M 处正合。证毕。

注（命题2-6-7） 考查两个短正合列：

$$0\longrightarrow M'\xrightarrow{f}M\xrightarrow{g}M''\longrightarrow 0,\tag{2-6-2}$$

$$0\longrightarrow f(M')\xrightarrow{i}M\xrightarrow{\pi}M/f(M')\longrightarrow 0,\tag{2-6-3}$$

其中，i 是包含同态，π 是自然同态。

由于 f 单（命题2-6-1），由命题2-2-10可知

$$M'\cong f(M')。$$

由于 g 满（命题2-6-2），由命题2-6-5可知

$$M''\cong M/f(M')。$$

也就是说，对于短正合列式（2-6-2），我们可以将 M' 视为 M 的子模，f 视为包含同

态，M'' 视为商模 M/M'，g 视为自然同态。

命题2-6-8　若有同态 f：$M\to N$，则有正合列：

$$0\longrightarrow \ker f\xrightarrow{i}M\xrightarrow{f}N\xrightarrow{p}\operatorname{Coker}f\longrightarrow 0。$$

其中，i 是包含映射，π 是自然映射。

命题2-6-9　任意长的正合列式（2-6-1）可以分成一些短正合列。令

$$N_i=\operatorname{Im}f_i=\ker f_{i+1}\subseteq M_i,$$

那么有短正合列：

$$0\longrightarrow N_i\xrightarrow{j}M_i\xrightarrow{f_{i+1}}N_{i+1}\longrightarrow 0,\ \forall i。$$

其中，j 是包含同态。

定理2-6-1

（1）设有 A-模同态序列：

$$M_1\xrightarrow{u}M_2\xrightarrow{v}M_3\longrightarrow 0, \tag{2-6-4}$$

$$0\longrightarrow \operatorname{Hom}(M_3, N)\xrightarrow{v^*}\operatorname{Hom}(M_2, N)\xrightarrow{u^*}\operatorname{Hom}(M_1, N), \tag{2-6-4$'$}$$

其中，u^*，v^* 由式（2-1-1）定义，则

序列式（2-6-4）正合 $\Leftrightarrow$（任意 A-模 N，序列式（2-6-4′）正合）。

（2）设有 A-模同态序列：

$$0\longrightarrow N_1\xrightarrow{u}N_2\xrightarrow{v}N_3, \tag{2-6-5}$$

$$0\longrightarrow \operatorname{Hom}(M, N_1)\xrightarrow{u_*}\operatorname{Hom}(M, N_2)\xrightarrow{v_*}\operatorname{Hom}(M, N_3), \tag{2-6-5$'$}$$

其中，u_*，v_* 由式（2-1-2）定义，则

序列式（2-6-5）正合 $\Leftrightarrow$（任意 A-模 M，序列式（2-6-5′）正合）。

证明　（1）$\Rightarrow$：$\forall f\in\ker v^*\subseteq\operatorname{Hom}(M_3, N)$，有 $v^*(f)=fv=0$，即 $f(\operatorname{Im}v)=0$。由于 v 满（命题2-6-2），所以 $f(M_3)=0$，即 $f=0$。表明 $\ker v^*=0$，即序列式（2-6-4′）在 $\operatorname{Hom}(M_3, N)$ 处正合。

由 $\ker v=\operatorname{Im}u$ 可得 $vu=0$（命题2-2-9）。由式（2-1-3）可得

$$u^*v^*=(vu)^*=0^*=0,$$

所以 $\operatorname{Im}v^*\subseteq\ker u^*$（命题2-2-9）。

$\forall f\in\ker u^*\subseteq\operatorname{Hom}(M_2, N)$，有 $u^*(f)=fu=0$，所以 $\operatorname{Im}u\subseteq\ker f$（命题2-2-9）。而 $\operatorname{Im}u=\ker v$，所以 $\ker v\subseteq\ker f$。根据命题2-2-4′（1）有 A-同态：

$$\bar{f}: M_2/\ker v\to N,\quad \bar{x}\mapsto f(x)。$$

由于 v 满（命题2-6-2），根据定理2-2-2（模同态基本定理）有同构：

$$\bar{v}\colon M_2/\ker v \to M_3,\quad \bar{x} \mapsto v(x),$$

所以有 A-同态：

$$\varphi = \bar{f} \circ \bar{v}^{-1}\colon M_3 \to N。$$

对于 $\forall x \in M_2$，有

$$v^*(\varphi)(x) = \varphi v(x) = \bar{f} \circ \bar{v}^{-1}(v(x)) = \bar{f}(\bar{x}) = f(x),$$

即 $f = v^*(\varphi) \in \operatorname{Im} v^*$。因而 $\ker u^* \subseteq \operatorname{Im} v^*$。

这就证明了 $\ker u^* = \operatorname{Im} v^*$，即序列式（2-6-4′）在 $\operatorname{Hom}(M_2, N)$ 处正合。

$\Leftarrow$：取 $N = M_3/\operatorname{Im} v$，则有自然满同态：

$$p\colon M_3 \to N,\quad x \mapsto x + \operatorname{Im} v。$$

由于 $\ker p = \operatorname{Im} v$（命题2-2-9），所以有

$$v^*(p) = pv = 0。$$

由于 v^* 单（命题2-6-1），所以 $p = 0$。由于 p 满，所以 $N = 0$，即 $M_3 = \operatorname{Im} v$，表明 v 满，所以序列式（2-6-4）在 M_3 处正合（命题2-6-2）。

取 $N = M_2/\operatorname{Im} u$，则有自然满同态：

$$p\colon M_2 \to N,\quad x \mapsto x + \operatorname{Im} u。$$

有 $\ker p = \operatorname{Im} u$（命题2-2-9），从而有

$$u^*(p) = pu = 0,$$

表明 $p \in \ker u^* = \operatorname{Im} v^*$，即有 $f\colon M_3 \to N$ 使得

$$p = v^*(f) = fv,$$

从而有

$$p(\ker v) = fv(\ker v) = 0,$$

因此 $\ker v \subseteq \ker p = \operatorname{Im} u$。

取 $N = M_3$。由于 $\operatorname{Im} v^* = \ker u^*$，所以 $u^* v^* = 0$（命题2-2-9）。由式（2-1-3）可得

$$(vu)^* = u^* v^* = 0,$$

有 $\mathrm{id}_{M_3} \in \operatorname{Hom}(M_3, N)$，所以可得

$$0 = (vu)^*(\mathrm{id}_{M_3}) = \mathrm{id}_{M_3} vu = vu,$$

于是 $\operatorname{Im} u \subseteq \ker v$（命题2-2-9）。

这证明了 $\ker v = \operatorname{Im} u$，即序列式（2-6-4）在 M_2 处正合。

（2）$\Rightarrow$：$\forall f\in\ker u_*\subseteq\mathrm{Hom}(M,\ N_1)$，则 $u_*f=uf=0$。对于 $\forall x\in M$，有 $u\big(f(x)\big)=0$。由于 u 单（命题2-6-1），所以 $f(x)=0$，即 $f=0$。这表明 $\ker u_*=0$，即序列式（2-6-5′）在 $\mathrm{Hom}(M,\ N_1)$ 处正合。

由 $\ker v=\mathrm{Im}\,u$ 可得 $v\circ u=0$（命题2-2-9）。由式（2-1-4）可得

$$v_*\circ u_*=(v\circ u)_*=0_*=0,$$

所以 $\mathrm{Im}\,u_*\subseteq\ker v_*$（命题2-2-9）。

$\forall g\in\ker v_*\subseteq\mathrm{Hom}(M,\ N_2)$，则 $v_*g=vg=0$（命题2-2-9），从而有

$$\mathrm{Im}\,g\subseteq\ker v=\mathrm{Im}\,u。$$

由于 u 单（命题2-6-1），所以有同构：

$$u：N_1\to\mathrm{Im}\,u。$$

令

$$h=u^{-1}g：M\to\mathrm{Im}\,u\to N_1,$$

则 $g=uh=u_*(h)\in\mathrm{Im}\,u_*$，所以 $\ker v_*\subseteq\mathrm{Im}\,u_*$。

这证明了 $\ker v_*=\mathrm{Im}\,u_*$，即序列式（2-6-5′）在 $\mathrm{Hom}(M,\ N_2)$ 处正合。

$\Leftarrow$：取 $M=\ker u\subseteq N_1$，令 $i：M\to N_1$ 为包含映射，则

$$u_*i(M)=u\big(i(M)\big)=u(M)=u(\ker u)=0,$$

即 $u_*i=0$。由于 u_* 单（命题2-6-1），所以 $i=0$，即 $\ker u=M=0$，u 单，表明序列式（2-6-5）在 N_1 处正合（命题2-6-1）。

取 $M=N_1$。由于 $\mathrm{Im}\,u_*=\ker v_*$，所以 $v_*u_*=0$（命题2-2-9）。由式（2-1-4）可得

$$(vu)_*=v_*u_*=0,$$

有 $\mathrm{id}_{N_1}=\mathrm{id}_M\in\mathrm{Hom}(M,\ N_1)$，所以可得

$$0=(vu)_*\big(\mathrm{id}_{N_1}\big)=vu\,\mathrm{id}_{N_1}=vu,$$

因而 $\mathrm{Im}\,u\subseteq\ker v$（命题2-2-9）。

取 $M=\ker v\subseteq N_2$，令 $j：M\to N_2$ 为包含映射，则

$$v_*j(M)=v\big(j(M)\big)=v(M)=v(\ker v)=0,$$

即 $v_*j=0$，因而 $j\in\ker v_*=\mathrm{Im}\,u_*$，于是有

$$j=u_*f=uf,$$

其中，$f\in\mathrm{Hom}(M,\ N_1)$。有

$$\ker v=M=j(M)=uf(M)\subseteq\mathrm{Im}\,u。$$

这证明了 $\ker v = \operatorname{Im} u$，即序列式（2-6-5）在 N_2 处正合。证毕。

定义 2-6-2　交换图表（commutative diagram） 由 A-模和 A-同态组成的图表（diagram）：

$$\begin{array}{ccc} & M & \\ {}^{f}\swarrow & & \searrow^{h} \\ N & \xrightarrow{g} & P \end{array} \qquad (2\text{-}6\text{-}6)$$

被叫作交换的，是指

$$g \circ f = h。\qquad (2\text{-}6\text{-}6')$$

也就是说，$\forall x \in M$，有 $g\big(f(x)\big) = h(x)$，即 x 经过图表中两条不同的路线映成 P 中同一元素。类似地，图表：

$$\begin{array}{ccc} M & \xrightarrow{u} & N \\ {\scriptstyle f}\downarrow & & \downarrow{\scriptstyle f'} \\ M' & \xrightarrow{u'} & N' \end{array} \qquad (2\text{-}6\text{-}7)$$

被叫作交换的，是指

$$u' \circ f = f' \circ u。\qquad (2\text{-}6\text{-}7')$$

命题 2-6-10　设图表（2-6-7）是交换的，则有以下结果。

（1）$u\big(\ker f\big) \subseteq \ker f'$。

（2）$u'\big(\operatorname{Im} f\big) \subseteq \operatorname{Im} f'$。

（3）u 诱导出同态：

$$\bar{u}：M/\ker f \to N/\ker f'，\quad x + \ker f \mapsto u\big(x\big) + \ker f'。\qquad (2\text{-}6\text{-}8)$$

（4）u' 诱导出同态：

$$\overline{u'}：\operatorname{Coker} f \to \operatorname{Coker} f'，\quad x' + \operatorname{Im} f \mapsto u'(x') + \operatorname{Im} f'。\qquad (2\text{-}6\text{-}9)$$

（5）如果 u 和 u' 同构，则 $u\big(\ker f\big) = \ker f'$，$u'\big(\operatorname{Im} f\big) = \operatorname{Im} f'$。

（6）如果 u 和 u' 同构，则 f 单（满）$\Leftrightarrow f$ 单（满）。

证明　（1）$\forall x \in \ker f \subseteq M$，即 $f(x) = 0$，由式（2-6-7′）可得 $f'\big(u(x)\big) = u'\big(f(x)\big) = 0$，表明 $u(x) \in \ker f'$，所以 $u\big(\ker f\big) \subseteq \ker f'$。

（2）$\forall x \in M$，由式（2-6-7′）可得 $u'\big(f(x)\big) = f'\big(u(x)\big) \in \operatorname{Im} f'$，所以 $u'\big(\operatorname{Im} f\big) \subseteq \operatorname{Im} f'$。

（3）根据（1）和命题2-2-4可得。

（4）根据（2）和命题2-2-4可得。

（5）由式（2-6-7′）可得 $f \circ u^{-1} = u'^{-1} \circ f'$，即有交换图：

$$N \xrightarrow{u^{-1}} M$$

$$f' \downarrow \qquad \downarrow f \quad 。$$

$$N' \xrightarrow{u'^{-1}} M'$$

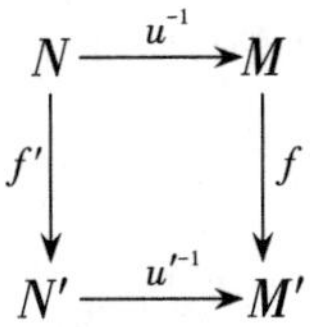

对上图利用（1）（2）的结论可得 $u^{-1}(\ker f') \subseteq \ker f$, $u'^{-1}(\operatorname{Im} f') \subseteq \operatorname{Im} f$, 即

$$\ker f' \subseteq u(\ker f), \quad \operatorname{Im} f' \subseteq u'(\operatorname{Im} f)。$$

再结合（1）（2）可知结论成立。

（6）由（5）可得

$$f \, \text{单} \Leftrightarrow \ker f = 0 \Leftrightarrow \ker f' = 0 \Leftrightarrow f' \, \text{单},$$

$$f \, \text{满} \Leftrightarrow \operatorname{Im} f = M' \Leftrightarrow \operatorname{Im} f' = u'(M') = N' \Leftrightarrow f' \, \text{满}。$$

证毕。

命题2-6-11 连接同态（connection homomorphism） 设有行正合的交换图（横行正合，方块交换）：

$$
\begin{array}{ccccccc}
A & \xrightarrow{f} & B & \xrightarrow{g} & C & \longrightarrow & 0 \\
\alpha \downarrow & & \beta \downarrow & & \gamma \downarrow & & \\
0 & \longrightarrow & A' & \xrightarrow{f'} & B' & \xrightarrow{g'} & C'
\end{array}
\quad,
$$

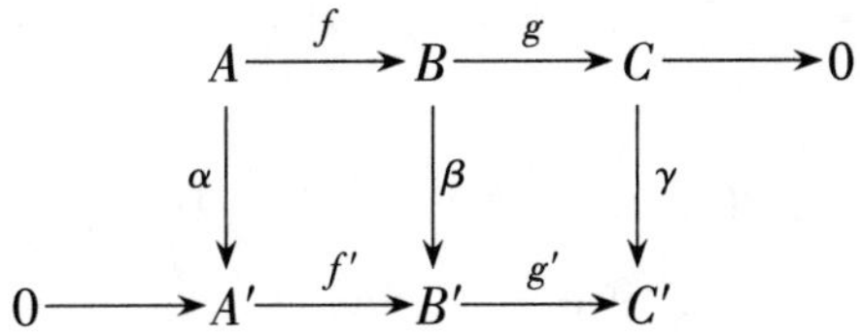

则有连接同态：

$$\delta: \ker \gamma \to \operatorname{Coker} \alpha, \quad c \mapsto f'^{-1}\beta g^{-1}(c) + \operatorname{Im} \alpha。$$

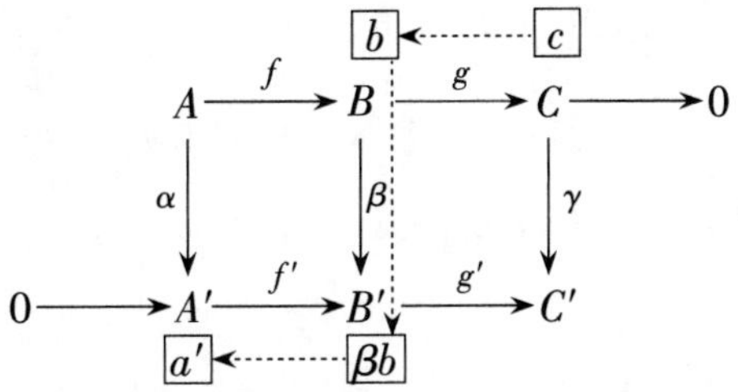

其中，$g^{-1}(c)$ 表示满足 $c = g(b)$ 的任意元素 b。由于 f' 单，所以 f'^{-1} 是唯一确定的。

证明 设 $c \in \ker \gamma \subseteq C$, 由于 g 满，所以存在 $b \in B$, 使得

$$c = g(b)。$$

不妨记

$$b = g^{-1}(c)。$$

由交换性可得

$$g'\beta(b) = \gamma g(b) = \gamma(c) = 0,$$

所以 $\beta(b) \in \ker g'$。由正合性 $\ker g' = \operatorname{Im} f'$ 可知 $\beta(b) \in \operatorname{Im} f'$, 所以存在 $a' \in A'$, 使得

$$\beta(b)=f'(a')。$$

由于 f' 单，所以 a' 由 b 唯一确定。不妨记

$$a'=f'^{-1}\beta(b)=f'^{-1}\beta g^{-1}(c)。$$

定义为

$$\delta:\ \ker\gamma\rightarrow\operatorname{Coker}\alpha,\quad c\mapsto a'+\operatorname{Im}\alpha。$$

需要证明 δ 的定义与 b 的选择无关。

若另有 $\tilde{b}\in B$ 使得 $c=g(\tilde{b})$，则 $g(\tilde{b}-b)=0$，表明 $\tilde{b}-b\in\ker g$。由正合性 $\ker g=\operatorname{Im}f$ 知 $\tilde{b}-b\in\operatorname{Im}f$，所以存在 $a\in A$ 使得 $\tilde{b}-b=f(a)$，于是由交换性得

$$\beta(\tilde{b}-b)=\beta f(a)=f'\alpha(a)。$$

设 $\tilde{b}$ 确定 $\tilde{a}'$，即 $\beta(\tilde{b})=f'(\tilde{a}')$，则

$$f'(\tilde{a}'-a')=\beta(\tilde{b}-b)=f'\alpha(a),$$

由于 f' 单，所以 $\tilde{a}'-a'=\alpha(a)\in\operatorname{Im}\alpha$，即 $\tilde{a}'+\operatorname{Im}\alpha=a'+\operatorname{Im}\alpha$，表明 δ 的定义与 b 的选择无关。

下面证明 δ 是同态。若 $\delta(c)=a'$，对于 $\forall r\in R$（设模是 R-模），显然 $\delta(rc)=ra'=r\delta(c)$。设 c_1，$c_2\in\ker\gamma$，对应 b_1，b_2 和 a'_1，a'_2，即

$$c_i=g(b_i),\quad \beta(b_i)=f'(a'_i),\quad i=1,\ 2。$$

显然

$$c_1+c_2=g(b_1+b_2),\quad \beta(b_1+b_2)=f'(a'_1+a'_2)。$$

由于 δ 的定义与 b 的选择无关，所以可以选取 c_1+c_2 对应 b_1+b_2，可得

$$\delta(c_1+c_2)=a'_1+a'_2=\delta(c_1)+\delta(c_2),$$

表明 δ 是同态。证毕。

引理2-6-1　蛇引理（snake lemma） 设有行正合的交换图：

$$\begin{array}{ccccccc} & & M' & \xrightarrow{u} & M & \xrightarrow{v} & M'' & \longrightarrow & 0 \\ & & \downarrow{\scriptstyle f'} & & \downarrow{\scriptstyle f} & & \downarrow{\scriptstyle f''} & & \\ 0 & \longrightarrow & N' & \xrightarrow{u'} & N & \xrightarrow{v'} & N'' & & \end{array}。\tag{2-6-10}$$

（1）有正合列：

$$\ker f'\xrightarrow{\tilde{u}}\ker f\xrightarrow{\tilde{v}}\ker f''\xrightarrow{\delta}\operatorname{Coker}f'\xrightarrow{\bar{u}'}\operatorname{Coker}f\xrightarrow{\bar{v}'}\operatorname{Coker}f''。\tag{2-6-11}$$

（2）u 单 $\Rightarrow\tilde{u}$ 单。

（3）v' 满 $\Rightarrow\bar{v}'$ 满。

其中

$$\tilde{u}=u\big|_{\ker f'},\quad \tilde{v}=v\big|_{\ker f},$$

由命题2-6-10（1）知序列 $\ker f'\xrightarrow{\tilde{u}}\ker f\xrightarrow{\tilde{v}}\ker f''$ 是合理的。

$\bar{u}'$ 和 $\bar{v}'$ 由命题2-6-10（4）定义：

$$\bar{u}':f'\to \mathrm{Coker}f,\quad y'+\mathrm{Im}f'\mapsto u'(y')+\mathrm{Im}f,$$

$$\bar{v}':\mathrm{Coker}f\to \mathrm{Coker}f'',\quad y+\mathrm{Im}f\mapsto v'(y)+\mathrm{Im}f''。$$

连接同态 δ 由命题2-6-11定义：

$$\delta:\ \ker f''\to \mathrm{Coker}f',\quad x''\mapsto \bar{y}'=y'+\mathrm{Im}f'。$$

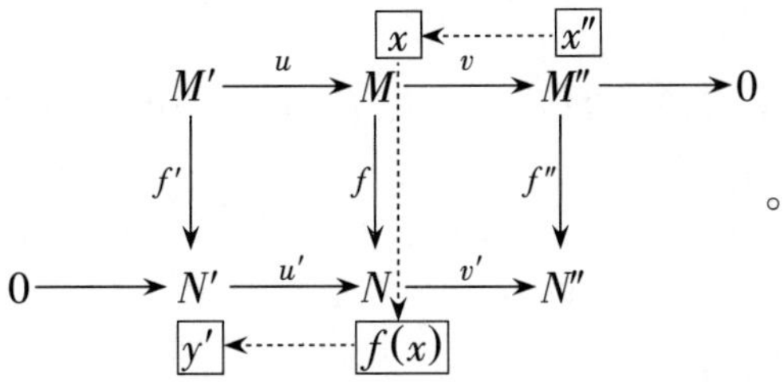

。　　（2-6-12）

证明　（1）① $\ker f$ 处的正合性。

由交换图（2-6-10）第一行正合可得 $vu=0$（命题2-6-4），所以 $(vu)\big|_{\ker f'}=0$，即 $v\left(u\big|_{\ker f'}\right)=0$。由于 $u(\ker f')\subseteq\ker f$，所以 $v\big|_{\ker f}u\big|_{\ker f'}=0$，即 $\tilde{v}\tilde{u}=0$，于是 $\mathrm{Im}\,\tilde{u}\subseteq\ker\tilde{v}$（命题2-2-9）。

$\forall y\in\ker\tilde{v}\subseteq\ker f$，有 $\tilde{v}(y)=0$，则 $v(y)=0$，即 $y\in\ker v=\mathrm{Im}\,u$，于是有

$$y=u(x),\quad x\in M'。$$

由交换性可得

$$u'f'(x)=fu(x)=f(y)=0。$$

由交换图（2-6-10）第二行正合可知 u' 单（命题2-6-1），所以 $f'(x)=0$，即 $x\in\ker f'$，因而有

$$y=u(x)=u\big|_{\ker f'}(x)=\tilde{u}(x)\in\mathrm{Im}\,\tilde{u}。$$

表明 $\ker\tilde{v}\subseteq\mathrm{Im}\,\tilde{u}$。

② $\mathrm{Coker}f$ 处的正合性。

由交换图（2-6-10）第二行正合可得 $v'u'=0$（命题2-6-4）。对于 $\forall\bar{x}\in\mathrm{Coker}f'$，有

$$\bar{v}'\bar{u}'(\bar{x})=\bar{v}'\left(\overline{u'(x)}\right)=\overline{v'u'(x)}=\bar{0},$$

即 $\bar{v}'\bar{u}'=\bar{0}$，因此 $\mathrm{Im}\,\bar{u}'\subseteq\ker\bar{v}'$（命题2-2-9）。

$\forall \bar{y} \in \ker \bar{v}' \subseteq \operatorname{Coker} f = N/\operatorname{Im} f$，其中，$y \in N$，则

$$\bar{0} = \bar{v}'(\bar{y}) = \overline{v'(y)},$$

其中，$\bar{0} = \operatorname{Im} f''$，所以 $v'(y) \in \operatorname{Im} f''$，因而有

$$v'(y) = f''(c), \quad c \in M''。$$

由交换图（2-6-10）第一行正合知 v 满（命题2-6-2），所以有

$$c = v(b), \quad b \in M。$$

令

$$y' = y - f(b) \in N,$$

由交换性可得

$$v'(y') = v'(y) - v'f(b) = v'(y) - f''v(b) = f''(c) - f''(c) = 0,$$

所以 $y' \in \ker v' = \operatorname{Im} u'$，因而有

$$y' = u'(x), \quad x \in N'。$$

由于 $y - y' = f(c) \in \operatorname{Im} f$，所以 $\bar{y} = \bar{y}' \in N/\operatorname{Im} f$，可得

$$\bar{y} = \bar{y}' = \overline{u'(x)} = \bar{u}'(\bar{x}) \in \operatorname{Im} \bar{u}',$$

因此 $\ker \bar{v}' \subseteq \operatorname{Im} \bar{u}'$。

③ $\ker f''$ 处的正合性。

$\forall \tilde{v}(x) \in \operatorname{Im} \tilde{v} \subseteq \ker f''$，其中，$x \in \ker f \subseteq M$。有 $f(x) = 0$，参考交换图（2-6-12），由于 u' 单（命题2-6-1），所以 $y' = 0$，即 $\delta(\tilde{v}(x)) = \bar{y}' = \bar{0}$。表明 $\tilde{v}(x) \in \ker \delta$，因此 $\operatorname{Im} \tilde{v} \subseteq \ker \delta$。

$\forall x'' \in \ker \delta \subseteq \ker f''$，有 $\delta(x'') = \bar{0}$，参考交换图（2-6-12），有 $\bar{y}' = \bar{0}$，即 $y' \in \operatorname{Im} f'$。有

$$y' = f'(x'), \quad x' \in M'。$$

根据交换性有

$$u'(y') = u'(f'(x')) = f(u(x'))。$$

而参考交换图（2-6-12）有

$$u'(y') = f(x),$$

由以上两式得

$$f(x - u(x')) = f(x) - f(u(x')) = 0,$$

记

$$x_1 = x - u(x') \in \ker f,$$

由于 $vu = 0$（命题2-6-4），所以可得

$$\tilde{v}(x_1)=v(x_1)=v(x)-vu(x')=v(x)=x'',$$

表明 $x''\in \mathrm{Im}\,\tilde{v}$，因此 $\ker\delta\subseteq \mathrm{Im}\,\tilde{v}$。

④ $\mathrm{Coker}f'$ 处的正合性。

$\forall x''\in \ker f''\subseteq M''$。参考交换图（2-6-12），$\delta(x'')=\bar{y}'\in N'/\mathrm{Im}f'$。有

$$\bar{u}'(\delta(x''))=\bar{u}'(\bar{y}')=\overline{u'(y')}=\overline{f(x)}。$$

注意 $\bar{u}'(\bar{y}')\in N/\mathrm{Im}f$，所以 $\overline{f(x)}=f(x)+\mathrm{Im}f$，表明 $\overline{f(x)}=\bar{0}$，即 $\bar{u}'\delta=\bar{0}$，由命题2-2-9得 $\mathrm{Im}\,\delta\subseteq \ker\bar{u}'$。

$\forall \bar{y}'\in \ker\bar{u}'\subseteq \mathrm{Coker}f'=N'/\mathrm{Im}f'$，其中，$y'\in N'$。有

$$\bar{0}=\bar{u}'(\bar{y}')=\overline{u'(y')},$$

其中，$\bar{u}'(\bar{y}')\in N/\mathrm{Im}f$，所以 $\overline{u'(y')}=u'(y')+\mathrm{Im}f$，因此 $u'(y')\in \mathrm{Im}f$，有

$$u'(y')=f(x),\quad x\in M。$$

由交换性以及 $v'u'=0$（命题2-6-4）可得

$$f''v(x)=v'f(x)=v'u'(y')=0。$$

表明 $v(x)\in \ker f''$。根据交换图（2-6-12）可知 $\bar{y}'=\delta(v(x))\in \mathrm{Im}\,\delta$，所以 $\ker\bar{u}'\subseteq \mathrm{Im}\,\delta$。

（2）显然 $\ker\tilde{u}\subseteq \ker u=0$，所以 $\tilde{u}$ 单。

（3）由于 v' 满，根据 $\bar{v}'$ 的定义即可知 $\bar{v}'$ 满。证毕。

引理2-6-1′ 蛇引理（snake lemma） 设有行正合的交换图：

$$\begin{array}{ccccccccc}
0 & \longrightarrow & M' & \xrightarrow{u} & M & \xrightarrow{v} & M'' & \longrightarrow & 0\\
 & & \downarrow{\scriptstyle f'} & & \downarrow{\scriptstyle f} & & \downarrow{\scriptstyle f''} & & \\
0 & \longrightarrow & N' & \xrightarrow{u'} & N & \xrightarrow{v'} & N'' & \longrightarrow & 0
\end{array}, \qquad (2\text{-}6\text{-}13)$$

那么有正合列：

$$0\longrightarrow \ker f'\xrightarrow{\tilde{u}}\ker f\xrightarrow{\tilde{v}}\ker f''\xrightarrow{\delta}\mathrm{Co\,ker}f'\xrightarrow{\bar{u}'}\mathrm{Coker}f\xrightarrow{\bar{v}'}\mathrm{Coker}f''\longrightarrow 0。$$

（2-6-14）

其中，同态与引理2-6-1相同。

定义2-6-3 设 C 是 A-模类，如果对于各项都属于 C 的每个短正合列 $0\to M'\to M\to M''\to 0$ 有

$$\lambda(M')-\lambda(M)+\lambda(M'')=0,$$

则函数 λ：$C\to\mathbf{Z}$（更一般地，$\mathbf{Z}$ 换成交换群 G）叫作加性的（additive）。

例2-6-1 设 k 是域，C 是所有有限维 k-向量空间 V 所成的类，那么

$$\dim:\ C\to\mathbf{Z},\quad V\mapsto \dim V$$

是 C 上的加性函数。

证明 设有短正合列 $0 \longrightarrow V' \stackrel{f}{\longrightarrow} V \longrightarrow V'' \longrightarrow 0$，由命题2-6-6可知 $V'' \cong V/\operatorname{Im} f$，由命题B-8可得

$$\dim V'' = \dim(V/\operatorname{Im} f) = \dim V - \dim \operatorname{Im} f。$$

由于 f 单（命题2-6-1），所以 $\operatorname{Im} f \cong V'$（命题2-2-10），于是 $\dim \operatorname{Im} f = \dim V'$，上式为

$$\dim V'' = \dim V - \dim V',$$

即 $\dim V' - \dim V + \dim V'' = 0$。证毕。

命题2-6-12 对于 A-模类 C 上的加性函数 λ，有 $\lambda(0) = 0$。

证明 对于 C 上的短正合列 $0 \to 0 \to 0 \to 0 \to 0$，有 $\lambda(0) - \lambda(0) + \lambda(0) = 0$，即 $\lambda(0) = 0$。证毕。

命题2-6-13 设 C 是 A-模的一个类，有 A-模的正合列：

$$0 \to M_0 \to M_1 \to \cdots \to M_n \to 0, \tag{2-6-15}$$

其中，所有的 M_i 和部分同态核都属于 C。那么对于任一 C 上的加性函数 λ 有

$$\sum_{i=0}^{n} (-1)^i \lambda(M_i) = 0。 \tag{2-6-16}$$

证明 根据命题2-6-9，把序列式（2-6-15）分成短正合列（$N_0 = N_{n+1} = 0$）：

$$0 \to N_i \to M_i \to N_{i+1} \to 0,\quad i = 0,\ \cdots,\ n。$$

其中，N_i 是同态核，所以属于 C。有 $\lambda(N_i) - \lambda(M_i) + \lambda(N_{i+1}) = 0$，即

$$\lambda(M_i) = \lambda(N_i) + \lambda(N_{i+1}),$$

求和得

$$\sum_{i=0}^{n} (-1)^i \lambda(M_i) = \sum_{i=0}^{n} (-1)^i \lambda(N_i) + \sum_{i=0}^{n} (-1)^i \lambda(N_{i+1}),$$

由命题2-6-12可知

$$上式 = \sum_{i=1}^{n} (-1)^i \lambda(N_i) + \sum_{i=0}^{n-1} (-1)^i \lambda(N_{i+1}) = \sum_{i=1}^{n} (-1)^i \lambda(N_i) - \sum_{j=1}^{n} (-1)^j \lambda(N_j) = 0。$$

证毕。

命题2-6-14 设有交换图：

$$\begin{array}{ccccccccc}
\cdots & \longrightarrow & M_{i-1} & \stackrel{f_{i-1}}{\longrightarrow} & M_i & \stackrel{f_i}{\longrightarrow} & M_{i+1} & \longrightarrow & \cdots \\
 & & \downarrow{\scriptstyle \varphi_{i-1}} & & \downarrow{\scriptstyle \varphi_i} & & \downarrow{\scriptstyle \varphi_{i+1}} & & \\
\cdots & \longrightarrow & N_{i-1} & \stackrel{f'_{i-1}}{\longrightarrow} & N_i & \stackrel{f'_i}{\longrightarrow} & N_{i+1} & \longrightarrow & \cdots
\end{array},$$

其中，φ_i（$\forall i$）是同构。如果第一行正合，那么第二行也正合。

证明　由命题2-6-10（5）知

$$\varphi_i(\ker f_i)=\ker f'_i,\quad \varphi_i(\operatorname{Im} f_{i-1})=\operatorname{Im} f'_{i-1}。$$

如果 $\ker f_i=\operatorname{Im} f_{i-1}$，则 $\ker f'_i=\operatorname{Im} f'_{i-1}$。证毕。

命题2-6-14′　设有正合列：

$$\cdots\longrightarrow M_{i-1}\xrightarrow{f_{i-1}}M_i\xrightarrow{f_i}M_{i+1}\longrightarrow\cdots,$$

且有同构映射：

$$\varphi_i:\ M_i\to N_i。$$

若令

$$f'_i=\varphi_{i+1}\circ f_i\circ\varphi_i^{-1}:\ N_i\to N_{i+1},$$

则有正合列：

$$\cdots\longrightarrow N_{i-1}\xrightarrow{f'_{i-1}}N_i\xrightarrow{f'_i}N_{i+1}\longrightarrow\cdots。$$

证明　有交换图：

$$\begin{array}{ccccccccc}
\cdots\longrightarrow & M_{i-1} & \xrightarrow{f_{i-1}} & M_i & \xrightarrow{f_i} & M_{i+1} & \longrightarrow\cdots \\
 & \downarrow{\scriptstyle\varphi_{i-1}} & & \downarrow{\scriptstyle\varphi_i} & & \downarrow{\scriptstyle\varphi_{i+1}} & \\
\cdots\longrightarrow & N_{i-1} & \xrightarrow{f'_{i-1}} & N_i & \xrightarrow{f'_i} & N_{i+1} & \longrightarrow\cdots
\end{array},$$

由命题2-6-14可得结论。证毕。

注（命题2-6-14）　如果把同构关系视为等同，也就是把 M_i 与 N_i 视为等同，那么 f'_i 与 f_i 无区别，命题2-6-14和命题2-6-14′相当于做了一个替换。

命题2-6-15　设 f: $M\to N$ 是 A-模同态，i 是包含同态，π 是自然同态，则可得以下条件。

（1）f 是单同态 $\Leftrightarrow$ 有短正合列 $0\longrightarrow M\xrightarrow{f}N\xrightarrow{\pi}\operatorname{Coker}f\longrightarrow 0$。

（2）f 是满同态 $\Leftrightarrow$ 有短正合列 $0\longrightarrow\ker f\xrightarrow{i}M\xrightarrow{f}N\longrightarrow 0$。

命题2-6-16　设有正合列 $0\longrightarrow M'\xrightarrow{f}M\xrightarrow{g}M''\longrightarrow 0$，则

$$M=0\Leftrightarrow(M'=0,\quad M''=0)。$$

证明　$\Rightarrow$：由于 f 单，由命题2-2-10可得 $M'=\operatorname{Im} f\subseteq M=0$。由于 g 满，所以 $M''=\operatorname{Im} g=g(M)=0$。

$\Leftarrow$：由命题2-6-6可得 $0=M''\cong M/f(M')=M/0=M$。证毕。

命题2-6-17　有行正合的交换图：

$$\begin{array}{ccccccc} A & \xrightarrow{\lambda} & B & \xrightarrow{\eta} & C & \longrightarrow & 0 \\ \downarrow{\scriptstyle\alpha} & & \downarrow{\scriptstyle\beta} & & \downarrow{\scriptstyle\gamma} & & \\ A' & \xrightarrow{\lambda'} & B' & \xrightarrow{\eta'} & C' & & \end{array},$$

如果 α 是满的、β 是单的，那么 γ 是单的。

证明 设 $c \in \ker\gamma \subseteq C$，即

$$\gamma(c)=0。$$

由于 η 满，所以有

$$c=\eta(b),\quad b\in B。$$

根据交换图可得

$$\eta'\big(\beta(b)\big)=\gamma\big(\eta(b)\big)=\gamma(c)=0,$$

这表明 $\beta(b)\in\ker\eta'$。根据正合性，可知 $\beta(b)\in\operatorname{Im}\lambda'$，即有

$$\beta(b)=\lambda'(a'),\quad a'\in A'。$$

由于 α 满，所以有

$$a'=\alpha(a),\quad a\in A。$$

根据交换图可得

$$\beta\big(\lambda(a)\big)=\lambda'\big(\alpha(a)\big)=\lambda'(a')=\beta(b),$$

由于 β 单，所以可得

$$b=\lambda(a),$$

根据正合性有

$$c=\eta(b)=\eta\big(\lambda(a)\big)=0。$$

这表明 $\ker\gamma=0$，从而 γ 是单的。证毕。

2.7 张量积

定义 2-7-1 双线性映射（bilinear mapping） 设 M，N，P 是 A-模，如果满足以下条件（其中，x，$x'\in M$，y，$y'\in N$，$a\in A$）：

（1）$f(x+x',\ y)=f(x,\ y)+f(x',\ y)$,

（2）$f(x,\ y+y')=f(x,\ y)+f(x,\ y')$,

（3）$f(ax,\ y)=f(x,\ ay)=af(x,\ y)$,

则映射 f：$M\times N\to P$ 叫作 A-双线性的。

命题2-7-1 设 g：$M\times N\to T$ 是 A-双线性映射，那么下面的条件（1）与条件（2）等价。

（1）对于任意 A-模 P 和任意 A-双线性映射 f：$M\times N\to P$，存在唯一的 A-线性映射 f'：$T\to P$，使得

$$f=f'\circ g，即\quad\begin{array}{ccc} M\times N & \xrightarrow{g} & T \\ {\scriptstyle f}\downarrow & \swarrow{\scriptstyle f'} & \\ P & & \end{array}\quad。$$

（2）①对于任意 A-模 P 和任意 A-双线性映射 f：$M\times N\to P$，存在 A-线性映射 f'：$T\to P$，使得 $f=f'\circ g$。

② $T=(\operatorname{Im}g)$。

证明 $(1)\Rightarrow(2)$：此时①当然满足。令 $T_1=(\operatorname{Im}g)\subseteq T$，记包含同态 i：$T_1\to T$，令 $g_1=g$：$M\times N\to T_1$，即有

$$g=i\circ g_1。$$

（1）中取 $P=T_1$，$f=g_1$，存在唯一的 A-线性映射 g_1'：$T\to T_1$，使得

$$g_1=g_1'\circ g，即\quad\begin{array}{ccc} M\times N & \xrightarrow{g} & T \\ {\scriptstyle g_1}\downarrow & \swarrow{\scriptstyle g_1'} & \\ T_1 & & \end{array}\quad，$$

有

$$g=i\circ g_1=i\circ g_1'\circ g。$$

（1）中取 $P=T$，$f=g$，存在唯一的 A-线性映射 id_T：$T\to T$，使得

$$g=\mathrm{id}_T\circ g，即\quad\begin{array}{ccc} M\times N & \xrightarrow{g} & T \\ {\scriptstyle g_1}\downarrow & \swarrow{\scriptstyle \mathrm{id}_T} & \\ T & & \end{array}\quad。$$

对比以上两式，由唯一性可知 $i\circ g_1'=\mathrm{id}_T$。由命题A-6可知 i：$T_1\to T$ 满，所以 $T=T_1=(\operatorname{Im}g)$，即②满足。

$(2)\Rightarrow(1)$：设有两个 A-线性映射 f_i'：$T\to P$ $(i=1,2)$，使得 $f=f_i'\circ g$，则有 $f_1'\circ g=f_2'\circ g$，即 $(f_1'-f_2')\circ g=0$，由②和命题2-3-12知 $f_1'=f_2'$。证毕。

定义 2–7–2　张量积（tensor product） 设 M，N 是两个 A-模。如果它具有泛性质（universal property），即对任意 A-模 P 和任意 A-双线性映射 f：$M\times N\to P$，存在唯一的一个 A-线性映射 f'：$T\to P$，使得

$$f=f'\circ g，即\quad \begin{array}{ccc} M\times N & \xrightarrow{\ g\ } & T \\ {\scriptstyle f}\downarrow & \swarrow {\scriptstyle f'} & \\ P & & \end{array}，$$

则 A-模 T 和 A-双线性映射 g：$M\times N\to T$ 构成的序对 $(T，g)$ 叫作 M 与 N 的张量积。我们把 T 记作 $M\otimes_A N$（为避免混淆，简记为 $M\otimes N$）。

定理 2–7–1　任意两个 A-模的张量积存在。

证明　设 M，N 是 A-模，用 C 表示以 $M\times N$ 为基的自由 A-模（命题 2–5–5）：

$$C=\left\{\sum_{i=1}^{n}a_i(x_i，y_i)\middle|a_i\in A，(x_i，y_i)\in M\times N，1\leqslant i\leqslant n，n\in N\right\}。\tag{2–7–1}$$

设 D 是 C 中所有以下形状元素生成的子模：

$$\begin{gathered}(x+x'，y)-(x，y)-(x'，y)，\\(x，y+y')-(x，y)-(x，y')，\\(ax，y)-a(x，y)，\\(x，ay)-a(x，y)，\end{gathered}\tag{2–7–2}$$

即

$$D=\left(\left\{\begin{matrix}(x+x'，y)-(x，y)-(x'，y)\\(x，y+y')-(x，y)-(x，y')\\(ax，y)-a(x，y)\\(x，ay)-a(x，y)\end{matrix}\middle|a\in A，x，x'\in M，y，y'\in N\right\}\right)。$$

注意，按照 C 中加法的定义（见命题 2–5–5），式（2–7–2）中各式不为零。令

$$T=C/D。\tag{2–7–3}$$

将 C 的每个基元素 $(x，y)$ 在 T 中的同余类记为 $x\otimes y$，即

$$x\otimes y：=(x，y)+D，\tag{2–7–4}$$

那么 T 就由所有形如 $x\otimes y$ 的元素生成（命题 2–3–8）：

$$T=\left\{\sum_{i=1}^{n}a_i(x_i\otimes y_i)\middle|a_i\in A，(x_i，y_i)\in M\times N，1\leqslant i\leqslant n，n\in N\right\}。\tag{2–7–5}$$

由于式（2–7–2）中都是 D 中元素，所以有

$$(x+x',\ y)+D=(x,\ y)+D+(x',\ y)+D,$$

$$(x,\ y+y')+D=(x,\ y)+D+(x,\ y')+D,$$

$$(ax,\ y)+D=a(x,\ y)+D,$$

$$(x,\ ay)+D=(x,\ ay)+D,$$

也就是

$$\begin{aligned}(x+x')\otimes y&=x\otimes y+x'\otimes y,\\ x\otimes(y+y')&=x\otimes y+x\otimes y',\\ (ax)\otimes y&=a(x\otimes y),\\ x\otimes(ay)&=a(x\otimes y)。\end{aligned}\qquad(2\text{-}7\text{-}6)$$

令

$$g:\ M\times N\to T,\ \ (x,\ y)\mapsto x\otimes y。\qquad(2\text{-}7\text{-}7)$$

由式（2-7-6）知 g 是 A-双线性的。由式（2-7-5）知

$$T=(\operatorname{Im}g)。\qquad(2\text{-}7\text{-}8)$$

从 $M\times N$ 到 A-模 P 的任一映射 f 都可以线性扩充为 A-模同态：

$$\tilde{f}:\ C\to P,\ \ \sum_{i=1}^{n}a_i(x_i,\ y_i)\mapsto\sum_{i=1}^{n}a_i f(x_i,\ y_i)。$$

如果 f 是双线性的，那么 $\tilde{f}$ 把 D 的生成元［即式（2-7-2）表示的元素］映成0，从而把 D 映成0，即 $D\subseteq\ker\tilde{f}$。根据命题2-2-4′可知，$\tilde{f}$ 诱导出 A-同态：

$$f':\ T\to P,\ \ \sum_{i=1}^{n}a_i(x_i\otimes y_i)\mapsto\sum_{i=1}^{n}a_i f(x_i,\ y_i)。\qquad(2\text{-}7\text{-}9)$$

由式（2-7-7）和式（2-7-9）知

$$f'\circ g=f。\qquad(2\text{-}7\text{-}10)$$

由命题2-7-1和式（2-7-8）、式（2-7-10）知 f' 唯一。证毕。

定理2-7-2 任意两个 A-模的张量积若存在，则在同构的意义上唯一。

具体地说，如果 $(T,\ g)$ 和 $(T',\ g')$ 是 A-模 M 与 N 的张量积，那么存在唯一的一个同构 $j:\ T\to T'$，使得

$$g'=j\circ g，即\quad\begin{array}{ccc}M\times N & \xrightarrow{g} & T\\ {\scriptstyle g_1}\downarrow & \swarrow{\scriptstyle j} & \\ T' & & \end{array}\ 。$$

证明 对于(T, g)，在定义2-7-2中取$P=T'$，$f=g'$，则存在唯一的一个A-线性映射j：$T\to T'$，使得

$$g'=j\circ g。$$

同样地，对于(T', g')，在定义2-7-2中取$P=T$，$f=g$，则存在唯一的一个A-线性映射j'：$T'\to T$，使得

$$g=j'\circ g'，即\quad \begin{array}{ccc} M\times N & \xrightarrow{g'} & T \\ {\scriptstyle g}\downarrow & \swarrow{\scriptstyle j'} & \\ T & & \end{array}。$$

由以上两式可得

$$g=j'\circ j\circ g。$$

对于(T, g)，在定义2-7-2中取$P=T$，$f=g$，则存在唯一的一个A-线性映射id_T：$T\to T$，使得

$$g=\mathrm{id}_T\circ g，即\quad \begin{array}{ccc} M\times N & \xrightarrow{g} & T \\ {\scriptstyle g}\downarrow & \swarrow{\scriptstyle \mathrm{id}_T} & \\ T & & \end{array}。$$

对比以上两式，由唯一性知$j'\circ j=\mathrm{id}_T$。同样可得$j\circ j'=\mathrm{id}_{T'}$，即$j$和$j'$是同构。证毕。

命题2-7-2 设M和N分别有生成元组$\{x_i\}_{i\in I}$和$\{y_j\}_{j\in J}$，那么$M\otimes N$有生成元组$\{x_i\otimes y_j\}_{i\in I,\ j\in J}$。

特别地，如果M和N都是有限生成的，那么$M\otimes N$也是有限生成的。

证明 从定理2-7-1的证明中T的构造式（2-7-5）即可看出。证毕。

命题2-7-3 $x\otimes 0=0$，$0\otimes y=0$。

证明 根据式（2-7-7）有$x\otimes 0=g(x, 0)$。由于g是双线性的，所以固定x，$g(x, \cdot)$是线性的，因此$g(x, 0)=0$，即$x\otimes 0=0$。同理，有$0\otimes y=0$。证毕。

注（命题2-7-3） 由$x\otimes y=0$一般不能得出$x=0$或$y=0$。

命题2-7-4 设$x_i\in M$，$y_i\in N$（$i=1, \cdots, n$）使得在$M\otimes N$中$\sum_{i=1}^{n}x_i\otimes y_i=0$，那么存在有限生成的子模$M_0\subsetneqq M$，$N_0\subsetneqq N$，使得在$M_0\otimes N_0$中$\sum_{i=1}^{n}x_i\otimes y_i=0$。

证明 设在$M\otimes N$中$\sum_{i=1}^{n}x_i\otimes y_i=0$。沿用定理2-7-1的证明中的式（2-7-4），有$\sum_{i=1}^{n}(x_i, y_i)+D=0$，即$\sum_{i=1}^{n}(x_i, y_i)\in D$，则

$$\sum_{i=1}^{n}(x_i,\ y_i)=\sum_{i=1}^{k}a_i d_i。$$

这里 d_1，…，d_k 是 D 的生成元［即式（2-7-2）中的元素］。设 $\{x'_i\}_{1\leqslant i\leqslant m}$ 是 d_1，…，d_k 的所有第一个坐标（如 $d_1=(x'_1+x'_2,\ y)-(x'_1,\ y)-(x'_2,\ y)$，$d_2=(ax'_3,\ y)-a(x'_3,\ y)$）组成的集合。定义 M_0 为由 $\{x_i\}_{1\leqslant i\leqslant n}\bigcup\{x'_i\}_{1\leqslant i\leqslant m}$ 生成的 M 的子模。同样可定义 N 的子模 N_0。用 D_0 表示 $A^{(M_0\times N_0)}$ 中由形如式（2-7-2）的元素生成的子模，显然 $\sum_{i=1}^{n}(x_i,\ y_i)\in D_0$，即在 $M_0\otimes N_0$ 中 $\sum_{i=1}^{n}x_i\otimes y_i=0$。证毕。

可以把张量积的概念推广到有限个模。

定义2-7-3　张量积　设 M_1，…，M_r 是 A-模。A-模 T 和 A-多线性映射 $g:M_1\times\cdots\times M_r\to T$ 构成的序对 $(T,\ g)$ 称为 M_1，…，M_r 的张量积。如果它满足泛性质，即对任意 A-模 P 和任意 A-多线性映射 f，$M_1\times\cdots\times M_r\to P$，存在唯一的 A-线性映射 f'，$T\to P$，使得

$$f=f'\circ g，即\quad \begin{array}{ccc} M_1\times\cdots\times M_r & \xrightarrow{g} & T \\ {\scriptstyle f}\downarrow & \swarrow{\scriptstyle f'} & \\ P & & \end{array}，$$

则把 T 记作 $M_1\otimes_A\cdots\otimes_A M_r$。

定理2-7-3　任意 r 个 A-模的张量积存在，且在同构的意义上唯一。

唯一性是指如果 $(T,\ g)$ 和 $(T',\ g')$ 是具有上述性质的两个序对，那么存在唯一的一个同构 j：$T\to T'$，使得 $g'=j\circ g$，即有交换图：

$$\begin{array}{ccc} M_1\times\cdots\times M_r & \xrightarrow{g'} & T' \\ {\scriptstyle g}\downarrow & \nearrow{\scriptstyle j} & \\ T & & \end{array}。$$

注（定理2-7-3）　称定义2-7-2和定义2-7-3中的 f' 是由 f 诱导出的同态，此时默认有

$$g:\ M_1\times\cdots\times M_r\to T,\ (x_1,\ \cdots,\ x_r)\mapsto x_1\otimes\cdots\otimes x_r,$$

有 $f(x_1,\ \cdots,\ x_r)=f'\circ g(x_1,\ \cdots,\ x_r)$，即

$$f'(x_1\otimes\cdots\otimes x_r)=f(x_1,\ \cdots,\ x_r)。$$

命题2-7-5　设 M，N，P 是 A-模，有同构：

（1）$M\otimes N\to N\otimes M$，$x\otimes y\mapsto y\otimes x$。

（2）$(M\otimes N)\otimes P\to M\otimes(N\otimes P)\to M\otimes N\otimes P$，$(x\otimes y)\otimes z\mapsto x\otimes(y\otimes z)\mapsto x\otimes y\otimes z$。

（3）$(M\oplus N)\otimes P\to(M\otimes P)\oplus(N\otimes P)$，$(x,\ y)\otimes z\mapsto(x\otimes z,\ y\otimes z)$。

（4）$A\otimes M\to M$，$a\otimes x\mapsto ax$。

证明 （2）先固定元素 $z\in P$。映射：

$$\varphi_1:\ M\times N\to M\otimes N\otimes P,\ (x,\ y)\mapsto x\otimes y\otimes z$$

对于 x 和 y 是双线性的［见式（2–7–6）］，根据定义2–7–2，它诱导出同态：

$$f_z:\ M\otimes N\to M\otimes N\otimes P,$$

使得［注（定理2–7–3）］

$$f_z(x\otimes y)=\varphi_1(x,\ y)=x\otimes y\otimes z。$$

考查映射：

$$\varphi_2:\ (M\otimes N)\times P\to M\otimes N\otimes P,\ (t,\ z)\mapsto f_z(t),$$

它对于 t 和 z 是双线性的，根据定义2–7–2，可以诱导出同态：

$$f:\ (M\otimes N)\otimes P\to M\otimes N\otimes P,$$

使得［注（定理2–7–3）］

$$f((x\otimes y)\otimes z)=\varphi_2(x\otimes y,\ z)=f_z(x\otimes y)=x\otimes y\otimes z。$$

考查映射

$$\varphi_3:\ M\times N\times P\to(M\otimes N)\otimes P,\ (x,\ y,\ z)\mapsto(x\otimes y)\otimes z,$$

它对于每个变元都是双线性的，根据定义2–7–3，可以诱导出同态：

$$f':\ M\otimes N\otimes P\to(M\otimes N)\otimes P,$$

使得［注（定理2–7–3）］

$$f'(x\otimes y\otimes z)=\varphi_3(x,\ y,\ z)=(x\otimes y)\otimes z。$$

显然 $f\circ f'=\mathrm{id}$，$f'\circ f=\mathrm{id}$，所以 f 是同构。证毕。

定义2–7–4 双模（bimodule） 设 A，B 是环，M 是交换（加法）群，在 M 上同时赋予 A-模结构和 B-模结构，而它们在

$$a(xb)=(ax)b,\ \forall a\in A,\ \forall b\in B,\ \forall x\in M$$

意义下是协调的，则称 M 是 $(A,\ B)$-双模。

定义2–7–5 双模同态 设 M，N 是 $(A,\ B)$-双模，若 f：$M\to N$ 既是 A-同态又是 B-同态，则称 f 是 $(A,\ B)$-同态。若 f 既是 A-模同构又是 B-模同构，则称 f 是 $(A,\ B)$-同构。

命题 2–7–6　设 A，B 是环，M 是 A-模，P 是 B-模，N 是 (A, B)-双模。那么 $M\otimes_A N$ 有自然的 B-模结构：

$$b(x\otimes_A y)=x\otimes_A(by),\quad \forall b\in B,\quad \forall x\in M,\quad \forall y\in N。$$

而 $N\otimes_B P$ 有 A-模结构：

$$a(y\otimes_B z)=(ay)\otimes_B z,\quad \forall a\in A,\quad \forall y\in N,\quad \forall z\in P。$$

同时在这些条件下有 (A, B)-同构：

$$(M\otimes_A N)\otimes_B P\cong M\otimes_A(N\otimes_B P)。\tag{2–7–11}$$

定义 2–7–6　模同态的张量积　设 f：$M\to M'$ 和 g：$N\to N'$ 都是 A-模同态。令

$$h:\ M\times N\to M'\otimes N',\quad (x,\ y)\mapsto f(x)\otimes g(y),$$

易验证 h 是 A-双线性的，因此诱导出唯一的 A-模同态（定义2–7–2）：

$$f\otimes g:\ M\otimes N\to M'\otimes N',$$

使得［注（定理2–7–3）］

$$(f\otimes g)(x\otimes y)=f(x)\otimes g(y),\quad \forall x\in M,\quad \forall y\in N。\tag{2–7–12}$$

命题 2–7–7　设有 A-模同态 $M\xrightarrow{f}M'\xrightarrow{f'}M''$，$N\xrightarrow{g}N'\xrightarrow{g'}N''$，则有

$$(f'\circ f)\otimes(g'\circ g)=(f'\otimes g')\circ(f\otimes g)。$$

证明　根据式（2–7–12）有

$$((f'\circ f)\otimes(g'\circ g))(x\otimes y)=(f'\circ f)(x)\otimes(g'\circ g)(y)。$$

而

$$(f'\otimes g')\circ(f\otimes g)(x\otimes y)=(f'\otimes g')(f(x)\otimes g(y))=(f'\circ f)(x)\otimes(g'\circ g)(y),$$

所以有

$$((f'\circ f)\otimes(g'\circ g))(x\otimes y)=(f'\otimes g')\circ(f\otimes g)(x\otimes y),\quad \forall x\in M,\quad \forall y\in N。$$

其中，$x\otimes y$ 是 $M\otimes N$ 的生成元，由命题2–3–13知结论成立。证毕。

定义 2–7–7　用 $\mathrm{Bil}_A(M,\ N;\ P)$ 表示所有 $M\times N\to P$ 的 A-双线性映射所成集合，它自然是一个 A-模。

命题 2–7–8　$\mathrm{Bil}_A(M,\ N;\ P)\cong\mathrm{Hom}_A(M\otimes N,\ P)$。

证明　有 A-同态：

$$\varphi:\ \mathrm{Hom}_A(M\otimes N,\ P)\to\mathrm{Bil}_A(M,\ N;\ P),\quad f'\mapsto f'\circ g,$$

其中，g 由式（2–7–7）定义。由定义2–7–2与命题A–4可知 φ 是同构。证毕。

命题2-7-9 设 f: $M\to M'$ 是 A-模同态，N 是 A-模，则

$$(\mathrm{Im}f)\otimes N=\mathrm{Im}(f\otimes 1), \tag{2-7-13}$$

$$(\ker f)\otimes N\subseteq\ker(f\otimes 1), \tag{2-7-14}$$

其中，1表示恒等同态。

证明 由式（2-7-12）可得

$$\begin{aligned}x\in(\mathrm{Im}f)\otimes N&\Leftrightarrow x=\sum_i a_i f(m_i)\otimes n_i=\sum_i a_i(f\otimes 1)(m_i\otimes n_i)\\&\Leftrightarrow x=(f\otimes 1)\left(\sum_i a_i(m_i\otimes n_i)\right)\\&\Leftrightarrow x\in\mathrm{Im}(f\otimes 1),\end{aligned}$$

即 $(\mathrm{Im}f)\otimes N=\mathrm{Im}(f\otimes 1)$。

$$\begin{aligned}x\in(\ker f)\otimes N&\Leftrightarrow\left(x=\sum_i a_i(m_i\otimes n_i),\quad f(m_i)=0\right)\\&\Rightarrow\left(x=\sum_i a_i(m_i\otimes n_i),\quad (f\otimes 1)(m_i\otimes n_i)=0\right)\\&\Rightarrow(f\otimes 1)x=0\\&\Leftrightarrow x\in\ker(f\otimes 1),\end{aligned}$$

即 $(\ker f)\otimes N\subseteq\ker(f\otimes 1)$。证毕。

命题2-7-10 设 $\mathfrak{a}$ 是 A 的理想，则命题2-7-5（4）中的同构：

$$\varphi: A\otimes M\to M,\quad a\otimes x\mapsto ax$$

满足

$$\varphi(\mathfrak{a}\otimes M)=\mathfrak{a}M。$$

证明 设 $a\in\mathfrak{a}$，$x\in M$，则 $\varphi(a\otimes x)=ax\in\mathfrak{a}M$，因此 $\varphi(\mathfrak{a}\otimes M)\subseteq\mathfrak{a}M$。反之，对于 $\mathfrak{a}M$ 中的元素 $\sum_i a_i x_i$，有 $\varphi\left(\sum_i a_i\otimes x_i\right)=\sum_i a_i x_i$，即 $\mathfrak{a}M\subseteq\varphi(\mathfrak{a}\otimes M)$。证毕。

命题2-7-11 设 M 是 A-模，$\mathfrak{a}$ 是 A 的理想，则

$$\frac{A\otimes M}{\mathfrak{a}\otimes M}\cong\frac{M}{\mathfrak{a}M}。$$

证明 由命题2-7-10和命题2-2-11可得。证毕。

命题2-7-12 设 f: $M\to M'$ 是 A-模同态，则有交换图：

$$\begin{array}{ccc}M\otimes\left(\bigoplus_{i\in I}N_i\right)&\xrightarrow{\ \varphi\ }&\bigoplus_{i\in I}(M\otimes N_i)\\ {\scriptstyle f\otimes 1}\downarrow&&\downarrow{\scriptstyle \bigoplus_{i\in I}(f\otimes 1_i)}\\ M'\otimes\left(\bigoplus_{i\in I}N_i\right)&\xrightarrow{\ \varphi'\ }&\bigoplus_{i\in I}(M'\otimes N_i)\end{array}。$$

其中，φ 和 φ' 是命题2-7-5（3）中的同构，同态直和的定义见命题2-4-9。并且有

$$f\otimes 1\text{是单同态}\Leftrightarrow \bigoplus_{i\in I}(f\otimes 1_i)\text{是单同态。}$$

证明

$$\varphi'(f\otimes 1)\left(m\otimes (n_i)_{i\in I}\right)=\varphi'\left(f(m)\otimes (n_i)_{i\in I}\right)=\left(f(m)\otimes n_i\right)_{i\in I},$$

$$\bigoplus_{i\in I}(f\otimes 1_i)\varphi\left(m\otimes (n_i)_{i\in I}\right)=\bigoplus_{i\in I}(f\otimes 1_i)(m\otimes n_i)_{i\in I}=\left((f\otimes 1_i)(m\otimes n_i)\right)_{i\in I}=\left(f(m)\otimes n_i\right)_{i\in I},$$

即 $\varphi'(f\otimes 1)=\bigoplus_{i\in I}(f\otimes 1_i)\varphi$。

根据命题2-6-10（5）有

$$\varphi\left(\ker(f\otimes 1)\right)=\ker\left(\bigoplus_{i\in I}(f\otimes 1_i)\right),$$

因此

$$\ker(f\otimes 1)=0\Leftrightarrow \ker\left(\bigoplus_{i\in I}(f\otimes 1_i)\right)=0\text{。}$$

结论成立。证毕。

2.8 标量的局限和扩张

定义2-8-1 标量局限（restriction of scalar） 设 f: $A\to B$ 是环同态，M 是 B-模。M 有 A-模结构：

$$A\times M\to M,\quad (a,\ x)\mapsto ax=f(a)x,$$

则称这个 A-模由 M 经标量局限而得到。

定义2-8-2 A-代数 设 f: $A\to B$ 是环同态，则 B 作为 B-模经标量局限得到 A-模结构，这样的 B 称为 A-代数。

命题2-8-1 设 f: $A\to B$ 是个环同态，N 作为 B-模是有限生成的，而环 B 作为 A-模也是有限生成的，那么 N 的标量局限作为 A-模也是有限生成的。

证明 设 x_1，…，x_n 在 B 上生成 N，即对于 $\forall x\in N$，有

$$x=\sum_{j=1}^{n}b'_j x_j,\quad b'_j\in B\text{。}$$

设 b_1，…，b_m 在 A 上生成 B，则有

$$b'_j=\sum_{i=1}^{m}a_{ji}b_i=\sum_{i=1}^{m}f(a_{ji})b_i,\quad a_{ji}\in A\text{。}$$

则

$$x=\sum_{j=1}^{n}\sum_{i=1}^{m}f(a_{ji})b_i x_j=\sum_{j=1}^{n}\sum_{i=1}^{m}a_{ji}b_i x_j\text{。}$$

表明$\{b_ix_j\}_{1\leqslant i\leqslant m,\ 1\leqslant j\leqslant n}$生成$A$-模$N$。证毕。

定义2-8-3　标量扩张（extension of scalar）　设f: $A\to B$是环同态，M是A-模，则有A-模：

$$M_B=B\otimes_A M\text{。}$$

令

$$B\times M_B\to M_B,\ \ (b,\ b'\otimes x)\mapsto b(b'\otimes x)=(bb')\otimes x,$$

那么M_B就有一个B-模结构。于是说B-模M_B由M经标量扩张得到。

命题2-8-2　设f: $A\to B$是环同态，M是有限生成A-模，那么M的标量扩张M_B作为B-模也是有限生成的。

证明　B-模M_B中元素可表达为

$$\sum_{i=1}^{n}b_i\otimes y_i=\sum_{i=1}^{n}b_i(1_B\otimes y_i),\quad b_i\in B,\quad y_i\in M\text{。}$$

设x_1，…，x_m生成A-模M，则有

$$y_i=\sum_{j=1}^{m}a_{ij}x_j,\quad a_{ij}\in A\text{。}$$

于是，M作为A-模有

$$1_B\otimes y_i=\sum_{j=1}^{m}1_B\otimes\left(a_{ij}x_j\right)=\sum_{j=1}^{m}\left(a_{ij}1_B\right)\otimes x_j=\sum_{j=1}^{m}\left(f\left(a_{ij}\right)1_B\right)\otimes x_j\text{。}$$

M作为B-模有

$$1_B\otimes y_i=\sum_{j=1}^{m}f\left(a_{ij}\right)\left(1_B\otimes x_j\right)\text{。}$$

所以有

$$\sum_{i=1}^{n}b_i\otimes y_i=\sum_{j=1}^{m}\left(\sum_{i=1}^{n}b_if\left(a_{ij}\right)\right)\left(1_B\otimes x_j\right),$$

表明$\{1_B\otimes x_j\}_{1\leqslant j\leqslant m}$生成$B$-模$M_B$。证毕。

命题2-8-3　设f: $A\to B$是环同态，M_i是A-模，有A-模正合列：

$$\cdots\longrightarrow B\otimes_A M_{i-1}\xrightarrow{\varphi_{i-1}}B\otimes_A M_i\xrightarrow{\varphi_i}B\otimes_A M_{i+1}\longrightarrow\cdots\text{。}\qquad(2\text{-}8\text{-}1)$$

将A-模同态φ_i扩充为B-模同态：

$$\varphi_i\big(b(b'\otimes x)\big)=b\varphi_i(b'\otimes x),$$

将$B\otimes_A M_i$看作B-模（即标量扩张），则序列式（2-8-1）也是B-模正合列。

证明　用下标区分，把φ_i分别作为A-模同态和B-模同态的核与像。

设 $x\in \mathrm{Im}_A\varphi_i$，则

$$x=\varphi_i\left(\sum_{i=1}^{k}a_i(b_i\otimes x_i)\right)=\varphi_i\left(\sum_{i=1}^{k}\big(f(a_i)b_i\big)\otimes x_i\right)\in \mathrm{Im}_B\varphi_i。$$

设 $x\in \mathrm{Im}_B\varphi_i$，则

$$x=\varphi_i\left(\sum_{i=1}^{k}b'_i(b''_i\otimes x_i)\right)=\varphi_i\left(\sum_{i=1}^{k}b_i\otimes x_i\right)\in \mathrm{Im}_A\varphi_i,$$

所以 $\mathrm{Im}_A\varphi_i=\mathrm{Im}_B\varphi_i$。

设 $x\in \ker_A\varphi_i$，则

$$x=\sum_{i=1}^{k}a_i(b_i\otimes x_i),\quad \varphi_i(x)=0,$$

写成

$$x=\sum_{i=1}^{k}\big(f(a_i)b_i\big)\otimes x_i,\quad \varphi_i(x)=0,$$

所以 $x\in \ker_B\varphi_i$。

设 $x\in \ker_B\varphi_i$ ，则

$$x=\sum_{i=1}^{k}b'_i(b''_i\otimes x_i),\quad \varphi_i(x)=0,$$

写成

$$x=\sum_{i=1}^{k}b_i\otimes x_i,\quad \varphi_i(x)=0,$$

所以 $x\in \ker_A\varphi_i$。

因此 $\ker_A\varphi_i=\ker_B\varphi_i$。 证毕。

2.9 张量积的正合性

命题2-9-1 $\mathrm{Bil}(M,N;P)\cong \mathrm{Hom}\big(M,\mathrm{Hom}(N,P)\big)$。

证明 设 $f\in \mathrm{Bil}(M,N;P)$。对于每个 $x\in M$，映射：

$$f_x:N\to P,\quad y\mapsto f(x,y)$$

是 A-线性的，因此 f 诱导出一个映射：

$$\tilde f:M\to \mathrm{Hom}(N,P),\quad x\mapsto f_x。$$

$\tilde f$ 是 A-线性的，这是因为 f 对于 x 是线性的。有

$$\tilde{f}(x)(y)=f_x(y)=f(x,\ y),\quad \forall(x,\ y)\in M\times N。$$

有 A-同态：

$$\lambda:\ \mathrm{Bil}(M,\ N;\ P)\rightarrow \mathrm{Hom}(M,\ \mathrm{Hom}(N,\ P)),\quad f\mapsto \tilde{f}。$$

设 $f,\ g\in \mathrm{Bil}(M,\ N;\ P)$，且 $f\neq g$，则 $\exists(x_0,\ y_0)\in M\times N$，使得 $f(x_0,\ y_0)\neq g(x_0,\ y_0)$。因而 $\tilde{f}(x_0)(y_0)\neq \tilde{g}(x_0)(y_0)$，即 $\tilde{f}\neq\tilde{g}$，也就是 $\lambda(f)\neq\lambda(g)$，表明 λ 是单同态。

$\forall\varphi\in \mathrm{Hom}(M,\ \mathrm{Hom}(N,\ P))$，可定义双线性映射：

$$f_\varphi:\ M\times N\rightarrow P,\quad (x,\ y)\mapsto \varphi(x)(y)。$$

易验证 $\lambda(f_\varphi)=\varphi$。表明 λ 是满同态。所以 λ 是同构。证毕。

由命题2-9-1和命题2-7-8可得命题2-9-2。

命题2-9-2 有典范同构 $\mathrm{Hom}(M\otimes N,\ P)\cong \mathrm{Hom}(M,\ \mathrm{Hom}(N,\ P))$。

同构映射：

$$\varphi:\ \mathrm{Hom}(M,\ \mathrm{Hom}(N,\ P))\rightarrow \mathrm{Hom}(M\otimes N,\ P),$$

对于 $\lambda\in \mathrm{Hom}(M,\ \mathrm{Hom}(N,\ P))$，有

$$\varphi(\lambda)(x\otimes y)=\lambda(x)(y)。\tag{2-9-1}$$

对于 $h\in \mathrm{Hom}(M\otimes N,\ P)$，有

$$(\varphi^{-1}(h))(x)(y)=h(x\otimes y)。\tag{2-9-2}$$

定理2-9-1 设有 A-模和 A-同态正合列：

$$M_1\xrightarrow{f_1}M_2\xrightarrow{f_2}M_3\longrightarrow 0。\tag{2-9-3}$$

那么对于任意 A-模 N，有正合列：

$$M_1\otimes N\xrightarrow{f_1\otimes 1}M_2\otimes N\xrightarrow{f_2\otimes 1}M_3\otimes N\longrightarrow 0。\tag{2-9-4}$$

其中，1是 N 上的恒同映射。

证明 设 P 是任一 A-模，令 $L=\mathrm{Hom}(N,\ P)$，根据定理2-6-1（1），由正合列（2-9-3）可得正合列：

$$0\longrightarrow \mathrm{Hom}(M_3,\ L)\xrightarrow{f_2^*}\mathrm{Hom}(M_2,\ L)\xrightarrow{f_1^*}\mathrm{Hom}(M_1,\ L)。$$

其中

$$f_i^*(\lambda)=\lambda\circ f_i,\quad i=1,\ 2。$$

设同构映射（命题2-9-2）：

$$\varphi_i:\ \mathrm{Hom}(M_i,\ L)\rightarrow \mathrm{Hom}(M_i\otimes N,\ P),\quad i=1,\ 2,\ 3,$$

由命题2-6-14′可得正合列：

$$0\longrightarrow \mathrm{Hom}(M_3\otimes N,\ P)\xrightarrow{f'_2}\mathrm{Hom}(M_2\otimes N,\ P)\xrightarrow{f'_1}\mathrm{Hom}(M_1\otimes N,\ P),\tag{2-9-5}$$

其中

$$f'_i=\varphi_i\circ f_i^*\circ\varphi_{i+1}^{-1},\quad i=1,\ 2。$$

对于 $h\in\mathrm{Hom}(M_{i+1}\otimes N,\ P)$，有

$$f'_i(h)=\varphi_i f_i^*\varphi_{i+1}^{-1}(h)=\varphi_i\left(\varphi_{i+1}^{-1}(h)f_i\right)。$$

根据式（2-9-1）和式（2-9-2）有

$$f'_i(h)(x\otimes y)=\left(\varphi_{i+1}^{-1}(h)f_i\right)(x)(y)=\varphi_{i+1}^{-1}(h)\left(f_i(x)\right)(y)=h\left(f_i(x)\otimes y\right)。\tag{2-9-6}$$

根据式（2-7-12），有 A-同态：

$$f_i\otimes 1:\ M_i\otimes N\rightarrow M_{i+1}\otimes N,\quad i=1,\ 2,$$

使得

$$(f_i\otimes 1)(x\otimes y)=f_i(x)\otimes y。$$

有

$$(f_i\otimes 1)^*:\ \mathrm{Hom}(M_{i+1}\otimes N,\ P)\rightarrow\mathrm{Hom}(M_i\otimes N,\ P),\quad h\mapsto h\circ(f_i\otimes 1),$$

于是

$$(f_i\otimes 1)^*(h)(x\otimes y)=h\circ(f_i\otimes 1)(x\otimes y)=h\left(f_i(x)\otimes y\right)。\tag{2-9-7}$$

对比式（2-9-6）和式（2-9-7）得

$$f'_i=(f_i\otimes 1)^*,\tag{2-9-8}$$

从而正合列（2-9-5）写成

$$0\longrightarrow\mathrm{Hom}(M_3\otimes N,\ P)\xrightarrow{(f_2\otimes 1)^*}\mathrm{Hom}(M_2\otimes N,\ P)\xrightarrow{(f_1\otimes 1)^*}\mathrm{Hom}(M_1\otimes N,\ P)。$$

由定理2-6-1（1）可得正合列：

$$M_1\otimes N\xrightarrow{f\otimes 1}M_2\otimes N\xrightarrow{g\otimes 1}M_3\otimes N\longrightarrow 0。$$

证毕。

定理2-9-1′　设有 A-模和 A-同态正合列：

$$M_1\xrightarrow{f_1}M_2\xrightarrow{f_2}M_3\longrightarrow 0。$$

那么对于任意 A-模 N，有正合列：

$$N\otimes M_1\xrightarrow{1\otimes f_1}N\otimes M_2\xrightarrow{1\otimes f_2}N\otimes M_3\longrightarrow 0。$$

其中，1是 N 上的恒同映射。

例2-9-1 若 f 是单同态，则 $f\otimes 1$ 未必是单的。考查正合列：

$$0\longrightarrow Z\xrightarrow{f}Z,$$

这里 $f(x)=2x$ （$\forall x\in Z$）。将上式与 $\mathbf{Z}_2=\{\bar{0},\ \bar{1}\}$ 作张量积，得到序列：

$$0\longrightarrow Z\otimes\mathbf{Z}_2\xrightarrow{f\otimes 1}Z\otimes\mathbf{Z}_2,$$

它不是正合的，这是因为对于 $x\otimes y\in Z\otimes\mathbf{Z}_2$，由式（2-7-12）和命题2-7-3有

$$(f\otimes 1)(x\otimes y)=(2x)\otimes y=x\otimes(2y)=x\otimes\bar{0}=0,$$

即 $f\otimes 1=0$，然而 $Z\otimes\mathbf{Z}_2\neq\{0\}$，所以表明 $f\otimes 1$ 不是单射。

定义2-9-1 平坦模（flat module） 设 N 是 A-模。若对于任意 A-模正合列：

$$0\to M_1\to M_2\to M_3\to 0,$$

序列：

$$0\to M_1\otimes N\to M_2\otimes N\to M_3\otimes N\to 0$$

也正合，则称 N 是 A-平坦模。

命题2-9-3 A-模 N 的下列各性质等价。

（1） N 是平坦模。

（2）如果 f: $M'\to M$ 是单的，那么 $f\otimes 1$：$M'\otimes N\to M\otimes N$ 也是单的。

（3）如果 f: $M'\to M$ 是单的，而 M' 和 M 都是有限生成的，那么 $f\otimes 1$：$M'\otimes N\to M\otimes N$ 也是单的。

证明 （1）⇒（2）：设 f: $M'\to M$ 是单的，则有正合列［命题2-6-15（1）］：

$$0\longrightarrow M'\xrightarrow{f}M\xrightarrow{\pi}\mathrm{Coker}f\longrightarrow 0,$$

根据（1）可知，序列：

$$0\longrightarrow M'\otimes N\xrightarrow{f\otimes 1}M\otimes N\xrightarrow{\pi\otimes 1}\mathrm{Coker}f\otimes N\longrightarrow 0$$

是正合的，所以 $f\otimes 1$：$M'\otimes N\to M\otimes N$ 是单的。

（2）⇒（1）：对于正合列：

$$0\longrightarrow M_1\xrightarrow{f}M_2\longrightarrow M_3\longrightarrow 0,$$

根据定理2-9-1，有正合列：

$$M_1\otimes N\xrightarrow{f\otimes 1}M_2\otimes N\longrightarrow M_3\otimes N\longrightarrow 0。$$

f 是单的，根据（2）可知，$f\otimes 1$ 是单的，所以有正合列：

$$0 \longrightarrow M_1 \otimes N \xrightarrow{f \otimes 1} M_2 \otimes N \longrightarrow M_3 \otimes N \longrightarrow 0。$$

(2) ⇒ (3)：显然。

(3) ⇒ (2)：设 f：$M' \to M$ 是单的，设

$$u = \sum_{i=1}^{k} m_i' \otimes n_i \in \ker(f \otimes 1) \subseteq M' \otimes N,$$

那么在 $M \otimes N$ 中有

$$\sum_{i=1}^{k} f(m_i') \otimes n_i = 0。$$

将 M_0' 记作由 $\{m_i'\}_{1 \leqslant i \leqslant k}$ 生成的 M' 的子模，将 u_0 记作 $M_0' \otimes N$ 中元素的 $\sum_{i=1}^{k} m_i' \otimes n_i$。根据命题2-7-4，有 M 和 N 的有限生成子模 M_0 和 N_0，使得在 $M_0 \otimes N_0$ 中有

$$\sum_{i=1}^{k} f(m_i') \otimes n_i = 0。$$

M_0 包含 $f(M'_0)$。用 f_0：$M_0' \to M_0$ 表示 f 在 M_0' 上的限制，那么有

$$(f_0 \otimes 1)(u_0) = (f_0 \otimes 1)\left(\sum_{i=1}^{k} m_i' \otimes n_i\right) = 0,$$

根据（3）可知，$f_0 \otimes 1$ 是单的，所以 $u_0 = 0$，因而 $u = 0$，说明 $\ker(f \otimes 1) = 0$，即 $f \otimes 1$ 是单的。证毕。

命题2-9-4　设 f: $A \to B$ 是环同态，M 是平坦 A-模，那么 $M_B = B \otimes_A M$ 是平坦 B-模。

证明　设有 B-模正合列：

$$0 \to N_1 \to N_2 \to N_3 \to 0 。$$

根据命题2-7-5（1）（4）有 $N_i \cong B \otimes_B N_i \cong N_i \otimes_B B$，由命题2-6-14′可得正合列：

$$0 \to N_1 \otimes_B B \to N_2 \otimes_B B \to N_3 \otimes_B B \to 0 。$$

$N_i \otimes_B B$ 也有 A-模结构（即标量扩张），上式也是 A-模正合列（命题2-8-3）。由于 M 是平坦 A-模，所以有 A-模正合列：

$$0 \to (N_1 \otimes_B B) \otimes_A M \to (N_2 \otimes_B B) \otimes_A M \to (N_3 \otimes_B B) \otimes_A M \to 0 。$$

根据命题2-7-6有 $(N_i \otimes_B B) \otimes_A M \cong N_i \otimes_B (B \otimes_A M) = N_i \otimes_B M_B$，根据命题2-6-14′可得正合列：

$$0 \to N_1 \otimes_B M_B \to N_2 \otimes_B M_B \to N_3 \otimes_B M_B \to 0。$$

由命题2-9-3知 M_B 是平坦 B-模。证毕。

命题2-9-5　环 A 作为 A-模是平坦的。

证明 设 f: $M \to M'$ 是 A-模同态。根据命题2-7-5有同构映射：

$$\varphi: M \otimes A \to M, \quad m \otimes a \mapsto am,$$

$$\varphi': M' \otimes A \to M', \quad m' \otimes a \mapsto am'。$$

有

$$f\varphi(m \otimes a) = f(am) = af(m),$$

$$\varphi'(f \otimes 1)(m \otimes a) = \varphi'(f(m) \otimes a) = af(m),$$

即 $f\varphi = \varphi'(f \otimes 1)$，表明有交换图：

$$\begin{array}{ccc} M \otimes A & \xrightarrow{\varphi} & M \\ {\scriptstyle f\otimes 1}\downarrow & & \downarrow{\scriptstyle f} \\ M' \otimes A & \xrightarrow{\varphi'} & M' \end{array}。$$

由命题2-6-10（5）可得 $\varphi(\ker(f \otimes 1)) = \ker f$，所以有

$$\ker(f \otimes 1) = 0 \Leftrightarrow \ker f = 0,$$

即

$$f \otimes 1 \text{ 是单同态} \Leftrightarrow f \text{ 是单同态。}$$

由命题2-9-3可知 A 是平坦模。证毕。

命题2-9-6 设 M_i（$i \in I$）是 A-模，则有

$$\bigoplus_{i \in I} M_i \text{ 是平坦的} \Leftrightarrow M_i \ (i \in I) \text{ 都是平坦的。}$$

证明 记 $M = \bigoplus_{i \in I} M_i$。设 f: $N \to N'$ 是单同态。根据命题2-7-12有

$$f \otimes 1_M \text{ 是单同态} \Leftrightarrow \bigoplus_{i \in I}(f \otimes 1_{M_i}) \text{ 是单同态。}$$

根据命题2-4-9，可知

$$\text{上式} \Leftrightarrow f \otimes 1_{M_i} \ (i \in I) \text{ 都是单同态。}$$

由命题2-9-3可知结论成立。证毕。

命题2-9-7 自由模是平坦模。

证明 设 M 是自由 A-模，根据定义有 $M \cong \bigoplus_{i \in I} M_i$，其中，$M_i \cong A$（$\forall i \in I$）。由命题2-9-5知 M_i（$\forall i \in I$）是平坦模。由命题2-9-6知 M 是平坦模。证毕。

命题2-9-8 设 B 是 A-代数，$\mathfrak{a}$ 是 A 的理想，M 是 A-模，且 $M \cong A/\mathfrak{a}$，则

$$M_B = B \otimes_A M \cong B/\mathfrak{a}^e。$$

证明 有正合列：

$$\mathfrak{a} \xrightarrow{i} A \longrightarrow M \longrightarrow 0。$$

根据定理2-9-1′有正合列：

$$B \otimes_A \mathfrak{a} \xrightarrow{1 \otimes_A i} B \otimes_A A \longrightarrow M_B \longrightarrow 0。$$

由上式正合性可得 $M_B \cong \dfrac{B \otimes_A A}{B \otimes_A \mathfrak{a}}$。根据命题2-7-11有 $\dfrac{A \otimes_A B}{\mathfrak{a} \otimes_A B} \cong \dfrac{B}{\mathfrak{a}B}$，所以可得 $M_B \cong B/\mathfrak{a}B$。根据 B 的 A-模结构定义（设环同态 f：$A \to B$），$\mathfrak{a}B = f(\mathfrak{a})B = \mathfrak{a}^e$，所以可得 $M_B \cong B/\mathfrak{a}^e$。

同构映射为

$$\varphi：M_B \to B/\mathfrak{a}^e，\quad \sum_i a'_i\big(b_i \otimes (a_i + \mathfrak{a})\big) \mapsto \sum_i f(a'_i a_i) b_i + \mathfrak{a}^e。$$

证毕。

2.10 代数

例2-10-1 环 A 上的多项式环 $A[x_1，\cdots，x_n]$ 是一个 A-代数（定义2-8-2），这是因为有包含同态 i：$A \to A[t_1，\cdots，t_n]$。

注（例2-10-1） 设有环同态 f：$k \to B$，其中，k 是域，$B \neq 0$。由命题1-3-6知 f 是单的，这就是说 k 可以和它在 B 中的像 $f(k)$ 视为同一。因此，k-代数实质上就是包含 k 作为子环的一个环。

命题2-10-1 每个环都是 Z-代数。

证明 由命题1-1-5知有唯一的 $Z \to A$ 的环同态。证毕。

定义2-10-1 A-代数同态 设 f：$A \to B$ 和 g：$A \to C$ 是两个环同态，即 B 和 C 都是 A-代数。环同态 φ：$B \to C$（B 和 C 都有 A-模结构），如果同时还是 A-模同态，则叫作 A-代数同态。

A-模同态意味着：

$$\varphi(ab) = a\varphi(b) = g(a)\varphi(b)，\quad \forall a \in A，\ \forall b \in B。\tag{2-10-1}$$

命题2-10-2 设 f：$A \to B$，g：$A \to C$，φ：$B \to C$ 是环同态，则

$$\varphi \text{ 是 } A\text{-代数同态} \Leftrightarrow \varphi \circ f = g。$$

证明 $\Rightarrow$：$\varphi(a1_B) = a\varphi(1_B) = a1_C$，即 $\varphi\big(f(a)1_B\big) = g(a)1_C$，也就是 $\varphi \circ f = g$。

$\Leftarrow$：$\varphi(ab) = \varphi\big(f(a)b\big) = \varphi\big(f(a)\big)\varphi(b) = g(a)\varphi(b) = a\varphi(b)$。证毕。

定义2-10-2 有限 A-代数 设有环同态 f：$A \to B$。如果 B 作为 A-模是有限生成的，则 B 叫作有限 A-代数，称环同态 f 为有限的。也就是说，有 $x_1，\cdots，x_n \in B$，使得

$$B=(x_1, \cdots, x_n)=\left\{\sum_{i=1}^{n}a_ix_i \middle| a_i\in A\right\}。$$

定义2-10-3 有限生成 A-代数 有环同态 f：$A\to B$。如果有 x_1，⋯，$x_n\in B$，使得 B 中每个元素都可以写成系数是A中元素的关于 x_1，⋯，x_n 的多项式，也就是

$$B=A[x_1, \cdots, x_n]=\left\{\sum_{\substack{i_1+\cdots+i_n=k\\ i_1, \cdots, i_n\geqslant 0}}a_{i_1, \cdots, i_n}x_1^{i_1}\cdots x_n^{i_n} \middle| a_{i_1, \cdots, i_n}\in A, k\in N\right\}, \quad (2-10-2)$$

那么 B 叫作有限生成 A-代数，环同态 f：$A\to B$ 叫作有限型的（of finite type）。

命题2-10-3 B 是有限 A-代数 $\Rightarrow B$ 是有限生成 A-代数。

证明 $B=(x_1, \cdots, x_n)\subseteq A[x_1, \cdots, x_n]\subseteq B$，所以 $B=A[x_1, \cdots, x_n]$。证毕。

命题2-10-4 设有环同态 f：$A\to B$，则

B 是有限生成 A-代数 $\Leftrightarrow$ 存在满的 A-代数同态 φ：$A[t_1, \cdots, t_n]\to B$。

证明 $\Rightarrow$：设 $x_1\cdots$，x_n 是 B 的生成元，令

$$\varphi: A[t_1, \cdots, t_n]\to B, \quad \sum_{i_1, \cdots, i_n}a_{i_1\cdots i_n}t_1^{i_1}\cdots t_n^{i_n}\mapsto \sum_{i_1, \cdots, i_n}f(a_{i_1\cdots i_n})x_1^{i_1}\cdots x_n^{i_n}。$$

$\Leftarrow$：记 $x_i=\varphi(t_i)\in B$（$i=1$，⋯，n），由于 φ 满，所以 $\forall y\in B$，有

$$y=\varphi\left(\sum_{i_1, \cdots, i_n}a_{i_1\cdots i_n}t_1^{i_1}\cdots t_n^{i_n}\right)=\sum_{i_1, \cdots, i_n}f(a_{i_1\cdots i_n})\varphi(t_1^{i_1}\cdots t_n^{i_n})=\sum_{i_1, \cdots, i_n}f(a_{i_1\cdots i_n})x_1^{i_1}\cdots x_n^{i_n},$$

上式第二个等号用了式（2-10-1）的计算方式，这说明 B 是有限生成 A-代数。证毕。

命题2-10-5 设有环同态 $A\xrightarrow{f}B\xrightarrow{g}C$。若 C 是有限生成 B-模（也就是有限 A-代数），B 是有限生成 A-代数，那么 C 是有限生成 A-代数。

证明 设有 y_1，⋯，$y_n\in C$，x_1，⋯，$x_m\in B$，使得

$$C=By_1+\cdots+By_n, \quad B=A[x_1, \cdots, x_m]。$$

对于 $\forall c\in C$ 有

$$c=\sum_i b_iy_i, \quad b_i\in B。$$

对于 b_i 有

$$b_i=\sum_{i_1, \cdots, i_m}a_{i, i_1, \cdots, i_m}x_1^{i_1}\cdots x_m^{i_m}, \quad a_{i, i_1, \cdots, i_m}\in A。$$

所以有

$$c=\sum_{i, i_1, \cdots, i_m}a_{i, i_1, \cdots, i_m}x_1^{i_1}\cdots x_m^{i_m}y_i,$$

表明 $C\subseteq A[x_1, \cdots, x_m, y_1, \cdots, y_n]$。显然，$A[x_1, \cdots, x_m, y_1, \cdots, y_n]\subseteq C$，所以可得

$$C=A[x_1,\ \cdots,\ x_m,\ y_1,\ \cdots,\ y_n],$$

即 C 是有限生成 A-代数。证毕。

命题2-10-6　设 B 是有限生成 A-代数，$\mathfrak{b}$ 是 B 的理想，那么 $B/\mathfrak{b}$ 也是有限生成 A-代数。

证明　设 $B=A[x_1,\ \cdots,\ x_m]$，其中，$x_1,\ \cdots,\ x_m\in B$，即对于 $\forall b\in B$，有

$$b=\sum_{i_1,\ \cdots,\ i_m} a_{i_1,\ \cdots,\ i_m}x_1^{i_1}\cdots x_m^{i_m},\quad a_{i_1,\ \cdots,\ i_m}\in A。$$

记 $\bar{x}_t=x_t+\mathfrak{b}$，$\bar{b}=b+\mathfrak{b}$，则

$$\bar{b}=\sum_{i_1,\ \cdots,\ i_m} a_{i_1,\ \cdots,\ i_m}\bar{x}_1^{i_1}\cdots\bar{x}_m^{i_m}。$$

所以 $B/\mathfrak{b}$ 也是有限生成 A-代数。证毕。

定义2-10-4　环 A 如果作为 Z-代数（命题2-10-1）是有限生成的，则 A 叫作有限生成的（finitely generated）。

命题2-10-7　设 $B=A[x_1,\ \cdots,\ x_s]$，M 是有限生成 B-模。如果 x_s 零化 M，即 $x_sM=0$，那么 M 是有限生成 $A[x_1,\ \cdots,\ x_{s-1}]$-模。

证明　设 M 作为 B-模的生成元 $y_1,\ \cdots,\ y_r$，则 $\forall y\in M$ 写成

$$y=\sum_{j=1}^{r}b_jy_j,\quad b_j\in B。$$

由于 $B=A[x_1,\ \cdots,\ x_s]$，所以可得

$$b_j=\sum_{i_1\cdots i_s}a_{i_1\cdots i_s}^{j}x_1^{i_1}\cdots x_s^{i_s},\quad a_{i_1\cdots i_s}^{j}\in A。$$

从而有

$$y=\sum_{j=1}^{r}\sum_{i_1\cdots i_s}a_{i_1\cdots i_s}^{j}x_1^{i_1}\cdots x_s^{i_s}y_j。$$

由于 $x_sM=0$，所以 $x_s^{i_s}y_j=0$，从而有

$$y=\sum_{j=1}^{r}\sum_{i_1\cdots i_{s-1}}a_{i_1\cdots i_{s-1}}^{j}x_1^{i_1}\cdots x_{s-1}^{i_{s-1}}y_j。$$

这表明 M 是有限生成 $A[x_1,\ \cdots,\ x_{s-1}]$-模。证毕。

2.11　代数的张量积

定义2-11-1　设 B 和 C 是两个 A-代数，它们的张量积：

$$D=B\otimes_A C$$

是一个 A-模。在 D 上定义乘法：

$$D\times D\to D,\ (b\otimes c,\ b'\otimes c')\mapsto(b\otimes c)(b'\otimes c')=(bb')\otimes(cc')。\qquad(2\text{-}11\text{-}1)$$

则 D 成为一个环，因此是一个 A-代数。

设 f：$A\to B$ 和 g：$A\to C$ 是相应的环同态。考查映射：

$$\varphi:\ B\times C\times B\times C\to D,\ (b,\ c,\ b',\ c')\mapsto(bb')\otimes(cc')。$$

它对于每个因子都是 A-线性的，因此根据定义2-7-3诱导出 A-同态：

$$\varphi':\ B\otimes C\otimes B\otimes C\to D。$$

根据命题2-7-5（2）可知，有 A-同态（仍记为 φ'）：

$$\varphi':\ (B\otimes C)\otimes(B\otimes C)\to D,$$

即

$$\varphi':\ D\otimes D\to D。$$

有［注（定理2-7-3）］

$$\varphi'\big((b\otimes c)\otimes(b'\otimes c')\big)=\varphi(b,\ c,\ b',\ c')=(bb')\otimes(cc')。$$

根据命题2-7-8，φ' 对应一个双线性映射：

$$\mu=\varphi'\circ g:\ D\times D\to D。$$

其中，g 由式（2-7-7）定义。有

$$\mu(b\otimes c,\ b'\otimes c')=\varphi'\big((b\otimes c)\otimes(b'\otimes c')\big)=(bb')\otimes(cc')。$$

定理2-11-1 设 A，B 是 C-代数，记 C-代数同态：

$$\eta_A:\ A\to A\otimes_C B,\ a\mapsto a\otimes 1,$$

$$\eta_B:\ B\to A\otimes_C B,\ b\mapsto 1\otimes b。$$

三元组 $(A\otimes_C B,\ \eta_A,\ \eta_B)$ 具有泛性质：对于任意 C-代数 D 和任意 C-代数同态 η'_A：$A\to D$，η'_B：$B\to D$，存在唯一的 C-代数同态 φ：$A\otimes_C B\to D$，使得

$$\begin{cases}\eta'_A=\varphi\eta_A\\ \eta'_B=\varphi\eta_B\end{cases}，即$$

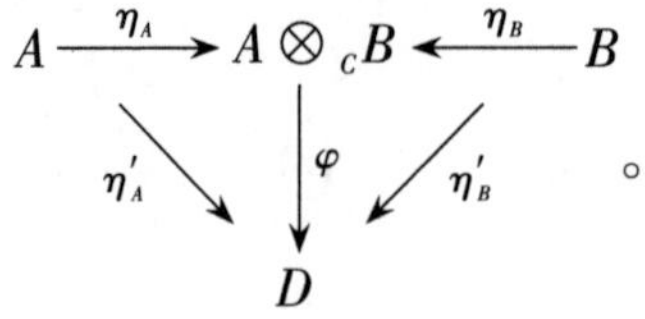

。

证明 有双射：

$$\gamma:\ \mathrm{Hom}(A\otimes_C B,\ D)\to\mathrm{Hom}(A,\ D)\times\mathrm{Hom}(B,\ D),$$

$$\varphi\mapsto(\varphi\eta_A,\ \varphi\eta_B)。\qquad(2\text{-}11\text{-}2)$$

对于 C -代数同态 η'_A: $A\to D$, η'_B: $B\to D$，有 C -双线性映射：

$$\eta': A\times B\to D,\ (a, b)\mapsto \eta'_A(a)\eta'_B(b),$$

从而有 C -代数同态：

$$\psi: A\otimes_C B\to D,\ a\otimes b\mapsto \eta'_A(a)\eta'_B(b)。\qquad (2\text{-}11\text{-}3)$$

定义

$$\sigma: \mathrm{Hom}(A, D)\times \mathrm{Hom}(B, D)\to \mathrm{Hom}(A\otimes_C B, D),$$

$$(\eta'_A, \eta'_B)\mapsto \psi。\qquad (2\text{-}11\text{-}4)$$

有

$$\psi\eta_A(a)=\psi(a\otimes 1)=\eta'_A(a),\ \psi\eta_B(b)=\psi(1\otimes b)=\eta'_B(b),$$

即 $(\psi\eta_A, \psi\eta_B)=(\eta'_A, \eta'_B)$，也就是 $\gamma\sigma(\eta'_A, \eta'_B)=(\eta'_A, \eta'_B)$，所以 $\gamma\sigma=\mathrm{id}$。对于 $(\varphi\eta_A, \varphi\eta_B)$，根据式（2-11-3）有 C -代数同态：

$$\psi': A\otimes_C B\to D,\ a\otimes b\mapsto \varphi\eta_A(a)\varphi\eta_B(b)。$$

根据式（2-11-1）有

$$\begin{aligned}\psi'(a\otimes b)&=\varphi\eta_A(a)\varphi\eta_B(b)=\varphi(a\otimes 1)\varphi(1\otimes b)\\&=\varphi((a\otimes 1)(1\otimes b))=\varphi(a\otimes b),\end{aligned}$$

即 $\psi'=\varphi$，也就是 $\sigma(\varphi\eta_A, \varphi\eta_B)=\varphi$，即 $\sigma\gamma(\varphi)=\varphi$，所以 $\sigma\gamma=\mathrm{id}$。证毕。

第3章　局部化

3.1　分式环和分式模

定义 3-1-1　分式环（ring of fractions）　设 S 是环 A 的乘法封闭子集（定义 1-4-7）。在 $A\times S$ 上定义如下等价关系：

$$(a,\ s)\equiv(a',\ s')\Leftrightarrow(\exists u\in S,\ (as'-a's)u=0)。\tag{3-1-1}$$

把 $(a,\ s)\in A\times S$ 所属的等价类记作 a/s，并用 $S^{-1}A$ 表示所有这些等价类组成的集合：

$$S^{-1}A=\left\{\frac{a}{s}\middle|a\in A,\ s\in S\right\}。$$

在 $S^{-1}A$ 上定义加法和乘法：

$$\frac{a}{s}+\frac{a'}{s'}=\frac{as'+a's}{ss'},$$

$$\frac{a}{s}\frac{a'}{s'}=\frac{aa'}{ss'}。$$

零元是 $\frac{0}{1}$，单位元是 $\frac{1}{1}$。这样 $S^{-1}A$ 就是一个环，称为分式环。

显然式（3-1-1）中定义的关系是自反的、对称的。为了验证传递性，假设

$$(a,\ s)\equiv(a',\ s'),\ (a',\ s')\equiv(a'',\ s''),$$

那么在 S 中存在着元素 v，w，使得

$$(as'-a's)v=0,\ (a's''-a''s')w=0。$$

从这两个等式中消去 a'，得到

$$(as''-a''s)s'vw=0。$$

因为 S 是乘法封闭的，所以 $s'vw\in S$，因此

$$(a,\ s)\equiv(a'',\ s'')。$$

这表明式（3-1-1）的确是一个等价关系。把式（3-1-1）写成

$$\frac{a}{s}=\frac{a'}{s'}\Leftrightarrow(\ \exists u\in S,\ \ (as'-a's)u=0\ )。\qquad(3\text{-}1\text{-}1')$$

从定义即可看出加法和乘法都是交换的，即 $\frac{a}{s}$ 和 $\frac{a'}{s'}$ 的地位是等同的。我们只需验证加法和乘法与 $\frac{a}{s}$ 的代表元选择无关。

设 $\frac{a}{s}=\frac{a_1}{s_1}$，即有 $u\in S$，使得

$$(as_1-a_1s)u=0,$$

则

$$\left[(as'+a's)s_1s'-(a_1s'+a's_1)ss'\right]u=(as_1-a_1s)us's'=0,$$

即

$$\frac{as'+a's}{ss'}=\frac{a_1s'+a's_1}{s_1s'},$$

这表明加法与代表元选择无关。有

$$(aa's_1s'-a_1a'ss')u=(as_1-a_1s)ua's'=0,$$

即

$$\frac{aa'}{ss'}=\frac{a_1a'}{s_1s'},$$

这表明乘法与代表元选择无关。显然，$\frac{0}{1}$ 是零元，$\frac{1}{1}$ 是单位元。

定义 3-1-2　分式模（module of fractions） 设 M 是 A-模，S 是 A 的乘法封闭子集。在 $M\times S$ 上定义如下等价关系：

$$(m,\ s)\equiv(m',\ s')\Leftrightarrow(\ \exists u\in S,\ \ u(s'm-sm')=0\ )。\qquad(3\text{-}1\text{-}2)$$

用 $\frac{m}{s}$ 表示 $(m,\ s)\in M\times S$ 所属的等价类，用 $S^{-1}M$ 表示这些等价类的集合：

$$S^{-1}M=\left\{\frac{m}{s}\middle|\,m\in M,\ s\in S\right\}。$$

在 $S^{-1}M$ 上定义加法和标量乘法，使它成为 $S^{-1}A$-模（其中，$\frac{a'}{s'}\in S^{-1}A$）：

$$\frac{m}{s}+\frac{m'}{s'}=\frac{s'm+sm'}{ss'},$$

$$\frac{a'}{s'}\frac{m}{s}=\frac{a'm}{s's}。$$

零元是 $\frac{0}{1}$。称 $S^{-1}M$ 为分式模。把式（3-1-2）写成

$$\frac{m}{s}=\frac{m'}{s'}\Leftrightarrow(\ \exists u\in S,\ \ u(s'm-sm')=0\ )。\qquad(3\text{-}1\text{-}2')$$

命题3-1-1 对于 A 的理想 $\mathfrak{a}$，记

$$S^{-1}\mathfrak{a}=\left\{\frac{a}{s}\middle| a\in\mathfrak{a},\ s\in S\right\}。$$

（1）对于 $\frac{a}{s}\in S^{-1}A$ 有

$$\frac{a}{s}\in S^{-1}\mathfrak{a}\Leftrightarrow（存在\ a_1\in\mathfrak{a},\ s_1\in S，使得\ \frac{a_1}{s_1}=\frac{a}{s}）。$$

（2）设 $\mathfrak{b}$ 也是 A 的理想，则有

$$\mathfrak{a}\subseteq\mathfrak{b}\Rightarrow S^{-1}\mathfrak{a}\subseteq S^{-1}\mathfrak{b}\ 。$$

命题3-1-2 设 $\frac{a}{s}\in S^{-1}A$，$a'\in A$，$\frac{a'a}{a's}\in S^{-1}A$，则

$$\frac{a}{s}=\frac{a'a}{a's}。$$

设 $\frac{m}{s}\in S^{-1}M$，$a\in A$，$\frac{am}{as}\in S^{-1}M$，则

$$\frac{m}{s}=\frac{am}{as}。$$

证明 有 $1\cdot\left(a(a's)-s(a'a)\right)=0$，所以 $\frac{a}{s}=\frac{a'a}{a's}$。证毕。

命题3-1-2′ 若 $\frac{a}{s}\in S^{-1}A$，$s'\in S$，则

$$\frac{a}{s}=\frac{s'a}{s's}。$$

若 $\frac{m}{s}\in S^{-1}M$（其中，M 是模），$s'\in S$，则

$$\frac{m}{s}=\frac{s'm}{s's}。$$

命题3-1-3 $\frac{a}{s}\in S^{-1}\mathfrak{a}\Leftrightarrow(\exists s'\in S,\ as'\in\mathfrak{a})$。

证明 $\Leftarrow$：由命题3-1-2′可得 $\frac{a}{s}=\frac{as'}{ss'}\in S^{-1}\mathfrak{a}$。

$\Rightarrow$：根据命题3-1-1（1），$\exists a_1\in\mathfrak{a}$，$\exists s_1\in S$，使得 $\frac{a}{s}=\frac{a_1}{s_1}$，即存在 $u\in S$，使得 $uas_1=ua_1s$。记 $s'=us_1\in S$，则 $as'=ua_1s\in\mathfrak{a}$。证毕。

命题3-1-4 设 $\frac{a}{s}\in S^{-1}A$，则 $a\in S\Rightarrow\frac{a}{s}$ 可逆。

证明 此时有 $\frac{s}{a}\in S^{-1}A$。由于 $as-sa=0$，所以 $\frac{a}{s}\frac{s}{a}=\frac{1}{1}$，即 $\frac{s}{a}$ 是 $\frac{a}{s}$ 的逆元。证毕。

命题3-1-5 设 $s'\in S$，则在 $S^{-1}A$ 中有

$$\frac{a}{s}=0\Leftrightarrow(\exists u\in S,\ au=0)\Leftrightarrow\frac{s'a}{s}=0。$$

设 $s'\in S$，则在 $S^{-1}M$ 中有

$$\frac{m}{s}=0\Leftrightarrow(\exists u\in S,\quad um=0)\Leftrightarrow\frac{s'm}{s}=0。$$

证明 $S^{-1}A$ 中的零元素是 $\frac{0}{1}$，所以 $\frac{a}{s}=\frac{0}{1}\Leftrightarrow(\exists u\in S,\ (a\cdot1-0\cdot s)u=0)\Leftrightarrow(\exists u\in S,\ au=0)$。

根据上述结论，可知 $\frac{s'a}{s}=0\Leftrightarrow(\exists u\in S,\ as'u=0)\Leftrightarrow(\exists u\in S,\ au=0)$。证毕。

命题3-1-6 在 $S^{-1}A$ 中有

$$a=0\Rightarrow\frac{a}{s}=0。$$

若 A 是整环，$0\notin S$，则在 $S^{-1}A$ 中有

$$a=0\Leftrightarrow\frac{a}{s}=0。$$

在 $S^{-1}M$ 中有

$$m=0\Rightarrow\frac{m}{s}=0。$$

证明 若 $a=0$，则有 $1\in S$，使得 $1\cdot a=0$。由命题3-1-5可得 $\frac{a}{s}=0$。

若 $\frac{a}{s}=0$，则由命题3-1-5知存在 $u\in S$，使得 $ua=0$。若 A 是整环且 $0\notin S$，则 $u\neq0$，由注（定义1-3-2）知 $a=0$。证毕。

命题3-1-7 $S^{-1}A=0\Leftrightarrow0\in S$。

证明 $\Rightarrow$：有 $\frac{1}{1}=0$。由命题3-1-5知存在 $s\in S$，使得 $1\cdot s=0$，即 $0\in S$。

$\Leftarrow$：$\forall\frac{a}{s}\in S^{-1}A$，$\exists0\in S$，使得 $a\cdot0=0$，由题3-1-5知 $\frac{a}{s}=0$，即 $S^{-1}A=0$。证毕。

命题3-1-8 $0\in S\Rightarrow S^{-1}M=0$。

证明 $\forall\frac{m}{s}\in S^{-1}M$，$\exists0\in S$，使得 $0\cdot m=0$，根据命题3-1-5知 $\frac{m}{s}=0$，即 $S^{-1}M=0$。证毕。

命题3-1-8′ 设 M 是有限生成 A-模，S 是 A 的乘法封闭子集，则

$$S^{-1}M=0\Leftrightarrow(\exists s\in S,\quad sM=0)。$$

证明 $\Rightarrow$：设 $M=(m_1,\ \cdots,\ m_n)$，由于 $\frac{m_i}{1}=0$，所以存在 $s_i\in S$，使得 $s_im_i=0$（命题3-1-5）。令 $s=s_1\cdots s_n$，对 $\forall m=a_1m_1+\cdots+a_nm_n\in M$，有 $sm=0$，即 $sM=0$。

$\Leftarrow$：$\forall\frac{m}{u}\in S^{-1}M$，由于 $sm=0$，由命题3-1-5可知 $\frac{m}{u}=0$，即 $S^{-1}M=0$。证毕。

定义3-1-3 典则同态（canonical homomorphism） 对于分式环 $S^{-1}A$，有典则同态：

$$f:\ A\to S^{-1}A,\quad a\mapsto\frac{a}{1}。$$

注（定义3-1-3） 一般来说，典则同态不是单的。设 $a \neq a'$，只要存在 $u \in S$ 使得 $(a-a')u=0$，就有 $f(a)=f(a')$。

命题3-1-9 如果 A 是整环而 $S=A\backslash\{0\}$，那么 $S^{-1}A$ 就是 A 的分式域，典则同态 f: $A \to S^{-1}A$ 是单同态。

证明 只需验证式（3-1-1）定义的等价关系与分式域的等价关系：

$$(a, s) \equiv (a', s') \Leftrightarrow as'-a's=0。 \tag{3-1-3}$$

是一致的。

式（3-1-3）⇒式（3-1-1）：显然。

式（3-1-1）⇒式（3-1-3）：由于 $u \neq 0$，而 A 是整环，所以 $as'-a's=0$ ［注（定义1-3-2）］。

由命题3-1-5可得

$$a \in \ker f \Leftrightarrow \frac{a}{1}=0 \Leftrightarrow (\exists s \in S, \ as=0),$$

由于 A 是整环，且 $s \neq 0$，所以上式 ⇔ $a=0$，因此 $\ker f=0$，即 f 是单同态。证毕。

命题3-1-10 分式环具有泛性质 设 g：$A \to B$ 是环同态，S 是 A 的乘法封闭子集，f: $A \to S^{-1}A$ 是典则同态。若对于 $\forall s \in S$，$g(s)$ 都是 B 中可逆元，那么存在唯一的环同态 h：$S^{-1}A \to B$，使得

$$g=h \circ f，即 \begin{array}{ccc} A & \xrightarrow{f} & S^{-1}A \\ {\scriptstyle g}\downarrow & \swarrow{\scriptstyle h} & \\ B & & \end{array},$$

也就是

$$h\left(\frac{a}{1}\right)=g(a), \quad \forall a \in A。$$

证明 （1）唯一性。对 $\forall s \in S$，由上式知 $h\left(\frac{s}{1}\right)=g(s)$ 可逆，根据注（定义1-1-4）（2）有

$$h\left(\frac{1}{s}\right)=h\left(\left(\frac{s}{1}\right)^{-1}\right)=h\left(\frac{s}{1}\right)^{-1}=g(s)^{-1}。$$

所以可得

$$h\left(\frac{a}{s}\right)=h\left(\frac{a}{1}\cdot\frac{1}{s}\right)=h\left(\frac{a}{1}\right)h\left(\frac{1}{s}\right)=g(a)g(s)^{-1}。$$

这表明 h 由 g 唯一确定。

（2）存在性。令

$$h: S^{-1}A \to B,\ \frac{a}{s} \mapsto g(a)g(s)^{-1}。\tag{3-1-4}$$

验证上式与 $\frac{a}{s}$ 的代表元选择无关。设 $\frac{a}{s}=\frac{a'}{s'}$，即有 $u\in S$ 使得

$$(as'-a's)u=0,$$

则有

$$\big(g(a)g(s')-g(a)g(s)\big)g(u)=0。$$

由于 $g(u)$ 可逆，所以 $g(a)g(s')=g(a')g(s)$，即

$$g(a)g(s)^{-1}=g(a')g(s')^{-1}。$$

显然，h 是同态，且有

$$h\circ f(a)=h\left(\frac{a}{1}\right)=g(a)g(1)^{-1}=g(a)。$$

证毕。

命题3-1-11 分式环 $S^{-1}A$ 与典则同态 $f: A\to S^{-1}A$ 具有以下性质。

（1）$s\in S \Rightarrow f(s)$ 是 $S^{-1}A$ 中可逆元。

（2）$f(a)=0 \Rightarrow (\exists s\in S,\ as=0)$。

（3）$S^{-1}A=\left\{f(a)f(s)^{-1}\,\middle|\,a\in A,\ s\in S\right\}$。

证明 （1）显然 $f(s)\cdot\frac{1}{s}=\frac{s}{1}\cdot\frac{1}{s}=\frac{1}{1}$，所以 $f(s)$ 可逆。

（2）由命题3-1-5可得。

（3）$\frac{a}{s}\in S^{-1}A \Leftrightarrow \frac{a}{s}=\frac{a}{1}\cdot\frac{1}{s}=f(a)f(s)^{-1}$。证毕。

命题3-1-12 设 S 是环 A 的乘法封闭子集，$f: A\to S^{-1}A$ 是典则同态，$g: A\to B$ 是具有下述性质的环同态。

（1）$s\in S \Rightarrow g(s)$ 是 B 中可逆元。

（2）$g(a)=0 \Rightarrow (\exists s\in S,\ as=0)$。

（3）$B=\left\{g(a)g(s)^{-1}\,\middle|\,a\in A,\ s\in S\right\}$。

那么，存在唯一的同构 $h: S^{-1}A\to B$，使得 $g=h\circ f$。

证明 令 $h: S^{-1}A\to B$ 是由式（3-1-4）定义的同态，由（1）和命题3-1-10中的证明可知 h 是满足 $g=h\circ f$ 的唯一环同态。由（3）知 h 是满的。设 $\frac{a}{s}\in\ker h$，即 $g(a)g(s)^{-1}=0$，也就是 $g(a)=0$。由（2）可知，$\exists u\in S$ 使得 $au=0$，由命题3-1-5知 $\frac{a}{s}=0$，所以 $\ker h=0$，表明 h 是单的。所以 h 是同构。证毕。

定义 3-1-4 设$\mathfrak{p}$是环 A 的素理想，令 $S=A\backslash\mathfrak{p}$（由命题1-4-25知它是乘法封闭子集），记

$$A_{\mathfrak{p}}=S^{-1}A=\left\{\frac{a}{s}\middle|a\in A,\ s\in A\backslash\mathfrak{p}\right\}。$$

对于 A-模 M，记

$$M_{\mathfrak{p}}=S^{-1}M=\left\{\frac{m}{s}\middle|m\in M,\ s\in A\backslash\mathfrak{p}\right\}。$$

例 3-1-1 设 p 是素数，$\mathfrak{p}=(p)$，则 $A_{\mathfrak{p}}=\left\{\frac{m}{n}\in Q\middle|n与p互素\right\}$（见命题1-2-30）。

命题 3-1-13 设$\mathfrak{p}$是环 A 的素理想，则 $A_{\mathfrak{p}}$ 是局部环（定义1-4-5），它的唯一极大理想是 $S^{-1}\mathfrak{p}$（这里 $S=A\backslash\mathfrak{p}$）。

证明 由命题3-3-1知 $S^{-1}\mathfrak{p}=\mathfrak{p}^{e}$ 是 $A_{\mathfrak{p}}$ 的理想，由命题3-3-3知 $S^{-1}\mathfrak{p}\neq(1)$。设 $\frac{a}{s}$ 是 $A_{\mathfrak{p}}$ 中的不可逆元，则 $a\notin S$（命题3-1-4），即 $a\in\mathfrak{p}$，因此 $\frac{a}{s}\in S^{-1}\mathfrak{p}$。由命题1-4-17（1）知 A 是局部环，$S^{-1}\mathfrak{p}$ 是它的唯一极大理想。证毕。

注（命题 3-1-13） 从 A 转化到 $A_{\mathfrak{p}}$ 的过程叫作在$\mathfrak{p}$的局部化（localization）。

定义 3-1-5 设 $f\in A$，令 $S=\{f^{n}\}_{n\geqslant 0}$（它显然是乘法封闭子集），记

$$A_{f}=S^{-1}A=\left\{\frac{a}{f^{n}}\middle|a\in A,\ n\geqslant 0\right\}。$$

对于 A-模 M，记

$$M_{f}=S^{-1}M=\left\{\frac{m}{f^{n}}\middle|m\in M,\ n\geqslant 0\right\}。$$

定义 3-1-6 A-模同态 f：$M\to N$ 诱导出 $S^{-1}A$-模同态：

$$S^{-1}f:\ S^{-1}M\to S^{-1}N,\quad \frac{m}{s}\mapsto\frac{f(m)}{s}。$$

验证上式与代表元选择无关：设 $\frac{m}{s}=\frac{m'}{s'}$，即存在 $u\in S$，使得 $u(s'm-sm')=0$，由于 f 是 A-线性的，所以 $u\big(s'f(m)-sf(m')\big)=0$，即 $\frac{f(m)}{s}=\frac{f(m')}{s'}$。

定义 3-1-6′ 对于 A-模同态 f：$M\to N$，设$\mathfrak{p}$是环 A 的素理想，令 $S=A\backslash\mathfrak{p}$，记 $f_{\mathfrak{p}}=S^{-1}f$：$M_{\mathfrak{p}}\to N_{\mathfrak{p}}$。

命题 3-1-14 设有 A-模同态 $M\xrightarrow{f}N\xrightarrow{g}L$，则

$$S^{-1}(g\circ f)=(S^{-1}g)\circ(S^{-1}f)。$$

证明 $S^{-1}(g\circ f)\left(\frac{m}{s}\right)=\frac{g\circ f(m)}{s}=\left(S^{-1}g\right)\circ\left(S^{-1}f\right)\left(\frac{m}{s}\right)$。证毕。

命题3–1–15 设 f: $M\to N$ 是 A-模同态，则

$$S^{-1}(\ker f)\subseteq\ker\left(S^{-1}f\right)。$$

证明 设 $\frac{m}{s}\in S^{-1}(\ker f)$，其中，$m\in\ker f$，即 $f(m)=0$，则 $\frac{f(m)}{s}=0$，也就是 $\left(S^{-1}f\right)\left(\frac{m}{s}\right)=0$，即 $\frac{m}{s}\in\ker\left(S^{-1}f\right)$。证毕。

命题3–1–16 **S^{-1} 的正合性** 如果 A-模序列：

$$M'\xrightarrow{f}M\xrightarrow{g}M''$$

正合，那么 $S^{-1}A$-模序列：

$$S^{-1}M'\xrightarrow{S^{-1}f}S^{-1}M\xrightarrow{S^{-1}g}S^{-1}M''$$

也正合。

证明 有 $g\circ f=0$（命题2–6–4），由命题3–1–14可得

$$\left(S^{-1}g\right)\circ\left(S^{-1}f\right)=S^{-1}(g\circ f)=S^{-1}(0)=0,$$

所以 $\operatorname{Im}\left(S^{-1}f\right)\subseteq\ker\left(S^{-1}g\right)$（命题2–2–9）。

设 $\frac{m}{s}\in\ker\left(S^{-1}g\right)\subseteq S^{-1}M$，则 $\left(S^{-1}g\right)\left(\frac{m}{s}\right)=\frac{g(m)}{s}=0$，由命题3–1–5可知，存在 $t\in S$，使得 $tg(m)=0$，因而 $g(tm)=tg(m)=0$。表明 $tm\in\ker g=\operatorname{Im}f$，所以可得

$$tm=f(m'),\quad m'\in M'。$$

有

$$\frac{m}{s}=\frac{tm}{ts}=\frac{f(m')}{ts}=S^{-1}f\left(\frac{m'}{ts}\right)\in\operatorname{Im}\left(S^{-1}f\right),$$

所以 $\ker\left(S^{-1}g\right)\subseteq\operatorname{Im}\left(S^{-1}f\right)$。证毕。

注（命题3–1–16） 若 M' 是 M 的子模，则 $S^{-1}M'$ 可看成 $S^{-1}M$ 的子模。

有正合列：

$$0\longrightarrow M'\xrightarrow{i}M\xrightarrow{\pi}M/M'\longrightarrow 0,$$

其中，i 是包含同态，π 是自然同态。根据命题3–1–16可知，有正合列：

$$0\longrightarrow S^{-1}M'\xrightarrow{S^{-1}i}S^{-1}M\xrightarrow{S^{-1}\pi}S^{-1}(M/M')\longrightarrow 0。$$

表明 $S^{-1}i$：$S^{-1}M'\to S^{-1}M$ 是单的，所以 $S^{-1}M'$ 可看成 $S^{-1}M$ 的子模（命题2–2–10）。

命题3–1–17 转化到分式模的过程与做有限和、有限交的运算，以及做同余类模的过程都可交换。确切地说，如果 N，P 是 A-模 M 的子模，那么可得以下结果。

（1）$S^{-1}(N+P)=S^{-1}N+S^{-1}P$。

（2）$S^{-1}(N\cap P)=S^{-1}N\cap S^{-1}P$。

（3）有 $S^{-1}A$-模同构 $S^{-1}(M/N)\cong S^{-1}M/S^{-1}N$。

证明　（1）设 $\frac{m}{s}\in S^{-1}(N+P)$，则 $\frac{m}{s}=\frac{n+p}{s}=\frac{n}{s}+\frac{p}{s}\in S^{-1}N+S^{-1}P$。反之，设 $\frac{m}{s}\in S^{-1}N+S^{-1}P$，则 $\frac{m}{s}=\frac{n}{s_1}+\frac{p}{s_2}=\frac{s_2n+s_1p}{s_1s_2}\in S^{-1}(N+P)$。

（2）设 $\frac{m}{s}\in S^{-1}(N\cap P)$，其中，$m\in N\cap P$，显然 $\frac{m}{s}\in S^{-1}N\cap S^{-1}P$，即 $S^{-1}(N\cap P)\subseteq S^{-1}(N)\cap S^{-1}(P)$。

设 $\frac{m}{s}\in S^{-1}N\cap S^{-1}P$，则 $\frac{m}{s}=\frac{n}{s_1}=\frac{p}{s_2}$，其中，$n\in N$，$p\in P$。根据等价类的定义，存在 $u\in S$，使得 $u(s_2n-s_1p)=0$，即 $w=us_2n=us_1p\in N\cap P$，所以有

$$\frac{m}{s}=\frac{n}{s_1}=\frac{us_2n}{us_2s_1}=\frac{w}{us_2s_1}\in S^{-1}(N\cap P),$$

可得 $S^{-1}N\cap S^{-1}P\subseteq S^{-1}(N\cap P)$。

（3）有正合列：

$$0\longrightarrow N\xrightarrow{\ i\ }M\xrightarrow{\ \pi\ }M/N\longrightarrow 0,$$

根据命题3–1–16有正合列：

$$0\longrightarrow S^{-1}N\xrightarrow{S^{-1}i}S^{-1}M\xrightarrow{S^{-1}\pi}S^{-1}(M/N)\longrightarrow 0,$$

根据命题2–6–6有 $S^{-1}(M/N)\cong S^{-1}M/S^{-1}N$。证毕。

命题3–1–18　$S^{-1}A\otimes_A M=\left\{\frac{1}{s}\otimes_A m\,|\,s\in S,\ m\in M\right\}$。

证明　设 $\sum_{i=1}^{n}\frac{a_i}{s_i}\otimes_A m_i$ 是 $S^{-1}A\otimes_A M$ 中任一元，令

$$s=s_1\cdots s_n,\quad t_i=s_1\cdots\hat{s}_i\cdots s_n\ （缺\ s_i）,$$

则 $\frac{t_i}{s}=\frac{1}{s_i}$，于是可得

$$\sum_{i=1}^{n}\frac{a_i}{s_i}\otimes_A m_i=\sum_{i=1}^{n}\frac{a_it_i}{s}\otimes_A m_i=\sum_{i=1}^{n}\frac{1}{s}\otimes_A(a_it_im_i)=\frac{1}{s}\otimes_A\sum_{i=1}^{n}(a_it_im_i)=\frac{1}{s}\otimes_A m。$$

证毕。

命题3–1–19　设 M 是 A-模，那么有唯一的 $S^{-1}A$-模同构：

$$f:\ S^{-1}A\otimes_A M\to S^{-1}M,$$

使得

$$f\left(\frac{a}{s}\otimes_A m\right)=\frac{am}{s},\quad \frac{a}{s}\in S^{-1}A,\quad m\in M。\tag{3-1-5}$$

其逆为

$$f^{-1}:\ S^{-1}M\to S^{-1}A\otimes_A M,\quad \frac{m}{s}\mapsto\frac{1}{s}\otimes_A m。\tag{3-1-6}$$

证明　令

$$S^{-1}A\times M\to S^{-1}M,\quad \left(\frac{a}{s},\ m\right)\mapsto\frac{am}{s}。$$

显然，它是 A-双线性的。根据张量积的泛性质（定义2-7-2），导出一个 A-同态：

$$f:\ S^{-1}A\otimes_A M\to S^{-1}M$$

唯一满足式（3-1-5）。$\forall\frac{m}{s}\in S^{-1}M$，有 $f\left(\frac{1}{s}\otimes_A m\right)=\frac{m}{s}$，即 f 是满的。

根据命题3-1-18，设 $\frac{1}{s}\otimes_A m\in\ker f$，即 $\frac{m}{s}=0$，根据命题3-1-5，存在 $u\in S$，使得 $um=0$。于是可得

$$\frac{1}{s}\otimes_A m=\frac{u}{us}\otimes_A m=\frac{1}{us}\otimes_A um=\frac{1}{us}\otimes_A 0=0。$$

表明 $\ker f=0$，即 f 是单的。所以 f 是同构。证毕。

命题3-1-20　$S^{-1}A$ 是平坦 A-模。

证明　设有正合列：

$$0\to M_1\to M_2\to M_3\to 0\ ,$$

由命题3-1-16知有正合列：

$$0\to S^{-1}M_1\to S^{-1}M_2\to S^{-1}M_3\to 0\ ,$$

由命题3-1-19知 $S^{-1}M_i\cong S^{-1}A\otimes_A M_i$，由命题2-6-14′可得正合列：

$$0\to S^{-1}A\otimes_A M_1\to S^{-1}A\otimes_A M_2\to S^{-1}A\otimes_A M_3\to 0,$$

即 $S^{-1}A$ 是平坦 A-模。证毕。

命题3-1-21　对任意 A-模 M，N，存在唯一的 $S^{-1}A$-模同构：

$$f:\ \left(S^{-1}M\right)\otimes_{S^{-1}A}\left(S^{-1}N\right)\to S^{-1}\left(M\otimes_A N\right),$$

使得

$$f\left(\frac{m}{s}\otimes_{S^{-1}A}\frac{n}{t}\right)=\frac{m\otimes_A n}{st}。\tag{3-1-7}$$

其逆为

$$f^{-1}\left(\frac{m\otimes_A n}{s}\right)=\frac{1}{s}\left(\frac{m}{1}\otimes_{S^{-1}A}\frac{n}{1}\right)。\tag{3-1-8}$$

特别地，如果$\mathfrak{p}$是A的素理想，那么有$A_{\mathfrak{p}}$-模同构：

$$M_{\mathfrak{p}} \otimes_{A_{\mathfrak{p}}} N_{\mathfrak{p}} \cong (M \otimes_A N)_{\mathfrak{p}}。 \tag{3-1-9}$$

证明 根据命题3-1-19、命题2-7-5、命题2-7-6有

$$\begin{aligned}(S^{-1}M) \otimes_{S^{-1}A} (S^{-1}N) &\cong (M \otimes_A S^{-1}A) \otimes_{S^{-1}A} (S^{-1}A \otimes_A N)\\ &\cong M \otimes_A \left[S^{-1}A \otimes_{S^{-1}A} (S^{-1}A \otimes_A N)\right]\\ &\cong M \otimes_A \left[(S^{-1}A \otimes_{S^{-1}A} S^{-1}A) \otimes_A N\right]\\ &\cong M \otimes_A (S^{-1}A \otimes_A N)\\ &\cong M \otimes_A (N \otimes_A S^{-1}A)\\ &\cong (M \otimes_A N) \otimes_A S^{-1}A\\ &\cong S^{-1}(M \otimes_A N)。\end{aligned}$$

证毕。

命题3-1-22 设S_1，S_2是环A的乘法封闭子集，则$S_1 \subseteq S_2 \Rightarrow S_1^{-1}A \subseteq S_2^{-1}A$。

命题3-1-23 设A是整环，S是A的乘法封闭子集，则$S^{-1}A$或者是零环，或者是A的分式域的子环。

证明 如果$0 \in S$，则$S^{-1}A = 0$（命题3-1-7）。否则，$S \subseteq S_0 = A \backslash \{0\}$，根据命题3-1-22可知，$S^{-1}A$是$S_0^{-1}A$的子环，而根据命题3-1-9可知，$S_0^{-1}A$是$A$的分式域。证毕。

命题3-1-24 设S是环A的乘法封闭子集。若有A-模同构φ：$M \to N$，则有$S^{-1}A$-模同构：

$$S^{-1}\varphi：S^{-1}M \to S^{-1}N,$$

即

$$M \cong N \Rightarrow S^{-1}M \cong S^{-1}N。$$

证明 根据定义3-1-6有

$$S^{-1}\varphi：S^{-1}M \to S^{-1}N, \quad \frac{m}{s} \mapsto \frac{\varphi(m)}{s}。$$

由命题3-1-5可得

$$\frac{m}{s} \in \ker S^{-1}\varphi \Leftrightarrow \frac{\varphi(m)}{s} = 0 \Leftrightarrow (\exists u \in S, \ u\varphi(m) = 0) \Leftrightarrow (\exists u \in S, \ \varphi(um) = 0)。$$

由于φ单，所以可得

$$上式 \Leftrightarrow (\exists u \in S, \ um = 0) \Leftrightarrow \frac{m}{s} = 0,$$

即$\ker S^{-1}\varphi = 0$，所以$S^{-1}\varphi$单。由于φ满，所以$S^{-1}\varphi$满。因此$S^{-1}\varphi$是同构。证毕。

命题3-1-25　设 S 是环 A 的乘法封闭子集，M 是 A-模，$x\in M$，则有 A-模同构：

$$S^{-1}(x)\cong S^{-1}A/\mathrm{Ann}\left(S^{-1}(x)\right)。$$

证明　有满同态：

$$\varphi:\ S^{-1}A\to S^{-1}(x),\quad \frac{a}{s}\mapsto\frac{ax}{s}。$$

根据命题3-1-5有

$$\frac{a}{s}\in\ker\varphi\Leftrightarrow\frac{ax}{s}=0\Leftrightarrow(\ \exists u\in S,\quad uax=0\ )\Leftrightarrow\frac{a}{s}\in\mathrm{Ann}\left(S^{-1}(x)\right)。$$

上式最后一步：

$\Rightarrow$：$\forall a'\in A$，$uaa'x=0$，由命题3-1-5知 $\frac{a}{s}\cdot\frac{a'x}{s'}=0$，即 $\frac{a}{s}S^{-1}(x)=0$，也就是 $\frac{a}{s}\in\mathrm{Ann}\left(S^{-1}(x)\right)$。

$\Leftarrow$：可得 $\frac{a}{s}\cdot\frac{x}{s'}=0$，由命题3-1-5知 $\exists u\in S$，$uax=0$。

所以 $\ker\varphi=\mathrm{Ann}\left(S^{-1}(x)\right)$，由定理2-2-2（模同态基本定理）可得结论。证毕。

命题3-1-26　设 f: $A\to B$ 是环同态。

（1）若 S 是 A 的乘法封闭子集，则 $f(S)$ 是 B 的乘法封闭子集。

（2）若 S' 是 B 的乘法封闭子集，则 $f^{-1}(S')$ 是 A 的乘法封闭子集。

命题3-1-27　若 $\mathfrak{a}$ 是环 A 的理想，S 是 A 的乘法封闭子集，M 是 A-模，则

$$S^{-1}(\mathfrak{a}M)=S^{-1}\mathfrak{a}S^{-1}M\ 。$$

证明　设 $x\in S^{-1}(\mathfrak{a}M)$，$x=\dfrac{\sum_i a_ix_i}{s}=\sum_i\dfrac{a_i}{s}\dfrac{x_i}{1}$，则 $x\in S^{-1}\mathfrak{a}S^{-1}M$。

设 $x\in S^{-1}\mathfrak{a}S^{-1}M$，$x=\sum_{i=1}^{n}\dfrac{a_ix_i}{s_is_i'}$，令

$$s=s_1\cdots s_ns_1'\cdots s_n'\ ,\quad t_i=s_1\cdots\hat{s}_i\cdots s_ns_1'\cdots\hat{s}_i'\cdots s_n',$$

则 $\dfrac{t_i}{s}=\dfrac{1}{s_is_i'}$，因而 $x=\dfrac{1}{s}\sum_{i=1}^{n}(t_ia_i)x_i\in S^{-1}(\mathfrak{a}M)$。证毕。

命题3-1-28　设 X 是 A-模 M 的生成元组，则 $X'=\left\{\dfrac{x}{1}\middle|x\in X\right\}$ 是 $S^{-1}A$-模 $S^{-1}M$ 的生成元组。

证明　$\forall\dfrac{x}{s}\in S^{-1}M$，有 $x=\sum_{x_i\in X}a_ix_i$，所以 $\dfrac{x}{s}=\sum_{x_i\in X}\dfrac{a_i}{s}\dfrac{x_i}{1}$，说明 X' 是 $S^{-1}M$ 的生成元组。证毕。

命题3-1-29　若 M 是有限生成的 A-模，则 $S^{-1}M$ 是有限生成的 $S^{-1}A$-模。

证明 由命题3-1-28可得。证毕。

命题3-1-30 设$\{S_i\}_{i\in I}$是乘法封闭子集链（全序子集），即$\forall i$，$j\in I$，有$S_i\subseteq S_j$或$S_i\supseteq S_j$，则$S=\bigcup_{i\in I}S_i$也是乘法封闭子集。

证明 显然$1\in S$。$\forall x$，$y\in S$，存在i，$j\in I$，使得$x\in S_i$，$y\in S_j$。不妨设$S_i\subseteq S_j$，则x，$y\in S_j$，因此$xy\in S_j$，于是$xy\in S$，即S是乘法封闭子集。证毕。

命题3-1-31 设A是整环，$K(A)$是A的分式域，S是A的不含0的乘法封闭子集，则有环同构：

$$S^{-1}K(A)\cong K(A)。$$

证明 把S看作$K(A)$的乘法封闭子集［A看作$K(A)$的子集］，则$S^{-1}K(A)$是环。有环同态：

$$\varphi:\ S^{-1}K(A)\to K(A),\quad \frac{1}{s}\left(\frac{a}{t}\right)\mapsto\frac{a}{st}。$$

它显然是满的。设$\frac{1}{s}\left(\frac{a}{t}\right)\in\ker\varphi$，即$\frac{a}{st}=0$，由于$A$是整环，所以$a=0$（命题3-1-6），从而$\frac{a}{t}=0$，进而$\frac{1}{s}\left(\frac{a}{t}\right)=0$，因此$\ker\varphi=0$，即$\varphi$是单的。证毕。

命题3-1-32 设S是环A的不含0的乘法封闭子集，则

$$A\text{是整环}\Rightarrow S^{-1}A\text{是整环}。$$

证明 设$\frac{a}{s}$，$\frac{a'}{s'}\in S^{-1}A$，若$\frac{a}{s}\frac{a'}{s'}=0$，则存在$u\in S$，使得$uaa'=0$（命题3-1-5）。由于$A$是整环，而$u\neq0$，所以$aa'=0$［注（定义1-3-2）］。因此$a=0$或$a'=0$［注（定义1-3-2）］，从而$\frac{a}{s}=0$或$\frac{a'}{s'}=0$（命题3-1-6），这说明$S^{-1}A$是整环［注（定义1-3-2）］。证毕。

命题3-1-32′ 设$\mathfrak{p}$是A的素理想，则A是整环$\Rightarrow A_{\mathfrak{p}}$是整环。

命题3-1-33 设A是整环，$K(A)$是A的分式域，S是A的不含0的乘法封闭子集，$K(S^{-1}A)$是$S^{-1}A$的分式域（根据命题3-1-32，$S^{-1}A$是整环），则有同构：

$$K(S^{-1}A)\cong K(A)。$$

证明 有同态：

$$\varphi:\ K(S^{-1}A)\to K(A),\quad \left(\frac{a}{s}\right)\Big/\left(\frac{a'}{s'}\right)\mapsto\frac{s'a}{sa'}。$$

它显然是满的。设$\left(\frac{a}{s}\right)\Big/\left(\frac{a'}{s'}\right)\in\ker\varphi$，即在$K(A)$中$\frac{s'a}{sa'}=0$，根据命题3-1-6有$s'a=0$，由于$A$是整环，而$s'\neq0$，所以$a=0$［注（定义1-3-2）］，因此$\frac{a}{s}=0$，进而$\left(\frac{a}{s}\right)\Big/\left(\frac{a'}{s'}\right)=0$，

所以 $\ker\varphi=0$，即 φ 是单的。其逆为

$$\varphi^{-1}:\ K(A)\to K(S^{-1}A),\quad \frac{a}{s}\mapsto\left(\frac{a}{1}\right)\Big/\left(\frac{s}{1}\right)。$$

证毕。

命题3-1-34　设 S 是整环 A 的不含0的乘法封闭子集。用 $K(A)$ 和 $K(S^{-1}A)$ 分别表示 A 和 $S^{-1}A$ 的分式域。则有环同构：

$$S^{-1}K(A)\cong K(S^{-1}A)。$$

证明　由命题3-1-31和命题3-1-33可得同构映射：

$$\varphi:\ S^{-1}K(A)\to K(S^{-1}A),\quad \frac{1}{s}\left(\frac{a}{t}\right)\mapsto\left(\frac{a}{1}\right)\Big/\left(\frac{st}{1}\right)。$$

证毕。

命题3-1-35　设 M 是 A-模，$\mathfrak{a}$ 是 A 的理想，且 $\mathfrak{a}\subseteq \mathrm{Ann}(M)$（根据命题2-3-3可知，$M$ 可以看作 $A/\mathfrak{a}$-模），S 是 A 的乘法封闭子集，$\bar{S}=S/\mathfrak{a}$，那么有

$$S^{-1}M\cong\bar{S}^{-1}M。$$

证明　有同态：

$$\varphi:\ S^{-1}M\to\bar{S}^{-1}M,\quad \frac{m}{s}\to\frac{m}{\bar{s}}。$$

它既可看成 $S^{-1}A$-同态，也可看成 $\bar{S}^{-1}\bar{A}$-同态（这里 $\bar{A}=A/\mathfrak{a}$）。φ 显然是满的。设 $\frac{m}{s}\in\ker\varphi$，即 $\frac{m}{\bar{s}}=0$，则存在 $u\in S$，使得 $\bar{u}m=0$，即 $um=0$，因此 $\frac{m}{s}=0$，即 $\ker\varphi=0$，φ 是单的。证毕。

命题3-1-36　设 $\{x_i=(x_{i1},\ \cdots,\ x_{in})\}_{1\leqslant i\leqslant n}$ 是 A^n 的生成元集，记 $\frac{x_i}{1}=\left(\frac{x_{i1}}{1},\ \cdots,\ \frac{x_{in}}{1}\right)$，则 $\left\{\frac{x_i}{1}\right\}_{1\leqslant i\leqslant n}$ 是 $(S^{-1}A)^n$ 的生成元集。

证明　$\forall\left(\frac{y_1}{s_1},\ \cdots,\ \frac{y_n}{s_n}\right)\in(S^{-1}A)^n$，令

$$s=s_1\cdots s_n,\quad t_i=s_1\cdots\hat{s}_i\cdots s_n,$$

则 $\frac{t_i}{s}=\frac{1}{s_i}$，所以可得

$$\left(\frac{y_1}{s_1},\ \cdots,\ \frac{y_n}{s_n}\right)=\left(\frac{t_1y_1}{s},\ \cdots,\ \frac{t_ny_n}{s}\right)。$$

设 $(t_1y_1,\ \cdots,\ t_ny_n)=\sum_{j=1}^{n}a_jx_j$，即 $t_iy_i=\sum_{j=1}^{n}a_jx_{ji}$，则

$$\left(\frac{y_1}{s_1},\ \cdots,\ \frac{y_n}{s_n}\right)=\left(\frac{\sum_{j=1}^{n}a_jx_{j1}}{s},\ \cdots,\ \frac{\sum_{j=1}^{n}a_jx_{jn}}{s}\right)=\left(\sum_{j=1}^{n}\frac{a_j}{s}\frac{x_{j1}}{1},\ \cdots,\ \sum_{j=1}^{n}\frac{a_j}{s}\frac{x_{jn}}{1}\right)=\sum_{j=1}^{n}\frac{a_j}{s}\frac{x_j}{1}。$$

表明 $\left\{\frac{x_i}{1}\right\}_{1\leqslant i\leqslant n}$ 是 $(S^{-1}A)^n$ 的生成元集。证毕。

命题3-1-37 设 $\{M_i\}_{i\in I}$ 是 A-模 M 的一族子模，S 是 A 的乘法封闭子集，则

$$S^{-1}\sum_{i\in I}M_i=\sum_{i\in I}S^{-1}M_i。$$

证明 设 $\frac{m_1+\cdots+m_n}{s}\in S^{-1}\sum_{i\in I}M_i$，显然有

$$\frac{m_1+\cdots+m_n}{s}=\frac{m_1}{s}+\cdots+\frac{m_n}{s}\in\sum_{i\in I}S^{-1}M_i。$$

设 $\frac{m_1}{s_1}+\cdots+\frac{m_n}{s_n}\in\sum_{i\in I}S^{-1}M_i$，令 $s=s_1\cdots s_n$，$t_i=s_1\cdots\hat{s}_i\cdots s_n$，则

$$\frac{m_1}{s_1}+\cdots+\frac{m_n}{s_n}=\frac{1}{s}(t_1m_1+\cdots+t_nm_n)\in S^{-1}\sum_{i\in I}M_i。$$

证毕。

命题3-1-38 设 M 是有限生成的 A-模，S 是 A 的乘法封闭子集，则

$$S^{-1}M=0\Leftrightarrow \mathrm{Ann}(S^{-1}M)=S^{-1}A。$$

证明 $\Rightarrow$：根据命题3-1-8′，$\exists u\in S$，$\forall m\in M$，$um=0$。设 $\frac{a}{s}\in S^{-1}A$，$\frac{m}{s'}\in S^{-1}M$，由于 $uam=0$，所以 $\frac{a}{s}\frac{m}{s'}=0$（命题3-1-5），即 $\frac{a}{s}\in \mathrm{Ann}(S^{-1}M)$，表明 $S^{-1}A\subseteq \mathrm{Ann}(S^{-1}M)$，所以 $S^{-1}A=\mathrm{Ann}(S^{-1}M)$。

$\Leftarrow$：如果 $S^{-1}M\neq 0$，则 $\frac{1}{1}S^{-1}M\neq 0$，即 $\frac{1}{1}\notin \mathrm{Ann}(S^{-1}M)$，这与 $S^{-1}A=\mathrm{Ann}(S^{-1}M)$ 矛盾。证毕。

命题3-1-39 设 M 是 A-模，S 是 A 的乘法封闭子集，$\frac{x}{s}\in S^{-1}M$，则

$$\left(\frac{x}{s}\right)=S^{-1}((x))。$$

证明 设 $y\in\left(\frac{x}{s}\right)$，则 $y=\frac{a}{s'}\frac{x}{s}=\frac{ax}{s's}$，由于 $ax\in(x)$，所以 $y\in S^{-1}((x))$。

设 $y\in S^{-1}((x))$，则 $y=\frac{ax}{s}=\frac{a}{1}\frac{x}{s}\in\left(\frac{x}{s}\right)$。证毕。

命题3-1-40 设 A 是域 K 的子环，S 是 A 的不含0的乘法封闭子集，那么 $S^{-1}A$ 同构于 K 的一个子环。

证明　有同态：

$$\varphi: S^{-1}A \to K,\ \frac{a}{s} \mapsto as^{-1}。$$

上式中由于 $s \neq 0$（S 不含 0），所以 s^{-1} 存在。需要验证上式与代表元 a，s 的选择无关。设 $\frac{a}{s} = \frac{a'}{s'}$，则存在 $u \in S$，使得 $u(as' - a's) = 0$，可得 $u(as^{-1} - a's'^{-1}) = 0$。由于 $u \neq 0$（S 不含 0），而 K 是整环（命题1-3-7），所以 $as^{-1} = a's'^{-1}$［注（定义1-3-2）］。

有

$$\frac{a}{s} \in \ker\varphi \Leftrightarrow as^{-1} = 0,$$

由于 K 是整环，而 $s^{-1} \neq 0$，所以［注（定义1-3-2）］上式 $\Leftrightarrow a = 0$，于是 $\frac{a}{s} = 0$，表明 $\ker\varphi = 0$，即 φ 是单同态，所以 $S^{-1}A \cong \operatorname{Im}\varphi$。证毕。

命题3-1-41　设 S 是环 A 的乘法封闭子集，f: $A \to S^{-1}A$ 是典则同态，X 是 A 的子集，那么

$$S^{-1}(X) = \big(f(X)\big)。$$

证明　$S^{-1}(X)$ 是 $S^{-1}A$-模，由命题3-1-28知结论成立。证毕。

命题3-1-42　设 S 是环 A 的不含0的乘法封闭子集，则

$$A\text{是主理想整环} \Rightarrow S^{-1}A\text{是主理想整环。}$$

证明　由命题3-1-32知 $S^{-1}A$ 是整环。由命题3-3-5（1）知 $S^{-1}A$ 中的理想具有形式 $S^{-1}\mathfrak{a}$，其中，$\mathfrak{a}$ 是 A 的理想。设 $\mathfrak{a} = (a)$，则由命题3-1-41知 $S^{-1}\mathfrak{a} = \left(\frac{a}{1}\right)$，所以 $S^{-1}A$ 是主理想整环。证毕。

3.2　局部性质

定义3-2-1　局部性质（local property）　如果以下断言成立，则环 A（或 A-模 M）的性质 P 叫作局部性质。

A（或M）具有性质 $P \Leftrightarrow$（对A的任意素理想 $\mathfrak{p}$，$A_{\mathfrak{p}}$（或 $M_{\mathfrak{p}}$）具有性质 P）。

以下是一些局部性质。

命题3-2-1　设 M 是 A-模，则以下条件等价。

（1）$M = 0$。

（2）对于 A 的任意素理想 $\mathfrak{p}$，$M_{\mathfrak{p}} = 0$。

(3) 对于 A 的任意极大理想 $\mathfrak{m}$, $M_{\mathfrak{m}}=0$。

证明 (1)$\Rightarrow$(2)：显然。

(2)$\Rightarrow$(3)：命题1-4-7。

(3)$\Rightarrow$(1)：假设 $M\neq 0$。取 $x\in M\backslash\{0\}$，令 $\mathfrak{a}=\mathrm{Ann}(x)$。由于 $1\cdot x\neq 0$，所以 $1\notin\mathfrak{a}$，因此 $\mathfrak{a}\neq(1)$（命题1-2-2）。根据命题1-4-10，存在极大理想 $\mathfrak{m}\supseteq\mathfrak{a}$。由于 $\mathfrak{m}\neq(1)$，所以 $1\notin\mathfrak{m}$（命题1-2-2），因而 $\frac{x}{1}\in M_{\mathfrak{m}}$。因为 $M_{\mathfrak{m}}=0$，所以 $\frac{x}{1}=0$。根据命题3-1-5，存在 $u\in A\backslash\mathfrak{m}$，使得 $ux=0$，即 $u\in\mathfrak{a}$，这与 $\mathfrak{a}\subseteq\mathfrak{m}$ 矛盾。证毕。

命题3-2-2 设 $\varphi: M\rightarrow N$ 是 A-同态，则以下条件等价。

(1) φ 是单（满）的 A-同态。

(2) 对于 A 的任意素理想 $\mathfrak{p}$, $\varphi_{\mathfrak{p}}: M_{\mathfrak{p}}\rightarrow N_{\mathfrak{p}}$ 是单（满）的 $A_{\mathfrak{p}}$-同态。

(3) 对于 A 的任意极大理想 $\mathfrak{m}$, $\varphi_{\mathfrak{m}}: M_{\mathfrak{m}}\rightarrow N_{\mathfrak{m}}$ 是单（满）的 $A_{\mathfrak{m}}$-同态。

证明 先证明“单”的部分。

(1)$\Rightarrow$(2)：序列 $0\longrightarrow M\xrightarrow{\varphi}N$ 正合（命题2-6-1），由命题3-1-16知 $0\longrightarrow M_{\mathfrak{p}}\xrightarrow{\varphi_{\mathfrak{p}}}N_{\mathfrak{p}}$ 正合，即 $\varphi_{\mathfrak{p}}$ 单。

(2)$\Rightarrow$(3)：命题1-4-7。

(3)$\Rightarrow$(1)：令 $M'=\ker\varphi\subseteq M$，则有正合列 $0\longrightarrow M'\xrightarrow{i}M\xrightarrow{\varphi}N$，其中，$i$ 是包含映射。由命题3-1-16知 $0\longrightarrow M'_{\mathfrak{m}}\xrightarrow{i_{\mathfrak{m}}}M_{\mathfrak{m}}\xrightarrow{\varphi_{\mathfrak{m}}}N_{\mathfrak{m}}$ 正合。由于 $\varphi_{\mathfrak{m}}$ 单，即 $\ker\varphi_{\mathfrak{m}}=0$，所以有 $M'_{\mathfrak{m}}=\mathrm{Im}\,i_{\mathfrak{m}}=\ker\varphi_{\mathfrak{m}}=0$。由命题3-2-1知 $M'=0$，即 $\ker\varphi=0$，φ 单。

然后证明“满”的部分，只要将所有箭头倒过来即可。

(1)$\Rightarrow$(2)：序列 $M\xrightarrow{\varphi}N\longrightarrow 0$ 正合（命题2-6-2），由命题3-1-16知 $M_{\mathfrak{p}}\xrightarrow{\varphi_{\mathfrak{p}}}N_{\mathfrak{p}}\longrightarrow 0$ 正合，即 $\varphi_{\mathfrak{p}}$ 满。

(2)$\Rightarrow$(3)：命题1-4-7。

(3)$\Rightarrow$(1)：令 $N'=\mathrm{Im}\,\varphi\subseteq N$，则有正合列 $M\xrightarrow{\varphi}N\xrightarrow{\pi}N/N'\longrightarrow 0$，其中，$\pi$ 是自然同态。由命题3-1-16知 $M_{\mathfrak{m}}\xrightarrow{\varphi_{\mathfrak{m}}}N_{\mathfrak{m}}\xrightarrow{\pi_{\mathfrak{m}}}(N/N')_{\mathfrak{m}}\longrightarrow 0$ 正合。由于 $\varphi_{\mathfrak{m}}$ 满，所以 $\mathrm{Im}\,\varphi_{\mathfrak{m}}=N_{\mathfrak{m}}$，因此有 $(N/N')_{\mathfrak{m}}\cong N_{\mathfrak{m}}/\ker\pi_{\mathfrak{m}}=N_{\mathfrak{m}}/\mathrm{Im}\,\varphi_{\mathfrak{m}}=N_{\mathfrak{m}}/N_{\mathfrak{m}}=0$。由命题3-2-1知 $N/N'=0$，即 $N=N'=\mathrm{Im}\,\varphi$，$\varphi$ 满。证毕。

命题3-2-2′ 设 $\varphi: M\rightarrow N$ 是 A-同态，则以下条件等价。

(1) φ 是 A-同构。

(2) 对于 A 的任意素理想 $\mathfrak{p}$, $\varphi_{\mathfrak{p}}: M_{\mathfrak{p}}\rightarrow N_{\mathfrak{p}}$ 是 $A_{\mathfrak{p}}$-同构。

(3) 对于 A 的任意极大理想 $\mathfrak{m}$, $\varphi_{\mathfrak{m}}: M_{\mathfrak{m}}\rightarrow N_{\mathfrak{m}}$ 是 $A_{\mathfrak{m}}$-同构。

模的平坦性也是个局部性质。

命题3-2-3　对任意 A-模 M，存在以下条件等价。

（1）M 是平坦 A-模。

（2）对于 A 的任意素理想 $\mathfrak{p}$，$M_{\mathfrak{p}}$ 是平坦 $A_{\mathfrak{p}}$-模。

（3）对于 A 的任意极大理想 $\mathfrak{m}$，$M_{\mathfrak{m}}$ 是平坦 $A_{\mathfrak{m}}$-模。

证明　(1) ⇒ (2)：由命题3-1-19知 $M_{\mathfrak{p}} \cong A_{\mathfrak{p}} \otimes_A M$，由命题2-9-4知 $M_{\mathfrak{p}}$ 是平坦 $A_{\mathfrak{p}}$-模。

(2) ⇒ (3)：命题1-4-7。

(3) ⇒ (1)：设 $N \to P$ 是单同态，$\mathfrak{m}$ 是 A 的极大理想，根据命题3-2-2知 $N_{\mathfrak{m}} \to P_{\mathfrak{m}}$ 是单同态。由于 $M_{\mathfrak{m}}$ 是平坦 $A_{\mathfrak{m}}$-模，所以 $N_{\mathfrak{m}} \otimes_{A_{\mathfrak{m}}} M_{\mathfrak{m}} \to P_{\mathfrak{m}} \otimes_{A_{\mathfrak{m}}} M_{\mathfrak{m}}$ 是单同态（命题2-9-3）。由命题3-1-21知 $N_{\mathfrak{m}} \otimes_{A_{\mathfrak{m}}} M_{\mathfrak{m}} \cong (N \otimes_A M)_{\mathfrak{m}}$，$P_{\mathfrak{m}} \otimes_{A_{\mathfrak{m}}} M_{\mathfrak{m}} \cong (P \otimes_A M)_{\mathfrak{m}}$，所以 $(N \otimes_A M)_{\mathfrak{m}} \to (P \otimes_A M)_{\mathfrak{m}}$ 是单同态。由命题3-2-2知 $N \otimes_A M \to P \otimes_A M$ 是单同态，所以 M 是平坦 A-模（命题2-9-3）。证毕。

3.3　理想在分式环中的扩张和局限

设 S 是环 A 的乘法封闭子集，记典则同态：

$$f: A \to S^{-1}A,\quad a \mapsto \frac{a}{1}。$$

用 C 表示 A 中局限理想的集合，用 E 表示 $S^{-1}A$ 中扩理想的集合（见命题1-7-3），即

$$C = \{\mathfrak{b}^c = f^{-1}(\mathfrak{b}) \mid \mathfrak{b} \text{ 是 } B \text{ 中理想}\},$$

$$E = \{\mathfrak{a}^e = \mathfrak{a}S^{-1}A \mid \mathfrak{a} \text{ 是 } A \text{ 中理想}\}。$$

在上式中，我们把 $\frac{a'}{1} \cdot \frac{a}{s}$ 与 $a' \cdot \frac{a}{s}$ 等同，所以有 $f(\mathfrak{a})S^{-1}A = \mathfrak{a}S^{-1}A$。

命题3-3-1　$\mathfrak{a}^e = \mathfrak{a}S^{-1}A = S^{-1}\mathfrak{a}$。

证明　设 $\frac{a}{s} \in S^{-1}\mathfrak{a}$（$a \in \mathfrak{a}$，$s \in S$），则有 $\frac{a}{s} = \frac{1}{s}\frac{a}{1} = \frac{1}{s}f(a) \in S^{-1}Af(\mathfrak{a}) = \mathfrak{a}^e$，因此 $S^{-1}\mathfrak{a} \subseteq \mathfrak{a}^e$。

设 $y \in \mathfrak{a}^e = S^{-1}A$，则 $y = \sum_i \frac{a_i' a_i}{s_i}$（$a_i \in A$，$a_i' \in \mathfrak{a}$，$s_i \in S$），由于 $a_i'' = a_i' a_i \in \mathfrak{a}$，所以 $y = \sum_i \frac{a_i''}{s_i} \in S^{-1}\mathfrak{a}$，因此 $\mathfrak{a}^e \subseteq S^{-1}\mathfrak{a}$。证毕。

注（命题3-3-1）　一般不能得出 $(S^{-1}\mathfrak{a})^c = \mathfrak{a}$，但由命题1-7-3（1）可知 $\mathfrak{a} \subseteq (S^{-1}\mathfrak{a})^c$。

命题3-3-2　$x \in \mathfrak{a}^{ec} \Leftrightarrow (\exists s \in S,\ sx \in \mathfrak{a})$。

证明　根据命题3-3-1有

$$x\in\mathfrak{a}^{ec}\Leftrightarrow x\in\left(S^{-1}\mathfrak{a}\right)^{c}=f^{-1}\left(S^{-1}\mathfrak{a}\right)\Leftrightarrow f(x)\in S^{-1}\mathfrak{a}\Leftrightarrow\frac{x}{1}\in S^{-1}\mathfrak{a}$$

$$\Leftrightarrow(\exists a\in\mathfrak{a},\ \exists s\in S,\ \frac{x}{1}=\frac{a}{s})$$

$$\Leftrightarrow(\exists a\in\mathfrak{a},\ \exists s,\ t\in S,\ (xs-a)t=0)$$

$$\Leftrightarrow(\exists a\in\mathfrak{a},\ \exists s,\ t\in S,\ xst=at)$$

$$\Leftrightarrow(\exists s\in S,\ xs\in\mathfrak{a})。$$

上式最后一步：

$\Rightarrow$：令 $s'=st\in S$ 可得 $xs'=at\in\mathfrak{a}$。

$\Leftarrow$：令 $a=xs\in\mathfrak{a}$，任取 $t\in S$ 即可。

证毕。

命题3-3-3　$\mathfrak{a}^{e}=(1)\Leftrightarrow\mathfrak{a}\cap S\neq\varnothing$，即 $S^{-1}\mathfrak{a}=S^{-1}A\Leftrightarrow\mathfrak{a}\cap S\neq\varnothing$。

证明　由命题1-2-2和命题3-3-1可得

$$\mathfrak{a}^{e}=(1)\Leftrightarrow 1\in\mathfrak{a}^{e}=S^{-1}\mathfrak{a}\Leftrightarrow(\exists a\in\mathfrak{a},\ \exists s\in S,\ \frac{1}{1}=\frac{a}{s})$$

$$\Leftrightarrow(\exists a\in\mathfrak{a},\ \exists s,\ t\in S,\ (a-s)t=0)$$

$$\Leftrightarrow(\exists a\in\mathfrak{a},\ \exists s,\ t\in S,\ at=st)$$

$$\Leftrightarrow\mathfrak{a}\cap S\neq\varnothing。$$

上式最后一步：

$\Rightarrow$：由于 $at\in\mathfrak{a}$，$st\in S$，所以 $at=st\in\mathfrak{a}\cap S$。

$\Leftarrow$：取 $a=s\in\mathfrak{a}\cap S$,任取 $t\in S$ 即可。

证毕。

命题3-3-4　$\mathfrak{a}^{e}=(1)\Leftrightarrow\mathfrak{a}^{ec}=(1)$。

证明　$\Rightarrow$：$\mathfrak{a}^{ec}=\left(S^{-1}A\right)^{c}=f^{-1}\left(S^{-1}A\right)=A$。

$\Leftarrow$：由命题1-7-3（2）得 $\mathfrak{a}^{e}=\mathfrak{a}^{ece}=A^{e}=S^{-1}Af(A)$。由于 $\frac{1}{1}\in f(A)$，所以 $S^{-1}Af(A)=S^{-1}A$，即 $\mathfrak{a}^{e}=S^{-1}A$。证毕。

命题3-3-5

（1）$S^{-1}A$ 中每个理想都是扩理想。所以 $S^{-1}A$ 中的理想具有形式 $S^{-1}\mathfrak{a}$（命题3-3-1）。

（2）设 $\mathfrak{a}$ 是 A 的理想，则 $\mathfrak{a}^{ec}=\bigcup_{s\in S}(\mathfrak{a}:s)$ ［注意 $(\mathfrak{a}:s):=(\mathfrak{a}:(s))$］。因此 $\mathfrak{a}^{e}=(1)\Leftrightarrow\mathfrak{a}\cap S\neq\varnothing$。

（3）$\mathfrak{a}\in C\Leftrightarrow S/\mathfrak{a}$ 中没有 $A/\mathfrak{a}$ 的零因子。

（4） $S^{-1}A$ 中的素理想在对应 $S^{-1}\mathfrak{p}\leftrightarrow\mathfrak{p}$ 下和 A 中那些与 S 不相交的素理想一一对应。具体地说，有双射：

$$c: \operatorname{Spec}(S^{-1}A)\to\operatorname{Spec}_S(A),\quad S^{-1}\mathfrak{p}\mapsto(S^{-1}\mathfrak{p})^c=\mathfrak{p}。$$

$$e: \operatorname{Spec}_S(A)\to\operatorname{Spec}(S^{-1}A),\quad \mathfrak{p}\mapsto\mathfrak{p}^e=S^{-1}\mathfrak{p}。$$

其中，有

$$\operatorname{Spec}_S(A)=\{\mathfrak{p}\in\operatorname{Spec}(A)\,|\,\mathfrak{p}\cap S=\varnothing\}。$$

（5）运算 S^{-1} 与有限和、积、交、求根的运算可交换。

证明 （1）设 $\mathfrak{b}$ 是 $S^{-1}A$ 的理想。$\forall\frac{x}{s}\in\mathfrak{b}$，由 $\mathfrak{b}$ 的吸收性知 $\frac{x}{1}=\frac{s}{1}\cdot\frac{x}{s}\in\mathfrak{b}$，即 $f(x)\in\mathfrak{b}$，所以 $x\in f^{-1}(\mathfrak{b})=\mathfrak{b}^c$。于是 $\frac{x}{s}=\frac{1}{s}\cdot\frac{x}{1}=\frac{1}{s}f(x)\in\mathfrak{b}^{ce}$，所以 $\mathfrak{b}\subseteq\mathfrak{b}^{ce}$。由命题1-7-3（1）知 $\mathfrak{b}\supseteq\mathfrak{b}^{ce}$，所以 $\mathfrak{b}=\mathfrak{b}^{ce}$。

（2）由命题3-3-2可知

$$x\in\mathfrak{a}^{ec}\Leftrightarrow(\exists s\in S,\ xs\in\mathfrak{a})。$$

由命题1-6-43可知

$$\text{上式}\Leftrightarrow(\exists s\in S,\ x\in(\mathfrak{a}:s))\Leftrightarrow x\in\bigcup_{s\in S}(\mathfrak{a}:s),$$

即

$$\mathfrak{a}^{ec}=\bigcup_{s\in S}(\mathfrak{a}:s)。$$

由命题3-3-4和命题1-6-43可得

$$\mathfrak{a}^e=(1)\Leftrightarrow\mathfrak{a}^{ec}=A\Leftrightarrow A=\bigcup_{s\in S}(\mathfrak{a}:s)\Leftrightarrow A\subseteq\bigcup_{s\in S}(\mathfrak{a}:s)$$

$$\Leftrightarrow(\forall x\in A,\ \exists s\in S,\ x\in(\mathfrak{a}:s)),$$

由命题1-6-43可知

$$\text{上式}\Leftrightarrow(\forall x\in A,\ \exists s\in S,\ xs\in\mathfrak{a})\Leftrightarrow\mathfrak{a}\cap S\neq\varnothing。$$

上式最后一步：

$\Rightarrow$：取 $x=1$，则 $s\in\mathfrak{a}\cap S$。

$\Leftarrow$：取 $s\in\mathfrak{a}\cap S$，则 $\forall x\in A$ 有 $xs\in\mathfrak{a}$。

（3）由命题1-7-3可得

$$\mathfrak{a}\in C\Leftrightarrow\mathfrak{a}^{ec}=\mathfrak{a}\Leftrightarrow\mathfrak{a}^{ec}\subseteq\mathfrak{a}\Leftrightarrow(\forall x\in A,\ x\in\mathfrak{a}^{ec}\Rightarrow x\in\mathfrak{a}),$$

由命题3-3-2可知

$$\text{上式}\Leftrightarrow(\forall x\in A,(\exists s\in S,\ sx\in\mathfrak{a})\Rightarrow x\in\mathfrak{a})$$

$$\Leftrightarrow (\forall \bar{x} \in A/\mathfrak{a}, (\exists \bar{s} \in S/\mathfrak{a}, \ \overline{sx} = \bar{0}) \Rightarrow \bar{x} = \bar{0})$$

$$\Leftrightarrow (\forall \bar{x} \in A/\mathfrak{a}, \ \bar{x} \neq \bar{0} \Rightarrow (\forall \bar{s} \in S/\mathfrak{a}, \ \overline{sx} \neq \bar{0}))$$

$\Leftrightarrow S/\mathfrak{a}$ 中没有 $A/\mathfrak{a}$ 的零因子。

（4）根据命题1-7-2（素理想的局限是素理想），有局限映射：

$$c: \mathrm{Spec}(S^{-1}A) \to \mathrm{Spec}(A), \quad \mathfrak{q} \mapsto \mathfrak{q}^c。 \tag{3-3-1}$$

设 $\mathfrak{p} \in \mathrm{Spec}(A)$，且 $\mathfrak{p} \cap S \neq \varnothing$，则由命题3-3-3知

$$\mathfrak{p}^e = (1)。$$

如果 $\mathfrak{p}$ 在映射式（3-3-1）下有原像，即有 $\mathfrak{q} \in \mathrm{Spec}(S^{-1}A)$，使得 $\mathfrak{q}^c = \mathfrak{p}$，则由命题1-7-3（1）可得

$$\mathfrak{q} \supseteq \mathfrak{q}^{ce} = \mathfrak{p}^e = (1),$$

表明 $\mathfrak{q} = (1)$，这与 $\mathfrak{q} \in \mathrm{Spec}(S^{-1}A)$ 矛盾。所以 $\mathfrak{p}$ 在映射式（3-3-1）下没有原像，这表明

$$\mathrm{Im}\, c \subseteq \mathrm{Spec}_S(A) = \{\mathfrak{p} \in \mathrm{Spec}(A) | \mathfrak{p} \cap S = \varnothing\}。$$

所以式（3-3-1）可写成

$$c: \mathrm{Spec}(S^{-1}A) \to \mathrm{Spec}_S(A), \quad \mathfrak{q} \mapsto \mathfrak{q}^c。 \tag{3-3-2}$$

由（1）知 $\mathrm{Spec}(S^{-1}A) \subseteq E$。设 $\mathfrak{p} \in \mathrm{Spec}_S(A)$，则 $A/\mathfrak{p}$ 是整环（定理1-4-1），它的零因子只有零。而 $\mathfrak{p} \cap S = \varnothing$，所以 $0 \notin S/\mathfrak{p}$，由（3）知 $\mathfrak{p} \in C$，这表明 $\mathrm{Spec}_S(A) \subseteq C$。根据命题1-7-3（3），$c: E \to C$ 是双射，它的逆映射是扩张映射 $e: C \to E$。所以式（3-3-2）是单射，下面证明式（3-3-2）是满射。

设 $\mathfrak{p} \in \mathrm{Spec}_S(A)$，由命题3-3-3知 $\mathfrak{p}^e \neq (1)$，即（命题3-3-1）

$$S^{-1}\mathfrak{p} \neq S^{-1}A \tag{3-3-3}$$

根据命题3-1-17（3）有

$$\frac{S^{-1}A}{S^{-1}\mathfrak{p}} \cong S^{-1}(A/\mathfrak{p})。 \tag{3-3-4}$$

$A/\mathfrak{p}$ 是整环（定理1-4-1），根据命题3-1-23，$S^{-1}(A/\mathfrak{p})$ 或者是零环，或者是 $A/\mathfrak{p}$ 的分式域的子环。如果 $S^{-1}(A/\mathfrak{p})$ 是零环，则由式（3-3-4）知 $S^{-1}\mathfrak{p} = S^{-1}A$，与式（3-3-3）矛盾，所以 $S^{-1}(A/\mathfrak{p})$ 是 $A/\mathfrak{p}$ 的分式域的子环，从而是整环（命题1-3-7），由式（3-3-4）知 $\dfrac{S^{-1}A}{S^{-1}\mathfrak{p}}$ 是整环，所以 $S^{-1}\mathfrak{p}$ 是 $S^{-1}A$ 的素理想（定理1-4-1），即 $\mathfrak{p}^e = S^{-1}\mathfrak{p} \in \mathrm{Spec}(S^{-1}A)$，表明式（3-3-2）（它的逆映射就是扩张映射）是满射。

（5）由命题3-3-1和命题1-7-4可得

$$S^{-1}(\mathfrak{a}_1+\mathfrak{a}_2)=(\mathfrak{a}_1+\mathfrak{a}_2)^e=\mathfrak{a}_1^e+\mathfrak{a}_2^e=S^{-1}\mathfrak{a}_1+S^{-1}\mathfrak{a}_2,$$

$$S^{-1}(\mathfrak{a}_1\mathfrak{a}_2)=(\mathfrak{a}_1\mathfrak{a}_2)^e=\mathfrak{a}_1^e\mathfrak{a}_2^e=(S^{-1}\mathfrak{a}_1)(S^{-1}\mathfrak{a}_2)。$$

由命题3-1-17已得出

$$S^{-1}(\mathfrak{a}_1\cap\mathfrak{a}_2)=S^{-1}(\mathfrak{a}_1)\cap S^{-1}(\mathfrak{a}_2)。$$

证毕。

命题3-3-6　$\mathfrak{N}_{S^{-1}A}=S^{-1}\mathfrak{N}_A$。

证明　设$\frac{x}{s}\in S^{-1}\mathfrak{N}_A$，其中，$x\in\mathfrak{N}_A$，$s\in S$。设$x^n=0$，则$\frac{x^n}{s^n}=0$，即$\frac{x}{s}\in\mathfrak{N}_{S^{-1}A}$，所以$S^{-1}\mathfrak{N}_A\subseteq\mathfrak{N}_{S^{-1}A}$。

设$\frac{x}{s}\in\mathfrak{N}_{S^{-1}A}$，其中，$x\in A$，$s\in S$，有$\frac{x^n}{s^n}=0$。根据命题3-1-5可知，存在$u\in S$，使得$ux^n=0$。有$(ux)^n=u^nx^n=0$，即$ux\in\mathfrak{N}_A$，所以$\frac{x}{s}=\frac{ux}{us}\in S^{-1}\mathfrak{N}_A$，即$\mathfrak{N}_{S^{-1}A}\subseteq S^{-1}\mathfrak{N}_A$。证毕。

命题3-3-7　如果$\mathfrak{p}$是环A的一个素理想，那么局部环$A_\mathfrak{p}$中的素理想与A中包含在$\mathfrak{p}$中的素理想一一对应，即有双射：

$$c:\ \mathrm{Spec}(A_\mathfrak{p})\to\mathrm{Spec}_\mathfrak{p}(A),\quad S^{-1}\mathfrak{p}'\mapsto\mathfrak{p}'。$$

$$e:\ \mathrm{Spec}_\mathfrak{p}(A)\to\mathrm{Spec}(A_\mathfrak{p}),\quad \mathfrak{p}'\mapsto S^{-1}\mathfrak{p}'。$$

其中，有

$$\mathrm{Spec}_\mathfrak{p}(A)=\{\mathfrak{p}'\in\mathrm{Spec}(A)\mid\mathfrak{p}'\subseteq\mathfrak{p}\}。$$

证明　在命题3-3-5（4）中取$S=A\backslash\mathfrak{p}$，则$A_\mathfrak{p}=S^{-1}A$中的素理想和$A$中那些与$S$不相交的素理想一一对应，而与$S$不相交的素理想就是包含在$\mathfrak{p}$中的素理想。证毕。

命题3-3-8　设M是有限生成A-模，S是A中的乘法封闭子集，那么

$$S^{-1}(\mathrm{Ann}(M))=\mathrm{Ann}(S^{-1}M)。$$

证明　设$M=(x)$，根据命题2-3-16有A-模同构$M\cong A/\mathrm{Ann}(M)$。根据命题3-1-24和命题3-1-17（3）可得

$$S^{-1}M\cong S^{-1}(A/\mathrm{Ann}(M))\cong S^{-1}A/S^{-1}\mathrm{Ann}(M)。$$

根据命题3-1-25有

$$S^{-1}M\cong S^{-1}A/\mathrm{Ann}(S^{-1}M),$$

所以可得

$$S^{-1}A/S^{-1}\mathrm{Ann}(M)\cong S^{-1}A/\mathrm{Ann}(S^{-1}M)。$$

因此 $S^{-1}\mathrm{Ann}(M)=\mathrm{Ann}(S^{-1}M)$。

根据命题2-3-15，有限生成模可表示成若干由一个元素生成的模之和，所以我们只需证：若命题对两个 A-模 M，N 成立，则命题对 $M+N$ 也成立。

根据命题2-3-5（1）和命题3-1-17（2）可得

$$S^{-1}(\mathrm{Ann}(M+N))=S^{-1}(\mathrm{Ann}(M)\cap\mathrm{Ann}(N))=S^{-1}\mathrm{Ann}(M)\cap S^{-1}\mathrm{Ann}(N),$$

根据假设，可得

$$\text{上式}=\mathrm{Ann}(S^{-1}M)\cap\mathrm{Ann}(S^{-1}N)。$$

根据命题2-3-5（1）和命题3-1-17（1），可得

$$\text{上式}=\mathrm{Ann}(S^{-1}M+S^{-1}N)=\mathrm{Ann}(S^{-1}(M+N))。$$

证毕。

命题3-3-9 设 N，P 是 A-模 M 的子模，并设 P 是有限生成的，那么

$$S^{-1}(N:P)=(S^{-1}N:S^{-1}P)。$$

证明 根据命题2-3-5（2）有

$$(N:P)=\mathrm{Ann}\left(\frac{N+P}{N}\right)。$$

根据命题2-2-6有 $\frac{N+P}{N}=\frac{P}{N}$，由命题2-3-9知 $\frac{N+P}{N}=\frac{P}{N}$ 是有限生成的。由命题3-3-8可知

$$S^{-1}(N:P)=S^{-1}\mathrm{Ann}\left(\frac{N+P}{N}\right)=\mathrm{Ann}\left(S^{-1}\frac{N+P}{N}\right)。$$

由命题3-1-17（3）知 $S^{-1}\frac{N+P}{N}\cong\frac{S^{-1}(N+P)}{S^{-1}N}$，由命题2-3-17和命题3-1-17（1）可知

$$\text{上式}=\mathrm{Ann}\left(\frac{S^{-1}(N+P)}{S^{-1}N}\right)=\mathrm{Ann}\left(\frac{S^{-1}N+S^{-1}P}{S^{-1}N}\right),$$

由命题2-3-5（2）可知，上式 $=(S^{-1}N:S^{-1}P)$。证毕。

命题3-3-9′ 设 $\mathfrak{a}$ 和 $\mathfrak{b}$ 是 A 中理想。如果 $\mathfrak{b}$ 是有限生成的，那么

$$S^{-1}(\mathfrak{a}:\mathfrak{b})=(S^{-1}\mathfrak{a}:S^{-1}\mathfrak{b})。$$

命题3-3-10 设 φ：$A\to B$ 是环同态，$\mathfrak{p}$ 是 A 的一个素理想，那么

$$\mathfrak{p}\text{ 是 }B\text{ 中一个素理想的局限理想}\Leftrightarrow\mathfrak{p}^{ec}=\mathfrak{p}。$$

证明 $\Rightarrow$：由命题1-7-3（3）可得。

$\Leftarrow$：令 $S=\varphi(A\backslash\mathfrak{p})$，它是 B 中的乘法封闭子集［命题3-1-26（1）］。假设 $\mathfrak{p}^e\cap S\neq\varnothing$，取 $y\in\mathfrak{p}^e\cap S$，则存在 $x\in A\backslash\mathfrak{p}$，使得 $y=\varphi(x)$，而 $x=\varphi^{-1}(y)\in\mathfrak{p}^{ec}=\mathfrak{p}$，矛盾，所以 $\mathfrak{p}^e\cap S=\varnothing$。

根据命题3-3-3，$\mathfrak{p}^e$在$S^{-1}B$中的扩理想$\mathfrak{p}^{ee'} \neq S^{-1}B$（这里用上标$e'$和$c'$表示$f$: $B \to S^{-1}B$下的扩张和局限）。根据命题1-4-10，有$S^{-1}B$的极大理想（素理想）$\mathfrak{m}$满足：

$$\mathfrak{p}^{ee'} \subseteq \mathfrak{m},$$

记

$$\mathfrak{q} = \mathfrak{m}^{c'}。$$

由命题3-3-5（4）知$\mathfrak{q}$是B中满足：

$$\mathfrak{q} \cap S = \varnothing$$

素理想。由命题1-7-2和命题1-7-3可得

$$\mathfrak{q} = \mathfrak{m}^{c'} \supseteq \mathfrak{p}^{ee'c'} \supseteq \mathfrak{p}^e,$$

所以可得

$$\mathfrak{q}^c \supseteq \mathfrak{p}^{ec} = \mathfrak{p}。 \tag{3-3-5}$$

由$\mathfrak{q} \cap S = \varnothing$可得$\mathfrak{q} \subseteq B \backslash S$，由命题A-2（2）（9）可得

$$\mathfrak{q}^c = \varphi^{-1}(\mathfrak{q}) \subseteq \varphi^{-1}(B \backslash S) = \varphi^{-1}(B) \backslash \varphi^{-1}(S) \subseteq A \backslash \varphi^{-1}(S) = A \backslash \varphi^{-1}\big(\varphi(A \backslash \mathfrak{p})\big),$$

由命题A-2（4a）知$\varphi^{-1}\big(\varphi(A \backslash \mathfrak{p})\big) \supseteq A \backslash \mathfrak{p}$，所以可得

$$\mathfrak{q}^c \subseteq A \backslash (A \backslash \mathfrak{p}) = \mathfrak{p}。 \tag{3-3-6}$$

由式（3-3-5）和式（3-3-6）得$\mathfrak{p} = \mathfrak{q}^c$。证毕。

命题3-3-11 设$A \subseteq B$都是环，S是A中的乘法封闭子集，$\mathfrak{b}$是B的理想，则

$$(S^{-1}\mathfrak{b})^{c'} = S^{-1}\mathfrak{b}^c。$$

其中，c是包含同态i: $A \to B$下的局限，c'是包含同态i': $S^{-1}A \to S^{-1}B$下的局限。

证明 有

$$\mathfrak{b}^c = i^{-1}(\mathfrak{b}) = A \cap \mathfrak{b},\quad (S^{-1}\mathfrak{b})^{c'} = i'^{-1}(S^{-1}\mathfrak{b}) = (S^{-1}A) \cap (S^{-1}\mathfrak{b}),$$

由命题3-3-5（5）有

$$(S^{-1}\mathfrak{b})^{c'} = (S^{-1}A) \cap (S^{-1}\mathfrak{b}) = S^{-1}(A \cap \mathfrak{b}) = S^{-1}\mathfrak{b}^c。$$

证毕。

第4章　准素分解

定义4-1-1　准素理想（primary ideal） 如果$\mathfrak{q}\neq A$，且有

$$xy\in\mathfrak{q}\Rightarrow(x\in\mathfrak{q}\text{或}y\in\sqrt{\mathfrak{q}}),\tag{4-1-1}$$

则环A中的理想$\mathfrak{q}$称为准素的。

式（4-1-1）有几个等价形式：

$$(xy\in\mathfrak{q},\ x\notin\mathfrak{q})\Rightarrow y\in\sqrt{\mathfrak{q}},\tag{4-1-2}$$

$$(xy\in\mathfrak{q},\ x\notin\sqrt{\mathfrak{q}})\Rightarrow y\in\mathfrak{q},\tag{4-1-3}$$

$$(x\notin\mathfrak{q},\ \forall n>0,\ y^n\notin\mathfrak{q})\Rightarrow xy\notin\mathfrak{q}。\tag{4-1-4}$$

命题4-1-1　设$\mathfrak{q}$是A的理想，则

$$\mathfrak{q}\text{准素}\Leftrightarrow(\mathfrak{q}\neq A,\ A/\mathfrak{q}\text{中每个零因子都幂零})。$$

证明

$$\begin{aligned}\mathfrak{q}\text{准素}&\Leftrightarrow(xy\in\mathfrak{q}\Rightarrow(x\in\mathfrak{q}\text{或}\exists n>0,\ y^n\in\mathfrak{q}))\\&\Leftrightarrow(\bar{x}\bar{y}=0\Rightarrow(\bar{x}=0\text{或}\exists n>0,\ \bar{y}^n=0))\\&\Leftrightarrow(\bar{x}\bar{y}=0\Rightarrow(\bar{x}=0\text{或}\bar{y}\in\mathfrak{N}_{A/\mathfrak{q}})),\end{aligned}$$

根据命题1-5-1，上式$\Leftrightarrow A/\mathfrak{q}$中每个零因子都幂零。证毕。

根据定义4-1-1可知命题4-1-2。

命题4-1-2　$\mathfrak{q}$是素理想$\Rightarrow\mathfrak{q}$是准素的。

命题4-1-3　设f: $A\to B$是环同态，则B的准素理想$\mathfrak{q}$的局限$\mathfrak{q}^c$是A的准素理想。

证明　设x，$y\in A$，$xy\in\mathfrak{q}^c=f^{-1}(\mathfrak{q})$，则$f(x)f(y)=f(xy)\in\mathfrak{q}$。由于$\mathfrak{q}$准素，所以可得

$$f(x)\in\mathfrak{q}\text{或}f(y^k)=f(y)^k\in\mathfrak{q},$$

即

$$x\in f^{-1}(\mathfrak{q})=\mathfrak{q}^c\text{或}y^k\in f^{-1}(\mathfrak{q})=\mathfrak{q}^c。$$

表明 $\mathfrak{q}^c$ 准素。证毕。

命题4-1-4 设 $\mathfrak{q}\supseteq\mathfrak{a}$ 都是环 A 的理想，则

$$\mathfrak{q}\text{在 }A\text{ 中准素}\Leftrightarrow\mathfrak{q}/\mathfrak{a}\text{ 在 }A/\mathfrak{a}\text{ 中准素。}$$

从而 A 中包含 $\mathfrak{a}$ 的准素理想 $\mathfrak{q}$ 与 $A/\mathfrak{a}$ 的准素理想 $\mathfrak{q}/\mathfrak{a}$ 之间存在着保持包含关系的一一对应。也就是说，用 $\mathcal{PI}_{\mathfrak{a}}(A)$ 表示 A 中所有包含 $\mathfrak{a}$ 的准素理想的集合，用 $\mathcal{PI}(A/\mathfrak{a})$ 表示 $A/\mathfrak{a}$ 的所有准素理想的集合，则有双射：

$$\tilde{\pi}:\ \mathcal{PI}_{\mathfrak{a}}(A)\to\mathcal{PI}(A/\mathfrak{a}),\quad \mathfrak{q}\mapsto\pi(\mathfrak{q})=\mathfrak{q}/\mathfrak{a},$$

$$\tilde{\pi}^{-1}:\ \mathcal{PI}(A/\mathfrak{a})\to\mathcal{PI}_{\mathfrak{a}}(A),\quad \mathfrak{q}/\mathfrak{a}\mapsto\pi^{-1}(\mathfrak{q}/\mathfrak{a})=\mathfrak{q},$$

其中，π：$A\to A/\mathfrak{a}$ 是自然同态。

证明 记 $\bar{\mathfrak{q}}=\mathfrak{q}/\mathfrak{a}$，根据命题1-2-6有

$$\begin{aligned}\mathfrak{q}\text{准素}&\Leftrightarrow(\mathfrak{q}\neq A,\ \ xy\in\mathfrak{q}\Rightarrow(x\in\mathfrak{q}\text{或}\exists n>0,\ \ y\in\mathfrak{q}))\\&\Leftrightarrow(\bar{\mathfrak{q}}\neq A/\mathfrak{a},\ \ \bar{x}\bar{y}\in\bar{\mathfrak{q}}\Rightarrow(\bar{x}\in\bar{\mathfrak{q}}\text{ 或 }\exists n>0,\ \ \bar{y}\in\bar{\mathfrak{q}}))\\&\Leftrightarrow\bar{\mathfrak{q}}\text{ 准素。}\end{aligned}$$

证毕。

命题4-1-5 设 $\mathfrak{q}$ 是环 A 的理想，则

$$\mathfrak{q}\text{在 }A\text{ 中准素}\Leftrightarrow A/\mathfrak{q}\text{ 的零理想准素。}$$

证明 命题4-1-4中取 $\mathfrak{a}=\mathfrak{q}$ 即可。证毕。

命题4-1-6 设 $\mathfrak{q}$ 是准素理想，则 $\sqrt{\mathfrak{q}}$ 是包含 $\mathfrak{q}$ 的最小素理想。

证明 由命题1-6-23知 $\sqrt{\mathfrak{q}}$ 是包含 $\mathfrak{q}$ 的所有素理想的交（从而 $\sqrt{\mathfrak{q}}\neq A$），所以只需证明 $\sqrt{\mathfrak{q}}$ 是素理想。设 $xy\in\sqrt{\mathfrak{q}}$，则有 $x^m y^m\in\mathfrak{q}$。根据准素的定义，$x^m\in\mathfrak{q}$ 或 $y^{mn}\in\mathfrak{q}$，即 $x\in\sqrt{\mathfrak{q}}$ 或 $y\in\sqrt{\mathfrak{q}}$。这表明 $\sqrt{\mathfrak{q}}$ 是素理想。证毕。

例4-1-1 **Z** 中的全部准素理想是0和 (p^n)，其中 p 是素数。

证明 设 (m) 是 **Z** 的准素理想（由命题B-10′知 **Z** 是主理想整环），由命题4-1-6知 $\sqrt{(m)}$ 是素理想。由命题B-9′知 $\sqrt{(m)}=0$ 或 (p)（p 是素数）。如果 $\sqrt{(m)}=0$，则 $(m)\subseteq\sqrt{(m)}=0$；如果 $\sqrt{(m)}=(p)$，根据命题1-6-27知 $m=p^n$。证毕。

定义4-1-2 p-准素 如果 $\mathfrak{q}$ 准素，且 $\sqrt{\mathfrak{q}}=\mathfrak{p}$，那么 $\mathfrak{q}$ 叫作 $\mathfrak{p}$-准素的。

命题4-1-7 设 $\mathfrak{a}$ 是理想。如果 $\sqrt{\mathfrak{a}}=\mathfrak{m}$ 是极大理想，那么 $\mathfrak{a}$ 是 $\mathfrak{m}$-准素的。特别地，极大理想 $\mathfrak{m}$ 的幂是 $\mathfrak{m}$-准素的。

证明 有 $\mathfrak{m}\supseteq\mathfrak{a}$［命题1-6-21（2）］，所以 $\mathfrak{a}\neq A$。由命题1-6-19和命题1-5-3知

$$\mathfrak{m}/\mathfrak{a}=\mathfrak{N}_{A/\mathfrak{a}}=\bigcap_{\bar{\mathfrak{p}}\in\operatorname{Spec}(A/\mathfrak{a})}\bar{\mathfrak{p}},$$

$\mathfrak{m}$是素理想（命题1-4-7），由命题1-4-21知$\mathfrak{m}/\mathfrak{a}\in \mathrm{Spec}(A/\mathfrak{a})$，再由上式知$\mathfrak{m}/\mathfrak{a}$是$A/\mathfrak{a}$的唯一素理想。由命题1-5-9知$A/\mathfrak{a}$中不可逆元是幂零元。而零因子不可逆（命题1-3-1），所以$A/\mathfrak{a}$中零因子都幂零，由命题4-1-1知$\mathfrak{a}$是准素的。

设$\mathfrak{m}$是任一极大理想（素理想），由命题1-6-21（7）知$\mathfrak{m}=\sqrt{\mathfrak{m}^n}$，由上面结论知$\mathfrak{m}^n$是$\mathfrak{m}$-准素的。证毕。

引理4-1-1 有限个$\mathfrak{p}$-准素理想的交仍是$\mathfrak{p}$-准素的。

证明 设$\mathfrak{q}_i$（$i=1$，…，n）是$\mathfrak{p}$-准素理想，即有$\sqrt{\mathfrak{q}_i}=\mathfrak{p}$。令

$$\mathfrak{q}=\bigcap_{i=1}^{n}\mathfrak{q}_i,$$

显然$\mathfrak{q}\neq(1)$。由命题1-2-3知$\mathfrak{q}$是理想。由命题1-6-21（4）可得

$$\sqrt{\mathfrak{q}}=\sqrt{\bigcap_{i=1}^{n}\mathfrak{q}_i}=\bigcap_{i=1}^{n}\sqrt{\mathfrak{q}_i}=\bigcap_{i=1}^{n}\mathfrak{p}=\mathfrak{p}。$$

设

$$xy\in\mathfrak{q},\quad x\notin\mathfrak{q}。$$

存在i，使得$x\notin\mathfrak{q}_i$。显然$xy\in\mathfrak{q}_i$，由于$\mathfrak{q}_i$准素，由式（4-1-2）得$y\in\sqrt{\mathfrak{q}_i}$，而$\sqrt{\mathfrak{q}_i}=\mathfrak{p}=\sqrt{\mathfrak{q}}$，所以可得

$$y\in\sqrt{\mathfrak{q}}。$$

由式（4-1-2）知$\mathfrak{q}$是$\mathfrak{p}$-准素的。证毕。

引理4-1-2 设$\mathfrak{q}$是$\mathfrak{p}$-准素理想，$x\in A$。

（1）如果$x\in\mathfrak{q}$，则$(\mathfrak{q}:x)=(1)$，进一步有

$$x\in\mathfrak{q}\Leftrightarrow(\mathfrak{q}:x)=(1)。\tag{4-1-5}$$

（2）如果$x\notin\mathfrak{q}$，则$(\mathfrak{q}:x)$是$\mathfrak{p}$-准素的，即有$\sqrt{(\mathfrak{q}:x)}=\mathfrak{p}$。

（3）如果$x\notin\mathfrak{p}$，则$(\mathfrak{q}:x)=\mathfrak{q}$。

证明 （1）如果$x\in\mathfrak{q}$，则$\forall y\in A$，有$xy\in\mathfrak{q}$，由命题1-6-43知$y\in(\mathfrak{q}:x)$。这表明$(1)\subseteq(\mathfrak{q}:x)$，所以$(\mathfrak{q}:x)=(1)$。

反之，如果$(\mathfrak{q}:x)=(1)$，则$1\in(\mathfrak{q}:x)$，由命题1-6-43知$x=1\cdot x\in\mathfrak{q}$。

所以$x\in\mathfrak{q}\Leftrightarrow(\mathfrak{q}:x)=(1)$。

（2）由式（4-1-5）知$(\mathfrak{q}:x)\neq(1)$。

$\forall y\in(\mathfrak{q}:x)$，由命题1-6-43知$xy\in\mathfrak{q}$。而$\mathfrak{q}$准素，$x\notin\mathfrak{q}$，由式（4-1-2）知$y\in\sqrt{\mathfrak{q}}=\mathfrak{p}$。这表明$(\mathfrak{q}:x)\subseteq\mathfrak{p}$，再由命题1-6-18（1）得

$$\mathfrak{q}\subseteq(\mathfrak{q}:x)\subseteq\mathfrak{p}。$$

取根得［命题1-6-21（1）］

$$\sqrt{\mathfrak{q}}\subseteq\sqrt{(\mathfrak{q}:x)}\subseteq\sqrt{\mathfrak{p}},$$

由命题1-6-21（7）知 $\sqrt{\mathfrak{p}}=\mathfrak{p}$，而 $\sqrt{\mathfrak{q}}=\mathfrak{p}$，所以上式为 $\mathfrak{p}\subseteq\sqrt{(\mathfrak{q}:x)}\subseteq\mathfrak{p}$，即

$$\sqrt{(\mathfrak{q}:x)}=\mathfrak{p}。$$

设

$$yz\in(\mathfrak{q}:x),\quad y\notin\sqrt{(\mathfrak{q}:x)}=\mathfrak{p}。$$

由 $yz\in(\mathfrak{q}:x)$ 可得 $xyz\in\mathfrak{q}$ （命题1-6-43）。而 $\mathfrak{q}$ 准素， $y\notin\mathfrak{p}=\sqrt{\mathfrak{q}}$，由式（4-1-3）可得 $xz\in\mathfrak{q}$，即（命题1-6-43）

$$z\in(\mathfrak{q}:x)。$$

由式（4-1-3）知 $(\mathfrak{q}:x)$ 是 $\mathfrak{p}$-准素的。

（3） $\forall y\in(\mathfrak{q}:x)$，由命题1-6-43知 $xy\in\mathfrak{q}$。而 $\mathfrak{q}$ 准素， $x\notin\mathfrak{p}=\sqrt{\mathfrak{q}}$，由式（4-1-3）知 $y\in\mathfrak{q}$，表明 $(\mathfrak{q}:x)\subseteq\mathfrak{q}$。由命题1-6-18（1）知 $\mathfrak{q}\subseteq(\mathfrak{q}:x)$，所以 $(\mathfrak{q}:x)=\mathfrak{q}$。证毕。

定义4-1-3 准素分解（primary decomposition） 环 A 中理想 $\mathfrak{a}\neq(1)$ 的准素分解指的是将 $\mathfrak{a}$ 表示成有限个准素理想之交，即

$$\mathfrak{a}=\bigcap_{i=1}^{n}\mathfrak{q}_i。\tag{4-1-6}$$

其中， $\mathfrak{q}_1$，…，$\mathfrak{q}_n$ 是准素理想。如果 $\mathfrak{a}$ 有准素分解，我们称 $\mathfrak{a}$ 是可分解的（decomposable)。如果满足下列条件，则式（4-1-6）叫作既约的（reduced)：

（1） $\sqrt{\mathfrak{q}_i}$ 都不相同；

（2） $\mathfrak{q}_i\supseteq\bigcap_{j\neq i}\mathfrak{q}_j$ （$i=1$，…，n）。

注（定义4-1-3） 如果 $\sqrt{\mathfrak{q}_1}=\cdots=\sqrt{\mathfrak{q}_r}=\mathfrak{p}$，那么令 $\mathfrak{q}'=\bigcap_{i=1}^{r}\mathfrak{q}_i$，由引理4-1-1可知 $\mathfrak{q}'$ 是 $\mathfrak{p}$-准素的，将 $\mathfrak{q}'$ 作为式（4-1-6）中的分解项即可满足条件（1）。如果 $\mathfrak{q}_i\supseteq\bigcap_{j\neq i}\mathfrak{q}_j$，那么 $\bigcap_{j}\mathfrak{q}_j=\bigcap_{j\neq i}\mathfrak{q}_j$，只需把 $\bigcap_{j\neq i}\mathfrak{q}_j$ 作为准素分解即可满足条件（2）。因此，任何准素分解都可以化为既约的。

定理4-1-1 第一唯一性定理 令 $\mathfrak{a}$ 是环 A 的一个可分解的理想，它有既约准素分解

$$\mathfrak{a}=\bigcap_{i=1}^{n}\mathfrak{q}_i,\quad\sqrt{\mathfrak{q}_i}=\mathfrak{p}_i,\quad 1\leqslant i\leqslant n。$$

那么

$$\{\mathfrak{p}_i\}_{1\leqslant i\leqslant n}=\left\{\sqrt{(\mathfrak{a}:x)}\right\}_{x\in A}\bigcap \operatorname{Spec}(A),$$

即 $\{\mathfrak{p}_i\}_{1\leqslant i\leqslant n}$ 与 $\mathfrak{a}$ 的具体分解式无关。称 $\mathfrak{p}_i$（$1\leqslant i\leqslant n$）是属于 $\mathfrak{a}$（belong to $\mathfrak{a}$）的素理想，或者与 $\mathfrak{a}$ 相伴（associated with $\mathfrak{a}$）的素理想。

证明 设 $x\in A$，根据命题1-6-18（4）可得

$$(\mathfrak{a}:x)=\left(\left(\bigcap_{i=1}^{n}\mathfrak{q}_i\right):x\right)=\bigcap_{i=1}^{n}(\mathfrak{q}_i:x)=\left(\bigcap_{x\in\mathfrak{q}_j}(\mathfrak{q}_j:x)\right)\bigcap\left(\bigcap_{x\notin\mathfrak{q}_j}(\mathfrak{q}_j:x)\right),$$

由引理4-1-2（1）知 $\bigcap_{x\in\mathfrak{q}_j}(\mathfrak{q}_j:x)=\bigcap_{x\in\mathfrak{q}_j}A=A$，所以可得

$$(\mathfrak{a}:x)=\bigcap_{x\notin\mathfrak{q}_j}(\mathfrak{q}_j:x)。\tag{4-1-7}$$

根据命题1-6-21（4）可得

$$\sqrt{(\mathfrak{a}:x)}=\sqrt{\bigcap_{x\notin\mathfrak{q}_j}(\mathfrak{q}_j:x)}=\bigcap_{x\notin\mathfrak{q}_j}\sqrt{(\mathfrak{q}_j:x)}。$$

由引理4-1-2（2）知当 $x\notin\mathfrak{q}_j$ 时 $\sqrt{(\mathfrak{q}_j:x)}=\mathfrak{p}_j$，所以可得

$$\sqrt{(\mathfrak{a}:x)}=\bigcap_{x\notin\mathfrak{q}_j}\mathfrak{p}_j。\tag{4-1-8}$$

如果 $\sqrt{(\mathfrak{a}:x)}$ 是素理想，则由命题1-6-14（2）可知 $\exists i$，使得 $\sqrt{(\mathfrak{a}:x)}=\mathfrak{p}_i$。这就证明了

$$\left\{\sqrt{(\mathfrak{a}:x)}\right\}_{x\in A}\bigcap \operatorname{Spec}(A)\subseteq\{\mathfrak{p}_i\}_{1\leqslant i\leqslant n}。$$

反之，对于每个 $1\leqslant i\leqslant n$，由于 $\mathfrak{a}=\bigcap_{i=1}^{n}\mathfrak{q}_i$ 是既约的，所以 $\mathfrak{q}_i\supseteq\bigcap_{j\neq i}\mathfrak{q}_j$，因而存在 $x_i\in\bigcap_{j\neq i}\mathfrak{q}_j$，但 $x_i\notin\mathfrak{q}_i$，也就是

$$x_i\in\mathfrak{q}_j\quad(j\neq i),\quad x_i\notin\mathfrak{q}_i。\tag{4-1-9}$$

由式（4-1-8）可得

$$\sqrt{(\mathfrak{a}:x_i)}=\mathfrak{p}_i。\tag{4-1-10}$$

这证明了

$$\{\mathfrak{p}_i\}_{1\leqslant i\leqslant n}\subseteq\left\{\sqrt{(\mathfrak{a}:x)}\right\}_{x\in A}\bigcap \operatorname{Spec}(A)。$$

证毕。

命题4-1-8 设环 A 的理想 $\mathfrak{a}$ 有既约准素分解 $\mathfrak{a}=\bigcap_{i=1}^{n}\mathfrak{q}_i$，$\mathfrak{p}_i=\sqrt{\mathfrak{q}_i}$，$1\leqslant i\leqslant n$，那么对于每个 $1\leqslant i\leqslant n$，存在 $x_i\in A\backslash\mathfrak{q}_i$，使得 $(\mathfrak{a}:x_i)$ 是 $\mathfrak{p}_i$-准素的。

证明 根据定理4-1-1的证明，存在 x_i 满足式（4-1-9），即 $x_i \in A\backslash\mathfrak{q}_i$，$x_i \in \mathfrak{q}_j$（$j \neq i$）。由式（4-1-7）可得 $(\mathfrak{a}:x_i)=(\mathfrak{q}_i:x_i)$。根据引理4-1-2（2）可知，$(\mathfrak{q}_i:x_i)$ 是 $\mathfrak{p}_i$-准素的，因此 $(\mathfrak{a}:x_i)$ 是 $\mathfrak{p}_i$-准素的。证毕。

命题4-1-9 设环 A 的理想 $\mathfrak{a}$ 有既约准素分解 $\mathfrak{a}=\bigcap_{i=1}^{n}\mathfrak{q}_i$，$\mathfrak{p}_i=\sqrt{\mathfrak{q}_i}$，$1\leqslant i\leqslant n$，把 $A/\mathfrak{a}$ 看作 A-模，那么

$$\{\mathfrak{p}_i\}_{1\leqslant i\leqslant n}=\left\{\sqrt{\mathrm{Ann}(\bar{x})}\right\}_{\bar{x}\in A/\mathfrak{a}}\bigcap \mathrm{Spec}(A)。$$

证明 由定理4-1-1和命题2-3-19可得。证毕。

命题4-1-10 当且仅当理想 $\mathfrak{a}$ 只有一个相伴的素理想时，理想 $\mathfrak{a}$ 是准素的。（此时 $\mathfrak{a}=\mathfrak{a}$ 就是既约准素分解）

定义4-1-4 设 $\mathfrak{a}$ 是可分解的理想，$\mathfrak{p}_i$（$1\leqslant i\leqslant n$）是属于 $\mathfrak{a}$ 的素理想，那么 $\{\mathfrak{p}_i\}_{1\leqslant i\leqslant n}$ 中的极小元叫作属于 $\mathfrak{a}$ 的孤立（isolated）素理想，其余的叫作属于 $\mathfrak{a}$ 的嵌入（embedded）素理想。

素理想 $\mathfrak{p}_i$ 对应的准素理想 $\mathfrak{q}_i$ 叫作 $\mathfrak{a}$ 的 $\mathfrak{p}_i$-准素分支（$\mathfrak{p}_i$-primary components）。

孤立素理想 $\mathfrak{p}_i$ 对应的准素理想 $\mathfrak{q}_i$ 叫作 $\mathfrak{a}$ 的孤立准素分支（isolated primary components）。

嵌入素理想 $\mathfrak{p}_i$ 对应的准素理想 $\mathfrak{q}_i$ 叫作 $\mathfrak{a}$ 的嵌入准素分支（embedded primary components）。

命题4-1-11 令 $\mathfrak{a}$ 是可分解理想，那么任何素理想 $\mathfrak{p}\supseteq\mathfrak{a}$ 都包含一个属于 $\mathfrak{a}$ 的孤立素理想。因此有

$$\{\mathfrak{p}_i\}_{1\leqslant i\leqslant r}=\{\mathrm{Spec}_{\mathfrak{a}}(A)\text{ 中的极小元 }\}。$$

其中，$\mathfrak{p}_i$（$1\leqslant i\leqslant r$）是属于 $\mathfrak{a}$ 的全部孤立素理想，$\mathrm{Spec}_{\mathfrak{a}}(A)$ 是包含 $\mathfrak{a}$ 的所有素理想集合。

证明 设 $\mathfrak{a}$ 的既约准素分解为 $\mathfrak{a}=\bigcap_{i=1}^{n}\mathfrak{q}_i$，$\mathfrak{p}_i=\sqrt{\mathfrak{q}_i}$，设素理想 $\mathfrak{p}\supseteq\mathfrak{a}$。由命题1-6-21（1）（4）（7）可得

$$\mathfrak{p}=\sqrt{\mathfrak{p}}\supseteq\sqrt{\mathfrak{a}}=\sqrt{\bigcap_{i=1}^{n}\mathfrak{q}_i}=\bigcap_{i=1}^{n}\sqrt{\mathfrak{q}_i}=\bigcap_{i=1}^{n}\mathfrak{p}_i。$$

根据命题1-6-14（2）知存在一个 i，使得 $\mathfrak{p}\supseteq\mathfrak{p}_i$。显然，$\mathfrak{p}$ 包含 $\mathfrak{p}_i$ 所在理想链的极小元（也就是属于 $\mathfrak{a}$ 的孤立素理想）。

设 $\mathfrak{p}_i$ 是属于 $\mathfrak{a}$ 的孤立素理想，显然 $\mathfrak{p}_i=\sqrt{\mathfrak{q}_i}\supseteq\mathfrak{q}_i\supseteq\mathfrak{a}$，即 $\mathfrak{p}_i\in\mathrm{Spec}_{\mathfrak{a}}(A)$。如果 $\mathfrak{p}_i$ 不是 $\mathrm{Spec}_{\mathfrak{a}}(A)$ 的极小元，则存在 $\mathfrak{p}\in\mathrm{Spec}_{\mathfrak{a}}(A)$，使得 $\mathfrak{p}_i\underset{\neq}{\supseteq}\mathfrak{p}\supseteq\mathfrak{a}$。由上面结论知存在属于 $\mathfrak{a}$ 的孤立素理想 $\mathfrak{p}_j$，使得 $\mathfrak{p}\supseteq\mathfrak{p}_j$。由此可得 $\mathfrak{p}_i\underset{\neq}{\supseteq}\mathfrak{p}_j$，这与 $\mathfrak{p}_i$ 是孤立素理想矛盾，所以 $\mathfrak{p}_i$ 是

$\operatorname{Spec}_{\mathfrak{a}}(A)$ 的极小元。

反之，设 $\mathfrak{p}$ 是 $\operatorname{Spec}_{\mathfrak{a}}(A)$ 中的一个极小元。由上面结论知存在属于 $\mathfrak{a}$ 的孤立素理想 $\mathfrak{p}_i$，使得 $\mathfrak{p} \supseteq \mathfrak{p}_i$。由于 $\mathfrak{p}$ 极小，所以 $\mathfrak{p} = \mathfrak{p}_i$。证毕。

命题 4-1-12 设环 A 中的零理想是可分解理想，$\mathfrak{p}_1$，⋯，$\mathfrak{p}_n$ 是所有属于零理想的素理想，其中，$\mathfrak{p}_1$，⋯，$\mathfrak{p}_r$ 是所有孤立素理想。

（1）$\mathfrak{p}_1$，⋯，$\mathfrak{p}_r$ 就是 A 的全部极小素理想（定义 1-4-4）。

（2）$\mathfrak{N} = \bigcap_{i=1}^{n} \mathfrak{p}_i = \bigcap_{i=1}^{r} \mathfrak{p}_i$。

证明 （1）由命题 4-1-11 知 $\{\mathfrak{p}_i\}_{1 \leqslant i \leqslant r} = \{\operatorname{Spec}(A)$ 中的极小元$\}$。

（2）显然 $\bigcap_{i=1}^{n} \mathfrak{p}_i = \bigcap_{i=1}^{r} \mathfrak{p}_i$。由（1）和命题 1-5-4 可得结论。证毕。

命题 4-1-13 设 $\mathfrak{a}$ 是环 A 中可分解的理想，它有既约准素分解

$$\mathfrak{a} = \bigcap_{i=1}^{n} \mathfrak{q}_i, \tag{4-1-11}$$

记 $\mathfrak{p}_i = \sqrt{\mathfrak{q}_i}$，$\bar{\mathfrak{q}}_i = \mathfrak{q}_i/\mathfrak{a}$，$\bar{\mathfrak{p}}_i = \mathfrak{p}_i/\mathfrak{a}$ （$i = 1$，⋯，n），那么在 $A/\mathfrak{a}$ 中零理想是可分解的，零理想有既约准素分解

$$\bar{0} = \bigcap_{i=1}^{n} \bar{\mathfrak{q}}_i, \tag{4-1-12}$$

$\sqrt{\bar{\mathfrak{q}}_i} = \bar{\mathfrak{p}}_i$ （$i = 1$，⋯，n）是属于零理想的素理想。

反之，如果 $A/\mathfrak{a}$ 中零理想有既约准素分解式（4-1-12），其中，$\bar{\mathfrak{q}}_i = \mathfrak{q}_i/\mathfrak{a}$，属于零理想的素理想是 $\sqrt{\bar{\mathfrak{q}}_i} = \bar{\mathfrak{p}}_i = \mathfrak{p}_i/\mathfrak{a}$，那么 $\mathfrak{a}$ 有既约准素分解式（4-1-11），$\sqrt{\mathfrak{q}_i} = \mathfrak{p}_i$ （$i = 1$，⋯，n）是属于 $\mathfrak{a}$ 的素理想。

证明 根据命题 1-2-10 有

$$\bar{0} = \mathfrak{a}/\mathfrak{a} = \left(\bigcap_{i=1}^{n} \mathfrak{q}_i\right)/\mathfrak{a} = \bigcap_{i=1}^{n} (\mathfrak{q}_i/\mathfrak{a}) = \bigcap_{i=1}^{n} \bar{\mathfrak{q}}_i。$$

根据命题 4-1-4，$\bar{\mathfrak{q}}_i$ 是 $A/\mathfrak{a}$ 中的准素理想。上式表明在 $A/\mathfrak{a}$ 中零理想是可分解的。根据命题 1-6-49 有

$$\sqrt{\bar{\mathfrak{q}}_i} = \sqrt{\mathfrak{q}_i/\mathfrak{a}} = \sqrt{\mathfrak{q}_i}/\mathfrak{a} = \mathfrak{p}_i/\mathfrak{a} = \bar{\mathfrak{p}}_i。$$

由于 $\mathfrak{p}_i$ 各不相同，所以 $\bar{\mathfrak{p}}_i$ 各不相同（定理 1-2-1）。由命题 1-2-3 知 $\bigcap_{j \neq i} \mathfrak{q}_j$ 是理想，由于 $\mathfrak{q}_i \not\supseteq \bigcap_{j \neq i} \mathfrak{q}_j$，所以 $\bar{\mathfrak{q}}_i \not\supseteq \left(\bigcap_{j \neq i} \mathfrak{q}_j\right)/\mathfrak{a}$ （定理 1-2-1），再由命题 1-2-10 可得 $\bar{\mathfrak{q}}_i \not\supseteq \bigcap_{j \neq i} \bar{\mathfrak{q}}_j$。这表明式（4-1-12）是 $A/\mathfrak{a}$ 中零理想的既约准素分解。

反之，如果 $A/\mathfrak{a}$ 中零理想有既约准素分解式 $\bar{0} = \bigcap_{i=1}^{n} \bar{\mathfrak{q}}_i$，即 $\mathfrak{a}/\mathfrak{a} = \left(\bigcap_{i=1}^{n} \mathfrak{q}_i\right)/\mathfrak{a}$，则由定理

1-2-1知式（4-1-11）成立。根据命题4-1-4，$\mathfrak{q}_i$ 是 A 中的准素理想。有 $\mathfrak{p}_i/\mathfrak{a}=\sqrt{\bar{\mathfrak{q}}_i}=\sqrt{\mathfrak{q}_i}/\mathfrak{a}$，由定理1-2-1知 $\mathfrak{p}_i=\sqrt{\mathfrak{q}_i}$。由于 $\bar{\mathfrak{p}}_i$ 各不相同，所以 $\mathfrak{p}_i$ 各不相同（定理1-2-1）。有 $\bar{\mathfrak{q}}_i\not\supseteq\bigcap_{j\neq i}\bar{\mathfrak{q}}_j$，即 $\mathfrak{q}_i/\mathfrak{a}\not\supseteq\left(\bigcap_{j\neq i}\mathfrak{q}_j\right)/\mathfrak{a}$，由定理1-2-1可得 $\mathfrak{q}_i\not\supseteq\bigcap_{j\neq i}\mathfrak{q}_j$，说明式（4-1-11）是 $\mathfrak{a}$ 的既约准素分解。证毕。

命题4-1-14　令 $\mathfrak{a}$ 是环 A 的可分解理想，$\mathfrak{p}_i$（$i=1$，…，n）是所有属于 $\mathfrak{a}$ 的素理想，那么

$$\bigcup_{i=1}^{n}\mathfrak{p}_i=\{x\in A|\mathfrak{a}\neq(\mathfrak{a}:x)\}。\tag{4-1-13}$$

特别地，如果零理想是可分解的，$\bar{\mathfrak{p}}_i$（$i=1$，…，n）是所有属于零理想的素理想，D 是 A 的零因子的集合，则

$$\bigcup_{i=1}^{n}\bar{\mathfrak{p}}_i=D。\tag{4-1-14}$$

证明　先证命题的后半部分。设零理想是可分解的，既约分解为

$$0=\bigcap_{i=1}^{n}\bar{\mathfrak{q}}_i,\tag{4-1-15}$$

记 $\bar{\mathfrak{p}}_i=\sqrt{\bar{\mathfrak{q}}_i}$（$i=1$，…，$n$）。根据命题1-6-26有

$$D=\bigcup_{x\neq 0}\sqrt{\mathrm{Ann}(x)}=\bigcup_{x\neq 0}\sqrt{(0:x)}。\tag{4-1-16}$$

根据式（4-1-8）有

$$\sqrt{(0:x)}=\bigcap_{x\notin\bar{\mathfrak{q}}_j}\bar{\mathfrak{p}}_j。$$

根据式（4-1-15）可知，若 $x\neq 0$，则存在 i_x，使得 $x\notin\bar{\mathfrak{q}}_{i_x}$，由上式可得

$$\sqrt{(0:x)}\subseteq\bar{\mathfrak{p}}_{i_x},$$

由上式与式（4-1-16）可得

$$D=\bigcup_{x\neq 0}\sqrt{(0:x)}\subseteq\bigcup_{x\neq 0}\bar{\mathfrak{p}}_{i_x}\subseteq\bigcup_{i=1}^{n}\bar{\mathfrak{p}}_i。$$

根据命题4-1-8可知，对于每个 $\bar{\mathfrak{p}}_i$，$\exists x_i\in A\backslash\bar{\mathfrak{p}}_i$（显然 $x_i\neq 0$），使得

$$\bar{\mathfrak{p}}_i=\sqrt{(0:x_i)}。$$

由于 $x_i\neq 0$，所以由式（4-1-16）可得

$$\bigcup_{i=1}^{n}\bar{\mathfrak{p}}_i=\bigcup_{i=1}^{n}\sqrt{(0:x_i)}\subseteq\bigcup_{x\neq 0}\sqrt{(0:x)}=D。$$

因此式（4-1-14）成立。

设$\mathfrak{a}$可分解，既约分解式为

$$\mathfrak{a}=\bigcap_{i=1}^{n}\mathfrak{q}_i。$$

$\mathfrak{p}_i=\sqrt{\mathfrak{q}_i}$（$i=1，\cdots，n$）。根据命题4-1-13，$A/\mathfrak{a}$ 中零理想有既约准素分解：

$$\bar{0}=\bigcap_{i=1}^{n}\bar{\mathfrak{q}}_i，\tag{4-1-17}$$

其中，$\bar{\mathfrak{q}}_i=\mathfrak{q}_i/\mathfrak{a}$，而

$$\sqrt{\bar{\mathfrak{q}}_i}=\bar{\mathfrak{p}}_i=\mathfrak{p}_i/\mathfrak{a}，\ i=1，\cdots，n。$$

根据上面的结论有

$$\bigcup_{i=1}^{n}\bar{\mathfrak{p}}_i=\bar{D}。$$

这里 $\bar{D}$ 是 $A/\mathfrak{a}$ 中零因子的集合。根据命题1-2-10，上式为

$$\left(\bigcup_{i=1}^{n}\mathfrak{p}_i\right)/\mathfrak{a}=\bar{D}。$$

根据命题1-6-50可得（其中，π：$A\to A/\mathfrak{a}$ 是自然同态）

$$\pi^{-1}\left(\left(\bigcup_{i=1}^{n}\mathfrak{p}_i\right)\Big/\mathfrak{a}\right)=\{x\in A\,|\,(\mathfrak{a}:x)\neq\mathfrak{a}\}。\tag{4-1-18}$$

根据命题1-2-5和命题B-32有

$$\pi^{-1}\left(\left(\bigcup_{i=1}^{n}\mathfrak{p}_i\right)\Big/\mathfrak{a}\right)=\left(\bigcup_{i=1}^{n}\mathfrak{p}_i\right)+\mathfrak{a}=\bigcup_{i=1}^{n}(\mathfrak{p}_i+\mathfrak{a})=\bigcup_{i=1}^{n}\mathfrak{p}_i，$$

所以式（4-1-18）为

$$\bigcup_{i=1}^{n}\mathfrak{p}_i=\{x\in A|\mathfrak{a}\neq(\mathfrak{a}:x)\}。$$

证毕。

命题4-1-15 设 S 是环 A 的乘法封闭子集。

（1）设$\mathfrak{q}$是$\mathfrak{p}$-准素理想。$\mathfrak{p}\cap S\neq\varnothing\Rightarrow S^{-1}\mathfrak{q}=S^{-1}A$。

（2）设$\mathfrak{q}$是$\mathfrak{p}$-准素理想。$\mathfrak{p}\cap S=\varnothing\Rightarrow$（$S^{-1}\mathfrak{q}$ 是 $S^{-1}\mathfrak{p}$-准素理想，$(S^{-1}\mathfrak{q})^c=\mathfrak{q}$）。

（3）设$\mathfrak{q}$是任一理想，$\mathfrak{p}=\sqrt{\mathfrak{q}}$，则

$$S^{-1}\mathfrak{q}\text{ 是 }S^{-1}\mathfrak{p}\text{-准素理想}\Leftrightarrow(\mathfrak{q}\text{是}\mathfrak{p}\text{-准素理想，}\mathfrak{p}\cap S=\varnothing)。\tag{4-1-19}$$

于是在 $S^{-1}A$ 中的理想与 A 中的局限理想的对应 $S^{-1}\mathfrak{a}\leftrightarrow\mathfrak{a}$ 中，准素理想对应准素理想。也就是说，有双射：

$$c：\mathcal{PI}(S^{-1}A)\to\mathcal{PI}_S(A),\quad S^{-1}\mathfrak{q}\mapsto(S^{-1}\mathfrak{q})^c=\mathfrak{q}。$$

$$e: \mathcal{PI}_S(A) \to \mathcal{PI}(S^{-1}A),\ \mathfrak{q} \mapsto \mathfrak{q}^e = S^{-1}\mathfrak{q}。$$

其中，$\mathcal{PI}(S^{-1}A)$ 是 $S^{-1}A$ 中准素理想的集合，有

$$\mathcal{PI}_S(A) = \{\mathfrak{q} \mid \mathfrak{q}\text{是}A\text{的准素理想},\ \sqrt{\mathfrak{q}} \cap S = \varnothing\}。$$

证明 （1）如果 $\mathfrak{p} \cap S \neq \varnothing$，取 $s \in \mathfrak{p} \cap S$，由于 $\mathfrak{p} = \sqrt{\mathfrak{q}}$，所以存在 $n>0$，使得 $s^n \in \mathfrak{q}$。由于 $s \in S$，所以 $s^n \in S$，因此 $s^n \in \mathfrak{q} \cap S$。于是 $\frac{s^n}{1} \in S^{-1}\mathfrak{q}$，它是 $S^{-1}A$ 中的可逆元（命题3–1–4），所以 $S^{-1}\mathfrak{q} = S^{-1}A$（命题1–2–2）。

（2）如果 $\mathfrak{p} \cap S = \varnothing$，则有

$$(s \in S,\ sx \in \mathfrak{q}) \Rightarrow x \in \mathfrak{q}。 \tag{4-1-20}$$

这是因为若 $s \in S$，则 $s \notin \mathfrak{p} = \sqrt{\mathfrak{q}}$，由于 $\mathfrak{q}$ 准素，根据式（4–1–3）即可得上式。

根据命题1–6–43有

$$x \in \bigcup_{s \in S}(\mathfrak{q}:s) \Leftrightarrow (\exists s \in S,\ x \in (\mathfrak{q}:s)) \Leftrightarrow (\exists s \in S,\ sx \in \mathfrak{q}) \Leftrightarrow x \in \mathfrak{q},$$

上式最后一步：

$\Rightarrow$：式（4–1–20）。

$\Leftarrow$：取 $s=1$ 即可。

上式就是

$$\mathfrak{q} = \bigcup_{s \in S}(\mathfrak{q}:s)。$$

根据命题3–3–5（2）有

$$\mathfrak{q} = \mathfrak{q}^{ec}。$$

根据命题3–3–1有 $\mathfrak{q}^e = S^{-1}\mathfrak{q}$，所以上式为

$$\mathfrak{q} = \left(S^{-1}\mathfrak{q}\right)^c。$$

根据命题3–3–5（5）有

$$\sqrt{S^{-1}\mathfrak{q}} = S^{-1}\left(\sqrt{\mathfrak{q}}\right) = S^{-1}\mathfrak{p}。 \tag{4-1-21}$$

设 $\frac{x}{s}\frac{y}{s'} \in S^{-1}\mathfrak{q}$，根据命题3–1–3，存在 $u \in S$，使得 $uxy \in \mathfrak{q}$，由于 $\mathfrak{q}$ 准素，所以有

$$ux \in \mathfrak{q}\text{ 或 }y \in \sqrt{\mathfrak{q}} = \mathfrak{p},$$

由式（4–1–21）可得

$$\frac{x}{s} = \frac{ux}{us} \in S^{-1}\mathfrak{q}\text{ 或 }\frac{y}{s'} \in S^{-1}\mathfrak{p} = \sqrt{S^{-1}\mathfrak{q}}。$$

这表明 $S^{-1}\mathfrak{q}$ 是准素的，而式（4–1–21）表明 $S^{-1}\mathfrak{q}$ 是 $S^{-1}\mathfrak{p}$ -准素的。

(3) $\Leftarrow$：同 (2)。

$\Rightarrow$：由命题3-3-5 (1) 知 $\mathcal{PI}(S^{-1}A)\subseteq E$，由 (2) 知 $\mathcal{PI}_S(A)\subseteq C$ 且 c：$\mathcal{PI}(S^{-1}A)\to\mathcal{PI}_S(A)$ 是满射［这里 E 和 C 的定义见命题1-7-3 (3)］。由命题1-7-3 (3) 知 c：$\mathcal{PI}(S^{-1}A)\to\mathcal{PI}_S(A)$ 是单射，所以 c：$\mathcal{PI}(S^{-1}A)\to\mathcal{PI}_S(A)$ 是双射。证毕。

命题4-1-15′ 设 $\mathfrak{p}$ 是环 A 的素理想，记 $S=A\backslash\mathfrak{p}$，那么在 $A_\mathfrak{p}$ 中的理想与 A 中的局限理想的对应 $S^{-1}\mathfrak{a}\leftrightarrow\mathfrak{a}$ 中，准素理想对应准素理想。具体地说，有双射：

$$c：\mathcal{PI}(A_\mathfrak{p})\to\mathcal{PI}_\mathfrak{p}(A),\quad S^{-1}\mathfrak{q}\mapsto(S^{-1}\mathfrak{q})^c=\mathfrak{q}。$$

$$e:\mathcal{PI}_\mathfrak{p}(A)\to\mathcal{PI}(A_\mathfrak{p}),\quad \mathfrak{q}\mapsto\mathfrak{q}^e=S^{-1}\mathfrak{q}。$$

其中，$\mathcal{PI}(A_\mathfrak{p})$ 是 $A_\mathfrak{p}$ 中准素理想的集合，有

$$\mathcal{PI}_\mathfrak{p}(A)=\{\mathfrak{q}\mid \mathfrak{q}\text{是}A\text{的准素理想},\ \sqrt{\mathfrak{q}}\subseteq\mathfrak{p}\}。$$

证明 有 $\sqrt{\mathfrak{q}}\cap S=\varnothing\Leftrightarrow\sqrt{\mathfrak{q}}\subseteq A\backslash S=\mathfrak{p}$，由命题4-1-15 (3) 即可得。证毕。

对于任何理想 $\mathfrak{a}$ 和乘法封闭子集 S，下面将理想 $S^{-1}\mathfrak{a}$ 在 A 中的局限用 $S(\mathfrak{a})$ 表示，即

$$S(\mathfrak{a})=(S^{-1}\mathfrak{a})^c。\tag{4-1-22}$$

命题4-1-16 令 S 是 A 的乘法封闭子集，$\mathfrak{a}$ 是可分解的理想，$\mathfrak{a}=\bigcap_{i=1}^{n}\mathfrak{q}_i$ 是 $\mathfrak{a}$ 的一个既约准素分解，$\mathfrak{p}_i=\sqrt{\mathfrak{q}_i}$（$i=1$，…，$n$）。对 $\mathfrak{q}_i$ 适当排列，使得

$$S\cap\mathfrak{p}_i=\varnothing,\quad i=1,\ \cdots,\ m,$$

$$S\cap\mathfrak{p}_i\neq\varnothing,\quad i=m+1,\ \cdots,\ n。$$

那么

$$S^{-1}\mathfrak{a}=\bigcap_{i=1}^{m}S^{-1}\mathfrak{q}_i,\tag{4-1-23}$$

$$S(\mathfrak{a})=\bigcap_{i=1}^{m}\mathfrak{q}_i。\tag{4-1-24}$$

而且它们是既约准素分解。

证明 根据命题3-3-5 (5) 有

$$S^{-1}\mathfrak{a}=S^{-1}\left(\bigcap_{i=1}^{n}\mathfrak{q}_i\right)=\bigcap_{i=1}^{n}S^{-1}\mathfrak{q}_i=\left(\bigcap_{i=1}^{m}S^{-1}\mathfrak{q}_i\right)\cap\left(\bigcap_{i=m+1}^{n}S^{-1}\mathfrak{q}_i\right)。$$

当 $i=m+1$，…，n 时，$S\cap\mathfrak{p}_i\neq\varnothing$，此时根据命题4-1-15 (1) 有 $S^{-1}\mathfrak{q}_i=S^{-1}A$，所以上式即为式 (4-1-23)。当 $i=1$，…，m 时，$S\cap\mathfrak{p}_i=\varnothing$，此时由命题4-1-15 (2) 知 $S^{-1}\mathfrak{q}_i$ 是 $S^{-1}\mathfrak{p}_i$-准素的，即式 (4-1-23) 是 $S^{-1}\mathfrak{a}$ 的准素分解。

由命题3-3-5 (4) 知 $\mathfrak{p}_1$，…，$\mathfrak{p}_m$ 与 $S^{-1}\mathfrak{p}_1$，…，$S^{-1}\mathfrak{p}_m$ 一一对应，而 $\mathfrak{p}_1$，…，$\mathfrak{p}_m$ 各不

相同，所以 $S^{-1}\mathfrak{p}_1$，…，$S^{-1}\mathfrak{p}_m$ 各不相同。

如果 $\mathfrak{q}_i\supseteq\bigcap_{\substack{j=1\\j\neq i}}^{m}\mathfrak{q}_j$，由于 $\bigcap_{\substack{j=1\\j\neq i}}^{m}\mathfrak{q}_j\supseteq\bigcap_{\substack{j=1\\j\neq i}}^{n}\mathfrak{q}_j$，则 $\mathfrak{q}_i\supseteq\bigcap_{\substack{j=1\\j\neq i}}^{n}\mathfrak{q}_j$，矛盾，所以可得

$$\mathfrak{q}_i\not\supseteq\bigcap_{\substack{j=1\\j\neq i}}^{m}\mathfrak{q}_j。\tag{4-1-25}$$

如果 $S^{-1}\mathfrak{q}_i\supseteq\bigcap_{\substack{j=1\\j\neq i}}^{m}S^{-1}\mathfrak{q}_j$（$i=1$，…，$m$），由命题1-7-2和命题1-7-4可得

$$\left(S^{-1}\mathfrak{q}_i\right)^c\supseteq\left(\bigcap_{\substack{j=1\\j\neq i}}^{m}S^{-1}\mathfrak{q}_j\right)^c=\bigcap_{\substack{j=1\\j\neq i}}^{m}\left(S^{-1}\mathfrak{q}_j\right)^c,$$

由命题4-1-15（2）知 $\left(S^{-1}\mathfrak{q}_i\right)^c=\mathfrak{q}_i$（$i=1$，…，$m$），则上式为 $\mathfrak{q}_i\supseteq\bigcap_{\substack{j=1\\j\neq i}}^{m}\mathfrak{q}_j$，与式（4-1-25）矛盾，因此有

$$S^{-1}\mathfrak{q}_i\not\supseteq\bigcap_{\substack{j=1\\j\neq i}}^{m}S^{-1}\mathfrak{q}_j。$$

这表明式（4-1-23）是 $S^{-1}\mathfrak{a}$ 的既约准素分解。

由命题1-7-4和命题4-1-15（2）可得

$$S(\mathfrak{a})=\left(S^{-1}\mathfrak{a}\right)^c=\left(\bigcap_{i=1}^{m}S^{-1}\mathfrak{q}_i\right)^c=\bigcap_{i=1}^{m}\left(S^{-1}\mathfrak{q}_i\right)^c=\bigcap_{i=1}^{m}\mathfrak{q}_i。$$

已知 $\mathfrak{p}_1$，…，$\mathfrak{p}_m$ 各不相同，再由式（4-1-25）知上式是 $S(\mathfrak{a})$ 的既约准素分解。证毕。

定义4-1-5　孤立集合（isolated set）　设 $\boldsymbol{\Sigma}$ 是由一些属于 $\mathfrak{a}$ 的素理想组成的集合，如果它满足：

$$(\mathfrak{p}'\text{是属于}\mathfrak{a}\text{的素理想，}\exists\mathfrak{p}\in\boldsymbol{\Sigma},\ \mathfrak{p}'\subseteq\mathfrak{p})\Rightarrow\mathfrak{p}'\in\boldsymbol{\Sigma},\tag{4-1-26}$$

那么称 $\boldsymbol{\Sigma}$ 为孤立集合。

命题4-1-17　设 $\boldsymbol{\Sigma}$ 是由一些属于 $\mathfrak{a}$ 的孤立素理想组成的集合，则 $\boldsymbol{\Sigma}$ 是孤立集合。

证明　设 $\mathfrak{p}'$ 是属于 $\mathfrak{a}$ 的素理想，显然 $\mathfrak{p}'\supseteq\mathfrak{a}$。设 $\exists\mathfrak{p}\in\Sigma$，使得 $\mathfrak{p}'\subseteq\mathfrak{p}$。由于 $\mathfrak{p}$ 是属于 $\mathfrak{a}$ 的孤立素理想，所以是包含 $\mathfrak{a}$ 的所有素理想集合中的极小元（命题4-1-11），因而有 $\mathfrak{p}\subseteq\mathfrak{p}'$。于是 $\mathfrak{p}'=\mathfrak{p}\in\boldsymbol{\Sigma}$。这表明 $\boldsymbol{\Sigma}$ 是孤立集合。证毕。

命题4-1-18　设 $\boldsymbol{\Sigma}$ 是属于 $\mathfrak{a}$ 的素理想的孤立集合，$S=A\backslash\bigcup_{\mathfrak{p}\in\boldsymbol{\Sigma}}\mathfrak{p}$，那么对于任何属于 $\mathfrak{a}$ 的素理想 $\mathfrak{p}'$，有

$$\mathfrak{p}'\in\boldsymbol{\Sigma}\Leftrightarrow\mathfrak{p}'\cap S=\varnothing。$$

证明 如果$\mathfrak{p}'\in\boldsymbol{\Sigma}$，则$\mathfrak{p}'\subseteq\bigcup_{\mathfrak{p}\in\boldsymbol{\Sigma}}\mathfrak{p}=A\backslash S$，所以$\mathfrak{p}'\cap S=\varnothing$，即

$$\mathfrak{p}'\in\boldsymbol{\Sigma}\Rightarrow\mathfrak{p}'\cap S=\varnothing。$$

如果$\mathfrak{p}'\notin\boldsymbol{\Sigma}$，根据式（4-1-26），对于$\forall\mathfrak{p}\in\boldsymbol{\Sigma}$有$\mathfrak{p}'\subseteq\mathfrak{p}$。由命题1-6-14（1）可得$\mathfrak{p}'\subseteq\bigcup_{\mathfrak{p}\in\boldsymbol{\Sigma}}\mathfrak{p}=A\backslash S$，所以$\mathfrak{p}'\cap S\neq\varnothing$，即$\mathfrak{p}'\notin\boldsymbol{\Sigma}\Rightarrow\mathfrak{p}'\cap S\neq\varnothing$，也就是

$$\mathfrak{p}'\cap S=\varnothing\Rightarrow\mathfrak{p}'\in\boldsymbol{\Sigma}。$$

证毕。

定理4-1-2　第二唯一性定理　令$\mathfrak{a}$是环A的一个可分解的理想，它有既约准素分解$\mathfrak{a}=\bigcap_{i=1}^{n}\mathfrak{q}_i$。若$\boldsymbol{\Sigma}=\{\mathfrak{p}_{i_1},\ \cdots,\ \mathfrak{p}_{i_m}\}$是属于$\mathfrak{a}$的素理想的孤立集合，那么$\bigcap_{k=1}^{m}\mathfrak{q}_{i_k}$与准素分解无关。

证明　令$S=A\backslash\bigcup_{k=1}^{m}\mathfrak{p}_{i_k}$，则有$S\cap\mathfrak{p}_{i_k}=\varnothing$（$1\leqslant k\leqslant m$）。根据命题4-1-18，对于$\mathfrak{p}_i\notin\boldsymbol{\Sigma}$有$S\cap\mathfrak{p}_i\neq\varnothing$。根据命题4-1-16可知式（4-1-24）有$\bigcap_{k=1}^{m}\mathfrak{q}_{i_k}=S(\mathfrak{a})$。由于$S$只依赖于$\boldsymbol{\Sigma}$，所以$\bigcap_{k=1}^{m}\mathfrak{q}_{i_k}$只依赖于$\boldsymbol{\Sigma}$与$\mathfrak{a}$。证毕。

命题4-1-19　$\mathfrak{a}$的所有孤立准素分支由$\mathfrak{a}$唯一决定。

命题4-1-20　设$\mathfrak{p}$是环A的素理想。如果A的每个准素理想都是一个素理想的幂，那么$A_{\mathfrak{p}}$的每个准素理想也是一个素理想的幂。

证明　记$S=A\backslash\mathfrak{p}$，由命题4-1-15′知$A_{\mathfrak{p}}$中的准素理想是$S^{-1}\mathfrak{q}$，其中$\mathfrak{q}$是$A$的准素理想，且$\sqrt{\mathfrak{q}}\subseteq\mathfrak{p}$。根据题设有$A$的素理想$\mathfrak{p}'$，使得

$$\mathfrak{q}=\mathfrak{p}'^k。$$

由命题1-6-21（7）可得

$$\mathfrak{p}'=\sqrt{\mathfrak{p}'^k}=\sqrt{\mathfrak{q}}\subseteq\mathfrak{p},$$

所以$S^{-1}\mathfrak{p}'$是$A_{\mathfrak{p}}$中的素理想（命题3-3-7）。由命题3-3-5（5）可得

$$S^{-1}\mathfrak{q}=S^{-1}(\mathfrak{p}'^k)=(S^{-1}\mathfrak{p}')^k。$$

证毕。

第5章 整相关性和赋值

5.1 整相关性

定义5-1-1 整元（integral element） 设 $A\subseteq B$ 都是环，$x\in B$。如果存在 $a_i\in A$（$i=1$，…，n），使得 x 满足方程：

$$x^n+a_1x^{n-1}+\cdots+a_{n-1}x+a_n=0,\tag{5-1-1}$$

则称 x 是 A 上的整元（integral element over A），或者说 x 在 A 上整（integral over A）。方程式（5-1-1）称为整相关（integral dependence）方程。

注（定义5-1-1） 若 $A\subseteq B$ 都是域，则 A 上的整元与 A 上的代数元（定义B-7）是相同的。

定义5-1-2 整闭包（integral closure） 设 $A\subseteq B$ 都是环。B 中所有在 A 上整的元素集合记为 $\mathrm{Cl}_B(A)$，叫作 A 在 B 中的整闭包。显然 $\mathrm{Cl}_B(A)\subseteq B$。

注（定义5-1-2） 如果 $A\subseteq B$ 都是域，$\mathrm{Cl}_B(A)$ 就是 A 在 B 中的代数闭包（定义B-3）。

命题5-1-1 A 的每个元素在 A 上整，也就是

$$A\subseteq \mathrm{Cl}_B(A)\subseteq B\text{。}$$

证明 设 $x\in A$，令 $a_1=-x$，则 $x+a_1=0$，表明 x 在 A 上整。证毕。

注（命题5-1-1） $\mathrm{Cl}_A(A)=A$。

命题5-1-2 设 $A\subseteq B\subseteq C$ 都是环。若 $x\in C$ 在 A 上整，那么 x 也在 B 上整，即

$$A\subseteq B\subseteq C\Rightarrow \mathrm{Cl}_C(A)\subseteq \mathrm{Cl}_C(B)\text{。}$$

证明 由于 $A\subseteq B$，所以式（5-1-1）中的系数 $a_i\in B$，即 x 也在 B 上整。证毕。

定义5-1-3 设 $A\subseteq B$ 都是环。任意取定 B 的子集 S，把 B 中包含 $A\cup S$ 的所有子环的交称为 S 在 A 上生成的子环（或者 A 添加 S 得到的子环），记作 $A[S]$，即

$$A[S]=\bigcap_{A_1\text{是}B\text{的子环},A_1\supseteq A\cup S} A_1。\tag{5-1-2}$$

如果 $S=\{\alpha_1,\ \cdots,\ \alpha_n\}$，$A[S]$ 也可记作 $A[\alpha_1,\ \cdots,\ \alpha_n]$，这时称 $A[S]$ 是 A 上有限生成的，或者说 $A[\alpha_1,\ \cdots,\ \alpha_n]$ 是有限生成 A-代数（定义2-10-3）。

命题5-1-3 $A[\alpha]=\left\{a_0+a_1\alpha+\cdots+a_k\alpha^k \middle| a_0,\ \cdots,\ a_k\in A,\ k\in N\right\}$。

证明 上式右边的集合记为 R，易验证 R 是 B 的子环且 $R\supseteq A\cup\{\alpha\}$，由 $A[\alpha]$ 的定义知 $A[\alpha]\subseteq R$。对于 R 中的元素 $a_0+a_1\alpha+\cdots+a_k\alpha^k$，显然 a_i，$\alpha\in A[\alpha]$。由于 $A[\alpha]$ 对于加法和乘法封闭，因此 $a_0+a_1\alpha+\cdots+a_k\alpha^k\in A[\alpha]$，于是 $R\subseteq A[\alpha]$。证毕。

命题5-1-4 $A[\alpha_1,\ \cdots,\ \alpha_n]=\left\{\sum\limits_{\substack{i_1+\cdots+i_n=k\\ i_1,\ \cdots,\ i_n\geqslant 0}} a_{i_1,\ \cdots,\ i_n}\alpha_1^{i_1}\cdots\alpha_n^{i_n} \middle| a_{i_1,\ \cdots,\ i_n}\in A,\ k\in N\right\}$

命题5-1-5 设 $A\subseteq B$ 都是环，$x\in B$。则以下条件等价。

（1）x 在 A 上整。

（2）$A[x]$ 是有限生成 A-模。

（3）存在子环 $B'\subseteq B$，使得 $A[x]\subseteq B'$，且 B' 作为 A-模是有限生成的。

（4）存在一个忠实 $A[x]$-模 M（即 $\mathrm{Ann}_{A[x]}(M)=0$），它作为 A-模是有限生成的。

证明 (1)⇒(2)：由式（5-1-1）有

$$x^{n+r}=-a_1x^{n+r-1}-\cdots-a_{n-1}x^{r+1}-a_nx^r,\ \forall r\geqslant 0。$$

因此，x 的任意正幂次都属于由 1，x，$\cdots$，x^{n-1} 生成的 A-模。由命题5-1-3知 $A[x]$（作为 A-模）是由 1，x，$\cdots$，x^{n-1} 生成的。

(2)⇒(3)：取 $B'=A[x]$。

(3)⇒(4)：取 $M=B'$。设 $y\in\mathrm{Ann}_{A[x]}(M)$，即 $y\in A[x]$ 使得 $yM=0$。由于 $1\in B'=M$，所以 $y=y\cdot 1=0$，说明 $\mathrm{Ann}_{A[x]}(M)=0$。

(4)⇒(1)：有 M 的自同态：

$$\varphi:\ M\to M,\ m\mapsto xm。$$

由于 M 是 $A[x]$-模，而 $x\in A[x]$，所以可得

$$\varphi(M)=xM\subseteq M。$$

有 $M=AM$［注（定义2-1-1）］，令 $=A$，则

$$\varphi(M)\subseteq\mathfrak{a}M。$$

根据命题2-5-12可知，φ 满足以下方程：

$$\varphi^n+a_1\varphi^{n-1}+\cdots+a_{n-1}\varphi+a_n=0,$$

其中，$a_i\in\mathfrak{a}=A$（$i=1$，$\cdots$，n）。上式即为

$$\left(x^n+a_1x^{n-1}+\cdots+a_{n-1}x+a_n\right)m=0,\ \forall m\in M,$$

也就是

$$\left(x^n+a_1x^{n-1}+\cdots+a_{n-1}x+a_n\right)M=0,$$

表明 $x^n+a_1x^{n-1}+\cdots+a_{n-1}x+a_n\in \mathrm{Ann}_{A[x]}(M)=0$。证毕。

命题5-1-6　设 A 是 B 的子环。若 x_1，…，$x_n\in B$ 都在 A 上整，那么环 $A[x_1,\ \cdots,\ x_n]$ 是有限生成 A-模。

证明　记 $A_n=A[x_1,\ \cdots,\ x_n]$。对 n 作归纳，$n=1$ 的情形是命题5-1-5的一部分。设 $n>1$，假设 A_{n-1} 是有限生成 A-模。x_n 在 A 上整，从而也在 A_{n-1} 上整（命题5-1-2）。根据命题5-1-5（1）（2）可知，$A_n=A_{n-1}[x_n]$ 是有限生成 A_{n-1}-模。由命题2-8-1知 A_n 是有限生成 A-模。证毕。

命题5-1-7　设 A 是 B 的子环，则 $\mathrm{Cl}_B(A)$ 是 B 的一个子环。

证明　设 x，$y\in \mathrm{Cl}_B(A)$，即 x，$y\in B$ 在 A 上整，根据命题5-1-6，$A[x,\ y]$ 是有限生成 A-模。由于 B 是环，所以 $x-y\in B$，$xy\in B$。$A[x,\ y]$ 是 B 的子环，由命题5-1-4和二项式定理（命题1-1-1）知

$$A[x-y]\subseteq A[x,\ y],\ A[xy]\subseteq A[x,\ y]。$$

根据命题5-1-5（1）（3）可知（取 $B'=A[x,\ y]$），$x-y$ 和 xy 在 A 上整，即 $x-y\in \mathrm{Cl}_B(A)$，$xy\in \mathrm{Cl}_B(A)$。这表明 $\mathrm{Cl}_B(A)$ 是 B 的一个子环。证毕。

定义5-1-4　整闭（integrally closed）　设 A 是 B 的子环。如果 A 包含了全部 B 在 A 上整的元素，即 $\mathrm{Cl}_B(A)\subseteq A$（从而由命题5-1-1知 $\mathrm{Cl}_B(A)=A$），也就是说

$$x\in B在A中整\ \Rightarrow\ x\in A, \tag{5-1-3}$$

那么 A 叫作在 B 中整闭。

例5-1-1　Z 在 Q 中整闭。

证明　设 $x=\frac{r}{s}\in Q$（其中，r，s 互素）在 Z 上是整的，由式（5-1-1）有

$$\left(\frac{r}{s}\right)^n+a_1\left(\frac{r}{s}\right)^{n-1}+\cdots+a_{n-1}\left(\frac{r}{s}\right)+a_n=0,$$

即

$$r^n=-a_1r^{n-1}s-\cdots-a_{n-1}rs^{n-1}-a_ns^n,$$

其中，$a_i\in Z$。因此有 $s|r^n$，而 r，s 互素，所以 $S=\pm 1$（命题B-16），表明 $x\in Z$。证毕。

定义5-1-5　整（integral）　设 A 是 B 的子环。如果 B 中每个元素都在 A 上整，即 $B\subseteq \mathrm{Cl}_B(A)$（从而 $\mathrm{Cl}_B(A)=B$），那么 B 叫作在 A 上整。

命题5-1-8 $\mathrm{Cl}_B(A)=\mathrm{Cl}_{\mathrm{Cl}_B(A)}(A)$。

证明 设 $x\in\mathrm{Cl}_B(A)$，则 x 在 A 上整，所以 $x\in\mathrm{Cl}_{\mathrm{Cl}_B(A)}(A)$，表明 $\mathrm{Cl}_B(A)\subseteq\mathrm{Cl}_{\mathrm{Cl}_B(A)}(A)$。而 $\mathrm{Cl}_{\mathrm{Cl}_B(A)}(A)\subseteq\mathrm{Cl}_B(A)$，所以 $\mathrm{Cl}_B(A)=\mathrm{Cl}_{\mathrm{Cl}_B(A)}(A)$。证毕。

命题5-1-9 设 $A\subseteq B\subseteq C$，则 $\mathrm{Cl}_B(A)\subseteq\mathrm{Cl}_C(A)$。

定义5-1-6 整同态（integral homomorphism） 设 f: $A\to B$ 是环同态，从而 B 是 A-代数。如果 B 在子环 $f(A)$ 上是整的，那么 f 叫作整同态，B 叫作整的 A-代数。

命题5-1-10 整相关的传递性 设 $A\subseteq B\subseteq C$ 都是环。如果 $x\in C$ 在 B 上整，B 在 A 上整，那么 x 在 A 上整。

证明 有方程：

$$x^n+b_1x^{n-1}+\cdots+b_{n-1}x+b_n=0,\ b_i\in B\ (i=1,\ \cdots,\ n)。$$

记 $B'=A[b_1,\ \cdots,\ b_n]$。由于 $b_i\in B$（$i=1,\ \cdots,\ n$）在 A 上整，根据命题5-1-6可知，B' 是有限生成 A-模。由于 $b_i\in B'$（$i=1,\ \cdots,\ n$），所以 x 在 B' 上整（定义5-1-5）。根据命题5-1-5（1）（2），$B'[x]$ 是有限生成 B'-模。由命题2-8-1知 $B'[x]$ 是有限生成 A-模。

$B'[x]$ 是 C 的子环，且有 $A[x]\subseteq A[b_1,\ \cdots,\ b_n,\ x]=B'[x]$，由命题5-1-5（1）（3）知 x 在 A 上整。证毕。

命题5-1-11 整相关的传递性 如果 $A\subseteq B\subseteq C$ 都是环，B 在 A 上整，C 在 B 上整，那么 C 在 A 上整。

命题5-1-12 令 $A\subseteq B$ 是环，那么 $\mathrm{Cl}_B(A)$ 在 B 中整闭，即

$$\mathrm{Cl}_B(\mathrm{Cl}_B(A))=\mathrm{Cl}_B(A)。$$

证明 设 $x\in\mathrm{Cl}_B(\mathrm{Cl}_B(A))$，即 $x\in B$ 在 $\mathrm{Cl}_B(A)$ 上整。由于 $\mathrm{Cl}_B(A)$ 在 A 上整，根据命题5-1-10可知，x 在 A 上整，即 $x\in\mathrm{Cl}_B(A)$。所以 $\mathrm{Cl}_B(\mathrm{Cl}_B(A))\subseteq\mathrm{Cl}_B(A)$。由命题5-1-1知 $\mathrm{Cl}_B(A)\subseteq\mathrm{Cl}_B(\mathrm{Cl}_B(A))$。证毕。

命题5-1-13 设 A 是 B 的子环，B 在 A 上整。

（1）如果 $\mathfrak{b}$ 是 B 的理想，$\mathfrak{a}=\mathfrak{b}^c=A\cap\mathfrak{b}$，那么 $B/\mathfrak{b}$ 在 $A/\mathfrak{a}$ 上整。

（2）如果 S 是 A 的乘法封闭子集，那么 $S^{-1}B$ 在 $S^{-1}A$ 上整。

注（命题5-1-13） c 是包含同态 i: $A\to B$ 的局限。根据命题1-2-12可知，i 诱导出单同态：

$$\bar{i}:\ A/\mathfrak{a}\to B/\mathfrak{b},\ x+\mathfrak{a}\mapsto x+\mathfrak{b}。$$

所以 $B/\mathfrak{b}$ 是 $A/\mathfrak{a}$-代数。显然，$\bar{i}(A/B)=A/\mathfrak{b}$（注意 A 不一定包含 $\mathfrak{b}$），所以 $B/\mathfrak{b}$ 在 $A/\mathfrak{a}$ 上整就是 $B/\mathfrak{b}$ 在 $A/\mathfrak{b}$ 上整。

证明 （1）设 $x\in B$，由于它在 A 上整，所以有

$$x^n+a_1x^{n-1}+\cdots+a_{n-1}x+a_n=0，\ a_i\in A\ (i=1，\cdots，n),\tag{5-1-4}$$

$\bmod \mathfrak{b}$ 可得

$$\bar{x}^n+\bar{a}_1\bar{x}^{n-1}+\cdots+\bar{a}_{n-1}\bar{x}+\bar{a}_n=\bar{0},$$

表明 $\bar{x}\in B/\mathfrak{b}$ 在 $A/\mathfrak{b}$ 上整，也就是在 $A/\mathfrak{a}$ 上整。

（2）设 $\frac{x}{s}\in S^{-1}B$（$x\in B$，$s\in S$），由于 x 在 A 上整，所以有式（5-1-4）。根据命题3-1-6可得

$$\frac{x^n+a_1x^{n-1}+\cdots+a_{n-1}x+a_n}{s^n}=0,$$

即

$$\left(\frac{x}{s}\right)^n+\frac{a_1}{s}\left(\frac{x}{s}\right)^{n-1}+\cdots+\frac{a_{n-1}}{s^{n-1}}\frac{x}{s}+\frac{a_n}{s^n}=0,$$

显然 $\frac{a_i}{s^i}\in S^{-1}A$，所以 $\frac{x}{s}$ 在 $S^{-1}A$ 上整。证毕。

命题5-1-14　设 A 是域 K 的子环，$x\in K\backslash\{0\}$。若 $x\in A[x^{-1}]$，则 x 在 A 上整，即 $x\in \mathrm{Cl}_K(A)$。

证明　根据命题5-1-3有

$$x=a_0+a_1x^{-1}+\cdots+a_nx^{-n}，\ a_i\in A。$$

等式两边乘 x^n 得

$$x^{n+1}-a_0x^n-a_1x^{n-1}-\cdots-a_n=0,$$

表明 x 在 A 上整。证毕。

5.2　上升定理

命题5-2-1　设 $A\subseteq B$ 都是整环，B 在 A 上整，那么

$$A\text{是域}\ \Leftrightarrow\ B\text{是域}。$$

证明　$\Rightarrow$：$\forall y\in B\backslash\{0\}$，由于 y 在 A 上整，设

$$y^n+a_1y^{n-1}+\cdots+a_{n-1}y+a_n=0，\ a_i\in A，\ i=1，\cdots，n$$

是关于 y 的最小次数的整相关方程。上式写成

$$y\left(y^{n-1}+a_1y^{n-2}+\cdots+a_{n-1}\right)=-a_n。\tag{5-2-1}$$

如果 $a_n=0$，则 $y\left(y^{n-1}+a_1y^{n-2}+\cdots+a_{n-1}\right)=0$，而 B 是整环，$y\neq0$，所以有［注（定义

1-3-2)］ $y^{n-1}+a_1y^{n-2}+\cdots+a_{n-1}=0$，这与 n 是最小次数矛盾，所以 $a_n\neq 0$。由于 A 是域，所以 a_n 可逆，式（5-2-1）写成

$$-ya_n^{-1}\left(y^{n-1}+a_1y^{n-2}+\cdots+a_{n-1}\right)=1。$$

这表明 y 可逆。因此 B 是域。

$\Leftarrow$：$\forall x\in A\backslash\{0\}$，由于 B 是域，所以有 $x^{-1}\in B$。由于 x^{-1} 在 A 上整，所以有

$$\left(x^{-1}\right)^n+a_1\left(x^{-1}\right)^{n-1}+\cdots+a_{n-1}x^{-1}+a_n=0，\ a_i\in A。$$

等式两边乘 x^{n-1} 得

$$x^{-1}+a_1+a_2x+\cdots+a_nx^{n-1}=0,$$

所以可得

$$x^{-1}=-a_1-a_2x-\cdots-a_nx^{n-1}\in A,$$

表明 A 是域。证毕。

命题 5-2-1′ 设 A，B 是整环，f：$A\to B$ 是单的环同态，B 在 A 上整（也就是 B 在 $f(A)$ 上整），那么

$$A\text{是域}\ \Leftrightarrow\ B\text{是域}。$$

证明 有 $A\cong f(A)$。由命题5-2-1得 B 是域 $\Leftrightarrow f(A)$ 是域 $\Leftrightarrow A$ 是域。证毕。

命题 5-2-2 设 $A\subseteq B$ 都是环，B 在 A 上整。令 $\mathfrak{q}$ 是 B 的素理想，$\mathfrak{p}=\mathfrak{q}^c=A\cap\mathfrak{q}$（$c$ 是包含同态 i：$A\to B$ 的局限），那么

$$\mathfrak{p}\text{是}A\text{的极大理想}\ \Leftrightarrow\ \mathfrak{q}\text{是}B\text{的极大理想}。$$

证明 根据命题5-1-13（1）可知，$B/\mathfrak{q}$ 在 $A/\mathfrak{p}$ 上整。由命题1-7-1知 $\mathfrak{p}$ 是 A 的素理想。由定理1-4-1知 $A/\mathfrak{p}$ 和 $B/\mathfrak{q}$ 都是整环。由于 $\mathfrak{p}=\mathfrak{q}^c$，由命题1-2-12知有单同态：

$$\bar{i}：A/\mathfrak{p}\to B/\mathfrak{q}\ ,\quad x+\mathfrak{p}\mapsto x+\mathfrak{q}\ 。$$

根据命题5-2-1可知 $A/\mathfrak{p}$ 是域 $\Leftrightarrow B/\mathfrak{q}$ 是域。再由定理1-4-2可得结论。证毕。

命题 5-2-3 设 $A\subseteq B$ 都是环，B 在 A 上整，$\mathfrak{p}\subseteq\mathfrak{q}'$ 都是 B 的素理想，那么（c 是包含同态 i：$A\to B$ 的局限）

$$\mathfrak{q}^c=\mathfrak{q}'^c\ \Leftrightarrow\ \mathfrak{q}=\mathfrak{q}'。$$

证明 $\Leftarrow$：命题1-7-2（2）。

$\Rightarrow$：记 $\mathfrak{q}^c=\mathfrak{q}'^c=\mathfrak{p}$，它是素理想（命题1-7-1），令 $\mathcal{S}=A\backslash\mathfrak{p}$ 。由命题5-1-13（2）知 $\mathcal{S}^{-1}B$ 在 $\mathcal{S}^{-1}A$ 上整。显然，$\mathfrak{q}\cap\mathcal{S}=\varnothing$，$\mathfrak{q}'\cap\mathcal{S}=\varnothing$，所以 $\mathcal{S}^{-1}\mathfrak{q}$ 和 $\mathcal{S}^{-1}\mathfrak{q}'$ 都是 $\mathcal{S}^{-1}B$ 的素理想［命题3-3-5（4）］。由命题3-3-11可得（这里 c' 是包含同态 i'：$\mathcal{S}^{-1}A\to\mathcal{S}^{-1}B$ 的局限）

$$\left(\mathcal{S}^{-1}\mathfrak{q}\right)^{c'}=\mathcal{S}^{-1}\mathfrak{q}^c=\mathcal{S}^{-1}\mathfrak{p}，\ \left(\mathcal{S}^{-1}\mathfrak{q}'\right)^{c'}=\mathcal{S}^{-1}\mathfrak{p}。$$

由命题3-1-13知$\mathcal{S}^{-1}\mathfrak{p}$是$\mathcal{S}^{-1}A$的极大理想，由命题5-2-2知$\mathcal{S}^{-1}\mathfrak{q}$和$\mathcal{S}^{-1}\mathfrak{q}'$是$\mathcal{S}^{-1}B$的极大理想。由$\mathfrak{q}\subseteq\mathfrak{q}'$可得$S^{-1}\mathfrak{q}\subseteq S^{-1}\mathfrak{q}'$，由极大性可得$\mathcal{S}^{-1}\mathfrak{q}=\mathcal{S}^{-1}\mathfrak{q}'$。由命题3-3-5（4）的一一对应性可得$\mathfrak{q}=\mathfrak{q}'$。证毕。

定理5-2-1　设$A\subseteq B$都是环，B在A上整，$\mathfrak{p}$是A的素理想，那么存在B的素理想$\mathfrak{q}$，使得$\mathfrak{q}\cap A=\mathfrak{p}$。

证明　记$\mathcal{S}=A\backslash\mathfrak{p}$，由命题5-1-13（2）知$\mathcal{S}^{-1}B$在$\mathcal{S}^{-1}A$上整。记包含同态：

$$i: A\to B,\ i': \mathcal{S}^{-1}A\to\mathcal{S}^{-1}B,$$

自然同态：

$$\alpha: A\to\mathcal{S}^{-1}A,\ \beta: B\to\mathcal{S}^{-1}B。$$

对于$x\in A$，有

$$\beta(i(x))=\beta(x)=\frac{x}{1},\ i'(\alpha(x))=\alpha(x)=\frac{x}{1},$$

所以可得

$$\beta\circ i=i'\circ\alpha, \tag{5-2-2}$$

即有交换图：

$$\begin{array}{ccc} A & \xrightarrow{i} & B \\ {\scriptstyle\alpha}\downarrow & & \downarrow{\scriptstyle\beta} \\ \mathcal{S}^{-1}A & \xrightarrow{i'} & \mathcal{S}^{-1}B \end{array}\ 。$$

由$0\in\mathfrak{p}$知$0\notin\mathcal{S}$，因而$S^{-1}B\neq 0$（命题3-1-7）。根据定理1-4-3可知，$\mathcal{S}^{-1}B$有极大理想（素理想）$\mathfrak{n}$，令

$$\mathfrak{m}=i'^{-1}(\mathfrak{n}),$$

由命题5-2-2知$\mathfrak{m}$是$\mathcal{S}^{-1}A$的极大理想。而$\mathcal{S}^{-1}A$是局部环，有唯一极大理想$\mathcal{S}^{-1}\mathfrak{p}$（命题3-1-13），所以可得

$$\mathfrak{m}=\mathcal{S}^{-1}\mathfrak{p}。$$

令

$$\mathfrak{q}=\beta^{-1}(\mathfrak{n}),$$

它是B的素理想（命题1-4-4）。根据式（5-2-2）和命题A-3，有

$$i^{-1}\circ\beta^{-1}=(\beta\circ i)^{-1}=(i'\circ\alpha)^{-1}=\alpha^{-1}\circ i'^{-1}。$$

所以可得

$$\mathfrak{q}\cap A=i^{-1}(\mathfrak{q})=i^{-1}\circ\beta^{-1}(\mathfrak{n})=\alpha^{-1}\circ i'^{-1}(\mathfrak{n})=\alpha^{-1}(\mathfrak{m})=\alpha^{-1}(\mathcal{S}^{-1}\mathfrak{p})=\mathfrak{p},$$

上式最后一步套用了命题3-3-5（4）。证毕。

定理5-2-1′ 设f: $A\to B$是单的环同态，B在A上整（也就是B在$f(A)$上整），$\mathfrak{p}$是A的素理想。那么存在B的素理想$\mathfrak{q}$，使得$\mathfrak{q}^c=\mathfrak{p}$。

证明 有$A\cong f(A)$，所以$f(\mathfrak{p})$是$f(A)$的素理想。根据定理5-2-1可知，存在B的素理想$\mathfrak{q}$，使得$\mathfrak{q}\cap f(A)=f(\mathfrak{p})$。由命题A-2（8）得

$$f^{-1}(\mathfrak{q})\cap f^{-1}\big(f(A)\big)=f^{-1}\big(\mathfrak{q}\cap f(A)\big)=f^{-1}\big(f(\mathfrak{p})\big),$$

根据命题A-2（4b）可知，上式为$f^{-1}(\mathfrak{q})\cap A=\mathfrak{p}$，即$\mathfrak{p}=\mathfrak{q}^c\cap A=\mathfrak{q}^c$。证毕。

定理5-2-2 上升定理（Going-up） 设$A\subseteq B$都是环，B在A上整，$\mathfrak{p}_1\subseteq\cdots\subseteq\mathfrak{p}_n$是$A$的素理想链，$\mathfrak{q}_1\subseteq\cdots\subseteq\mathfrak{q}_m$（$m<n$）是$B$的素理想链，满足$\mathfrak{q}_i\cap A=\mathfrak{p}_i$（$i=1$，…，$m$）。那么链$\mathfrak{q}_1\subseteq\cdots\subseteq\mathfrak{q}_m$可以扩充成$\mathfrak{q}_1\subseteq\cdots\subseteq\mathfrak{q}_n$，使得$\mathfrak{q}_i\cap A=\mathfrak{p}_i$（$i=1$，…，$n$）。

证明 只需证明$m=1$，$n=2$的情形。对于一般的情形，类似可证。

根据命题5-1-13（1）可知，$\bar{B}=B/\mathfrak{q}_1$在$\bar{A}=A/\mathfrak{p}_1$上整，有单的环同态［注（命题5-1-13)］：

$$\bar{i}: \bar{A}\to\bar{B},\ x+\mathfrak{p}_1\mapsto x+\mathfrak{q}_1。$$

根据命题1-4-21可知，$\bar{\mathfrak{p}}_2=\mathfrak{p}_2/\mathfrak{p}_1$是$\bar{A}$中的素理想。根据定理5-2-1′，存在$\bar{B}$的素理想$\bar{\mathfrak{q}}_2$，满足：

$$\bar{i}^{-1}(\bar{\mathfrak{q}}_2)=\bar{\mathfrak{p}}_2。$$

根据命题1-4-21有$\bar{\mathfrak{q}}_2=\mathfrak{q}_2/\mathfrak{q}_1$，其中，$\bar{\mathfrak{q}}_2$是$B$的素理想，且$\mathfrak{q}_2\supseteq\mathfrak{q}_1$。上式实际应写为

$$(\mathfrak{q}_2/\mathfrak{p}_1)\cap(A/\mathfrak{p}_1)=\mathfrak{p}_2/\mathfrak{p}_1,$$

根据命题1-2-10可知，上式为$(\mathfrak{q}_2\cap A)/\mathfrak{p}_1=\mathfrak{p}_2/\mathfrak{p}_1$，由定理1-2-1知$\mathfrak{q}_2\cap A=\mathfrak{p}_2$。证毕。

5.3 整闭整环和下降定理

命题5-3-1 设$A\subseteq B$都是环，S是A的一个乘法封闭子集，那么

$$S^{-1}\mathrm{Cl}_B(A)=\mathrm{Cl}_{S^{-1}B}(S^{-1}A)。$$

证明 记（命题5-1-1）

$$C=\mathrm{Cl}_B(A)\supseteq A。$$

C在A上整，由命题5-1-13（2）知$S^{-1}C$在$S^{-1}A$上整。由于$C\subseteq B$，所以$S^{-1}C\subseteq S^{-1}B$，从而

$$S^{-1}C\subseteq\mathrm{Cl}_{S^{-1}B}(S^{-1}A)。$$

设$\dfrac{b}{s}\in\mathrm{Cl}_{S^{-1}B}(S^{-1}A)$，即$\dfrac{b}{s}\in S^{-1}B$（$b\in B$，$s\in S$），且有

$$\left(\frac{b}{s}\right)^n+\frac{a_1}{s_1}\left(\frac{b}{s}\right)^{n-1}+\cdots+\frac{a_{n-1}}{s_{n-1}}\frac{b}{s}+\frac{a_n}{s_n}=0,\ a_i\in A,\ s_i\in S。$$

令$s=s_1\cdots s_n$，上式等式两边乘$s^n s'^n$可得

$$(bs')^n+\frac{(ss')}{s_1}a_1(bs')^{n-1}+\cdots+\frac{(ss')^{n-1}}{s_{n-1}}a_{n-1}(bs')+\frac{(ss')^n}{s_n}a_n=0。$$

显然 $\frac{(ss')^i}{s_i}a_i\in A$，上式表明 $bs'\in B$ 在 A 上整，即 $bs'\in \mathrm{Cl}_B(A)=C$，所以 $\frac{b}{s}=\frac{bs'}{ss'}\in S^{-1}C$，因此可得

$$\mathrm{Cl}_{S^{-1}B}(S^{-1}A)\subseteq S^{-1}C。$$

证毕。

定义5-3-1　整闭整环　若整环A在其分式域K中整闭（定义5-1-4），则称A是整闭整环。也就是说，对于整环A，有

$$A整闭\ \Leftrightarrow\ \mathrm{Cl}_K(A)=A\ \Leftrightarrow\ (x\in K在A中整\Rightarrow x\in A)。\qquad(5-3-1)$$

注（定义5-3-1）　域是整闭整环。因为域K的分式域是它自身K，而$\mathrm{Cl}_K(K)=K$［注（命题5-1-3）］。

命题5-3-2　任何唯一因子分解整环都是整闭整环。

证明　类似例5-1-1。

例5-3-1　整数环$\mathbf{Z}$和域k上的多项式环$k[x_1,\ \cdots,\ x_n]$是整闭整环。

整闭性是局部性质。

命题5-3-3　设A是一个整环，则下列条件等价。

（1）A是整闭的。

（2）对于A的每个素理想$\mathfrak{p}$，$A_{\mathfrak{p}}$是整闭的。

（2′）对于A的每个非零素理想$\mathfrak{p}$，$A_{\mathfrak{p}}$是整闭的。

（3）对于A的每个极大理想$\mathfrak{m}$，$A_{\mathfrak{m}}$是整闭的。

证明　对于素理想$\mathfrak{p}$，由命题3-1-32′知$A_{\mathfrak{p}}$是整环。

记K是A的分式域，$C=\mathrm{Cl}_K(A)\supseteq A$（命题5-1-1）。记包含同态：

$$i:\ A\to C,$$

由式（5-3-1）可知

$$A整闭\Leftrightarrow C=A\Leftrightarrow i满。$$

对于素理想$\mathfrak{p}$，有包含同态（定义3-1-6′）：

$$i_{\mathfrak{p}}:\ A_{\mathfrak{p}}\to C_{\mathfrak{p}},$$

根据命题3-2-2可知

$$i\text{满} \Leftrightarrow (\forall \mathfrak{p}\in \mathrm{Spec}(A),\ i_{\mathfrak{p}}\text{满}),$$

所以可得

$$A\text{整闭} \Leftrightarrow \left(\forall \mathfrak{p}\in \mathrm{Spec}(A),\ i_{\mathfrak{p}}\text{满}\right)。\qquad (5\text{-}3\text{-}2)$$

记$S=A\backslash\mathfrak{p}$，根据命题5-3-1有 $S^{-1}\mathrm{Cl}_K(A)=\mathrm{Cl}_{S^{-1}K}(S^{-1}A)$，即

$$C_{\mathfrak{p}}=\mathrm{Cl}_{K_{\mathfrak{p}}}(A_{\mathfrak{p}})。$$

根据命题3-1-34可知，$K_{\mathfrak{p}}$ 可以看成 $A_{\mathfrak{p}}$ 的分式域，由式（5-3-1）有

$$A_{\mathfrak{p}}\text{整闭} \Leftrightarrow C_{\mathfrak{p}}=A_{\mathfrak{p}} \Leftrightarrow i_{\mathfrak{p}}\text{满}。$$

由上式与式（5-3-2）可得

$$A\text{整闭} \Leftrightarrow (\forall \mathfrak{p}\in \mathrm{Spec}(A),\ A_{\mathfrak{p}}\text{整闭})。$$

同样地，有

$$A\text{整闭} \Leftrightarrow (\forall_{\mathfrak{m}}\in \mathrm{Max}(A)_{\mathfrak{m}},\ A_{\mathfrak{n}}\text{整闭})。$$

这就证明了（1）⇔（2）⇔（3）。

对于$\mathfrak{p}=0$，$A_{\mathfrak{p}}$就是 A 的分式域 K，所以是整闭的［注（定义5-3-1)］，因此有（2）⇔（2′）。证毕。

定义5-3-2 设 A 是 B 的子环，$\mathfrak{a}$是 A 的理想。$x\in B$ 叫作在$\mathfrak{a}$上整，如果它满足$\mathfrak{a}$上的整相关方程。$\mathfrak{a}$在 B 中的整闭包是 B 中所有在$\mathfrak{a}$上整的元素的集合，记为$\mathrm{Cl}_B(\mathfrak{a})$。

引理5-3-1 设 A 是 B 的子环，$\mathfrak{a}$是 A 的理想。$\mathfrak{a}^e$表示$\mathfrak{a}$在包含同态 i：$A\to \mathrm{Cl}_B(A)$ 下的扩理想，那么$\mathfrak{a}$在 B 中的整闭包是$\mathfrak{a}^e=\mathfrak{a}\mathrm{Cl}_B(\mathrm{A})$ 的根：

$$\mathrm{Cl}_B(\mathfrak{a})=\sqrt{\mathfrak{a}^e}\ 。$$

这表明 $\mathrm{Cl}_B(\mathfrak{a})$ 是 $\mathrm{Cl}_B(A)$ 的理想，从而 $\mathrm{Cl}_B(\mathfrak{a})$ 对于加法和乘法是封闭的。

证明 记$\bar{A}=\mathrm{Cl}_B(A)$，$\bar{\mathfrak{a}}=\mathrm{Cl}_B(\mathfrak{a})$。设$x\in\bar{\mathfrak{a}}$，即 $x\in B$ 在$\mathfrak{a}$上整，有

$$x^n+a_1x^{n-1}+\cdots+a_{n-1}x+a_n=0\ ,\ a_i\in\mathfrak{a},$$

因而

$$x^n=-a_1x^{n-1}-\cdots-a_{n-1}x-a_n。$$

由命题5-1-2知$\bar{\mathfrak{a}}\subseteq\bar{A}$，所以 $x\in\bar{A}$，因此 $a_ix_{n-i}\in\mathfrak{a}\bar{A}=\mathfrak{a}^e$，由上式可得 $x^n\in\mathfrak{a}^e$，即 $x\in\sqrt{\mathfrak{a}^e}$，表明

$$\bar{\mathfrak{a}}\subseteq\sqrt{\mathfrak{a}^e}。$$

设 $x\in\sqrt{\mathfrak{a}^e}$，则有$x^k\in\mathfrak{a}^e=\mathfrak{a}\bar{A}$，即有

$$x^k=\sum_{i=1}^{n}a_ix_i\ ,\ \ a_i\in\mathfrak{a},\ \ x_i\in\bar{A}\ \ (i=1,\ \cdots,\ n)。$$

由于x_1，…，x_n在A上整，由命题5-1-6知$M=A[x_1, \cdots, x_n]$是有限生成A-模。令

$$\varphi: M \to M, \quad y \mapsto x^k y,$$

显然$x_i M \subseteq M$，所以$a_i x_i M \subseteq \mathfrak{a}M$，因此$x^k M \subseteq \mathfrak{a}M$，即$\varphi(M) \subseteq \mathfrak{a}M$。根据命题2-5-12可知，$\varphi$满足方程：

$$\varphi^s + a_1'\varphi^{s-1} + \cdots + a_{s-1}'\varphi + a_s' = 0, \quad a_i' \in \mathfrak{a} \quad (i=1, \cdots, s),$$

即

$$\left(x^{sk} + a_1' x^{(s-1)k} + \cdots + a_{s-1}' x^k + a_s'\right) y = 0, \quad \forall y \in M。$$

取$y=1$，即有

$$x^{sk} + a_1' x^{(s-1)k} + \cdots + a_{s-1}' x^k + a_s' = 0。$$

表明x在$\mathfrak{a}$上整，即$x \in \bar{\mathfrak{a}}$。所以可得

$$\sqrt{\mathfrak{a}^e} \subseteq \bar{\mathfrak{a}}。$$

证毕。

命题5-3-4　设$A \subseteq B$都是整环，A是整闭的，K是A的分式域，$\mathfrak{a}$是A的理想，$x \in \mathrm{Cl}_B(\mathfrak{a})$。$x$在$K$上是代数的，而且如果$x$在$K$上的极小多项式（命题B-39）为

$$m(t) = t^n + a_1 t^{n-1} + \cdots + a_{n-1} t + a_n, \quad a_i \in K \quad (i=1, \cdots, n),$$

那么$a_i \in \sqrt{\mathfrak{a}}$（$i=1, \cdots, n$）。

证明　设x在$\mathfrak{a}$上整的相关方程：

$$f(x) = x^m + a_1' x^{m-1} + \cdots + a_{m-1}' x + a_m' = 0, \quad a_i' \in \mathfrak{a} \quad (i=1, \cdots, m)。$$

由于$a_i' \in \mathfrak{a} \subseteq A \subseteq K$，所以$x$在$K$上是代数的。

设L是$m \in K[t]$的分裂域，它包含$m(t)$的全部根x_1，…，x_n（也就是x的共轭元）。而$f \in K[t]$以x为根，由命题B-39知$m(t) \mid f(t)$，所以x_1，…，x_n也是$f(t)$的根，即$f(x_i)=0$（$i=1, \cdots, n$），表明x_i在$\mathfrak{a}$上整，即$x_i \in \mathrm{Cl}_L(\mathfrak{a})$。根据方程根与系数的关系（命题B-43），$m$的系数$a_i$是$x_1$，…，$x_n$的多项式。根据引理5-3-1可知，$\mathrm{Cl}_L(\mathfrak{a})$对于加法和乘法封闭，所以$a_i \in \mathrm{Cl}_L(\mathfrak{a})$，即$a_i$在$\mathfrak{a}$上整。而$a_i \in K$，所以$a_i \in \mathrm{Cl}_K(\mathfrak{a})$。根据引理5-3-1有$a_i \in \sqrt{\mathfrak{a}^e}$，这里$\mathfrak{a}^e = \mathfrak{a}\mathrm{Cl}_K(A)$。由于$A$整闭，即$\mathrm{Cl}_K(A)=A$，所以$\mathfrak{a}^e = \mathfrak{a}A = \mathfrak{a}$，因此$a_i \in \sqrt{\mathfrak{a}}$。证毕。

定理5-3-1　下降定理（Going-down）　设$A \subseteq B$都是整环，A是整闭的，B在A上整。令$\mathfrak{p}_1 \supseteq \cdots \supseteq \mathfrak{p}_n$是$A$的素理想链，$\mathfrak{q}_1 \supseteq \cdots \supseteq \mathfrak{q}_m$（$m<n$）是$B$的素理想链，满足$\mathfrak{q}_i \cap A = \mathfrak{p}_i$（$1 \leqslant i \leqslant m$）。那么链$\mathfrak{q}_1 \supseteq \cdots \supseteq \mathfrak{q}_m$可以扩充为$\mathfrak{q}_1 \supseteq \cdots \supseteq \mathfrak{q}_m$，满足$\mathfrak{q}_i \cap A = \mathfrak{p}_i$（$1 \leqslant i \leqslant n$）。

证明　和定理5-2-2（上升定理）一样，可以把定理归结为$m=1$，$n=2$的情形。

下面证明 $\left(\mathfrak{p}_2 B_{\mathfrak{q}_1}\right)\cap A=\mathfrak{p}_2$。由于 $\left(\mathfrak{p}_2 B_1\right)\cap A\supseteq\mathfrak{p}_2$ 是显然的，所以只需证明 $\left(\mathfrak{p}_2 B_{\mathfrak{q}_1}\right)\cap A\subseteq\mathfrak{p}_2$。设 $x\in\left(\mathfrak{p}_2 B_{\mathfrak{q}_1}\right)\cap A$。如果 $x=0$，当然有 $x\in\mathfrak{p}_2$。下面设 $x\neq 0$。

由 $x\in\mathfrak{p}_2 B_1$ 知 $x=\sum_i y_i\dfrac{b_i}{s_i}$，其中 $y_i\in\mathfrak{p}_2$，$b_i\in B$，$s_i\in B\backslash\mathfrak{q}_1$。根据分式的加法可写成

$$x=\frac{y}{s}，\quad y\in {}_2B，\quad s\in B\backslash\mathfrak{q}_1。$$

而 $\mathfrak{p}_2 B=\mathfrak{p}_2^e$，所以 $y\in\mathfrak{p}_2^e\subseteq\sqrt{\mathfrak{p}_2^e}$ [命题1-6-21（2）]，根据引理5-3-1可知，$y\in \mathrm{Cl}_B(\mathfrak{p}_2)$，即 y 在 $\mathfrak{p}_2$ 上整。根据命题5-3-4，设 y 在 A 的分式域 K 上的极小多项式为

$$m(t)=t^r+u_1t^{r-1}+\cdots+u_{r-1}t+u_r，$$

则有

$$u_i\in\sqrt{\mathfrak{p}_2}=\mathfrak{p}_2，\quad i=1，\cdots，r。$$

上式用到了命题1-6-21（7）。有

$$m(y)=y^r+u_1y^{r-1}+\cdots+u_{r-1}y+u_r=0。\tag{5-3-3}$$

由于 $x\in A$，所以 $\dfrac{1}{x}\in K$（已设 $x\neq 0$），而 $s=\dfrac{y}{x}$。根据命题B-40，有 s 在 K 上的极小多项式：

$$t^r+\frac{u_1}{x}t^{r-1}+\cdots+\frac{u_{r-1}}{x^{r-1}}t+\frac{u_r}{x^r}，$$

记 $v_i=\dfrac{u_i}{x^i}$，则

$$s^r+v_1s^{r-1}+\cdots+v_{r-1}s+v_r=0。\tag{5-3-4}$$

有

$$x^iv_i=u_i\in\mathfrak{p}_2，\quad i=1，\cdots，r。\tag{5-3-5}$$

由于 B 在 A 上整，所以 $s\in B$ 在 A 上整。在命题5-3-4中取 $\mathfrak{a}=A$ 可得 $v_i\in\sqrt{A}=A$ [命题1-6-21（5）]。

假设 $x\notin\mathfrak{p}_2$，则 $x^i\notin\mathfrak{p}_2$（命题1-4-1），由式（5-3-5）及素理想的定义可知 $v_i\in\mathfrak{p}_2$。由式（5-3-4）得

$$s^r=-v_1s^{r-1}-\cdots-v_{r-1}s-v_r\in\mathfrak{p}_2B。$$

有

$$\mathfrak{p}_2B\subseteq\mathfrak{p}_1B=\mathfrak{p}_1^e。$$

而 $\mathfrak{p}_1=\mathfrak{q}_1^c$，由命题1-7-3（1）得

$$\mathfrak{p}_1^e = \mathfrak{q}_1^{ce} \subseteq \mathfrak{q}_1,$$

所以 $\mathfrak{p}_2 B \subseteq \mathfrak{q}_1$，从而 $s^r \in \mathfrak{q}_1$。由命题1-4-2可知 $s \in \mathfrak{q}_1$，这与 $s \in B \backslash \mathfrak{q}_1$ 矛盾。所以 $x \in \mathfrak{p}_2$。这就证明了 $\left(\mathfrak{p}_2 B_{\mathfrak{q}_1}\right) \cap A = \mathfrak{p}_2$。

记 i：$A \to B$ 是包含同态，f：$B \to B_{\mathfrak{q}_1}$ 是自然同态，令

$$i' = f \circ i,$$

用 e'，c' 表示同态 i' 下的扩张与局限，则 $\left(\mathfrak{p}_2 B_{\mathfrak{q}_1}\right) \cap A = \mathfrak{p}_2$ 可写成 $\mathfrak{p}_2^{e'c'} = \mathfrak{p}_2$，根据命题3-3-10知

$$\mathfrak{p}_2 = \tilde{\mathfrak{q}}_2^{c'},$$

其中，$\tilde{\mathfrak{q}}_2$ 是 $B_{\mathfrak{q}_1}$ 中的素理想。根据命题3-3-5（4）知 $\tilde{\mathfrak{q}}_2 = S^{-1}\mathfrak{q}_2$，其中 $S = B \backslash \mathfrak{q}_1$，$\mathfrak{q}_2$ 是 B 中的素理想，且 $\mathfrak{q}_2 \cap S = \varnothing$，有

$$\mathfrak{q}_2 \subseteq B \backslash S = \mathfrak{q}_1。$$

由命题1-7-6可得

$$\mathfrak{p}_2 = \left(S^{-1}{}_2\right)^{c'} = \left(S^{-1}\mathfrak{q}_2\right)^{c''c},$$

其中，c'' 是 f 下的局限，c 是 i 下的局限。根据命题3-3-5（4）有 $\left(S^{-1}\mathfrak{q}_2\right)^{c''} = \mathfrak{q}_2$，而 $\mathfrak{q}_2^c = \mathfrak{q}_2 \cap A$，所以可得

$$\mathfrak{p}_2 = \mathfrak{q}_2 \cap A。$$

证毕。

命题5-3-5　令 A 是一个整闭整环，K 是它的分式域，L 是 K 的一个有限可分代数扩张，那么存在 L 在 K 上的基 v_1，…，v_n，使得 $\mathrm{Cl}_L(A) \subseteq \sum_{i=1}^{n} A v_i$。

证明　先证明

$$\forall v \in L,\ \exists a \in A,\ av \in \mathrm{Cl}_L(A)。\tag{5-3-6}$$

设 v 是 L 的任意元素，由于 L 是 K 的代数扩张，所以 v 是 K 上的代数元，有方程：

$$v^r + a_1 v^{r-1} + \cdots + a'_{r-1} v + a'_r = 0,\ a'_i \in K。$$

两边乘 a'_i 分母的公倍数可得

$$a_0 v^r + a_1 v^{r-1} + \cdots + a_{r-1} v + a_r = 0,\ a_i \in A。$$

两边乘 a_0^{r-1} 得

$$(a_0 v)^r + a_1 (a_0 v)^{r-1} + \cdots + a_{r-1} a_0^{r-2} (a_0 v) + a_r a_0^{r-1} = 0。$$

其中，系数 $a_i a_0^{i-1} \in A$（$i = 1$，…，r），这表明 $a_0 v \in L$ 在 A 上整，即 $a_0 v \in \mathrm{Cl}_L(A)$。这证明了式（5-3-6）。

根据式（5-3-6）可知，任意给 L 在 K 上的基 u_1'，…，u_n'，可用 A 中适当的元素与之相乘，得到 u_1，…，$u_n \in \mathrm{Cl}_L(A)$。

令 T 表示（从 L 到 K ）的迹，由于 L/K 是可分的，L（看作 K 上的向量空间）上的双线性型 $(x, y) \mapsto T(x, y)$ 是非退化的，因此有 L 在 K 上的对偶基 v_1，…，v_n，它们由 $T(u_i, v_j) = \delta_{ij}$ 定义。

设 $x \in \mathrm{Cl}_L(A)$，它可用 v_1，…，v_n 表示：

$$x = \sum_{i=1}^{n} x_i v_i, \quad x_i \in K。$$

由于 $u_i \in \mathrm{Cl}_L(A)$，而 $\mathrm{Cl}_L(A)$ 是子环（命题5-1-7），所以 $xu_i \in \mathrm{Cl}_L(A)$。由命题5-3-4知 $T(xu_i) \in A$（因为元素的迹是它的极小多项式中一个系数的倍元），但是

$$T(xu_i) = \sum_{j=1}^{n} T(x_j v_j u_i) = \sum_{j=1}^{n} x_j \delta_{ij} = x_i,$$

因此 $x_i \in A$，于是 $x = \sum_{i=1}^{n} x_i v_i \in \sum_{i=1}^{n} A v_i$，表明 $\mathrm{Cl}_L(A) \subseteq \sum_{i=1}^{n} A v_i$。证毕。

5.4 赋值环

定义5-4-1　赋值环（valuation ring） 设 $B \subseteq K$，其中，B 是环，K 是域。B 叫作 K 的一个赋值环，如果对每个 $x \in K \backslash \{0\}$，有 $x \in B$ 或 $x^{-1} \in B$。

命题5-4-1 设 $B \subseteq K$，B 是域 K 的一个赋值环，则有：

（1）B 是局部环。

（2）如果 B' 是满足 $B \subseteq B' \subseteq K$ 的环，那么 B' 是 K 的一个赋值环。

（3）B 在 K 中整闭。

证明（1）令 $\mathfrak{m}$ 是 B 所有不可逆元集合。根据命题1-4-17（3）可知，只需证 $\mathfrak{m}$ 是 B 的理想。由命题1-1-9可得

$$B\mathfrak{m} \subseteq \mathfrak{m}。 \tag{5-4-1}$$

设 x，$y \in \mathfrak{m}$，如果 x，y 之中有一个为零，则 $x - y \in \mathfrak{m}$。下面设 x，y 都不为零。此时 $xy^{-1} \in K \backslash \{0\}$，由于 B 是 K 的赋值环，所以 $xy^{-1} \in B$ 或 $x^{-1}y \in B$。如果 $xy^{-1} \in B$，则 $x - y = (xy^{-1} - 1)y \in B\mathfrak{m}$，由式（5-4-1）知 $x - y \in \mathfrak{m}$。对于 $x^{-1}y \in B$ 的情形是类似的。所以 $\mathfrak{m}$ 是 B 的理想。

（2）由定义5-4-1可知。

（3）设 $x \in \mathrm{Cl}_K(B)$，如果 $x = 0$，当然有 $x \in B$。设 $x \neq 0$，有整相关方程：

$$x^n+b_1x^{n-1}+\cdots+b_{n-1}x+b_n=0,\ b_i\in B,$$

等式两边乘 x^{1-n} 得

$$x+b_1+b_2x^{-1}+\cdots+b_nx^{1-n}=0。$$

如果 $x\notin B$，由于 B 是 K 的赋值环，所以 $x^{-1}\in B$，于是 $x=-b_1-b_2x^{-1}\cdots-b_nx^{1-n}\in B$，矛盾，所以 $x\in B$，表明 $\mathrm{Cl}_K(B)\subseteq B$。证毕。

令 K 是一个域，Ω 是一个代数闭域（命题B-41）。令

$$\boldsymbol{\Sigma}=\left\{(A,\ f)\,\middle|\,A\text{是}K\text{的子环},\ f:\ A\to\Omega\text{是环同态}\right\}。\tag{5-4-2}$$

$\boldsymbol{\Sigma}$ 按下述方式构成偏序集：

$$(A,\ f)\leqslant(A',\ f')\ \Leftrightarrow\ \left(A\subseteq A',\quad f'|_A=f\right)。\tag{5-4-3}$$

命题5-4-2 $\boldsymbol{\Sigma}$ 有极大元。

证明 设 $\left\{(A_i,\ f_i)\right\}_{i\in I}$ 是全序子集。令 $A=\bigcup\limits_{i\in I}A_i$，由命题1-1-3知 A 是 K 的子环。定义 $f:\ A\to\Omega$ 为对于 $\forall x\in A$，若 $x\in A_i$，则令 $f(x)=f_i(x)$。若又有 $x\in A_j$，不妨设 $A_i\subseteq A_j$，由于 $f_j|_{A_i}=f_i$，所以 $f_i(x)=f_j(x)$，即 f 的定义与 i 的选择无关。显然，$(A,\ f)$ 是 $\left\{(A_i,\ f_i)\right\}_{i\in I}$ 的上界。根据Zorn引理（引理A-1），$\boldsymbol{\Sigma}$ 有极大元。证毕。

引理5-4-1 设 $(B,\ g)$ 是 $\boldsymbol{\Sigma}$ 的一个极大元，那么 B 是局部环，极大理想是 $\mathfrak{m}=\ker g$。

证明 由命题1-1-7（1）知 $g(B)$ 是 Ω 的子环，因而是整环（命题1-3-7）。而 $B/\mathfrak{m}=B/\ker g\cong g(B)$（定理1-2-2），所以 $\mathfrak{m}$ 是素理想（定理1-4-1）。有同态：

$$\tilde{g}:\ B\to\Omega,\ \ \frac{b}{s}\mapsto g(b)g(s)^{-1},$$

上式中 $s\in B\backslash\mathfrak{m}$，所以 $g(s)\neq0$，说明上式的定义是合理的。根据命题3-1-40可知，$B_{\mathfrak{m}}\cong B'$，这里 B' 是 K 的子环。$\tilde{g}$ 看成 $B'\to\Omega$ 的同态，则 $(B',\ \tilde{g})\in\boldsymbol{\Sigma}$。

根据命题3-1-40有同构映射：

$$\varphi:\ B_{\mathfrak{m}}\to B',\ \ \frac{b}{s}\mapsto bs^{-1},$$

记自然同态 $f:\ B\to B$，有

$$i=\varphi\circ f:\ B\to B',$$

则

$$i(b)=\varphi\left(f(b)\right)=\varphi\left(\frac{b}{1}\right)=b,\ \ \forall b\in B。$$

这说明 $B\subseteq B'$。而 B 极大，所以 $B=B'$，从而 i 是恒同映射。由命题A-9知 $f:\ B\to B_{\mathfrak{m}}$ 是

同构。由命题3-1-13知$B_\mathfrak{m}$是局部环，它的极大理想是$S^{-1}\mathfrak{m}$。因此B是局部环。由命题3-3-5（4）知$S^{-1}\mathfrak{m}$在B中的像是$\mathfrak{m}$，所以$\mathfrak{m}$是B的极大理想。证毕。

命题5-4-3 设$A\subseteq B$都是环，$x\in B$，$\mathfrak{a}$是A的理想，那么$\mathfrak{a}$在包含同态$i: A\to A[x]$下的扩张为

$$\mathfrak{a}^e=\mathfrak{a}[x],$$

其中，$\mathfrak{a}[x]$是由x在$\mathfrak{a}$上生成的$A[x]$的子环。

证明 根据命题5-1-3，类似命题1-7-9可证。证毕。

引理5-4-2 设(B, g)是$\boldsymbol{\Sigma}$的一个极大元，$\mathfrak{m}=\ker g$。令$x\in K\backslash\{0\}$，$B[x]$是由x在B上生成的K的子环，$\mathfrak{m}[x]$是$\mathfrak{m}$在$B[x]$中的扩理想（命题5-4-3），那么

$$\mathfrak{m}[x]\neq B[x]\ \text{或}\ \mathfrak{m}[x^{-1}]\neq B[x^{-1}]。$$

证明 假设$\mathfrak{m}[x]=B[x]$且$\mathfrak{m}[x^{-1}]=B[x^{-1}]$。由命题1-2-2知$1\in\mathfrak{m}[x]$，$1\in\mathfrak{m}[x^{-1}]$，即有

$$u_0+u_1x+\cdots+u_mx^m=1,\ u_i\in\mathfrak{m}\ (0\leqslant i\leqslant m), \tag{5-4-4}$$

$$v_0+v_1x^{-1}+\cdots+v_nx^{-n}=1,\ v_j\in\mathfrak{m}\ (0\leqslant j\leqslant n), \tag{5-4-5}$$

这里设m，n是满足以上两式的最低次数。不妨设$m\geqslant n$。式（5-4-5）乘x^n得

$$(1-v_0)x^n=v_1x^{n-1}+\cdots+v_{n-1}x+v_n。$$

根据引理5-4-1，$\mathfrak{m}$是B的唯一极大理想，所以$\mathfrak{m}$就是B的大根。根据命题1-5-5可知，$1-v_0$在B中可逆，所以上式可写成

$$x^n=w_1x^{n-1}+\cdots+w_{n-1}x+w_n,\ w_j\in\mathfrak{m}\ (1\leqslant j\leqslant n)。$$

等号两边乘x^{m-n}得

$$x^m=w_1x^{m-1}+\cdots+w_nx^{m-n}。$$

将上式代入式（5-4-4），与m是满足式（5-4-4）的最低次数矛盾。证毕。

定理5-4-1 设（B，g）是$\boldsymbol{\Sigma}$的一个极大元，那么B是域K的一个赋值环。

证明 记$\mathfrak{m}=\ker g$。设$x\in K\backslash\{0\}$，根据引理5-4-2有$\mathfrak{m}[x]\neq B[x]$或$\mathfrak{m}[x^{-1}]\neq B[x^{-1}]$。

如果$\mathfrak{m}[x]\neq B[x]$，根据命题1-4-10可知，存在$B[x]$的极大理想$\mathfrak{m}'$满足

$$\mathfrak{m}[x]\subseteq\mathfrak{m}'。$$

由于$\mathfrak{m}\subseteq\mathfrak{m}[x]$，所以$\mathfrak{m}\subseteq\mathfrak{m}'$，而$\mathfrak{m}\subseteq B$，因此

$$\mathfrak{m}\subseteq\mathfrak{m}'\cap B。$$

显然，$1\notin\mathfrak{m}'\cap B$，所以$\mathfrak{m}'\cap B\neq B$（命题1-2-2）。$\mathfrak{m}$是$B$的极大理想（引理5-4-1），所以可得

$$\mathfrak{m}=\mathfrak{m}'\cap B=\mathfrak{m}'^c,$$

其中，c是包含同态i：$B\to B[x]$下的局限。记

$$k=B/\mathfrak{m},\ k'=B[x]/\mathfrak{m}',$$

它们都是域（定理1-4-2）。根据命题1-2-12可知，i诱导出单同态：

$$\bar{i}:\ k\to k',\ b+\mathfrak{m}\to b+\mathfrak{m}'。$$

显然$x\in B[x]$，记

$$\bar{x}=x+\mathfrak{m}'\in k',$$

有满同态：

$$\varphi:\ B[x]\to k[\bar{x}],\ \ \sum_i b_i x^i\mapsto\sum_i(b_i+\mathfrak{m})\bar{x}^i。$$

由于k'是k-代数（由$\bar{i}$诱导），所以上式中$\sum_i(b_i+)\bar{x}^i=\sum_i(b_i+\mathfrak{m}')\bar{x}^i=\sum_i b_i x^i+\mathfrak{m}'$，即

$$\varphi:\ B[x]\to k[\bar{x}],\ \ \sum_i b_i x^i\mapsto\sum_i b_i x^i+\mathfrak{m}'。$$

易知$\ker\varphi=\mathfrak{m}'$，因此

$$k'=B[x]/\mathfrak{m}'\cong k[\bar{x}]。$$

由于$\mathfrak{m}'\subseteq B[x]$，所以有$b_i\in B$使得$\sum_i b_i x^i\in\mathfrak{m}'$，即$\sum_i\bar{b}_i\bar{x}^i=0$，这里$\bar{b}_i\in B/\mathfrak{m}=k$。这表明$\bar{x}$在$k$中是代数的，因此$k'=k[\bar{x}]$是$k$的代数扩张。

根据定理1-2-2可得，同态g：$B\to\Omega$诱导出单同态：

$$\bar{g}:\ k\to\Omega,\ \bar{b}\mapsto g(b),$$

其中，$\bar{b}=b+\mathfrak{m}$。$\bar{x}$在k中是代数的，由命题B-46知$\bar{g}$可扩张为同态：

$$\bar{g}':\ k'\to\Omega。$$

令f：$B[x]\to k'$是自然同态，则有同态：

$$\tilde{g}=\bar{g}'\circ f:\ B[x]\to\Omega。$$

而$B[x]$是K的子环，所以$\left(B[x],\ \tilde{g}\right)\in\boldsymbol{\Sigma}$。显然$B\subseteq B[x]$，而$B$极大，所以$B=B[x]$，因此$x\in B[x]=B$。

如果$\mathfrak{m}[x^{-1}]\neq B[x^{-1}]$，同理可以得到$x^{-1}\in B$。所以$B$是$K$的赋值环。证毕。

命题5-4-4　设A是域K的一个子环。那么A在K中的整闭包是K中包含A的所有赋值环的交：

$$\mathrm{Cl}_K(A)=\bigcap_{B\text{是}K\text{的赋值环},B\supseteq A}B。$$

证明　记

$$\Gamma=\{B\mid B\supseteq A,\ B\text{是}K\text{的赋值环}\}。$$

其中，$\forall B\in\Gamma$，由 $A\subseteq B$ 可得 $\mathrm{Cl}_K(A)\subseteq\mathrm{Cl}_K(B)$（命题5-1-2）。由命题5-4-1（3）知 $\mathrm{Cl}_K(B)=B$，所以 $\mathrm{Cl}_K(A)\subseteq B$。因此 $\mathrm{Cl}_K(A)\subseteq\bigcap_{B\in\Gamma}B$。

设 $x\in K\backslash\mathrm{Cl}_K(A)$，显然 $x\neq0$。由命题5-1-14知 $x\notin A[x^{-1}]$，而 x 是 x^{-1} 的逆元，也就是说 x^{-1} 在 $A[x^{-1}]$ 中不可逆。根据命题1-4-13，有 $A[x^{-1}]$ 的极大理想 $\mathfrak{m}'$，使得

$$x^{-1}\in\mathfrak{m}',$$

记

$$k'=A[x^{-1}]/\mathfrak{m}',$$

它是域（定理1-4-2），记自然同态：

$$f:\ A[x^{-1}]\to k'。$$

令 Ω 是 k' 的代数闭包（定义B-4、命题B-44），则 f 可以看作 $A[x^{-1}]\to\Omega$ 的同态。有 $\left(A[x^{-1}],\ f\right)\in\boldsymbol{\Sigma}$，其中 $\boldsymbol{\Sigma}$ 如式（5-4-2）定义。设 $\left(A[x^{-1}],\ f\right)$ 所在链的极大元是 $(B,\ g)$，有 $B\supseteq A[x^{-1}]\supseteq A$。由定理5-4-1知 B 是 K 的赋值环，表明

$$B\in\Gamma。$$

显然，$x^{-1}\in A[x^{-1}]\subseteq B$，而 $g|_{A[x^{-1}]}=f$，所以 $g(x^{-1})=f(x^{-1})$。由于 $x^{-1}\in\mathfrak{m}'$，所以可得

$$g(x^{-1})=f(x^{-1})=x^{-1}+\mathfrak{m}'=0。$$

由命题1-1-8知 x^{-1} 是 B 中的不可逆元，即 $x\notin B$。这表明 $x\notin\bigcap_{B'\in\Gamma}B'$。这证明了

$$K\backslash\mathrm{Cl}_K(A)\subseteq K\backslash\bigcap_{B\in\Gamma}B,$$

即 $\bigcap_{B\in\Gamma}B\subseteq\mathrm{Cl}_K(A)$。证毕。

命题5-4-5 设 $A\subseteq B$ 都是整环，B 在 A 上有限生成（$B=A[x_1,\ \cdots,\ x_n]$）。$v\in B\backslash\{0\}$，设 Ω 是无限代数闭域，那么存在 $u\in A\backslash\{0\}$，具有任何满足 $f(u)\neq0$ 的同态 $f:\ A\to\Omega$ 可以扩充为同态 $g:\ B\to\Omega$ 的性质，使得 $g(v)\neq0$。

证明 $B=A[x_1,\ \cdots,\ x_{n-1}][x_n]$，而 $A[x_1,\ \cdots,\ x_{n-1}]$ 是包含于 B 的整环（命题1-3-11），所以只需证明 $B=A[x]$ 的情形。

（1）x 在 A 上是超越的。没有系数在 A 中的非零多项式中以 x 为根，显然 $x\notin A$（命题5-1-1）。根据命题5-1-3可知，设

$$v=a_0x^n+a_1x^{n-1}+\cdots+a_{n-1}x+a_n,\quad a_i\in A,\quad a_0\neq0。$$

取 $u=a_0$。设同态 $f:\ A\to\Omega$ 满足 $f(u)\neq0$。多项式：

$$f(a_0)t^n+f(a_1)t^{n-1}+\cdots+f(a_{n-1})t+f(a_n)\in\Omega[t],$$

在 Ω 中只有 n 个根［命题B-41（2）］，而 Ω 是无限的，所以存在 $\xi\in\Omega$，使得

$$f(a_0)\xi^n+f(a_1)\xi^{n-1}+\cdots+f(a_{n-1})\xi+f(a_n)\neq 0。$$

定义为

$$g:\ B\to\Omega,\quad \sum_i a_i x^i\mapsto\sum_i f(a_i)\xi^i,$$

则 $g\big|_A=f$，且有

$$g(v)=f(a_0)\xi^n+f(a_1)\xi^{n-1}+\cdots+f(a_{n-1})\xi+f(a_n)\neq 0。$$

（2） x 在 A 上是代数的。有

$$a_0x^m+a_1x^{m-1}+\cdots+a_m=0,\ a_i\in A,\ a_0\neq 0。\tag{5-4-6}$$

所以 v^{-1} 在 A 上是代数的，因而有

$$a_0'v^{-n}+a_1'v^{-(n-1)}+\cdots+a_n'=0,\ a_i'\in A,\ a_0'\neq 0。\tag{5-4-7}$$

令 $u=a_0a_0'$，则 $u\neq 0$ ［注（定义1-3-2）］。设同态 f：$A\to\Omega$ 满足 $f(u)\neq 0$。f 可扩充为

$$f_1:\ A[u^{-1}]\to\Omega,\ \sum_i a_iu^{-i}\mapsto\sum_i f(a_i)f(u)^{-i}。$$

显然 $\left(A[u^{-1}],\ f_1\right)\in\boldsymbol{\Sigma}$，这里

$$\boldsymbol{\Sigma}=\left\{(A',\ f')\big|A'\text{是}K\text{的子环，}f'\text{是}A'\to\Omega\text{的同态}\right\},$$

其中，K 是 B 的分式域。设 $\left(A[u^{-1}],\ f_1\right)$ 所在链的极大元是（C，h）。由定理5-4-1知 C 是 K 的赋值环，且 $C\supseteq A[u^{-1}]$。

式（5-4-6）等式两边乘 a_0' 得

$$ux^m+a_0'a_1x^{m-1}+\cdots+a_0'a_m=0,$$

因而

$$x^m+u^{-1}a_0'a_1x^{m-1}+\cdots+u^{-1}a_0'a_m=0。$$

显然 $u^{-1}a_0'a_i\in A[u^{-1}]$，上式表明 x 在 $A[u^{-1}]$ 上整，即 $x\in\mathrm{Cl}_K\left(A[u^{-1}]\right)$。由命题5-4-4知 $\mathrm{Cl}_K\left(A[u^{-1}]\right)\subseteq C$，所以可得

$$x\in C。$$

而 $B=A[x]$，$\forall y\in B$ 可表示成 x 的多项式（命题5-1-3），所以 $y\in C$，即

$$B\subseteq C。$$

由于 $v\in B$，所以可得

$$v\in C。$$

同样地，由式（5-4-7）可知 v^{-1} 在 $A[u^{-1}]$ 上整，由命题5-4-4知

$$v^{-1}\in C。$$

这表明 v 是 C 中的可逆元，而 h 是 $C\to\Omega$ 的同态，由命题1-1-8知 $h(v)\neq 0$。取 $g=h|_B$ 即可。证毕。

命题5-4-6 设 $B\supseteq k$，k 是域，B 是有限生成 k-代数（定义2-10-3）。如果 B 是域，那么它是 k 的有限代数扩张。

证明 有 $B=k[x_1,\cdots,x_n]$。由于 B 是域，所以 $B=k(x_1,\cdots,x_n)$。在命题5-4-5中取 $A=k$，$v=1$，Ω是k的代数闭包，$u=1$，i：$k\to\Omega$是包含同态，满足 $i(u)=1\neq 0$，它可以扩充为 f：$B\to\Omega$，$f(1)\neq 0$。因此 B 是 k 的有限代数扩张。证毕。

第6章　Noether环与Artin环

6.1　链条件

定义6-1-1　令 Σ 是一个偏序集，具有序关系"≤"。设 $x_1 \leq x_2 \leq \cdots$ 是 Σ 中的递增序列，若存在正整数 n，使得 $x_n = x_{n+1} = \cdots$，则称序列 $x_1 \leq x_2 \leq \cdots$ 是稳定的（stationary）。

命题6-1-1　偏序集 Σ 的下列条件是等价的。

（1）Σ 中的每个递增序列是稳定的。

（1′）Σ 中不存在无穷严格递增序列 $x_1 < x_2 < \cdots$。

（2）Σ 的每个非空子集存在极大元。

证明　(1) ⇒ (1′)：对任意严格递增序列 $x_1 < x_2 < \cdots$，由于它是稳定的，所以必是有限的。

(1′) ⇒ (2)：如果 Σ 的非空子集 T 没有极大元，则可以构造一个无穷的严格递增序列。

(2) ⇒ (1)：对于递增序列 $x_1 \leq x_2 \leq \cdots$，设 x_n 是 $\{x_i\}_{i \geq 1}$ 的极大元，则 $x_n = x_{n+1} = \cdots$。证毕。

定义6-1-2　设 Σ 是模 M 的全部子模的集合，序关系"≤"定义为包含关系"⊆"，那么命题6-1-1（1）（1′）称为升链条件（ascending chain condition），简记为a.c.c。命题6-1-1（2）称为极大条件（maximal condition）。满足a.c.c和极大条件的模 M 称为Noether模。

如果序关系"≤"定义为包含关系"⊇"，那么命题6-1-1（1）（1′）称为降链条件（descending chain condition），简记为d.c.c。命题6-1-1（2）称为极小条件（minimal condition）。满足d.c.c和极小条件的模 M 称为Artin模。

环 A 作为 A-模的子模就是理想［注（定义2-2-1）(2)］。若 A 满足理想的a.c.c和极大条件，即 A 是Noether模，则 A 称为Noether环。若 A 满足理想的d.c.c和极小条件，即 A 是Artin模，则 A 称为Artin环。

注（定义6-1-2a）

（1）有限模（环）既是Noether模（环）又是Artin模（环）。

（2）设 A，B 是环，M 既是 A-模又是 B-模，M 作为 B-模的子模也是 M 作为 A-模的子模，那么

$$M\text{ 是Noether（Artin）}A\text{-模} \Rightarrow M\text{ 是Noether（Artin）}B\text{-模。}$$

证明 （1）严格升（降）链必是有限的。

（2）设 $\{M_i\}$ 是 M 作为 B-模的子模升（降）链，由于 M_i 也是 M 作为 A-模的子模，所以 $\{M_i\}$ 是稳定的，即 M 是Noether（Artin）B-模。证毕。

注（定义6-1-2b） 对于 $\boldsymbol{\Sigma}$ 中的升（降）链，可在首尾加上0和 M 得到一个新链。比如由

$$M_1 \subseteq M_2 \subseteq \cdots$$

可得到

$$0 \subseteq M_1 \subseteq M_2 \subseteq \cdots \subseteq M,$$

由

$$M_1 \supseteq M_2 \supseteq \cdots$$

可得到

$$M \supseteq M_1 \supseteq M_2 \supseteq \cdots \supseteq 0。$$

类似地，对于严格升（降）链，也可加入适当的0和 M 得到一个新的严格升（降）链。

例6-1-1

（1）有限交换群（作为 Z 模）满足a.c.c和d.c.c。

由于群是有限的，所以任意严格递增（减）序列必是有限的。

（2）环 Z（作为 Z 模）满足a.c.c但不满足d.c.c。

Z 是主理想整环（命题B-10′），由命题6-1-4知 Z 满足a.c.c。显然任意不等于0或±1的整数都是不可逆元，由命题6-1-2知 Z 不满足d.c.c。

（3）令 G 是 Q/Z 的（加法）子群，它由 Q/Z 中阶是 p 的幂次的所有元素组成，其中，p 是一个固定的素数。G 不满足a.c.c但满足d.c.c。

$\bar{a} = a + Z \in G \Leftrightarrow p^n \bar{a} = \bar{0} \Leftrightarrow p^n a \in Z \Leftrightarrow a = \dfrac{m}{p^n}$，所以可得

$$G = \left\{ \frac{m}{p^n} + Z \,\middle|\, n \geqslant 0,\ 0 \leqslant m \leqslant p^n - 1 \right\}。$$

它有 p^n 阶子群：

$$G_n=\left\{\frac{m}{p^n}+Z \middle| 0\leqslant m\leqslant p^n-1\right\}。$$

由于 $\frac{m}{p^n}=\frac{pm}{p^{n+1}}$，所以 $G_n\subseteq G_{n+1}$。对于 $\frac{1}{p^{n+1}}+Z\in G_{n+1}$，不存在整数 m，使得 $\frac{1}{p^{n+1}}+Z=\frac{m}{p^n}+Z$（即 $m=sp^n+\frac{1}{p}$，$s\in Z$），所以 $\frac{1}{p^{n+1}}+Z\notin G_n$，从而 $G_n\subsetneqq G_{n+1}$。有无穷严格递增序列：

$$G_0\subsetneqq G_1\subsetneqq\cdots\subsetneqq G_n\subsetneqq\cdots,$$

即 G 不满足a.c.c。G 的真子群只能是 G_n，所以 G 满足d.c.c。

（4）设 p 是素数，令 $H=\left\{\frac{m}{p^n}\middle| m\in Z,\ n\geqslant 0\right\}$，它是 Q 的（加法）子群。H 既不满足a.c.c也不满足d.c.c。

有正合列：

$$0\to Z\xrightarrow{i}H\xrightarrow{p}G\to 0,$$

其中，i 是包含同态，p 是投影同态。根据命题6-1-5可知，由于 G 不满足a.c.c，所以 H 不满足a.c.c。根据命题6-1-5（2）可知，由于 Z 不满足d.c.c，所以 H 不满足d.c.c。

（5）设 k 是域，一元多项式环 $k[x]$ 满足理想的a.c.c而不满足理想的d.c.c。

由于 $k[x]$ 是主理想整环（命题B-10），所以 $k[x]$ 满足a.c.c（命题6-1-4）。由命题B-48知 $k[x]$ 有除0以外的不可逆元，由命题6-1-2知 $k[x]$ 不满足d.c.c。

命题6-1-2　若 A 是有非零不可逆元的无限整环，那么 A 不满足理想的d.c.c（不是Artin环）。

证明　取 $a\in A\backslash\{0\}$ 是不可逆元，则由命题1-3-15知 $(a^n)\supsetneqq(a^{n+1})$。有无限严格递减序列 $(a)\supsetneqq(a^2)\supsetneqq\cdots\supsetneqq(a^n)\supsetneqq\cdots$，即 A 不满足d.c.c。证毕。

命题6-1-3　设 M 是 A-模，则

M 是Noether模 $\Leftrightarrow$ M 的每个子模是有限生成的。

证明　$\Rightarrow$：设 N 是 M 的子模。令 $\boldsymbol{\Sigma}$ 是包含在 N 中的所有有限生成的子模的集合。由于 $0\in\boldsymbol{\Sigma}$，所以 $\boldsymbol{\Sigma}$ 非空。由于 M 是Noether模，所以 $\boldsymbol{\Sigma}$ 有极大元 N_0。假设 $N_0\neq N$，即 $N_0\subsetneqq N$，取 $x\in N\backslash N_0$，令 $N_1=N_0+Ax\supseteq N_0$。显然 N_0 的生成元和 x 是 N_1 的生成元，所以 N_1 是有限生成的，即 $N_1\in\boldsymbol{\Sigma}$。显然 $x\in N_1$，但 $x\notin N_0$，所以 $N_1\supsetneqq N_0$，这与 N_0 的极大性矛盾。所以 $N=N_0\in\boldsymbol{\Sigma}$，即 N 是有限生成的。

$\Leftarrow$：设 $M_1\subseteq M_2\subseteq\cdots$ 是 M 的子模升链，由命题2-3-20知 $N=\bigcup_{i=1}^{\infty}M_i$ 是 M 的子模，

从而是有限生成的。设$\{x_1, \cdots, x_r\}$是 N 的生成元组，$x_i \in M_{n_i}$（$i=1, \cdots, r$）。令$n=\max\limits_{1\leqslant i\leqslant r} n_i$，则 $x_i \in M_n$（$i=1, \cdots, r$），从而 $N=\sum\limits_{i=1}^{r} Ax_i \subseteq M_n$。而 $N=\bigcup\limits_{i=1}^{\infty} M_i \supseteq M_n$，所以$M_n=N$。对于 $\forall m \geqslant n$，由递增性知 $M_m \supseteq M_n=N$。而 $M_m \subseteq \bigcup\limits_{i=1}^{\infty} M_i=N$，所以 $M_m=N$。这说明子模升链 $M_1 \subseteq M_2 \subseteq \cdots$ 是稳定的。证毕。

命题6-1-4 主理想整环是Noether环。

证明 主理想整环的理想都是有限生成的，由命题6-1-3可得结论。证毕。

命题6-1-5 设 $0 \to M' \xrightarrow{\alpha} M \xrightarrow{\beta} M'' \to 0$ 是 A-模正合列，那么

M 是Noether模（Artin模）$\Leftrightarrow$ M'和M''都是Noether模（Artin模）。

证明 只需证明Noether情形。

$\Rightarrow$：设

$$M'_1 \subseteq M'_2 \subseteq \cdots$$

是M'的子模升链，则有 M 的子模升链［命题A-2（1）］：

$$\alpha(M'_1) \subseteq \alpha(M'_2) \subseteq \cdots。$$

它是稳定的，即有

$$\alpha(M'_n)=\alpha(M'_{n+1})=\cdots。$$

由于α是单射（命题2-6-1），由命题A-2（4b）可得

$$M'_n=M'_{n+1}=\cdots,$$

即 $M'_1 \subseteq M'_2 \subseteq \cdots$ 是稳定的。

设

$$M''_1 \subseteq M''_2 \subseteq \cdots$$

是M''的子模升链，则有 M 的子模升链［命题A-2（2）］：

$$\beta^{-1}(M''_1) \subseteq \beta^{-1}(M''_2) \subseteq \cdots。$$

它是稳定的，即有

$$\beta^{-1}(M''_n)=\beta^{-1}(M''_{n+1})=\cdots。$$

由于β是满射（命题2-6-1），由命题A-2（3b）可得

$$M''_n=M''_{n+1}=\cdots,$$

即 $M''_1 \subseteq M''_2 \subseteq \cdots$ 是稳定的。

$\Leftarrow$：可把 M' 视为 M 的子模，α 视为包含同态，M''视为 M/M'，β 视为自然同态

[注（命题2-6-7）]。设

$$M_1 \subseteq M_2 \subseteq \cdots$$

是 M 的子模升链，则有 M' 的子模升链：

$$M' \cap M_1 \subseteq M' \cap M_2 \subseteq \cdots,$$

有

$$M' \cap M_s = M' \cap M_{s+1} = \cdots。$$

有 M'' 的子模升链：

$$(M_1 + M')/M' \subseteq (M_2 + M')/M' \subseteq \cdots,$$

有

$$(M_t + M')/M' = (M_{t+1} + M')/M' = \cdots。$$

记 $n = \max\{s, t\}$，则

$$M' \cap M_n = M' \cap M_{n+1} = \cdots,$$

$$(M_n + M')/M' = (M_{n+1} + M')/M' = \cdots。$$

根据定理2-3-1有 $(M_i + M')/M' \cong M_i/(M' \cap M_i)$，所以可得

$$M_n/(M' \cap M_n) \cong M_{n+1}/(M' \cap M_{n+1}) \cong \cdots,$$

而 $M' \cap M_n = M' \cap M_{n+1} = \cdots$，所以可得

$$M_n = M_{n+1} = \cdots,$$

即 $M_1 \subseteq M_2 \subseteq \cdots$ 是稳定的。证毕。

命题6-1-6　设 M' 是 M 的子模，则

M 是Noether模（Artin模）$\Leftrightarrow$ M' 和 M/M' 都是Noether模（Artin模）。

证明　有正合列（其中，i 是包含同态，π 是自然同态）：

$$0 \to M' \xrightarrow{i} M \xrightarrow{\pi} M/M' \to 0,$$

由命题6-1-5知结论成立。证毕。

命题6-1-6′　设 A 是Noether环（Artin环），$\mathfrak{a}$ 是 A 的理想，那么 $A/\mathfrak{a}$ 是Noether环（Artin环）。

命题6-1-7　设 M_i（$1 \leqslant i \leqslant n$）是 A-模，则

M_i（$1 \leqslant i \leqslant n$）都是Noether模（Artin模）$\Leftrightarrow$ $\bigoplus_{i=1}^{n} M_i$ 是Noether模（Artin模）。

证明　有同态列：

$$0 \to M_n \xrightarrow{i} \bigoplus_{i=1}^{n} M_i \xrightarrow{p} \bigoplus_{i=1}^{n-1} M_i \to 0, \tag{6-1-1}$$

其中

$$i：M_n \to \bigoplus_{i=1}^{n} M_i，\quad x_n \mapsto (0，\cdots，0，x_n)，$$

$$p：\bigoplus_{i=1}^{n} M_i \to \bigoplus_{i=1}^{n-1} M_i，\quad (x_1，\cdots，x_{n-1}，x_n) \mapsto (x_1，\cdots，x_{n-1})。$$

显然

$$\ker p = \operatorname{Im} i = \{(0，\cdots，0，x_n) | x_n \in M_n\}，$$

即式（6-1-1）是正合列。

$\Rightarrow$：式（6-1-1）中取 $n=2$，则由命题6-1-5知 $\bigoplus_{i=1}^{2} M_i$ 是Noether模（Artin模）。式（6-1-1）中取 $n=3$，则 $\bigoplus_{i=1}^{3} M_i$ 是Noether模（Artin模）。依此进行下去，$\bigoplus_{i=1}^{n} M_i$ 是Noether模（Artin模）。

$\Leftarrow$：由式（6-1-1）和命题6-1-5知 M_n 和 $\bigoplus_{i=1}^{n-1} M_i$ 都是Noether模（Artin模）。利用这一结论可得 M_{n-1} 和 $\bigoplus_{i=1}^{n-2} M_i$ 都是Noether模（Artin模）。依此进行下去，M_i（$1 \leqslant i \leqslant n$）都是Noether模（Artin模）。证毕。

命题6-1-8 设 A 是Noether环（Artin环），M 是有限生成 A-模，那么 M 是Noether模（Artin模）。

证明 根据命题2-5-11，$M \cong A^n/N$，其中 N 是 A^n 的子模。由命题6-1-7知 $A^n = \bigoplus_{i=1}^{n} A$ 是Noether模（Artin模）。由命题6-1-6知 M 是Noether模（Artin模）。证毕。

定义6-1-3 单模（simple module） 若模 M 的子模都是平凡的（即子模只有0和 M），则称 M 是单模。

命题6-1-9 设 N 是 M 的真子模（$N \subsetneq M$），则

$$\text{存在子模} M' \text{满足} N \subsetneq M' \subsetneq M \Leftrightarrow M/N \text{不是单模。}$$

证明 由定理2-2-1可得。证毕。

定义6-1-4 子模链（submodule chain） 若 M 的子模序列 $\{M_i\}_{0 \leqslant i \leqslant n}$ 满足

$$M = M_0 \supsetneq M_1 \supsetneq \cdots \supsetneq M_n = 0,$$

则称 $\{M_i\}_{0 \leqslant i \leqslant n}$ 是模 M 的子模链。链的长度是 n（"连接"数）。

定义6-1-5 合成列（composition series） M 的合成列是它的一个极大子模链，即任何其他的子模都不能插入该链中。

由命题6-1-9可得命题6-1-10。

命题6-1-10 设 $\{M_i\}_{0 \leqslant i \leqslant n}$ 是 M 的子模链，则

$\{M_i\}_{0\leqslant i\leqslant n}$ 是 M 的合成列 $\Leftrightarrow M_{i-1}/M_i$ （$1\leqslant i\leqslant n$）都是单模。

命题6-1-11　用 $l(M)$ 表示模 M 的合成列的最小长度。如果 M 没有合成列，就令 $l(M)=\infty$。

（1）设 N 是 M 的子模，那么 $N\subsetneq M\Rightarrow l(N)<l(M)$。

（2）M 中任何子模链的长度不大于 $l(M)$。

（3）如果 M 有合成列，那么 M 的所有合成列具有相同长度（因此 $l(M)$ 是 M 的任意合成列的长度），M 的每个链都能扩充成一个合成列。

证明　（1）令 $\{M_i\}_{0\leqslant i\leqslant l(M)}$ 是 M 的合成列。考虑 N 的子模 $N_i=N\cap M_i$，则由定理2-3-1可得

$$\frac{N_{i-1}}{N_i}=\frac{N\cap M_{i-1}}{N\cap M_i}=\frac{N\cap M_{i-1}}{(N\cap M_{i-1})\cap M_i}\cong\frac{N\cap M_{i-1}+M_i}{M_i}\subseteq\frac{M_{i-1}}{M_i},$$

即 N_{i-1}/N_i 同构于 M_{i-1}/M_i 的一个子模。根据命题6-1-10知，M_{i-1}/M_i 是单模，所以可得

$$N_{i-1}/N_i\cong M_{i-1}/M_i \text{ 或 } N_{i-1}=N_i。$$

去掉 $\{N_i\}_{0\leqslant i\leqslant l(M)}$ 中的重复项，我们就得到 N 的一个合成列 $\{\tilde{N}_i\}$，显然它的长度不大于 $l(M)$，所以 $l(N)\leqslant l(M)$。如果 $l(N)=l(M)=n$，那么 $\{N_i\}_{0\leqslant i\leqslant n}$ 中没有重复项，可得

$$N_{i-1}/N_i\cong M_{i-1}/M_i\quad (i=1,\ \cdots,\ n)。$$

有 $N_n=M_n=0$，而 $N_{n-1}/N_n\cong M_{n-1}/M_n$，即 $N_{n-1}\cong M_{n-1}$，而 $N_{n-1}\subseteq M_{n-1}$，所以 $N_{n-1}=M_{n-1}$。依次进行下去可得 $N_0=M_0$，即 $N=M$，矛盾，所以 $l(N)<l(M)$。

（2）设 $\{M_i\}_{0\leqslant i\leqslant n}$ 是 M 的子模链，则由（1）知

$$0=l(M_n)<l(M_{n-1})<\cdots<l(M_0)=l(M),$$

所以 $l(M_{n-1})\geqslant 1$，$l(M_{n-2})\geqslant 2$，$\cdots$，$l(M)=l(M_0)\geqslant n$。

（3）考虑 M 的任意合成列，如果它有长度 n，那么根据（2）可知，$n\leqslant l(M)$。而 $l(M)$ 是 M 的合成列的最小长度，所以 $n\geqslant l(M)$，因此 $n=l(M)$，表明所有合成列具有相同长度。

对于 M 的任意子模链 $\{M_i\}_{0\leqslant i\leqslant n}$，如果 $n=l(M)$，假设它不是合成列，则可以插入子模得到一个新的长度大于 $l(M)$ 的子模链，这与（2）矛盾，所以它是合成列。如果 $n<l(M)$，则可以插入子模，直到长度等于 $l(M)$ 成为合成列。证毕。

命题6-1-12　模 M 有合成列 $\Leftrightarrow$ 模 M 满足a.c.c和d.c.c，或者 M 是有限长度模 $\Leftrightarrow$ 模 M 满足a.c.c和d.c.c。

证明　$\Rightarrow$：对于任意严格升（降）链，可加上适当的0和 M 得到一个新的严格升

(降) 链 [注 (定义6-1-2b)]。根据命题6-1-11 (2) 可知，M 中任何子模链具有有限长度，所以该严格升 (降) 链是有限的。

$\Leftarrow$：令 $\mathbf{\Sigma}$ 是 M 的全部子模的集合。记 $M_0=M$，$\mathbf{\Sigma}_1=\mathbf{\Sigma}\backslash\{M_0\}$，由于 M 满足a.c.c，根据命题6-1-2，$\mathbf{\Sigma}_1$ 有极大元 M_1，当然 $M_1 \subsetneq M_0$，且没有中间子模。继续下去可构造出严格降链 $M_0 \supsetneq M_1 \supsetneq \cdots$，不能插入其他子模。由于 M 满足d.c.c，这个严格降链是有限的，从而是 M 的合成列。证毕。

定义6-1-6 有限长度模 (module of finite length) 满足a.c.c和d.c.c的模 (也就是有合成列的模) M 称为有限长度模。此时，M 的所有合成列具有相同的长度 $l(M)$ [命题6-1-11 (3)]，称为 M 的长度。

类似Jordan-Holder定理 (定理B-2) 有命题6-1-13。

命题6-1-13 设 $\{M_i\}_{0\leqslant i\leqslant n}$ 与 $\{M'_i\}_{0\leqslant i\leqslant n}$ 是 M 的任意两个合成列，那么在商模集合 $\{M_{i-1}/M_i\}_{1\leqslant i\leqslant n}$ 和 $\{M'_{i-1}/M'_i\}_{1\leqslant i\leqslant n}$ 之间存在一一对应，且对应的商模是同构的。

命题6-1-14 $l(M)$ 是在所有有限长度 A-模类上的一个加性函数 (定义2-6-3)。

证明 设有有限长度 A-模的正合列：

$$0 \to M' \xrightarrow{\alpha} M \xrightarrow{\beta} M'' \to 0,$$

记 $l(M')=n$，$l(M'')=m$。不妨设 M' 是 M 的子模，α 是包含同态，$M''=M/M'$，β 是自然同态 [注 (命题2-6-7)]。设有 M' 的一个合成列：

$$M'=M_0 \supsetneq M_1 \supsetneq \cdots \supsetneq M_n=0,$$

有 M'' 的一个合成列：

$$M/M'=M'_0/M' \supsetneq M'_1/M' \supsetneq \cdots \supsetneq M'_m/M'=0,$$

根据定理2-2-1有

$$M=M'_0 \supsetneq M'_1 \supsetneq \cdots \supsetneq M'_m=M',$$

且中间不能插入其他子模。显然

$$M=M'_0 \supsetneq M'_1 \supsetneq \cdots \supsetneq M'_m=M' \supsetneq M_1 \supsetneq \cdots \supsetneq M_n=0$$

是 M 的一个合成列，所以 $l(M)=n+m=l(M')+l(M'')$。证毕。

命题6-1-14′ 设 M 是有限长度模，M' 是 M 的子模，$M''=M/M'$，那么 M' 和 M'' 都是有限长度模，且 $l(M)=l(M')+l(M'')$。

命题6-1-15 设 V 是 k-向量空间 (k 是域)，则 V 是单模 $\Leftrightarrow \dim V=1$。

证明 线性空间的子模就是线性子空间 [注 (定义2-2-1 (3))]。根据命题B-5可知，V 的真子空间是维数比 V 小的子空间，所以结论成立。证毕。

命题6-1-16 设k是域，对于k-向量空间V，以下条件等价。

（1）有限维数。

（2）有限长度。

（3）a.c.c。

（4）d.c.c。

如果满足这些条件，则长度等于维数。

证明 （1）$\Rightarrow$（2）：记$\dim V=n$，$V_n=V$，令V_i（$i=0,\cdots,n-1$）是V的i维子空间（命题B-29），则有子模链：

$$V=V_n\supsetneq V_{n-1}\supsetneq\cdots\supsetneq V_0=0\text{。}$$

根据命题B-25可知，上述子模链中无法插入其他子模，所以是合成列，因此有

$$l(V)=\dim V\text{。}\tag{6-1-2}$$

（2）$\Rightarrow$（3），（2）$\Rightarrow$（4）：同命题6-1-12。

（3）$\Rightarrow$（1），（4）$\Rightarrow$（1）：假设V是无限维的，则V中有无限个线性无关的元素x_i（$i\geqslant 1$）。令V_n是由x_1，…，x_n张成的线性空间，则有无限严格升链$V_1\subsetneq V_2\subsetneq\cdots$，所以不满足a.c.c。令$V'_n$是由$x_n$，$x_{n+1}$，…张成的线性空间，则有无限严格降链$V'_1\supsetneq V'_2\supsetneq\cdots$，所以不满足d.c.c。证毕。

命题6-1-17 任何域k既是Noether环又是Artin环。

证明 k可看成一维k-向量空间，根据命题6-1-16知结论成立。证毕。

命题6-1-18 设$\mathfrak{a}_1$，…，$\mathfrak{a}_n$是环A的理想，则$M=\mathfrak{a}_1\cdots\mathfrak{a}_{n-1}/\mathfrak{a}_1\cdots\mathfrak{a}_n$是$A/\mathfrak{a}_n$-模。

证明 由理想的定义知$\mathfrak{a}_1\cdots\mathfrak{a}_{n-1}\mathfrak{a}_n\subseteq\mathfrak{a}_1\cdots\mathfrak{a}_{n-1}$。定义$A/\mathfrak{a}_n$和$M$的标量乘法：

$$(x+\mathfrak{a}_n)(y+\mathfrak{a}_1\cdots\mathfrak{a}_n)=xy+\mathfrak{a}_1\cdots\mathfrak{a}_n\text{。}$$

需要证明上式与代表元x，y的选择无关。

设$x+\mathfrak{a}_n=x'+\mathfrak{a}_n$。令$x'=x+a_n$，其中$a_n\in\mathfrak{a}_n$，则

$$(x'+\mathfrak{a}_n)(y+\mathfrak{a}_1\cdots\mathfrak{a}_n)=x'y+\mathfrak{a}_1\cdots\mathfrak{a}_n=(xy+\mathfrak{a}_1\cdots\mathfrak{a}_n)+(ya_n+\mathfrak{a}_1\cdots\mathfrak{a}_n),$$

由于$y\in\mathfrak{a}_1\cdots\mathfrak{a}_{n-1}$，所以$ya_n\in\mathfrak{a}_1\cdots\mathfrak{a}_n$，即$ya_n+\mathfrak{a}_1\cdots\mathfrak{a}_n=0$，于是可得

$$(x'+\mathfrak{a}_n)(y+{}_1\cdots\mathfrak{a}_n)=xy+\mathfrak{a}_1\cdots\mathfrak{a}_n\text{。}$$

设$y+\mathfrak{a}_1\cdots\mathfrak{a}_n=y'+\mathfrak{a}_1\cdots\mathfrak{a}_n$。令$y'=y+z$，其中$z\in\mathfrak{a}_1\cdots\mathfrak{a}_n$，则

$$(x+\mathfrak{a}_n)(y'+\mathfrak{a}_1\cdots\mathfrak{a}_n)=xy'+\mathfrak{a}_1\cdots\mathfrak{a}_n=(xy+\mathfrak{a}_1\cdots\mathfrak{a}_n)+(xz+\mathfrak{a}_1\cdots\mathfrak{a}_n),$$

显然$xz\in\mathfrak{a}_1\cdots\mathfrak{a}_n$，即$xz+\mathfrak{a}_1\cdots\mathfrak{a}_n=0$，于是可得

$$(x+\mathfrak{a}_n)(y'+\mathfrak{a}_1\cdots\mathfrak{a}_n)=xy+\mathfrak{a}_1\cdots\mathfrak{a}_n\text{。}$$

证毕。

命题6-1-19 设 A-模列 $M=M_0\supseteq M_1\supseteq\cdots\supseteq M_n=0$，则

M 满足a.c.c（d.c.c）$\Leftrightarrow M_{i-1}/M_i$（$i=1$，…，$n$）都满足a.c.c（d.c.c）。

证明 有正合列：

$$0\to M_i\xrightarrow{j}M_{i-1}\xrightarrow{\pi}M_{i-1}/M_i\to 0,\qquad(6\text{-}1\text{-}3)$$

其中，j 是包含同态，π 是自然同态。只需证明a.c.c情形。

设 $M=M_0$ 满足a.c.c。利用命题6-1-5，上式中取 $i=1$，则 M_1 和 M_0/M_1 都满足a.c.c；上式中取 $i=2$，则 M_2 和 M_1/M_2 都满足a.c.c。依此进行下去，M_{i-1}/M_i（$i=1$，…，n）都满足a.c.c。

设 M_{i-1}/M_i（$i=1$，…，n）都满足a.c.c。利用命题6-1-5，式（6-1-3）中取 $i=n$，则 M_{n-1} 满足a.c.c；取 $i=n-1$，则 M_{n-2} 满足a.c.c。依此进行下去，$M=M_0$ 满足a.c.c。证毕。

命题6-1-20 设环 A 的零理想是一些极大理想的乘积（这里 $\mathfrak{m}_i$ 可以有重复）：

$$0=\mathfrak{m}_1\cdots\mathfrak{m}_n,$$

那么

$$A\text{ 是Noether环}\Leftrightarrow A\text{ 是Artin环。}$$

证明 根据理想的定义有 $\mathfrak{m}_1\mathfrak{m}_2\subseteq\mathfrak{m}_1$，所以有理想链：

$$A\supsetneq\mathfrak{m}_1\supseteq\mathfrak{m}_1\mathfrak{m}_2\supseteq\cdots\supseteq\mathfrak{m}_1\cdots\mathfrak{m}_n=0。$$

$A/\mathfrak{m}_i$ 是域（定理1-4-2），由命题6-1-18知 $V_i=\mathfrak{m}_1\cdots\mathfrak{m}_{i-1}/\mathfrak{m}_1\cdots\mathfrak{m}_i$ 是 $A/\mathfrak{m}_i$-向量空间。由命题6-1-16知

$$V_i\text{ 满足a.c.c}\Leftrightarrow V_i\text{ 满足d.c.c。}$$

由命题6-1-19知

$$A\text{ 满足a.c.c}\Leftrightarrow A\text{ 满足d.c.c。}$$

证毕。

命题6-1-21 设 A 是Noether（Artin）局部环，$\mathfrak{m}$ 是 A 的极大理想，$\mathfrak{a}$ 是 A 的理想且 $\mathfrak{a}\subseteq\mathfrak{m}$，那么 $A/\mathfrak{a}$ 是Noether（Artin）局部环，它的极大理想是 $\mathfrak{m}/\mathfrak{a}$。

证明 由命题6-1-6′知 $A/\mathfrak{a}$ 是Noether（Artin）环。由命题1-4-22知 $\mathfrak{m}/\mathfrak{a}$ 是 $A/\mathfrak{a}$ 的唯一极大理想。证毕。

命题6-1-22 若 A 是Noether环，M 是有限生成 A-模，那么 M 的任意 A-子模 M' 是有限生成的Noether A-模。

证明 根据命题6-1-8可知，M 是Noether模。由命题6-1-3知 M 的任意 A-子模

M'是有限生成的。再由命题6-1-8知M'是Noether模。证毕。

命题6-1-23 设 M 是有限长度模，有 M 的子模链：

$$M=M_0\supseteq M_1\supseteq\cdots\supseteq M_n,$$

那么

$$l(M/M_n)=\sum_{i=1}^{n}l(M_{i-1}/M_i)。$$

证明 不妨设 $M=M_0\supsetneq M_1\supsetneq\cdots\supsetneq M_n$。若设 $M_{i-1}=M_i$，则 $l(M_{i-1}/M_i)=0$，只需删除 M_{i-1} 或 M_i 即可，不影响结果。

记 $l_i=l(M_{i-1}/M_i)$ （$1\leqslant i\leqslant n$）。设有 M_{i-1}/M_i 的合成列：

$$M_{i-1}/M_i=M_0^{(i)}/M_i\supsetneq M_1^{(i)}/M_i\supsetneq\cdots\supsetneq M_{l_i}^{(i)}/M_i=0，1\leqslant i\leqslant n。$$

由定理2-2-1知

$$M_{i-1}=M_0^{(i)}\supsetneq M_1^{(i)}\supsetneq\cdots\supsetneq M_{l_i}^{(i)}=M_i，1\leqslant i\leqslant n,$$

即

$$M=M_0^{(1)}\supsetneq\cdots\supsetneq M_{l_1}^{(1)}=M_1=M_0^{(2)}\supsetneq\cdots\supsetneq M_{l_2}^{(2)}=M_2=M_0^{(3)}\supsetneq\cdots\supsetneq M_{l_n}^{(n)}=M_n。$$

再由定理2-2-1有

$$\frac{M}{M_n}=\frac{M_0^{(1)}}{M_n}\supsetneq\cdots\supsetneq\frac{M_{l_1}^{(1)}}{M_n}=\frac{M_0^{(2)}}{M_n}\supsetneq\cdots\supsetneq\frac{M_{l_2}^{(3)}}{M_n}=\frac{M_0^{(3)}}{M_n}\supsetneq\cdots\supsetneq\frac{M_{l_n}^{(n)}}{M_n}=0。$$

这是 M/M_n 的合成列，所以 $l(M/M_n)=\sum_{i=1}^{n}l_i$。证毕。

命题6-1-24 设 M' 和 M'' 是 M 的子模，且 $M'\subsetneq M''$。若 $l(M/M')$ 有限，那么 $l(M/M')>l(M/M'')$。

证明 记 $l(M/M'')=n$。设 M/M'' 有合成列：

$$M/M''=M_0/M''\supsetneq M_1/M''\supsetneq\cdots\supsetneq M_n/M''=0,$$

由定理2-2-1知

$$M=M_0\supsetneq M_1\supsetneq\cdots\supsetneq M_n=M''\supsetneq M',$$

所以可得

$$M/M'=M_0/M'\supsetneq M_1/M'\supsetneq\cdots\supsetneq M_n/M'\supsetneq M'/M'=0,$$

所以 $l(M/M')>n$。证毕。

命题6-1-25 设 M 是有限长度模，M'是 M 的子模且 $M'\subsetneq M$，则 $l(M')<l(M)$。

命题6-1-26 设 M 和 N 是有限长度模，$L=M\oplus N$，那么 $l(L)=l(M)+l(N)$。

证明 记 $l(M)=m$，$l(N)=n$，有 M 和 N 的合成列：

$$M=M_0\underset{\neq}{\supset}M_1\underset{\neq}{\supset}\cdots\underset{\neq}{\supset}M_m=0,$$

$$N=N_0\underset{\neq}{\supset}N_1\underset{\neq}{\supset}\cdots\underset{\neq}{\supset}N_n=0。$$

则有 L 的合成列：

$$\begin{aligned}L&=M_0\oplus N\underset{\neq}{\supset}M_1\oplus N\underset{\neq}{\supset}\cdots\underset{\neq}{\supset}M_m\oplus N=0\oplus N\\&=0\oplus N_0\underset{\neq}{\supset}0\oplus N_1\underset{\neq}{\supset}\cdots\underset{\neq}{\supset}0\oplus N_n=0。\end{aligned}$$

所以 $l(L)=m+n$。证毕。

命题6-1-27 设有同态 f: $M\to N$，其中 M，N 是有限长度模：

（1） f 单 $\Rightarrow l(M)\leqslant l(N)$。

（2） f 满 $\Rightarrow l(M)\geqslant l(N)$。

证明 （1）有正合列 $0\to M\xrightarrow{f}N\xrightarrow{\pi}\mathrm{Coker}f\to 0$ ［命题2-6-15（1）］，由命题6-1-14可知 $l(N)=l(M)+l(\mathrm{Coker}f)$，所以 $l(N)\geqslant l(M)$。

（2）类似可证。证毕。

6.2 Noether环

定义6-2-1 Noether环 如果环 A 满足下面三个等价条件（见命题6-1-1和命题6-1-3），则称环 A 为Noether环。

（1） A 中每个非空理想集合有极大元。

（2） A 中每个理想升链是稳定的。

（3） A 中每个理想是有限生成的。

命题6-2-1 设 φ: $A\to B$ 是环同态，那么

$$A\text{是Noether环}\quad\Rightarrow\quad\varphi(A)\text{是Noether环。}$$

证明 根据定理1-2-2有 $A/\ker\varphi\cong\varphi(A)$。由命题6-1-6′知 $\varphi(A)$ 是Noether环。证毕。

命题6-2-2 设 $A\subseteq B$ 都是环。若 A 是Noether环，且 B 作为 A-模是有限生成的，那么 B 是Noether环。

证明 由命题6-1-8知 B 是Noether A-模。对于 B 的任意理想 $\mathfrak{a}$（B 作为 B-模的子模）有 $A\mathfrak{a}\subseteq B\mathfrak{a}\subseteq\mathfrak{a}$，也就是说 $\mathfrak{a}$ 也是 B 作为 A-模的子模。根据注（定义6-1-2）(2) 知 B 是Noether B-模，也就是Noether环。证毕。

命题6-2-3 设 S 是环 A 的乘法封闭子集，则

$$A\text{是Noether环} \Rightarrow S^{-1}A\text{是Noether环。}$$

证明 由命题3-3-5（1）知 $S^{-1}A$ 中的理想具有形式 $S^{-1}\mathfrak{a}$，其中，$\mathfrak{a}$是 A 的理想。由于 A 是Noether环，所以$\mathfrak{a}$是有限生成的。由命题3-1-29知 $S^{-1}\mathfrak{a}$ 是有限生成的，所以 $S^{-1}A$ 是Noether环。证毕。

命题6-2-3′ 设$\mathfrak{p}$是环 A 的素理想，则

$$A\text{是Noether环} \Rightarrow A_{\mathfrak{p}}\text{是Noether环。}$$

定理6-2-1 Hilbert基定理

$$A\text{是Noether环} \Rightarrow \text{多项式环} A[x_1, \cdots, x_n]\text{是Noether环。}$$

证明 只需证明 $A[x]$ 是Noether环，而 $A[x_1, \cdots, x_n]=A[x_1, \cdots, x_{n-1}][x_n]$，递推可知 $A[x_1, \cdots, x_n]$ 是Noether环。

设$\mathfrak{J}$是 $A[x]$ 的一个理想，证明$\mathfrak{J}$是有限生成的。

由命题1-2-26知$\mathfrak{J}$中所有多项式的首项系数的集合$\mathfrak{a}$是 A 的理想。由于 A 是Noether环，所以$\mathfrak{a}$是有限生成的，设

$$\mathfrak{a}=(a_1, \cdots, a_n),$$

其中，a_i 是 $f_i\in\mathfrak{J}$的首项系数：

$$f_i(x)=a_ix^{r_i}+\text{低次项}，\quad i=1, \cdots, n\text{。}$$

令

$$r=\max_{1\leqslant i\leqslant n} r_i,$$

$$\mathfrak{J}'=(f_1, \cdots, f_n)\subseteq\mathfrak{J}\text{。}$$

任取 $f\in\mathfrak{J}$，$\deg f=m$，

$$f(x)=ax^m+\text{低次项},$$

有 $a\in\mathfrak{a}$。如果 $m\geqslant r$，设

$$a=\sum_{i=1}^n u_ia_i, \quad u_i\in A,$$

令

$$h_1(x)=\sum_{i=1}^n u_ix^{m-r_i}f_i(x)\in\mathfrak{J}',$$

它的首项正是 ax^m。令

$$g_1(x)=f(x)-h_1(x)\in\mathfrak{J},$$

则

$$\deg g_1<m\text{。}$$

对于 $g_1\in\mathfrak{J}$，重复上述过程，最终得到次数小于 r 的多项式 $g=f-h\in\mathfrak{J}$，即有

$$f=g+h,\ g\in\mathfrak{J},\ h\in\mathfrak{J}',\ \deg g<r。\tag{6-2-1}$$

用 $\mathfrak{M}$ 表示 $A[x]$ 中次数小于 r 的一元多项式全体组成的集合，它是一个 A-模。显然式（6-2-1）中 $g\in\mathfrak{J}\cap\mathfrak{M}$，所以 $\mathfrak{J}\subseteq\mathfrak{J}\cap\mathfrak{M}+\mathfrak{J}'$。显然 $\mathfrak{J}\cap\mathfrak{M}+\mathfrak{J}'\subseteq\mathfrak{J}$，所以可得

$$\mathfrak{J}=\mathfrak{J}\cap\mathfrak{M}+\mathfrak{J}'。$$

其中，$\mathfrak{M}$ 是有限生成的 A-模，$\mathfrak{M}=(1,\ x,\ \cdots,\ x^{r-1})$。根据命题6-1-8可知，$\mathfrak{M}$ 是Noether模。根据命题6-1-3可知，$\mathfrak{J}\cap\mathfrak{M}$（作为 A-模）是有限生成的。设 $s_1,\ \cdots,\ s_m$ 生成 $\mathfrak{J}\cap\mathfrak{M}$，而 $f_1,\ \cdots,\ f_n$ 生成 $\mathfrak{J}'$，所以 $s_1,\ \cdots,\ s_m,\ f_1,\ \cdots,\ f_n$ 生成 $\mathfrak{J}$。因此 $A[x]$ 是Noether环。证毕。

定理6-2-1′ Hilbert基定理 若 A 是Noether环，B 是有限生成 A-代数，那么 B 是Noether环。

特别地，有限生成环（有限生成 Z-代数）是Noether环，域上的有限生成代数是Noether环。

证明 有 $\alpha_1,\ \cdots,\ \alpha_n\in B$，使得 $B=A[\alpha_1,\ \cdots,\ \alpha_n]$，其中 A 与 B 的乘法由纯量局限定义。有满同态：

$$\varphi:\ A[x_1,\ \cdots,\ x_n]\to B,\quad f(x_1,\ \cdots,\ x_n)\mapsto f(\alpha_1,\ \cdots,\ \alpha_n)。$$

由定理6-2-1知 $A[x_1,\cdots,x_n]$ 是Noether环，由命题6-2-1知 B 是Noether环。

由例6-1-1（2）知 Z 是Noether环，所以有限生成环是Noether环。由命题6-1-17知域是Noether环，所以域上的有限生成代数是Noether环。证毕。

命题6-2-4 设 $A\subseteq B\subseteq C$ 都是环，A 是Noether环，C 是有限生成 A-代数，若 C 满足以下等价条件，那么 B 是有限生成 A-代数。

（1）C 是有限生成 B-模。

（2）C 在 B 上整。

证明 设有 $x_1,\ \cdots,\ x_m\in C$，使得

$$C=A[x_1,\ \cdots,\ x_m]。$$

由 $A\subseteq B\subseteq C$ 可得 $C\subseteq B[x_1,\ \cdots,\ x_m]\subseteq C$，即

$$C=B[x_1,\ \cdots,\ x_m]。$$

（1）⇒（2）：设 $x\in C$，有 $B[x]\subseteq C$，根据命题5-1-5（1）（3）知 x 在 B 上整。

（2）⇒（1）：由 $C=B[x_1,\ \cdots,\ x_m]$ 和命题5-1-6可得。

下面设 C 是有限生成 B-模，即有 $y_1,\ \cdots,\ y_n\in C$，使得

$$C=By_1+\cdots+By_n。$$

设

$$x_i = \sum_j b_{ij} y_j，\ b_{ij} \in B。\tag{6-2-2}$$

$$y_i y_j = \sum_k b_{ijk} y_k，\ b_{ijk} \in B。\tag{6-2-3}$$

令 B_0 是由 b_{ij} 和 b_{ijk} 生成的 A-代数：

$$B_0 = A\left[\{b_{ij}，\ b_{ijk}\}\right]。$$

由定理6-2-1′知 B_0 是Noether环，且

$$A \subseteq B_0 \subseteq B \subseteq C。$$

由 $C = A[x_1，\cdots，x_m]$ 知 C 中的任何元素 c 是系数在 A 中的 x_i 的多项式（命题5-1-4）：

$$c = \sum_{i_1,\cdots,i_m} a_{i_1\cdots i_m} x_1^{i_1} \cdots x_m^{i_m}，\ a_{i_1\cdots i_m} \in A。$$

将式（6-2-2）和式（6-2-3）代入上式可得

$$c = \sum_j b_j y_j，\ b_j \in B_0。$$

这表明 C 是有限生成 B_0-模。由于 B_0 是Noether环（前面已证），所以 C 是Noether B_0-模（命题6-1-8）。B 是 C 的 B_0-子模，根据命题6-1-3知 B 是有限生成 B_0-模。而 B_0 是有限生成 A-代数，所以 B 是有限生成 A-代数（命题2-10-5）。证毕。

命题6-2-5　设 k 是域，E 是有限生成 k-代数。如果 E 是域，那么 E 是 k 的有限代数扩张。

证明　令 $E = k[x_1，\cdots，x_n]$。如果 E 在 k 上不是代数的，那么可以重排 x_i，使得 $x_1，\cdots，x_r$（$r \geqslant 1$）在 k 上是代数无关的，$x_{r+1}，\cdots，x_n$ 在域 $F = k(x_1，\cdots，x_r)$ 上是代数的。因此 E 是 F 的有限代数扩张，E 作为 F-模是有限生成的。对于 $k \subseteq F \subseteq E$，应用命题6-2-4，可得 F 是有限生成 k-代数。记 $F = k[y_1，\cdots，y_s]$。每个 y_j 具有形式 f_j/g_j，其中 f_j 和 g_j 是 $x_1，\cdots，x_r$ 的多项式。

现在，在环 $k[x_1，\cdots，x_r]$ 中存在无穷多个不可约多项式（采用欧几里得的关于存在无穷多个素数的证明）。因此存在一个与每个 g_j 都互素的不可约多项式 h（例如，$g_1 \cdots g_s + 1$ 的一个不可约因式就是这样一个 h），于是 F 的元素 h^{-1} 不可能是 g_j 的多项式。矛盾。因此 E 在 k 上是代数的，于是 E 是 k 的有限代数扩张。证毕。

命题6-2-6　设 k 是域，A 是有限生成 k-代数，$\mathfrak{m}$ 是 A 的一个极大理想，那么 $A/\mathfrak{m}$ 是 k 的有限代数扩张。

特别地，如果 k 是代数闭的，那么 $A/\mathfrak{m} \cong k$。

证明　令 $E = A/\mathfrak{m}$，它是有限生成 k-代数（命题2-10-6）。E 是域（定理1-4-2），由命题6-2-5知 E 是 k 的有限代数扩张。如果 k 是代数闭的，则由命题B-41（4）知

$A/\mathfrak{m}\cong k$。证毕。

6.3 Noether环中的准素分解

定义 6-3-1 不可约理想（irreducible ideal） 理想$\mathfrak{a}$叫作不可约的，如果$\mathfrak{a}=\mathfrak{b}\cap\mathfrak{c}$ $\Rightarrow$（$\mathfrak{a}=\mathfrak{b}$或$\mathfrak{a}=\mathfrak{c}$），也就是

$$\mathfrak{a}\text{不可约}\ \Leftrightarrow\ (\mathfrak{a}=\mathfrak{b}\cap\mathfrak{c}\ \Rightarrow\ (\mathfrak{a}=\mathfrak{b}\text{或}\mathfrak{a}=\mathfrak{c})),\tag{6-3-1}$$

或

$$\mathfrak{a}\text{不可约}\ \Leftrightarrow\ ((\mathfrak{a}=\mathfrak{b}\cap\mathfrak{c},\ \mathfrak{a}\neq\mathfrak{b})\ \Rightarrow\mathfrak{a}=\mathfrak{c}),\tag{6-3-2}$$

或

$$\mathfrak{a}\text{可约}\ \Leftrightarrow（\text{存在}\mathfrak{b},\ \mathfrak{c},\ \text{使得}\mathfrak{a}=\mathfrak{b}\cap\mathfrak{c},\ \mathfrak{a}\subsetneq\mathfrak{b},\ \mathfrak{a}\subsetneq\mathfrak{c}）。\tag{6-3-3}$$

注（定义 6-3-1）(1) 是不可约的。

命题 6-3-1 设$\mathfrak{a}$是A的理想，则

$$\mathfrak{a}\text{不可约}\ \Leftrightarrow\ A/\mathfrak{a}\text{ 的零理想不可约。}$$

证明 根据定理1-2-1和命题1-2-10有

$$\begin{aligned}\mathfrak{a}\text{不可约}&\Leftrightarrow(\mathfrak{a}=\mathfrak{b}\cap\mathfrak{c}\Rightarrow(\mathfrak{a}=\mathfrak{b}\text{或}\mathfrak{a}=\mathfrak{c}))\\&\Leftrightarrow((0=(\mathfrak{b}/\mathfrak{a})\cap(\mathfrak{c}/\mathfrak{a})\ \Rightarrow(\mathfrak{b}/\mathfrak{a}=0\text{或}\mathfrak{c}/\mathfrak{a}=0))\\&\Leftrightarrow A/\mathfrak{a}\text{ 的零理想不可约。}\end{aligned}$$

证毕。

引理 6-3-1 在Noether环A中，每个理想是有限个不可约理想的交。

证明 记

$$\boldsymbol{\Sigma}_0=\{\mathfrak{a}\mid\mathfrak{a}\text{是}A\text{的理想，}\mathfrak{a}\text{不是有限个不可约理想的交}\}。$$

如果引理不成立，则$\boldsymbol{\Sigma}_0$非空，由于A是Noether环，所以$\boldsymbol{\Sigma}_0$中有极大元$\mathfrak{a}$。显然$\mathfrak{a}$可约（否则$\mathfrak{a}\notin\boldsymbol{\Sigma}_0$），根据式（6-3-3），有$\mathfrak{b}$，$\mathfrak{c}$使得

$$\mathfrak{a}=\mathfrak{b}\cap\mathfrak{c},\ \mathfrak{a}\subsetneq\mathfrak{b},\ \mathfrak{a}\subsetneq\mathfrak{c}。$$

由于$\mathfrak{a}$是$\boldsymbol{\Sigma}_0$的极大元，所以$\mathfrak{b}$，$\mathfrak{c}\notin\boldsymbol{\Sigma}_0$，即$\mathfrak{b}$，$\mathfrak{c}$是有限个不可约理想的交，从而$\mathfrak{a}$也是有限个不可约理想的交，这与$\mathfrak{a}\in\boldsymbol{\Sigma}_0$矛盾。证毕。

命题 6-3-2 在Noether环中，如果零理想不可约，那么零理想是准素的。

证明 设

$$xy=0，y\neq 0。$$

根据式（4-1-2），需证 $x\in\sqrt{0}$。

有理想链

$$\operatorname{Ann}(x)\subseteq\operatorname{Ann}(x^2)\subseteq\cdots,$$

根据a.c.c有

$$\operatorname{Ann}(x^n)=\operatorname{Ann}(x^{n+1})=\cdots。$$

设 $a\in(x^n)\cap(y)$。有 $a=cy$，所以 $ax=cxy=0$。有 $a=bx^n$，所以 $bx^{n+1}=ax=0$，表明 $b\in\operatorname{Ann}(x^{n+1})$，从而 $b\in\operatorname{Ann}(x^n)$，即 $bx^n=0$，也就是 $a=0$，表明

$$0=(x^n)\cap(y)。$$

由于零理想不可约，且 $(y)\neq 0$，由式（6-3-2）得 $(x^n)=0$，所以 $x^n=0$，即 $x\in\sqrt{0}$。证毕。

引理6-3-2 在Noether环 A 中，每个不等于(1)的不可约理想是准素的。

证明 设 $\mathfrak{q}\neq(1)$ 是 A 的不可约理想。根据命题6-1-6′可知，$A/\mathfrak{q}$ 是Noether环。由命题6-3-1知 $A/\mathfrak{q}$ 的零理想不可约。由命题6-3-2知 $A/\mathfrak{q}$ 的零理想准素。由命题4-1-5知 $\mathfrak{q}$ 准素。证毕。

由引理6-3-1和引理6-3-2可得定理6-3-1。

定理6-3-1 在Noether环中，每个不等于(1)的理想有准素分解。

命题6-3-3 在Noether环 A 中，每个理想 $\mathfrak{a}$ 包含它的根的一个幂，即 $m>0$，使得

$$\sqrt{\mathfrak{a}}^{\,m}\subseteq\mathfrak{a}。$$

证明 A 的任意理想是有限生成的，设 x_1，…，$x_k\in\sqrt{\mathfrak{a}}$ 是 $\sqrt{\mathfrak{a}}$ 的生成元，

$$x_i^{n_i}\in\mathfrak{a}，n_i>0，i=1，\cdots，k。$$

记

$$m=\sum_{i=1}^{k}n_i>0,$$

对于 $\forall y\in\sqrt{\mathfrak{a}}^{\,m}$，有

$$y=\sum_s y_1^{(s)}\cdots y_m^{(s)}，y_i^{(s)}\in r(\mathfrak{a})。$$

由于 x_1，…，x_k 是 $\sqrt{\mathfrak{a}}$ 的生成元，所以有

$$y_i^{(s)}=\sum_{j=1}^{k}a_{i,j}^{(s)}x_j，a_{i,j}^{(s)}\in A,$$

所以可得

$$y=\sum_{s}\prod_{i=1}^{m}\left(\sum_{j=1}^{k}a_{i,j}^{(s)}x_j\right)=\sum_{s}\sum_{r_1+\cdots+r_k=m}a_{r_1,\cdots,r_k}^{(s)}x_1^{r_1}\cdots x_k^{r_k}。$$

如果 $x_1^{r_1}\cdots x_k^{r_k}$ 中所有的 $r_i<n_i$，那么 $m=\sum_{i=1}^{k}r_i<\sum_{i=1}^{k}n_i=m$，矛盾，所以至少有一个 $r_i\geqslant n_i$，从而 $x_i^{r_i}\in\mathfrak{a}$，于是 $y\in\mathfrak{a}$。这证明了 $\sqrt{\mathfrak{a}}^{m}\subseteq\mathfrak{a}$。证毕。

命题6-3-4 在Noether环中，小根是幂零的，即有 $m>0$，使得 $\mathfrak{N}^m=0$。

证明 在命题6-3-3中取 $\mathfrak{a}=0$，则有 $\sqrt{0}^{m}=0$，而 $\mathfrak{N}=\sqrt{0}$ ［注（定义1-6-7）］。证毕。

命题6-3-5 设 A 是Noether环，$\mathfrak{m}$ 是 A 的一个极大理想，$\mathfrak{q}$ 是 A 的任一个理想。下面的条件是等价的。

（1）$\mathfrak{q}$ 是 $\mathfrak{m}$-准素的。

（2）$\sqrt{\mathfrak{q}}=\mathfrak{m}$。

（3）存在 $n>0$，使得 $\mathfrak{m}^n\subseteq\mathfrak{q}\subseteq\mathfrak{m}$。

证明 （1）⇒（2）定义4-1-2。

（2）⇒（1）命题4-1-7。

（2）⇒（3）：有 $\mathfrak{m}=\sqrt{\mathfrak{q}}\supseteq\mathfrak{q}$ ［命题1-6-21（2）］，根据命题6-3-3有 $\mathfrak{q}\supseteq\sqrt{\mathfrak{q}}^{n}=\mathfrak{m}^n$。

（3）⇒（2）：根据命题1-6-21（1）有

$$\sqrt{\mathfrak{m}^n}\subseteq\sqrt{\mathfrak{q}}\subseteq\sqrt{\mathfrak{m}}。$$

根据命题1-6-21（7）有 $\sqrt{\mathfrak{m}^n}=\sqrt{\mathfrak{m}}=\mathfrak{m}$，所以上式为 $\sqrt{\mathfrak{q}}=\mathfrak{m}$。证毕。

命题6-3-6 在Noether环 A 中，设零理想有既约准素分解 $0=\bigcap_{i=1}^{n}\mathfrak{q}_i$，记 $\mathfrak{p}_i=\sqrt{\mathfrak{q}_i}$（$i=1$，…，$n$），那么

$$\{\mathfrak{p}_i\}_{1\leqslant i\leqslant n}=\{\mathrm{Ann}(x)\}_{x\in A}\bigcap\mathrm{Spec}(A)。$$

证明 令

$$\mathfrak{a}_i=\bigcap_{j\neq i}\mathfrak{q}_j,$$

则

$$\mathfrak{a}_i\bigcap\mathfrak{q}_i=0。$$

由于 $\mathfrak{a}_i\not\subseteq\mathfrak{q}_i$（既约分解的定义），所以 $\mathfrak{a}_i\neq0$。对于 $\forall x\in\mathfrak{a}_i\backslash\{0\}$，由以上两式知 $x\in\mathfrak{q}_j$（$j\neq i$），$x\notin\mathfrak{q}_i$，根据定理4-1-1（第一唯一性定理）可知，式（4-1-8）有

$$\sqrt{\mathrm{Ann}(x)}=\sqrt{(0:x)}=\bigcap_{x\notin\mathfrak{q}_j}\mathfrak{p}_j=\mathfrak{p}_i,$$

根据命题1-6-21（2）有

$$\mathrm{Ann}(x)\subseteq\sqrt{\mathrm{Ann}(x)}=\mathfrak{p}_i,\ \forall x\in\mathfrak{a}_i\backslash\{0\}。\tag{6-3-4}$$

根据命题6-3-3，存在 $m>0$，使得 $\sqrt{\mathfrak{q}_i}^m\subseteq\mathfrak{q}_i$，即 $\mathfrak{p}_i^m\subseteq\mathfrak{q}_i$。由命题1-6-4可得

$$\mathfrak{a}_i\mathfrak{p}_i^m\subseteq\mathfrak{a}_i\cap\mathfrak{p}_i^m\subseteq\mathfrak{a}_i\cap\mathfrak{q}_i=0。$$

设 $m>0$ 是使上式成立的最小整数，即 $\mathfrak{a}_i\mathfrak{p}_i^{m-1}\neq 0$。取 $x\in\mathfrak{a}_i\mathfrak{p}_i^{m-1}\backslash\{0\}$，则 $x_i\mathfrak{p}_i\subseteq\mathfrak{a}_i\mathfrak{p}_i^m=0$，表明 $\mathfrak{p}_i\subseteq\mathrm{Ann}(x)$。由理想的定义知 $\mathfrak{a}_i\mathfrak{p}_i^{m-1}\subseteq\mathfrak{a}_i$，即 $x\in\mathfrak{a}_i\backslash\{0\}$，由式（6-3-4）知 $\mathrm{Ann}(x)\subseteq\mathfrak{p}_i$，所以 $\mathfrak{p}_i=\mathrm{Ann}(x)$。这证明了

$$\{\mathfrak{p}_i\}_{1\leqslant i\leqslant n}\subseteq\{\mathrm{Ann}(x)\}_{x\in A}\cap\mathrm{Spec}(A)。$$

设 $\mathfrak{p}\in\{\mathrm{Ann}(x)\}_{x\in A}\cap\mathrm{Spec}(A)$，即 $\mathfrak{p}=\mathrm{Ann}(x)$（$x\in A$）是素理想。根据命题1-6-21（7）有 $\mathfrak{p}=\sqrt{\mathfrak{p}}=\sqrt{\mathrm{Ann}(x)}=\sqrt{(0:x)}$，由定理4-1-1（第一唯一性定理）知 $\mathfrak{p}\in\{\mathfrak{p}_i\}_{1\leqslant i\leqslant n}$。所以可得

$$\{\mathrm{Ann}(x)\}_{x\in A}\cap\mathrm{Spec}(A)\subseteq\{\mathfrak{p}_i\}_{1\leqslant i\leqslant n}。$$

证毕。

命题6-3-7　设 $\mathfrak{a}\neq(1)$ 是Noether环 A 的理想。设 $\mathfrak{a}$ 有既约准素分解 $\mathfrak{a}=\bigcap_{i=1}^{n}\mathfrak{q}_i$，记 $\mathfrak{p}_i=\sqrt{\mathfrak{q}_i}$（$i=1,\cdots,n$），那么

$$\{\mathfrak{p}_i\}_{1\leqslant i\leqslant n}=\{(\mathfrak{a}:x)\}_{x\in A}\cap\mathrm{Spec}(A)。$$

也就是说属于 $\mathfrak{a}$ 的素理想恰是在理想集合 $\{(\mathfrak{a}:x)\}_{x\in A}$ 中出现的素理想。

证明　根据命题6-1-6′可知，$A/\mathfrak{a}$ 是Noether环。根据命题4-1-13可知，$A/\mathfrak{a}$ 中的零理想有既约准素分解：

$$0=\bigcap_{i=1}^{n}\bar{\mathfrak{q}}_i。$$

其中，$\bar{\mathfrak{q}}_i=\mathfrak{q}_i/\mathfrak{a}$，而 $\sqrt{\bar{\mathfrak{q}}_i}=\bar{\mathfrak{p}}_i=\mathfrak{p}_i/\mathfrak{a}$（$i=1,\cdots,n$）是属于零理想的素理想。根据命题6-3-6有

$$\{\bar{\mathfrak{p}}_i\}_{1\leqslant i\leqslant n}=\{(0:\bar{x})\}_{\bar{x}\in A/\mathfrak{a}}\cap\mathrm{Spec}(A/\mathfrak{a})。$$

根据命题1-6-52有

$$\{\mathfrak{p}_i/\mathfrak{a}\}_{1\leqslant i\leqslant n}=\{(\mathfrak{a}:x)/\mathfrak{a}\}_{x\in A}\cap\mathrm{Spec}(A/\mathfrak{a})。$$

而 $A/\mathfrak{a}$ 中的素理想与 A 中包含 $\mathfrak{a}$ 的素理想是一一对应的（命题1-4-21），所以结论成立。证毕。

6.4 Artin环

定义6-4-1 Artin环 Artin环是满足理想d.c.c和极小条件的环。

命题6-4-1 Artin整环是域。

证明 设 A 是Artin整环。$\forall x\in A\backslash\{0\}$，有 A 中的降链 $(x)\supseteq(x^2)\supseteq\cdots$（命题1-2-15），根据d.c.c有 $(x^n)=(x^{n+1})=\cdots$。因此 $x^n\in(x^{n+1})$，即有 $x^n=yx^{n+1}$（$y\in A$），从而 $x^n(1-yx)=0$。由于 $x^n\neq 0$（命题1-3-18），所以 $1-yx=0$［注（定义1-3-2）］，即 x 可逆，因此 A 是域。证毕。

命题6-4-2 在Artin环中，素理想=极大理想。

证明 由命题1-4-7知极大理想是素理想，只需证Artin环 A 中素理想是极大理想。设 $\mathfrak{p}$ 是 A 的素理想。令 $B=A/\mathfrak{p}\neq 0$，由定理1-4-1和命题6-1-6′知 B 是Artin整环。由命题6-4-1知 B 是域，所以 $\mathfrak{p}$ 是极大理想（定理1-4-2）。证毕。

命题6-4-3 Artin环中，小根＝大根。

证明 小根是所有素理想的交（命题1-5-3），大根是所有极大理想的交（定义1-5-2），由命题6-4-2可得结论。证毕。

命题6-4-4 Artin环中只有有限个极大理想（素理想）。

证明 令 $\boldsymbol{\Sigma}_0$ 是所有能表示成有限个极大理想交的理想的集合，即

$$\boldsymbol{\Sigma}_0=\{\mathfrak{m}_1\cap\cdots\cap\mathfrak{m}_r|\mathfrak{m}_i\text{是极大理想，}1\leqslant i\leqslant r,\ r>0\}。$$

由于环总有极大理想（定理1-4-3），所以 $\boldsymbol{\Sigma}_0$ 非空。由于Artin环满足极小条件，所以 $\boldsymbol{\Sigma}_0$ 中有极小元 $\mathfrak{m}_1\cap\cdots\cap\mathfrak{m}_n$。对于任一极大理想 $\mathfrak{m}$，显然 $\mathfrak{m}\cap\mathfrak{a}\in\boldsymbol{\Sigma}_0$，由极小性知 $\mathfrak{m}\cap\mathfrak{a}\supseteq\mathfrak{a}$，因此

$$\mathfrak{m}\supseteq\mathfrak{m}\cap\mathfrak{a}\supseteq\mathfrak{a}=\mathfrak{m}_1\cap\cdots\cap\mathfrak{m}_n。$$

由命题1-6-14（2）知存在 $1\leqslant i\leqslant n$，使得 $\mathfrak{m}\supseteq\mathfrak{m}_i$。由于 $\mathfrak{m}_i$ 和 $\mathfrak{m}$ 都是极大理想，所以 $\mathfrak{m}=\mathfrak{m}_i$。这表明 $\mathfrak{m}_1$，…，$\mathfrak{m}_n$ 就是全部极大理想。证毕。

命题6-4-5 Artin环中小根幂零。

证明 根据理想的定义有降链 $\mathfrak{N}\supseteq\mathfrak{N}^2\supseteq\cdots$，根据d.c.c有

$$\mathfrak{a}=\mathfrak{N}^n=\mathfrak{N}^{n+1}=\cdots。$$

显然

$$\mathfrak{a}^2=\mathfrak{N}^{2n}=\mathfrak{a}。$$

假设 $\mathfrak{a}\neq 0$，令

$$\Sigma_0=\{\mathfrak{b}\mid\mathfrak{b}\text{是理想，}\mathfrak{a}\mathfrak{b}\neq 0\},$$

由于$\mathfrak{a}^2=\mathfrak{a}\neq 0$，所以$\mathfrak{a}\in\Sigma_0$，即$\Sigma_0$非空。由于Artin环满足极小条件，所以$\Sigma_0$中有极小元$\mathfrak{c}$。有$\mathfrak{a}\mathfrak{c}\neq 0$，所以存在$x\in\mathfrak{c}$，使得

$$x\mathfrak{a}\neq 0。\tag{6-4-1}$$

由于$(x)\mathfrak{a}\supseteq x\mathfrak{a}$，所以$(x)\mathfrak{a}\neq 0$，因而$(x)\in\Sigma_0$。由于$x\in\mathfrak{c}$，所以$(x)\subseteq\mathfrak{c}$，由$\mathfrak{c}$的极小性知

$$(x)=\mathfrak{c}。$$

有$(x\mathfrak{a})\mathfrak{a}=x\mathfrak{a}^2=x\mathfrak{a}\neq 0$，所以$x\mathfrak{a}\in\Sigma_0$。$x\mathfrak{a}$中的元素为$xa\in(x)$（$a\in\mathfrak{a}$），表明$x\mathfrak{a}\subseteq(x)=\mathfrak{c}$。由$\mathfrak{c}$的极小性知$x\mathfrak{a}=(x)$。于是$x\in(x)=x\mathfrak{a}$，即有$y\in\mathfrak{a}$，使得$x=xy$。因此有$xy^i=xy^{i+1}$，即

$$x=xy=xy^2=xy^3=\cdots。$$

而$y\in\mathfrak{a}=\mathfrak{N}^n\subseteq\mathfrak{N}$，即$y$是幂零元，所以有$y^k=0$，因此$x=xy^k=0$，这与式（6-4-1）矛盾。所以$\mathfrak{a}=0$，即$\mathfrak{N}^n=0$，$\mathfrak{N}$幂零。证毕。

定义6-4-2　素理想链　环A的一个素理想链指的是一个严格递增素理想序列：

$$\mathfrak{p}_0\subsetneqq\mathfrak{p}_1\subsetneqq\cdots\subsetneqq\mathfrak{p}_n,$$

称这个链的长度为n。

定义6-4-3　Krull维数　定义非零环A中所有素理想链的长度的上确界为A的Krull维数，记为$\dim A$，它是一个非负整数或∞：

$$\dim A=\sup\{n\mid\text{有}A\text{中的素理想链}\mathfrak{p}_0\subsetneqq\mathfrak{p}_1\subsetneqq\cdots\subsetneqq\mathfrak{p}_n\}。$$

注（定义6-4-3）　如果环A中素理想等于零理想，则$\dim A=0$。

命题6-4-6　域的维数是0。

证明　域中素理想等于零理想（命题1-4-5），所以维数是0［注（定义6-4-3）］。证毕。

命题6-4-7　$\dim A=0$ $\Leftrightarrow$ A的任一素理想是极大理想。

证明　$\Leftarrow$：假设有长度为1的素理想链$\mathfrak{p}_0\subsetneqq\mathfrak{p}_1$，由于$\mathfrak{p}_0$极大，所以$\mathfrak{p}_1=A$，这与$\mathfrak{p}_1$是素理想矛盾，所以不存在长度为1的素理想链。这表明$\dim A=0$。

$\Rightarrow$：如果有素理想$\mathfrak{p}$不是极大理想，则有理想$\mathfrak{a}$满足$\mathfrak{p}\subsetneqq\mathfrak{a}\subsetneqq A$。由命题1-4-10知存在极大理想（素理想）$\mathfrak{m}$满足$\mathfrak{a}\subseteq\mathfrak{m}$，从而有长度为1的素理想链$\mathfrak{p}\subsetneqq\mathfrak{m}$，这与$\dim A=0$矛盾。证毕。

命题6-4-8　设A是整环，则

$$\dim A=1\ \Leftrightarrow\ （A\text{有非零素理想，且非零素理想都是极大理想}）。$$

证明　由定理1-4-1知零理想是素理想。

$\Leftarrow$：显然有长度为1的素理想链 $0\subsetneq\mathfrak{p}$。假设有长度为2的素理想链 $\mathfrak{p}_0\subsetneq\mathfrak{p}_1\subsetneq\mathfrak{p}_2$，显然 $\mathfrak{p}_1\neq 0$，所以极大，从而 $\mathfrak{p}_2=A$，这与 $\mathfrak{p}_2$ 是素理想矛盾，所以不存在长度为2的素理想链。这表明 $\dim A=1$。

$\Rightarrow$：由注（定义6-4-3）知 A 有非零素理想。如果非零素理想 $\mathfrak{p}$ 不是极大理想，则有理想 $\mathfrak{a}$ 满足 $\mathfrak{p}\subsetneq\mathfrak{a}\subsetneq A$。由命题1-4-10知存在极大理想（素理想）$\mathfrak{m}$ 满足 $\mathfrak{a}\subseteq\mathfrak{m}$，从而有长度为2的素理想链 $0\subsetneq\mathfrak{p}\subsetneq\mathfrak{m}$，这与 $\dim A=1$ 矛盾。证毕。

例6-4-1　$\dim Z=1$。

证明　由命题B-9′和命题B-11′知 Z 的非零素理想是极大理想，由命题6-4-8知结论成立。证毕。

命题6-4-9　设 A 是Artin环，$\mathfrak{m}_1$，…，$\mathfrak{m}_n$ 是 A 所有不同的极大理想（命题6-4-4），则存在 $k>0$，使得 $\mathfrak{m}_1^k\cdots\mathfrak{m}_n^k=0$。

证明　由命题6-4-3知小根等于大根，即 $\mathfrak{N}=\bigcap_{i=1}^{n}\mathfrak{m}_i$。由命题6-4-5知有 $\mathfrak{N}^k=0$，由命题1-6-5可得 $\mathfrak{m}_1^k\cdots\mathfrak{m}_n^k\subseteq\left(\bigcap_{i=1}^{n}\mathfrak{m}_i\right)^k=\mathfrak{N}^k=0$。证毕。

定理6-4-1　A 是Artin环 $\Leftrightarrow$ A 是Noether环且 $\dim A=0$。

证明　$\Rightarrow$：由命题6-4-2和命题6-4-7知 $\dim A=0$。设 $\mathfrak{m}_1$，…，$\mathfrak{m}_n$ 是 A 的所有不同的极大理想（命题6-4-4），由命题6-4-9知存在 $k>0$，使得 $\mathfrak{m}_1^k\cdots\mathfrak{m}_n^k=0$。由命题6-1-20知 A 是Noether环。

$\Leftarrow$：由定理6-3-1知零理想有准素分解，由命题6-4-7知属于零理想的孤立素理想 $\mathfrak{m}_1$，…，$\mathfrak{m}_n$ 都是极大理想。由命题4-1-12（2）知 $\mathfrak{N}=\bigcap_{i=1}^{n}\mathfrak{m}_i$。由命题6-3-4知有 $\mathfrak{N}^k=0$，同命题6-4-9的证明可得 $\mathfrak{m}_1^k\cdots\mathfrak{m}_n^k=0$，由命题6-1-20知 A 是Artin环。证毕。

命题6-4-10　设 A 是局部Artin环，极大理想为 $\mathfrak{m}$。

（1）$\mathfrak{m}$ 是 A 仅有的素理想（命题6-4-2），因此 $\mathfrak{m}$ 是 A 的小根：$\mathfrak{m}=\mathfrak{N}$。

（2）$\mathfrak{m}$ 幂零（命题6-4-5）。

（3）A 中元素或是可逆元，或是幂零元（命题1-5-9）。

命题6-4-11　$Z/(p^n)$（p 是素数，$n>0$）是局部Artin环。

证明　$A=Z/(p^n)=\{\bar{0},\ \bar{1},\ \cdots,\ \overline{p^n-1}\}$，它是Artin环［注（定义6-1-2（1））］。记 $\mathfrak{m}=(\bar{p})$，对于 $\forall\bar{a}\in A\backslash\mathfrak{m}$，$a$ 与 p^n 没有公因子（否则 $p|a$，从而 $\bar{a}\in(\bar{p})=\mathfrak{m}$），即 a 与 p^n 互素，由定理B-4知 $\bar{a}$ 可逆。由命题1-4-17（1）知 A 是局部环，$\mathfrak{m}=(\bar{p})$ 是它的极大理想。证毕。

命题6-4-12　设 A 是局部Noether环，$\mathfrak{m}$ 是它的极大理想，则以下两个条件中有一个为真：

（1）$\forall n\geqslant 0$，有$\mathfrak{m}^n \underset{\neq}{\supset} \mathfrak{m}^{n+1}$。

（2）$\exists n>0$，使得$\mathfrak{m}^n=\mathfrak{m}^{n+1}$，此时$\mathfrak{m}^n=0$，$A$是局部Artin环。

证明 显然，条件（1）（2）是互斥的。如果条件（1）不成立，即$\exists n>0$，使得$\mathfrak{m}^n=\mathfrak{m}^{n+1}$（显然不能取$n=0$）。由于$A$是Noether环，所以$\mathfrak{m}^n$是有限生成的。显然$\mathfrak{m}=\mathfrak{R}$（大根），由引理2-5-1（Nakayama）可得$\mathfrak{m}^n=0$。由命题6-1-20知A是Artin环。证毕。

定理6-4-2 Artin环的结构定理 Artin环A是有限个局部Artin环的直和：

$$A\cong A_1\oplus\cdots\oplus A_n。$$

此直和在同构意义下是唯一的。

证明 设$\mathfrak{m}_1$，…，$\mathfrak{m}_n$是A的所有不同极大理想（命题6-4-4），由命题6-4-9知存在$k>0$，使得$\mathfrak{m}_1^k\cdots\mathfrak{m}_n^k=0$。由命题1-6-21（7）知$\sqrt{\mathfrak{m}_i^k}=\mathfrak{m}_i$。$\mathfrak{m}_i$两两互素（命题1-6-55），由命题1-6-28知$\mathfrak{m}_i^k$两两互素。根据命题1-6-13（1）有

$$\bigcap_{i=1}^n \mathfrak{m}_i^k=\mathfrak{m}_1^k\cdots\mathfrak{m}_n^k=0。\tag{6-4-2}$$

由命题1-6-13（2）（3）知有同构：

$$\varphi: A\to\bigoplus_{i=1}^n A/\mathfrak{m}_i^k,\quad x\mapsto\left(x+\mathfrak{m}_1^k,\ \cdots,\ x+\mathfrak{m}_n^k\right),$$

每个$A/\mathfrak{m}_i^k$是局部Artin环。

设$A=\bigoplus_{i=1}^n A_i$，其中A_i是局部Artin环。有投影满同态：

$$\pi_i: A\to A_i,\left(x_1,\ \cdots,\ x_i,\ \cdots,\ x_n\right)\mapsto x_i,$$

记

$$\mathfrak{a}_i=\ker\pi_i=\left\{\left(x_1,\ \cdots,\ x_{i-1},\ 0,\ x_{i+1},\ \cdots,\ x_n\right)\in A \middle| x_j\in A_j,\ j\neq i\right\},$$

显然有$\mathfrak{a}_i+\mathfrak{a}_j=A$（$\forall i\neq j$），即$\mathfrak{a}_i$两两互素，且

$$\bigcap_{i=1}^n \mathfrak{a}_i=0。\tag{6-4-3}$$

显然有

$$\mathfrak{a}_i\not\supseteq\bigcap_{j\neq i}\mathfrak{a}_j。\tag{6-4-4}$$

设$\mathfrak{q}_i$是A_i的唯一极大理想，令

$$\mathfrak{p}_i=\pi_i^{-1}(\mathfrak{q}_i),$$

它是A的素理想（命题1-4-4），因此是A的极大理想（命题6-4-2）。

$\mathfrak{q}_i$ 是幂零的（命题6-4-10），即有 $\mathfrak{q}_i^k=0$。由命题1-6-53可得

$$\mathfrak{p}_i^k=\left(\pi_i^{-1}(\mathfrak{q}_i)\right)^k\subseteq\pi_i^{-1}\left(\mathfrak{q}_i^k\right)=\pi_i^{-1}(0)=\mathfrak{a}_i,$$

由命题1-6-21（1）（7）得 $\mathfrak{p}_i=\sqrt{\mathfrak{p}_i^k}\subseteq\sqrt{\mathfrak{a}_i}$ 。由于 $\mathfrak{p}_i$ 极大，所以可得

$$\sqrt{\mathfrak{a}_i}=\mathfrak{p}_i。$$

由命题4-1-7知 $\mathfrak{a}_i$ 是 $\mathfrak{p}_i$ -准素的，式（6-4-3）是零理想的准素分解。因为 $\mathfrak{a}_i$ 两两互素，所以 $\mathfrak{p}_i$ 两两互素（命题1-6-28）。由命题1-6-54知 $\mathfrak{p}_i$ 相互之间没有包含关系，从而也互不相等。再由式（6-4-4）知式（6-4-3）正是零理想的既约准素分解，所以 $\mathfrak{p}_i$ 是属于零理想的孤立素理想（它们互不包含）。因此，所有准素分支 $\mathfrak{a}_i$ 都是孤立的，于是由命题4-1-19，$\mathfrak{a}_i$ 由 A 唯一确定，而 $A_i\cong A/\ker\pi_i=A/\mathfrak{a}_i$，所以 A_i 由 A 唯一确定。证毕。

命题6-4-13 设 A 是局部环，$\mathfrak{m}$ 是极大理想，$k=A/\mathfrak{m}$。

（1）有 $\mathfrak{m}\subseteq\operatorname{Ann}(\mathfrak{m}/\mathfrak{m}^2)$（命题2-3-11′），因此 $\mathfrak{m}/\mathfrak{m}^2$ 可看成 $A/\mathfrak{m}$ -模（命题2-3-3），即 k -向量空间。

（2）设 $\mathfrak{m}$ 是有限生成的，a_1，…，a_n 是 $\mathfrak{m}$ 的生成元，则 $a_1+\mathfrak{m}^2$，…，$a_n+\mathfrak{m}^2$ 是 A -模 $\mathfrak{m}/\mathfrak{m}^2$ 的生成元（命题2-3-8）。

（3）设 $\mathfrak{m}$ 是有限生成的，$\mathfrak{m}/\mathfrak{m}^2$ 的 k -向量空间结构与 A -模结构是一样的（命题2-3-3），因此 $\dim_k(\mathfrak{m}/\mathfrak{m}^2)$ 是有限的。

命题6-4-14 设 A 是局部Artin环，$\mathfrak{m}$ 是极大理想，$k=A/\mathfrak{m}$，则下列条件等价。

（1）A 的每个理想是主理想，每个非零理想是 $\mathfrak{m}$ 的幂。

（2）$\mathfrak{m}$ 是主理想。

（3）$\dim_k(\mathfrak{m}/\mathfrak{m}^2)\leqslant 1$。

证明 （1）⇒（2）：显然。

（2）⇒（3）：设 $\mathfrak{m}=(a)$，则由命题1-2-24知（作为 A -模）

$$\mathfrak{m}/\mathfrak{m}^2=(a+\mathfrak{m}^2)。$$

由命题2-3-3知 $\mathfrak{m}/\mathfrak{m}^2$ 的 A -模与 k -向量空间结构是一样的，所以 $\dim_k(\mathfrak{m}/\mathfrak{m}^2)\leqslant 1$ 。如果 $a=0$ ，则 $\dim_k(\mathfrak{m}/\mathfrak{m}^2)=0$ 。

（3）⇒（1）：如果 $\dim_k(\mathfrak{m}/\mathfrak{m}^2)=0$，则 $\mathfrak{m}/\mathfrak{m}^2=0$，即 $\mathfrak{m}=\mathfrak{m}^2$。由于 $\mathfrak{m}=\mathfrak{R}$（大根），由引理2-5-1（Nakayama）可得 $\mathfrak{m}=0$。而 $A=A/0=A/\mathfrak{m}$，所以 A 是域（定理1-4-2），A 的理想只有0和(1)（命题1-3-6），它们都是主理想。显然 $(1)=\mathfrak{m}^0$。

如果 $\dim_k(\mathfrak{m}/\mathfrak{m}^2)=1$，设 $x+\mathfrak{m}^2$ 是 $\mathfrak{m}/\mathfrak{m}^2$ 的基，则由命题2-5-16知

$$\mathfrak{m}=(x)。$$

设$\mathfrak{a}$是A中任意异于0和(1)的理想（非平凡理想），则由命题1-4-10知

$$\mathfrak{m}\supseteq\mathfrak{a}。$$

由于$\mathfrak{m}$幂零（命题6-4-10），所以有$\mathfrak{m}^n=0$，考虑理想链：

$$\mathfrak{m}\supseteq\mathfrak{m}^2\supseteq\cdots\supseteq\mathfrak{m}^n=0,$$

则存在r，使得

$$\mathfrak{m}^r\supseteq\mathfrak{a},\ \mathfrak{m}^{r+1}\not\supseteq\mathfrak{a}。\tag{6-4-5}$$

$\mathfrak{m}^{r+1}\not\supseteq\mathfrak{a}$表明存在$y$满足

$$y\in\mathfrak{a},\ y\notin\mathfrak{m}^{r+1}。\tag{6-4-6}$$

由命题1-6-3知

$$\mathfrak{m}^r=(x^r),$$

而$y\in\mathfrak{a}\subseteq\mathfrak{m}^r=(x^r)$，所以有

$$y=ux^r。$$

如果$u\in(x)$，则$y\in(x^{r+1})=\mathfrak{m}^{r+1}$，与式（6-4-6）中$y\notin\mathfrak{m}^{r+1}$矛盾，所以$u\notin(x)=\mathfrak{m}$。由命题1-4-13知$\mathfrak{m}$包含了所有不可逆元，所以$u$可逆，由上式得$x^r=u^{-1}y$，而$y\in\mathfrak{a}$，所以$x^r\in\mathfrak{a}$，因此$\mathfrak{m}^r=(x^r)\subseteq\mathfrak{a}$（命题1-2-22）。再由式（6-4-5）中$\mathfrak{m}^r\supseteq\mathfrak{a}$可得$\mathfrak{a}=(x^r)=\mathfrak{m}^r$，即$\mathfrak{a}$是主理想且是$\mathfrak{m}$的幂。证毕。

命题6-4-15　设$\mathfrak{p}$是整环A的非零素理想，那么

$$\dim A=1\ \Rightarrow\ \dim A_{\mathfrak{p}}=1。$$

注（命题6-4-15）　如果$\mathfrak{p}=0$，则$A_{\mathfrak{p}}$是A的分式域，所以$\dim A=0$（命题6-4-6）。

证明　记$S=A\backslash\mathfrak{p}$。由命题3-1-32′知$A_{\mathfrak{p}}$是整环，由命题3-1-13知$A_{\mathfrak{p}}$的极大理想是$S^{-1}\mathfrak{p}$。由命题3-3-7知$A_{\mathfrak{p}}$中的素理想是$S^{-1}\mathfrak{p}'$，其中$\mathfrak{p}'$是$A$的素理想，且有

$$\mathfrak{p}'\subseteq\mathfrak{p}。$$

设$S^{-1}\mathfrak{p}'$非零，则$\mathfrak{p}'$非零，由命题6-4-8知此时$\mathfrak{p}'$和$\mathfrak{p}$都是A的极大理想，由上式知$\mathfrak{p}'=\mathfrak{p}$，从而$S^{-1}\mathfrak{p}'=S^{-1}\mathfrak{p}$。这说明$A_{\mathfrak{p}}$的非零素理想都是极大理想。由命题6-4-11知$\dim A_{\mathfrak{p}}=1$。证毕。

命题6-4-16　设A是局部整环，$\mathfrak{m}$是它的非零极大理想，那么

$$\dim A=1\ \Leftrightarrow\ \mathfrak{m}\text{是唯一非零素理想。}$$

证明　根据命题6-4-8可知

$$\dim A=1\ \Leftrightarrow\ \text{任意非零素理想是极大理想,}$$

由于$\mathfrak{m}$是唯一极大理想，所以可得

$$\text{上式} \Leftrightarrow \text{任意非零素理想} = \mathfrak{m} \Leftrightarrow \mathfrak{m}\text{是唯一非零素理想。}$$

证毕。

命题6-4-17 设A是Noether局部环，$\mathfrak{m}$是它的极大理想，$\mathfrak{q}$是一个$\mathfrak{m}$-准素理想，那么$A/\mathfrak{q}$是Artin局部环。

证明 由命题6-1-6′知$A/\mathfrak{q}$是Noether环。由命题1-4-22知$\mathfrak{m}/\mathfrak{q}$是$A/\mathfrak{q}$的唯一极大理想，所以$A/\mathfrak{q}$是局部环。设$\mathfrak{p}/\mathfrak{q}$是$A/\mathfrak{q}$的素理想，由命题1-4-21知$\mathfrak{p}$是$A$的素理想，且$\mathfrak{p}\supseteq\mathfrak{q}$。由命题1-4-10知$\mathfrak{p}\subseteq\mathfrak{m}$。又有$\mathfrak{m}=\sqrt{\mathfrak{q}}\subseteq\sqrt{\mathfrak{p}}=\mathfrak{p}$［命题1-6-21（1）（7）］，所以$\mathfrak{p}=\mathfrak{m}$，从而$\mathfrak{p}/\mathfrak{q}=\mathfrak{m}/\mathfrak{q}$，表明$A/\mathfrak{q}$的素理想都是极大理想，由命题6-4-7知$\dim A/\mathfrak{q}=0$。由定理6-4-1知$A/\mathfrak{q}$是Artin环。证毕。

命题6-4-18 设A是维数为1的Noether整环，则A中每个理想$\mathfrak{a}$可唯一表示为

$$\mathfrak{a}=\mathfrak{q}_1\cdots\mathfrak{q}_n,$$

其中，$\mathfrak{q}_i$是$\mathfrak{p}_i$-准素的（$i=1$，…，n），$\mathfrak{p}_i$两两互素（从而互不相同）。

证明 存在性：由于A是Noether环，由定理6-3-1知$\mathfrak{a}$有即约准素分解

$$\mathfrak{a}=\bigcap_{i=1}^{n}\mathfrak{q}_i,\ \mathfrak{p}_i=\sqrt{\mathfrak{q}_i},$$

其中，$\mathfrak{q}_i$是$\mathfrak{p}_i$-准素的（$i=1$，…，n），$\mathfrak{p}_i$是互不相同的素理想。显然每个$\mathfrak{p}_i\neq 0$（否则由命题1-6-56知$\mathfrak{q}_i=0$，上式不是既约分解），由命题6-4-8知$\mathfrak{p}_i$是互不相同的极大理想，因此两两互素（命题1-6-55）。由命题1-6-54知$\mathfrak{p}_i$互不包含，从而互不相同。由命题1-6-28知$\mathfrak{q}_i$两两互素，由命题1-6-13（1）可得$\mathfrak{a}=\mathfrak{q}_1\cdots\mathfrak{q}_n$。

唯一性：设$\mathfrak{a}=\mathfrak{q}_1'\cdots\mathfrak{q}_n'$，其中$\mathfrak{q}_i'$是$\mathfrak{p}_i'$-准素的（$i=1$，…，$n$），且$\mathfrak{p}_i'$两两互素（从而互不相同）。同样可得$\mathfrak{a}=\bigcap_{i=1}^{n}\mathfrak{q}_i'$，这是$\mathfrak{a}$的一个既约准素分解。由于$\mathfrak{p}_i'$互不包含（命题1-6-54），所以是属于$\mathfrak{a}$的孤立素理想，$\mathfrak{q}_i'$是$\mathfrak{a}$的孤立分支。由命题4-1-19知$\mathfrak{q}_i'$由$\mathfrak{a}$唯一决定。证毕。

命题6-4-19 设A是Noether整环，$\mathfrak{p}$是A的素理想，那么$A_\mathfrak{p}$是Noether局部整环。

证明 由命题6-2-3′知$A_\mathfrak{p}$是Noether环。由命题3-1-32′知$A_\mathfrak{p}$是整环。由命题3-1-13知$A_\mathfrak{p}$是局部环。证毕。

命题6-4-20 设A是维数为1的Noether整环，$\mathfrak{p}$是A的非零素理想，那么$A_\mathfrak{p}$是维数为1的Noether局部整环。

证明 由命题6-4-19知$A_\mathfrak{p}$是Noether局部整环。由命题6-4-15知$\dim A_\mathfrak{p}=1$。证毕。

第7章　离散赋值环和Dedekind整环

7.1　离散赋值环

定义7-1-1　离散赋值（discrete valuation）　设K是一个域，$K^*=K\backslash\{0\}$是K的乘法群。若满映射v：$K^*\to Z$满足以下条件，则称v：$K^*\to Z$是K上的一个离散赋值。

（1）$v(xy)=v(x)+v(y)$，$\forall x$，$y\in K^*$，即v是群同态。

（2）$v(x+y)\geqslant\min\{v(x),\ v(y)\}$，$\forall x$，$y$，$x+y\in K^*$。

定义7-1-2　赋值环（valuation ring）　设v：$K^*\to Z$是域K上的一个离散赋值，令

$$A_v=\{0\}\cup\{x\in K^*|v(x)\geqslant 0\},\tag{7-1-1}$$

则称A_v为v的赋值环。令$v(0)=\infty$，就将v扩张到整个K上（值域是$Z\cup\{\infty\}$），这时式（7-1-1）可写成

$$A_v=\{x\in K|v(x)\geqslant 0\}。\tag{7-1-1′}$$

命题7-1-1　定义7-1-2中的A_v是K的一个赋值环（定义5-4-1）。

证明　由于v是群同态，所以$v(1)=0$（单位元映为单位元）。有

$$0=v(1)=v((-1)\cdot(-1))=2v(-1),$$

即

$$v(-1)=v(1)=0。\tag{7-1-2}$$

对于$\forall x\in K^*$，有

$$v(-x)=v(-1\cdot x)=v(-1)+v(x)=v(x),$$

即

$$v(-x)=v(x),\ \forall x\in K^*。\tag{7-1-3}$$

有 $0=v(1)=v(xx^{-1})=v(x)+v(x^{-1})$，即

$$v(x^{-1})=-v(x),\ \forall x\in K^*。\tag{7-1-4}$$

从而有

$$v(x-y)\geqslant\min\{v(x),\ v(y)\},\ \forall x,\ y,\ x-y\in K^*,\tag{7-1-5}$$

$$v(xy^{-1})=v(x)-v(y),\ \forall x,\ y\in K^*。\tag{7-1-6}$$

设 $x\in A_v$，若 $x=0$，则 $-x=0\in A_v$。若 $x\neq0$，则由式（7-1-3）知 $v(-x)=v(x)\geqslant0$，即 $-x\in A_v$。

设 x，$y\in A_v$，若 x，y 中有一个为零，则 $x+y\in A_v$，$xy\in A_v$。

设 x，y 都不为零。如果 $x+y=0$，显然 $x+y\in A_v$。如果 $x+y\neq0$，则 $v(x+y)\geqslant\min\{v(x),\ v(y)\}\geqslant0$，即 $x+y\in A_v$。

若 x，y 都不为零，由于域是整环（命题1-3-7），所以 $xy\neq0$ [注（定义1-3-2）]，有 $v(xy)=v(x)+v(y)\geqslant0$，所以 $xy\in A_v$。

以上说明 A_v 是 K 的一个子环。

对于 $\forall x\in K^*$，若 $v(x)\geqslant0$，则 $x\in A_v$。若 $v(x)<0$，由式（7-1-4）知 $v(x^{-1})>0$，从而 $x^{-1}\in A_v$。所以 A_v 是 K 的一个赋值环。证毕。

命题7-1-2 设 A_v 是离散赋值 v 的赋值环，$x\in A_v$，则

$$x\text{ 在 }A_v\text{ 中可逆}\ \Leftrightarrow\ v(x)=0。$$

也就是说，A_v 中全部不可逆元集合为

$$\{x\in K|v(x)>0\}。$$

证明 根据式（7-1-1′）有 $v(x)\geqslant0$，根据式（7-1-4）有

$$x\text{ 在 }A_v\text{ 中可逆}\Leftrightarrow x^{-1}\in A_v\Leftrightarrow v(x^{-1})\geqslant0\Leftrightarrow v(x)\leqslant0\Leftrightarrow v(x)=0\ 。$$

证毕。

例7-1-1 （1）$K=Q$。取一固定素数 p，则 $\forall x\in Q^*$ 可以唯一地写成（定理B-1′）

$$x=\frac{p^a r}{s},$$

其中，a，r，$s\in Z$，r，s 都与 p 互素（即 r，s 不含因数 p）。定义 Q 上的离散赋值：

$$v_p:\ Q^*\rightarrow Z,\ x\mapsto a,$$

那么 v_p 的赋值环是局部环 $Z_{(p)}=S^{-1}Z$，其中 $S=Z\backslash(p)$。

（2）$K=k(x)$，其中，k 是域，x 是不定元，它是多项式环 $k[x]$ 的分式域。取一固定的不可约多项式 $f\in k[x]$，任意 $g=k(x)^*=k(x)\backslash\{0\}$ 可以唯一地写成（定理B-1）

$$g(x)=\frac{\left(f(x)\right)^a r(x)}{s(x)},$$

其中，$a\in Z$，r，s都与f互素（即r，s不含因式f）。定义$k(x)$上的离散赋值：

$$v_f:\ k(x)^*\to Z,\ g\mapsto a。$$

那么v_f的赋值环是局部环$k[x]_{(p)}=S^{-1}k[x]$，其中$S=k[x]\backslash(f)$。

证明　只证（1）。

显然v_p是满的。设$x_i=\frac{p^{a_i}r_i}{s_i}$（$i=1$，$2$），则

$$x_1x_2=\frac{p^{a_1+a_2}r_1r_2}{s_1s_2}。$$

由于r_i，s_i不含因数p，所以可得

$$v_p(x_1x_2)=a_1+a_2=v(x_1)+v(x_2)。$$

不妨设$a_1\leqslant a_2$，则

$$x_1+x_2=\frac{p^{a_1}r_1s_2+p^{a_2}r_2s_1}{s_1s_2}=\frac{p^{a_1}\left(r_1s_2+p^{a_2-a_1}r_2s_1\right)}{s_1s_2},$$

而$r_1s_2+p^{a_2-a_1}r_2s_1$可写成$p^n m$（$n\geqslant 0$），其中m不含因数p，所以可得

$$x_1+x_2=\frac{p^{a_1+n}m}{s_1s_2},$$

因此

$$v_p(x_1+x_2)=a_1+n\geqslant a_1=\min\{v(x_1),\ v(x_2)\}。$$

这说明v_p是Q上的一个离散赋值。

记$S=Z\backslash(p)$，设$x=\frac{p^a r}{s}\in Q^*$，由于s不含因数p，所以可得

$$x\in S^{-1}Z\backslash\{0\}\Leftrightarrow x\text{的分母}\in S\Leftrightarrow x\text{的分母不含因数}p\Leftrightarrow a\geqslant 0\Leftrightarrow v_p(x)\geqslant 0,$$

即

$$S^{-1}Z\backslash\{0\}=\left\{x\in Q^*\middle|v_p(x)\geqslant 0\right\}。$$

因此

$$S^{-1}Z=\{0\}\cup\left\{x\in Q^*\middle|v_p(x)\geqslant 0\right\},$$

即$S^{-1}Z$是v_p的赋值环。证毕。

定义7-1-3 离散赋值环（discrete valuation ring） 设A是整环，K是它的分式域，如果存在K上的一个离散赋值v，使得A是v的赋值环，即

$$A=\{x\in K|v(x)\geqslant 0\},$$

则称整环A是离散赋值环。

命题7-1-3 离散赋值环A是局部环，极大理想是

$$\mathfrak{m}=\{x\in K|v(x)>0\},$$

其中，K是A的分式域，v是对应的离散赋值。

证明 由命题7-1-1知A是K的赋值环，由命题5-4-1（1）知A是局部环。由命题1-4-17（3）知极大理想$\mathfrak{m}$是A中全部不可逆元的集合。由命题7-1-2知结论成立。证毕。

命题7-1-4 设A是离散赋值环，v是对应的离散赋值，则

$$v(x)=v(y)\ \Rightarrow\ (x)=(y)。$$

证明 由式（7-1-6）有$v(xy^{-1})=v(x)-v(y)=0$，所以xy^{-1}可逆（命题7-1-2）。而$x=(xy^{-1})y$，所以$(x)=(y)$（命题1-2-29）。证毕。

命题7-1-5 若A是离散赋值环，则有以下情况。

（1）A是维数1的Noether局部整环。

（2）存在$a\in A\backslash\{0,1\}$，使得A的极大理想$=(a)$。

（3）任一非零理想都是$\mathfrak{m}$的幂。

证明 离散赋值环本身就是整环。设K是A的分式域，v是对应的离散赋值，则

$$A=\{x\in K|v(x)\geqslant 0\}。$$

由命题7-1-3知A是局部环，它的极大理想是

$$\mathfrak{m}=\{x\in K|v(x)>0\}。$$

由于v是满的，所以有$a\in A\backslash\{0,1\}$（因为v在A^*上不小于0，$v(1)=0$），使得

$$v(a)=1。$$

下面证明

$$\mathfrak{m}=(a)。$$

对于$\forall x\in(a)$，有$x=ay$，其中$y\in A$。由于$v(y)\geqslant 0$，所以可得

$$v(x)=v(ay)=v(a)+v(y)=1+v(y)>0,$$

因此$x\in\mathfrak{m}$，从而$(a)\subseteq\mathfrak{m}$。$\forall x\in\mathfrak{m}$，记$n=v(x)>0$，则

$$v(a^n)=\overbrace{v(a)+\cdots+v(a)}^{n个}=nv(a)=n, \tag{7-1-7}$$

即 $v(a^n)=v(x)$。由命题7-1-4知 $(a^n)=(x)$，所以 $x\in(x)=(a^n)$。由于 $(a^n)\subseteq(a)$，所以 $x\in(a)$，从而 $\mathfrak{m}\subseteq(a)$。所以 $\mathfrak{m}=(a)$。

显然 $(1)=\mathfrak{m}^0$，下面证明任一非平凡理想 $\mathfrak{a}$（$\mathfrak{a}\neq 0$，$\mathfrak{a}\neq(1)$）都是 $\mathfrak{m}$ 的幂。

由命题1-4-10知 $\mathfrak{a}\subseteq\mathfrak{m}$，所以对于 $\forall x\in\mathfrak{a}$ 有 $v(x)>0$，令

$$k=\min_{x\in\mathfrak{a}}v(x)>0。$$

设 $y\in\mathfrak{a}$ 使得 $v(y)=k$，根据式（7-1-7）有 $v(a^k)=k=v(y)$，由命题7-1-4知 $(a^k)=(y)$。由于 $(y)\subseteq\mathfrak{a}$（命题1-2-22），所以 $(a^k)\subseteq\mathfrak{a}$。$\forall x\in\mathfrak{a}$，记 $n=v(x)\geqslant k$，同样可得 $(a^n)=(x)$，所以 $x\in(a^n)\subseteq(a^k)$，即有 $\mathfrak{a}\subseteq(a^k)$，因此 $\mathfrak{a}=(a^k)$。根据命题1-6-6有

$$\mathfrak{a}=(a^k)=\mathfrak{m}^k。$$

显然 $a\in\mathfrak{m}$ 不可逆（$\mathfrak{m}$ 是 A 中全部不可逆元的集合），由命题1-3-15知

$$\mathfrak{m}\underset{\neq}{\supseteq}\mathfrak{m}^2\underset{\neq}{\supseteq}\mathfrak{m}^3\underset{\neq}{\supseteq}\cdots。$$

所以任一严格理想升链都是有限的，即 A 是Noether环。

由命题1-4-3知 $k>1$ 时 (a^k) 不是素理想。因此 $\mathfrak{m}$ 是唯一的非零素理想。由命题6-4-8知 $\dim A=1$。证毕。

命题7-1-6　设 A 是维数1的Noether局部整环，$\mathfrak{m}$ 是它的极大理想，$k=A/\mathfrak{m}$，则下列条件等价。

（1）A 是离散赋值环。

（2）A 是整闭的。

（3）$\mathfrak{m}$ 是主理想。

（4）$\dim_k(\mathfrak{m}/\mathfrak{m}^2)=1$。

（5）每个非零理想是 $\mathfrak{m}$ 的幂。

（6）存在 $x\in A\backslash\{0,1\}$，使得每个非零理想形如 (x^n)（$n\geqslant 0$）。

证明　先证明两个结论。

①若 $\mathfrak{a}$ 是非平凡理想，那么 $\mathfrak{a}$ 是 $\mathfrak{m}$-准素的，且存在 $n>0$，使得 $\mathfrak{a}\supseteq\mathfrak{m}^n$。

根据命题6-4-18有 $\mathfrak{a}=\mathfrak{q}_1\cdots\mathfrak{q}_s$，其中 $\mathfrak{q}_i$ 是 $\mathfrak{p}_i$-准素的。由命题1-6-21（4）可得 $\sqrt{\mathfrak{a}}=\bigcap_{i=1}^{s}\mathfrak{p}_i$，每个 $\mathfrak{p}_i\neq 0$［否则 $\sqrt{\mathfrak{a}}=0$，从而 $\mathfrak{a}=0$（命题1-6-56）］。由命题6-4-16知 $\mathfrak{m}$ 是唯一非零素理想，所以 $\mathfrak{p}_i=\mathfrak{m}$，从而 $\sqrt{\mathfrak{a}}=\mathfrak{m}$。由命题4-1-7知 $\mathfrak{a}$ 是 $\mathfrak{m}$-准素的。由命题6-3-5知存在 $n>0$，使得 $\mathfrak{a}\supseteq\mathfrak{m}^n$。

② $\forall n\geqslant 0$，$\mathfrak{m}^n\underset{\neq}{\supseteq}\mathfrak{m}^{n+1}$。

由定理6-4-1知 A 不是Artin环。由命题6-4-12知结论成立。

下面证明命题。

（1）⇒（2）：命题5-4-1（3）。

（2）⇒（3）：如果 $\mathfrak{m}=0$，它当然是主理想。设 $\mathfrak{m}\neq 0$，取 $a\in\mathfrak{m}\backslash\{0\}$，显然 (a) 是非平凡理想。根据结论①，设 $n>0$ 是使得 $(a)\supseteq\mathfrak{m}^n$ 成立的最小整数，即

$$(a)\not\supseteq\mathfrak{m}^{n-1},\quad (a)\supseteq\mathfrak{m}^n。$$

取

$$b\in\mathfrak{m}^{n-1},\quad b\notin(a),$$

令

$$x=ab^{-1}\in K,$$

其中，K 是 A 的分式域。如果 $x^{-1}\in A$，即 $ba^{-1}\in A$，则 $b\in aA=(a)$，矛盾，所以可得

$$x^{-1}\notin A。$$

由于 A 是整闭的，即 $A=\mathrm{Cl}_K(A)$，所以 $x^{-1}\notin\mathrm{Cl}_K(A)$，即 x^{-1} 不是 A 上的整元。

如果 $x^{-1}\mathfrak{m}\subseteq\mathfrak{m}$，那么 $\mathfrak{m}$ 是 $A[x^{-1}]$-模（根据命题5-1-3可知，$A[x^{-1}]$ 中的元素是 x^{-1} 的多项式），或者说 $\mathfrak{m}$ 是 $A[x^{-1}]$ 的理想。而 $A[x^{-1}]\subseteq K$ 是整环，由命题1-3-16知 $\mathfrak{m}$ 是忠实 $A[x^{-1}]$-模。由于 A 是Noether环，所以 $\mathfrak{m}$ 是有限生成理想，即有限生成 A-模。由命题5-1-5知 x^{-1} 是 A 上的整元，矛盾。所以可得

$$x^{-1}\mathfrak{m}\not\subseteq\mathfrak{m}。$$

由于 $b\in\mathfrak{m}^{n-1}$，$\mathfrak{m}^n\subseteq(a)$，所以

$$x^{-1}\mathfrak{m}=a^{-1}b\mathfrak{m}\subseteq a^{-1}\mathfrak{m}^{n-1}\mathfrak{m}=a^{-1}\mathfrak{m}^n\subseteq a^{-1}(a)=(a^{-1}a)=(1)=A。$$

由命题1-2-31知 x^{-1} 是 A 的理想。由于 $x^{-1}\mathfrak{m}\not\subseteq\mathfrak{m}$，所以 $x^{-1}\mathfrak{m}=A$（命题1-4-10），从而 $\mathfrak{m}=xA=(x)$，即 $\mathfrak{m}$ 是主理想。

（3）⇒（4）：由命题6-4-14知 $\dim_k(\mathfrak{m}/\mathfrak{m}^2)\leqslant 1$。由结论②知 $\mathfrak{m}\neq\mathfrak{m}^2$，从而 $\mathfrak{m}/\mathfrak{m}^2\neq 0$，$\dim_k(\mathfrak{m}/\mathfrak{m}^2)\neq 0$，所以 $\dim_k(\mathfrak{m}/\mathfrak{m}^2)=1$。

（4）⇒（5）：显然 $A=\mathfrak{m}^0$。设 $\mathfrak{a}$ 是 A 的非平凡理想，根据结论①，存在 $n>0$，使得 $\mathfrak{a}\supseteq\mathfrak{m}^n$。如果 $\mathfrak{a}=\mathfrak{m}^n$，则 $\mathfrak{a}$ 是 $\mathfrak{m}$ 的幂。下面设 $\mathfrak{a}\supsetneq\mathfrak{m}^n$。由命题6-1-21知 $A/\mathfrak{m}^n$ 是Noether局部环，$\mathfrak{m}/\mathfrak{m}^n$ 是 $A/\mathfrak{m}^n$ 的极大理想。由于 $(\mathfrak{m}/\mathfrak{m}^n)^n=\mathfrak{m}^n/\mathfrak{m}^n=0$（命题1-6-57），所以 $A/\mathfrak{m}^n$ 是Artin局部环（命题6-1-20）。根据定理1-2-1可知，$\mathfrak{a}/\mathfrak{m}^n$ 是 $A/\mathfrak{m}^n$ 的非零理想。有（命题1-6-57和定理2-3-2）

$$\frac{\mathfrak{m}/\mathfrak{m}^n}{(\mathfrak{m}/\mathfrak{m}^n)^2}=\frac{\mathfrak{m}/\mathfrak{m}^n}{\mathfrak{m}^2/\mathfrak{m}^n}=\frac{\mathfrak{m}}{\mathfrak{m}^2},\quad \frac{A/\mathfrak{m}^n}{\mathfrak{m}/\mathfrak{m}^n}=\frac{A}{\mathfrak{m}}=k,$$

所以可得

$$\dim_{\frac{A/\mathfrak{m}^n}{\mathfrak{m}/\mathfrak{m}^n}}\left(\frac{\mathfrak{m}/\mathfrak{m}^n}{(\mathfrak{m}/\mathfrak{m}^n)^2}\right)=\dim_k\left(\frac{\mathfrak{m}}{\mathfrak{m}^2}\right)\leqslant 1。$$

根据命题6-4-14（1）（3），有 $\mathfrak{a}/\mathfrak{m}^n=(\mathfrak{m}/\mathfrak{m}^n)^s=\mathfrak{m}^s/\mathfrak{m}^n$，所以 $\mathfrak{a}=\mathfrak{m}^s$（定理1-2-1）。

（5）⇒（6）：根据结论②有 $\mathfrak{m}\supsetneqq\mathfrak{m}^2$，所以有 $x\in\mathfrak{m}$，但 $x\notin\mathfrak{m}^2$，显然 $x\neq 0$，1。根据（5）有 $(x)=\mathfrak{m}^r$，显然 $r>0$。如果 $r\geqslant 2$，则 $\mathfrak{m}^r\subseteq\mathfrak{m}^2$，于是 $x\in\mathfrak{m}^2$，矛盾，所以 $r=1$，即 $(x)=\mathfrak{m}$，从而任意非零理想为 $\mathfrak{m}^n=(x^n)$（命题1-6-3）。

（6）⇒（1）：设 $\mathfrak{m}=(x^s)$，由 $\mathfrak{m}$ 的极大性知 $s=1$，即

$$\mathfrak{m}=(x)。$$

$\forall a\in A^*$，设

$$(a)=(x^n)。$$

根据结论②，对于不同的 n，(x^n) 是不同的。所以给定 a，上式中的 n 是确定的，这样就定义了一个映射：

$$v: A^*\to Z,\ a\mapsto n。$$

用 $v(ab^{-1})=v(a)-v(b)$ 可将 v 扩展到 K^* 上。可验证 v 的定义是合理的，且是一个离散赋值，同时 A 是 v 的赋值环。证毕。

命题7-1-7　设 A 是局部整环，$\mathfrak{m}$ 是它的非零极大理想。如果 A 中每个非零理想都是 $\mathfrak{m}$ 的幂，那么 $\dim A=1$。

证明　设 $\mathfrak{p}$ 是 A 的非零素理想，根据题设，$\mathfrak{p}=\mathfrak{m}^r$。根据命题1-6-21（7）可得 $\mathfrak{p}=\sqrt{\mathfrak{p}}=\sqrt{\mathfrak{m}^r}=\mathfrak{m}$，即非零素理想都是极大理想，所以 $\dim A=1$（命题6-4-8）。证毕。

命题7-1-8　域不是离散赋值环。

证明　域 K 的分式域是它自身。如果 K 是离散赋值环，$v: K^*\to Z$ 是它的离散赋值，则 $K=\{x\in K \mid v(x)\geqslant 0\}$，说明 $\mathrm{Im}\,v\subseteq N$，与 v 是满射矛盾。证毕。

7.2　Dedekind整环

定理7-2-1　Dedekind整环　设 A 是维数1的Noether整环，则下列陈述等价。

（1）A 是整闭的。

（2）A 的每个准素理想都是素理想的幂。

（3）每个 $A_{\mathfrak{p}}$（$\mathfrak{p}\neq 0$）是离散赋值环。

注（定理7-2-1）　若 $\mathfrak{p}=0$，则 $A_{\mathfrak{p}}$ 是 A 的分式域，由命题7-1-8知 $A_{\mathfrak{p}}$ 不是离散赋

值环。

证明 由命题6-4-20知$A_{\mathfrak{p}}$（$\mathfrak{p}\neq0$）是维数1的Noether局部整环。

（1）$\Leftrightarrow$（3）：由命题7-1-6知

$$\text{每个}A_{\mathfrak{p}}（\mathfrak{p}\neq0）\text{是离散赋值环}\Leftrightarrow\text{每个}A_{\mathfrak{p}}（\mathfrak{p}\neq0）\text{是整闭的。}$$

由命题5-3-3知

$$A\text{是整闭的}\Leftrightarrow\text{每个}A_{\mathfrak{p}}（\mathfrak{p}\neq0）\text{是整闭的。}$$

（2）$\Rightarrow$（3）：根据命题6-4-18可知，$A_{\mathfrak{p}}$中每个非零理想$\mathfrak{a}$可表示为$\mathfrak{a}=\mathfrak{q}_1\cdots\mathfrak{q}_n$，其中$\mathfrak{q}_i\neq0$是$A_{\mathfrak{p}}$的准素理想。根据命题4-1-20可知，$\mathfrak{q}_i$是$A_{\mathfrak{p}}$非零素理想的幂。由命题6-4-8知$A_{\mathfrak{p}}$的非零素理想是极大理想$\mathfrak{m}$，所以$\mathfrak{q}_i$是$\mathfrak{m}$的幂，从而$\mathfrak{a}$是$\mathfrak{m}$的幂。由命题7-1-6知$A_{\mathfrak{p}}$是离散赋值环。

（3）$\Rightarrow$（2）：零理想（是素理想，从而是准素理想）显然成立。设$\mathfrak{q}$是A的非零准素理想，$\mathfrak{p}=\sqrt{\mathfrak{q}}$是素理想（命题4-1-6），显然$\mathfrak{p}\neq0$（否则$\mathfrak{q}\subseteq\sqrt{\mathfrak{q}}=0$）。令$S=A\backslash\mathfrak{p}$，由命题3-1-13知$A_{\mathfrak{p}}$的极大理想是$S^{-1}\mathfrak{p}$。由命题7-1-6知$A_{\mathfrak{p}}$的非零理想都是$S^{-1}\mathfrak{p}$的幂，设$S^{-1}\mathfrak{q}=(S^{-1}\mathfrak{p})^n$，由命题3-3-5（5）可得$S^{-1}\mathfrak{q}=S^{-1}\mathfrak{p}^n$。根据命题1-4-21中的一一对应可得$\mathfrak{q}=\mathfrak{p}^n$。证毕。

定义7-2-1 满足定理7-2-1中条件的环叫Dedekind整环。

命题7-2-1 在Dedekind整环中，每一非零理想都唯一分解为有限个素理想的乘积。

证明 由命题6-4-18和定理7-2-1可得。证毕。

命题7-2-2 主理想整环A是Dedekind整环。

因为A的理想是有限生成的，所以是Noether整环。由命题1-4-20和命题6-4-8知A的维数为1。由命题6-4-20知$A_{\mathfrak{p}}$（$\mathfrak{p}\neq0$）是维数1的Noether局部整环。由命题3-1-42知$A_{\mathfrak{p}}$是主理想整环。由命题7-1-6（1）（3）知$A_{\mathfrak{p}}$是离散赋值环，因此A是Dedekind整环（定理7-2-1）。

定义7-2-2 Q的有限代数扩张称为代数数域（algebraic number field）。设K是代数数域，Z在K中的整闭包$\mathrm{Cl}_K(Z)$称为K的整数环（ring of integers）。

定理7-2-2 代数数域K的整数环$A=\mathrm{Cl}_K(Z)$是Dedekind整环。

证明 A是域K的子环，所以是整环（命题1-3-7）。Z是整闭整环（例5-1-1），Q是Z的分式域，K是Q的有限可分扩张（因为Q的特征是0）。根据命题5-3-5，存在K在Q上的基$v_1,\cdots,v_n$，使得$A\subseteq\sum_{i=1}^{n}Zv_i$。表明$A$是有限生成$Z$-模，而$Z$是Noether环[例6-1-1（2）]，所以$A$是Noether整环（命题6-1-8）。

有$Z\subseteq A$（命题5-1-1），A在Z上整。设$\mathfrak{p}\neq0$是A的素理想。由于A是整环，所

以0是A的素理想（定理1-4-1）。由命题5-2-3可得$\mathfrak{p}\cap Z\neq 0\cap Z=0$。$Z$是主理想整环（命题B-10′），$\mathfrak{p}\cap Z$是$Z$的非零素理想（命题1-4-4），因此$\mathfrak{p}\cap Z$是$Z$的极大理想（命题1-4-20）。由命题5-2-2知$\mathfrak{p}$是A的极大理想，所以$\dim A=1$（命题6-4-8）。

根据命题5-1-12有$\mathrm{Cl}_K(\mathrm{Cl}_K(Z))=\mathrm{Cl}_K(Z)$，即$\mathrm{Cl}_K(A)=A$，也就是$A$在$K$中整闭。而$K$是$A$的分式域，所以$A$是整闭整环。因此$A$是Dedekind整环（定理7-2-1）。证毕。

7.3　分式理想

定义7-3-1　分式理想（fractional ideal）　设A是整环，K是它的分式域。把K看作A-模，设M是K的一个A-子模，如果存在$a\in A^*=A\backslash\{0\}$，使得$aM\subseteq A$，则称$M$是$A$的一个分式理想。

命题7-3-1　设M是整环A的分式理想，$aM\subseteq A$（$a\in A^*$），那么aM是A的理想。

证明　设ax_1，$ax_2\in aM$，其中x_1，$x_2\in M$，则有$ax_1-ax_2=a(x_1-x_2)\in aM$。设$b\in A$，由于$bx_1\in M$，所以$bax_1\in aM$。所以$aM$是$A$的理想。证毕。

命题7-3-1′　设M是整环A的分式理想。若$M\subseteq A$，那么M是A的理想。

命题7-3-2　整理想（integral ideal）　整环A的任意理想$\mathfrak{a}$是A的分式理想。理想$\mathfrak{a}$称为整理想。

证明　显然$\mathfrak{a}$是A-模。取$a=1\in A^*$，则$a\mathfrak{a}=\mathfrak{a}\subseteq A$。证毕。

命题7-3-3　主理想　设K是整环A的分式域。$\forall u\in K$生成一个A的分式理想，记为(u)或Au，叫作主理想。

证明　设$u=\dfrac{a}{s}$，其中$a\in A$，$s\in A^*$。显然$s(u)=suA=aA\subseteq A$，所以(u)是A的分式理想。

命题7-3-4　设M，N是整环A的分式理想，那么$M+N$，$M\cap N$，MN都是A的分式理想。

证明　显然$M+N$，$M\cap N$，MN都是K（A的分式域）的A-子模。

设$aM\subseteq A$，$bN\subseteq A$（a，$b\in A^*$），则

$$(ab)(M+N)=abM+abN\subseteq A,$$

$$a(M\cap N)\subseteq A,$$

$$(ab)(MN)\subseteq A,$$

其中，$ab\in A^*$（A是整环），所以$M+N$，$M\cap N$，MN都是A的分式理想。

命题7-3-5　设K是整环A的分式域，M，N是A的分式理想，$M\neq 0$，记

$$(N : M)=\{x\in K|xM\subseteq N\},\tag{7-3-1}$$

它是 A 的分式理想。特别地，有

$$(A : M)=\{x\in K|xM\subseteq A\}\tag{7-3-2}$$

是 A 的分式理想。

证明 显然 $0\in(N : M)$。设 x，$y\in(N : M)$，即 $xM\subseteq N$，$yM\subseteq N$，则 $(x-y)M\subseteq N$，即 $x-y\in(N : M)$。设 $a\in A$，则 $axM\subseteq aN$。由于 N 是 A-模，所以 $aN\subseteq N$，因此 $axM\subseteq N$，表明 $ax\in(N : M)$。所以 $(N : M)$ 是 A-模。

设 $aM\subseteq A$，$bN\subseteq A$（a，$b\in A^*$），取 $c\in M^*$。对于 $\forall x\in(N, M)$，由于 $xM\subseteq N$，所以 $cx\in N$。由于 $bN\subseteq A$，所以 $bcx\in A$，从而 $abcx\in A$，即有

$$abc(N : M)\subseteq A。$$

由于 $aM\subseteq A$，所以 $ac\in A^*$（K 是整环），从而 $abc\in A^*$，上式表明 $(N : M)$ 是分式理想。证毕。

命题7-3-6 设 M 是整环 A 的分式理想，则

$$M(A : M)\subseteq A。$$

证明 $M(A : M)$ 中的元素为 $\sum_i x_iy_i$，其中 $x_i\in M$，$y_i\in(A : M)$。由于 $y_iM\subseteq A$，所以 $x_iy_i\in A$，从而 $\sum_i x_iy_i\in A$，因此 $M(A : M)\subseteq A$。证毕。

命题7-3-7 设 K 是整环 A 的分式域。K 的每个有限生成 A-子模 M 是 A 的分式理想。

证明 设 $M=(x_1, \cdots, x_n)$，$x_i=\frac{y_i}{s_i}$，其中 $y_i\in A$，$s_i\in A^*$（$i=1, \cdots, n$）。令 $s=s_1\cdots s_n\in A^*$（A 是整环），则 $x_i=\frac{y_i'}{s}$，其中 $y_i'=y_is_1\cdots\hat{s}_i\cdots s_n\in A$。有 $sM=(y_1', \cdots, y_n')\subseteq A$，因此 M 是 A 的分式理想。证毕。

命题7-3-8 如果 A 是Noether整环，那么它的分式理想 M 是有限生成的。

证明 设 $\mathfrak{a}=sM\subseteq A$（$s\in A^*$），由命题7-3-1知 $\mathfrak{a}$ 是 A 的理想，所以是有限生成的（定义6-2-1），设 $\mathfrak{a}=(a_1, \cdots, a_n)$，则 $M=s^{-1}\mathfrak{a}=\left(\frac{a_1}{s},\cdots,\frac{a_n}{s}\right)$。证毕。

定义7-3-2 可逆理想（invertible ideal） 设 K 是整环 A 的分式域，M 是 K 的一个 A-子模，如果存在 K 的 A-子模 N，使得

$$MN=A,\tag{7-3-3}$$

则称 M 是 A 的可逆理想。

命题7-3-9 逆 满足式（7-3-3）的 N 是唯一确定的，即

$$N=(A:M),\tag{7-3-4}$$

N 是 A 的分式理想（命题7-3-5），则称 N 为 M 的逆。式（7-3-3）和式（7-3-4）写成

$$M(A:M)=A。\tag{7-3-5}$$

证明　$\forall x\in N$，有 $xM\subseteq MN$，由式（7-3-3）知 $xM\subseteq A$，由式（7-3-2）知 $x\in(A:M)$，表明

$$N\subseteq(A:M)。$$

由注（定义2-1-1）、式（7-3-3）、命题7-3-6可得

$$(A:M)=(A:M)A=(A:M)MN\subseteq AN=N。$$

证毕。

命题7-3-10　整环 A 的可逆理想 M 是有限生成的 A-模，从而是 A 的分式理想。

证明　由式（7-3-5）可得 $A=M(A:M)$。而 $1\in A$，所以有

$$1=\sum_{i=1}^{n}x_iy_i,\quad x_i\in M,\quad y_i\in(A:M)。$$

$\forall x\in M$，有

$$x=x\sum_{i=1}^{n}x_iy_i=\sum_{i=1}^{n}(xy_i)x_i。$$

由于 $y_i\in(A:M)$，由式（7-3-2）知 $y_iM\subseteq A$，从而 $xy_i\in A$。上式表明 $\{x_i\}_{1\leqslant i\leqslant n}$ 是 M 的生成元组，即 M 是有限生成的 A-模。由命题7-3-7知 M 是 A 的分式理想。证毕。

命题7-3-11　设 K 是整环 A 的分式域。$\forall u\in K^*$，(u) 是 A 的可逆理想，它的逆是 (u^{-1})。特别地，$A=(1)$ 是 A 的可逆理想。

证明　由命题1-6-3可得 $(u)(u^{-1})=(uu^{-1})=(1)=A$，即 (u) 的逆为 (u^{-1})。证毕。

命题7-3-12　整环 A 的所有可逆理想对于乘法形成一个群，它的单位元是 $A=(1)$。

证明　A 是可逆理想（命题7-3-11）。可逆理想 M 是 A-模，有 $AM=M$［注（定义2-1-1）］，说明 A 是乘法单位元。显然乘法满足结合律，所以 A 的所有可逆理想对于乘法形成一个群。证毕。

命题7-3-13　设 M 是整环 A 的分式理想，则 $M(A:M)$ 是 A 的整理想。

证明　由命题7-3-4和命题7-3-9知 $M(A:M)$ 是 A 的分式理想。根据命题7-3-6有 $M(A:M)\subseteq A$。由命题7-3-1′知 $M(A:M)$ 是 A 的整理想。证毕。

命题7-3-14　设 S 是整环 A 的乘法封闭子集，且 $0\notin S$。如果 M 是 A 的分式理想，那么 $S^{-1}M$ 是 $S^{-1}A$ 的分式理想。

证明　由命题3-1-32知 $S^{-1}A$ 是整环。设 A 的分式域是 K，则由命题3-1-34知

$S^{-1}A$ 的分式域是 $S^{-1}K$ 。显然 $S^{-1}M$ 是 $S^{-1}A$ -模。设 $aM\subseteq A$ （$a\in A^*$），则 $\frac{a}{1}S^{-1}M\subseteq S^{-1}A$ 。由于 $0\notin S$ ，由命题3-1-6知 $\frac{a}{1}\in(S^{-1}A)^*$。证毕。

命题7-3-14′ 设 $\mathfrak{p}$ 是整环 A 的素理想。如果 M 是 A 的分式理想，那么 $M_\mathfrak{p}$ 是 $A_\mathfrak{p}$ 的分式理想。

可逆性是局部性质。

命题7-3-15 设 M 是整环 A 的分式理想，则下列条件等价。

（1） M 是 A 的可逆理想。

（2） M 有限生成，且对 A 的每个素理想 $\mathfrak{p}$， $M_\mathfrak{p}$ 是 $A_\mathfrak{p}$ 的可逆理想。

（3） M 有限生成，且对 A 的每个素理想 $\mathfrak{m}$， $M_\mathfrak{m}$ 是 $A_\mathfrak{m}$ 的可逆理想。

证明 （1） ⇒ （2）：由命题7-3-10知 M 有限生成。根据式（7-3-5）有 $A=M(A:M)$，由命题3-3-5（5）可得 $A_\mathfrak{p}=M_\mathfrak{p}(A:M)_\mathfrak{p}$，由命题3-3-9知 $(A:M)_\mathfrak{p}=(A_\mathfrak{p}:M_\mathfrak{p})$，所以可得

$$A_\mathfrak{p}=M_\mathfrak{p}(A_\mathfrak{p}:M_\mathfrak{p}),$$

即 $M_\mathfrak{p}$ 可逆。

（2） ⇒ （3）：命题1-4-7。

（3） ⇒ （1）：令 $\mathfrak{a}=M(A:M)$，它是 A 的理想（命题7-3-13）。同上有

$$\mathfrak{a}_\mathfrak{m}=M_\mathfrak{m}(A_\mathfrak{m}:M_\mathfrak{m})。$$

由于 $M_\mathfrak{m}$ 是 $A_\mathfrak{m}$ 的可逆理想，所以 $M_\mathfrak{m}(A_\mathfrak{m}:M_\mathfrak{m})=A_\mathfrak{m}$ （命题7-3-9），即 $\mathfrak{a}_\mathfrak{m}=A_\mathfrak{m}$，也就是

$$S^{-1}\mathfrak{a}=S^{-1}A,$$

这里 $S=A\backslash\mathfrak{m}$。由命题3-3-3可得 $\mathfrak{a}\cap S\neq\varnothing$ ，即 $\mathfrak{a}\not\subseteq A\backslash S=\mathfrak{m}$ （对任意极大理想都成立）。由命题1-4-10知 $\mathfrak{a}=A$，即 $M(A:M)=A$，说明 M 是 A 的可逆理想。证毕。

命题7-3-16 设 M 是整环 A 的分式理想， $x\in K$ （A 的分式域），那么 $xM=(x)M$。

证明 由于 $x\in(x)$，所以 $xM\subseteq(x)M$。由于 M 是 A -模，所以 $AM\subseteq M$ ，因此 $(x)M=xAM\subseteq xM$。证毕。

命题7-3-17 设 A 是局部整环，那么

A 是离散赋值环 ⇔ A 的每个非零分式理想可逆。

证明 记 $\mathfrak{m}$ 是 A 的极大理想。

⇒：根据命题7-1-5，设 $\mathfrak{m}=(x)$。设 M 是 A 的非零分式理想，有 $yM\subseteq A$ （$y\in A^*$）。根据命题7-3-1， yM 是 A 的理想。显然 $yM\neq0$ （否则 $M=y^{-1}\cdot0=0$ ）。根据命题7-1-5，设 $yM=\mathfrak{m}^r=(x^r)$，则 $M=y^{-1}(x^r)=(y^{-1}x^r)$，由命题7-3-11知 M 可逆。

⇐：对于 A 的非零理想 $\mathfrak{a}$， $\mathfrak{a}$ 也是 A 的非零分式理想（命题7-3-2），根据题设， $\mathfrak{a}$

可逆，因此是有限生成的（命题7-3-10），表明 A 是Noether环。

下面证明 A 的每个非零理想是 $\mathfrak{m}$ 的幂。如若不然，令

$$\boldsymbol{\Sigma}_0=\{\mathfrak{a}\,|\,\mathfrak{a}\text{是}A\text{的非零理想，}\forall r\geqslant 0\text{，}\mathfrak{a}\neq\mathfrak{m}^r\},$$

则 $\boldsymbol{\Sigma}_0$ 非空。由于 A 是Noether环，所以 $\boldsymbol{\Sigma}_0$ 中有极大元 $\mathfrak{a}$，显然 $\mathfrak{a}\neq\mathfrak{m}^0=(1)$。根据命题1-4-10有

$$\mathfrak{a}\subseteq\mathfrak{m}。$$

$\mathfrak{m}$ 也是 A 的非零分式理想，所以可逆。记 $\mathfrak{m}$ 的逆为 $\mathfrak{m}^{-1}$，则

$$\mathfrak{m}^{-1}\mathfrak{a}\subseteq A。$$

由命题7-3-1′知 $\mathfrak{m}^{-1}$ 是 A 的理想。由理想的定义知 $\mathfrak{m}\mathfrak{a}\subseteq\mathfrak{a}$，所以 $A\mathfrak{a}=\mathfrak{m}^{-1}\mathfrak{m}\mathfrak{a}\subseteq\mathfrak{m}^{-1}\mathfrak{a}$，而 A 是单位元（命题7-3-12），所以可得

$$\mathfrak{a}\subseteq\mathfrak{m}^{-1}\mathfrak{a}。$$

由于 $\mathfrak{a}$ 是可逆的（题设），所以是有限生成的（命题7-3-10）。$\mathfrak{m}$ 是 A 的大根。如果 $\mathfrak{m}\mathfrak{a}=\mathfrak{a}$，则由引理2-5-1（Nakayama）可得 $\mathfrak{a}=0$，这与 $\mathfrak{a}\in\boldsymbol{\Sigma}_0$ 矛盾，所以 $\mathfrak{m}\mathfrak{a}\neq\mathfrak{a}$，即 $\mathfrak{m}^{-1}\mathfrak{a}\neq\mathfrak{a}$，因此

$$\mathfrak{a}\underset{\neq}{\subseteq}\mathfrak{m}^{-1}\mathfrak{a}。$$

由于 $\mathfrak{a}$ 是 $\boldsymbol{\Sigma}_0$ 的极大元，所以 $\mathfrak{m}^{-1}\mathfrak{a}\notin\boldsymbol{\Sigma}_0$。而 $\mathfrak{m}^{-1}\mathfrak{a}\neq 0$（否则 $\mathfrak{a}=\mathfrak{m}\cdot 0=0$），因此 $\mathfrak{m}^{-1}\mathfrak{a}=\mathfrak{m}^r$，从而 $\mathfrak{a}=\mathfrak{m}^{r+1}$，这与 $\mathfrak{a}\in\boldsymbol{\Sigma}_0$ 矛盾。所以 A 的每个非零理想是 $\mathfrak{m}$ 的幂。

由命题7-1-7知 $\dim A=1$，由命题7-1-6（1）（5）知 A 是离散赋值环。证毕。

定理7-3-1 设 A 是整环，那么

$$A\text{是Dedekind整环}\;\Leftrightarrow\;A\text{的每个非零分式理想可逆。}$$

证明 $\Rightarrow$：设 M 是 A 的非零分式理想。由于 A 是Noether环，所以 M 是有限生成的（命题7-3-8）。对于 A 的非零素理想 $\mathfrak{p}$，$M_{\mathfrak{p}}$ 是 $A_{\mathfrak{p}}$ 的分式理想（命题7-3-14′）。由定理7-2-1知 $A_{\mathfrak{p}}$ 是离散赋值环。$A_{\mathfrak{p}}$ 是局部整环（命题3-1-13、命题3-1-32′），由命题7-3-17知 $M_{\mathfrak{p}}$ 可逆。若 $\mathfrak{p}=0$，则 $M_{\mathfrak{p}}$ 也可逆。由命题7-3-15知 M 可逆。

$\Leftarrow$：A 的非零理想可逆，所以 A 是有限生成的（命题7-3-10），因此 A 是Noether环。

设 $\mathfrak{p}$ 是 A 的非零素理想，$\mathfrak{b}$ 是 $A_{\mathfrak{p}}$ 的非零理想。设 $\mathfrak{a}=\mathfrak{b}^c=\mathfrak{b}\cap A$，由命题3-3-5（1）知 $\mathfrak{b}=\mathfrak{a}_{\mathfrak{p}}$。由题设知 $\mathfrak{a}$ 可逆，由命题7-3-15知 $\mathfrak{b}$ 可逆，即 $A_{\mathfrak{p}}$ 中任意非零分式理想可逆。由命题7-3-17知 $A_{\mathfrak{p}}$ 是离散赋值环。由定理7-2-1知 A 是Dedekind整环。证毕。

命题7-3-18 理想群（group of ideals） 设 A 是Dedekind整环，则 A 的所有非零分式理想对于乘法构成一个群。这个群称为 A 的理想群，记作 I。

第8章　完备化

8.1　拓扑和完备化

定义8-1-1　拓扑交换群　设G既是拓扑空间又是（加法）交换群，并且这两种结构是相容的，即加法映射：

$$\varphi^{+}:\ G\times G\to G,\ (x,\ y)\mapsto x+y$$

和取负映射：

$$\varphi^{-}:\ G\to G,\ x\mapsto -x$$

都是连续的，则称G是一个拓扑交换群。

命题8-1-1　在拓扑交换群G中定义：

$$\varphi:\ G\times G\to G,\ (x,\ y)\mapsto x-y,$$

则有

$$\varphi^{+}\text{和}\varphi^{-}\text{都连续}\Leftrightarrow\varphi\text{连续。}$$

证明　记$\tilde{\varphi}^{-}$: $G\times G\to G\times G$，$(x,\ y)\mapsto(x,\ -y)$，由命题C-18知$\tilde{\varphi}^{-}$连续。

$\Rightarrow$：有$\varphi=\varphi^{+}\circ\tilde{\varphi}^{-}$，所以$\varphi$连续（命题C-13）。

$\Leftarrow$：记φ_0: $G\to G\times G$，$x\mapsto(0,\ x)$，由命题C-15知φ_0连续。有$\varphi^{-}=\varphi\circ\varphi_0$，所以$\varphi^{-}$连续。有$\varphi^{+}=\varphi\circ\tilde{\varphi}^{-}$，所以$\varphi^{+}$连续。证毕。

命题8-1-2　若$\{0\}$在G中闭，则G是Hausdorff的（定义C-11）。

证明　$G\times G$中对角线$\{(x,\ x)|x\in G\}$是连续映射$(x,\ y)\mapsto x-y$（命题8-1-1）下$\{0\}$的原像，所以是闭集［定义C-12（4）］，由命题C-10知G是Hausdorff的。证毕。

命题8-1-3　设a为G中一固定元，那么平移：

$$T_a:\ G\to G,\ x\mapsto x+a$$

是G到G上的同胚。

证明 T_a写成

$$T_a: G\to G, \ x\mapsto \varphi^+(x, a)。$$

由命题C-17知T_a连续。显然T_a是双射，它的逆是T_{-a}，也是连续的。证毕。

由命题8-1-3可知命题8-1-4与命题8-1-4′成立。

命题8-1-4 如果U是G中0的任一开邻域，则$U+a$是a在G中的一个开邻域；反之，a的每个开邻域都以这种形式出现。这样，G的拓扑由0的开邻域唯一确定。

命题8-1-4′ U是开（闭）集$\Leftrightarrow U+a$是开（闭）集。

命题8-1-5 U是0的开邻域$\Leftrightarrow -U$是0的开邻域。

证明 只需证$\Rightarrow$。由于$0\in U$，所以$0\in -U$。显然，$-U$是开集U在取负映射φ^-下的原像，而φ^-连续，所以$-U$也是开集［定义C-12（3）］。证毕。

命题8-1-6 对于0的任意开邻域W，存在0的开邻域U，使得$U-U\subseteq W$。

证明 有连续映射φ：$(x, y)\mapsto x-y$（命题8-1-1），显然$\varphi(x, x)=0$。根据命题C-19可知，存在x的开邻域$x+U$（根据命题8-1-4可知，U是0的邻域），使得$x+U-x-U\subseteq W$，即$U-U\subseteq W$。证毕。

命题8-1-6′ 对于0的任意开邻域W，存在0的开邻域U，V，使得$U+V\subseteq W$或$U-V\subseteq W$。

证明 命题8-1-6中记$V=U$，则$U-V\subseteq W$。若记$V=-U$，则$U+V\subseteq W$，此时由命题8-1-5知V也是0的开邻域。证毕。

引理8-1-1 设H是G中0的所有开邻域的交，即$H=\bigcap\limits_{U\text{是0的开邻域}} U$，则有以下情况。

（1）H是G的子群。

（2）H是$\{0\}$的闭包，所以是闭集。

（3）G/H是Hausdorff的。

（4）G是Hausdorff的$\Leftrightarrow H=0$。

证明 （1）设x，$y\in H$，设W是0的任意开邻域。存在0的开邻域U，V，使得$U-V\subseteq W$（命题8-1-6′）。由于H是0的所有开邻域的交，所以x，y属于任何0的开邻域，从而$x\in U$，$y\in V$，所以$x-y\in U-V\subseteq W$。由W的任意性和H的定义知$x-y\in H$。因此H是G的子群。

（2）由H的定义知

$$x\in H\Leftrightarrow （对0的任意开邻域U，有 x\in U）$$

$$\Leftrightarrow （对0的任意开邻域U，有 0\in x-U），$$

根据命题8-1-5，可得

$$上式\Leftrightarrow （对0的任意开邻域U，有 0\in x+U），$$

根据命题8-1-4，上式中的 $x+U$ 是 x 的开邻域，可得

$$\text{上式} \Leftrightarrow \text{（对 } x \text{ 的任意开邻域 } W\text{，有 } 0\in W\text{）}$$

$$\Leftrightarrow \text{（对 } x \text{ 的任意开邻域 } W\text{，有 } \{0\}\cap W\neq\varnothing\text{）。}$$

根据定义C-9（闭包），上式 $\Leftrightarrow x\in\overline{\{0\}}$。

（3）由于 H 是闭集，所以 $a+H$ 是闭集（命题8-1-4′），即 G/H 中的单点集是闭集。由命题8-1-2知 G/H 是Hausdorff的。

（4）$\Rightarrow$：如果 $H\neq 0$，取 $x\in H\backslash\{0\}$，由于 G 是Hausdorff的，所以存在 x 的开邻域 U 与0的开邻域 V，使得 $U\cap V=\varnothing$。有 $x\notin V$，这与 $x\in H$ 矛盾。

$\Leftarrow$：这时 $G=G/H$，由（3）知 G 是Hausdorff的。证毕。

定义8-1-2 设 (x_r) 是拓扑空间 X（不一定是群）中的元素序列，$a\in X$，如果对于 a 的任意开邻域 U，存在整数 $s(U)$，使得

$$x_\nu\in U,\ \forall\nu\geqslant s(U),$$

则称 (x_r) 收敛于 a，记作

$$x_r\rightarrow a。$$

定义8-1-3 设 (x_r) 是拓扑交换群 G 中的元素序列，$a\in G$，如果对于0的任意邻域 U，存在整数 $s(U)$，使得

$$x_\nu-a\in U,\ \forall\nu\geqslant s(U),$$

则称 (x_r) 收敛于 a，记作

$$x_r\rightarrow a。$$

定义8-1-4 Cauchy列 设 (x_r) 是 G 中的元素序列，如果对于0的任意邻域 U，存在整数 $s(U)$，使得

$$x_\mu-x_\nu\in U,\ \forall\mu,\ \nu\geqslant s(U),$$

则称 (x_r) 是Cauchy列。G 中全部Cauchy列的集合记为 $C(G)$。

注（定义8-1-4） 常序列 (a) 是Cauchy列。

命题8-1-7 如果 (x_r) 与 (y_r) 是 G 中的Cauchy列，那么 $(x_r\pm y_r)$ 也是 G 中的Cauchy列。

证明 对于0的任意邻域 W，由命题8-1-6′知存在0的邻域 U，V，使得 $U+V\subseteq W$。对于Cauchy列 (x_r) 与 (y_r)，存在 $s_1(U)$ 与 $s_2(V)$，使得

$$x_\mu-x_\nu\in U,\ \forall\mu,\ \nu\geqslant s_1(U),$$

$$y_\mu-y_\nu\in V,\ \forall\mu,\ \nu\geqslant s_2(U)。$$

记 $s(W)=\max\{s_1(U),\ s_2(U)\}$，则

$$(x_\mu+y_\mu)-(x_\nu+y_\nu)\in U+V\subseteq W,\ \forall\mu,\ \nu\geqslant s(W),$$

即 (x_r+y_r) 是Cauchy列。

由命题8-1-6′知存在0的邻域 U，V，使得 $U-V\subseteq W$。同上可证 (x_r-y_r) 也是Cauchy列。证毕。

定义 8-1-5　完备化（completion） 设 (x_r) 与 (x_r') 是 G 中的Cauchy列，若 $x_r-x_r'\to 0$，即对0的任意邻域 U，存在整数 $s(U)$，使得

$$x_\mu-x_\mu'\in U,\ \forall\mu\geqslant s(U),$$

则称 (x_r) 与 (x_r') 等价，记作

$$(x_r)\sim(x_r')。$$

(x_r) 所在的等价类记作 $\widehat{(x_r)}$。G 中所有Cauchy列等价类集合记为

$$\hat{G}=C(G)/\sim=\left\{\widehat{(x_r)}\,\middle|\,(x_r)\in C(G)\right\},$$

称为 G 的完备化。

命题8-1-8　设 (x_r) 是 G 中Cauchy列，$a\in G$，则

$$(x_r)\sim(a)\ \Leftrightarrow\ x_r\to a。$$

证明　两边等价于：对于任意0的邻域 U，存在整数 $s(U)$，使得

$$x_\mu-a\in U,\ \forall\mu\geqslant s(U)。$$

证毕。

命题8-1-9　设 (x_r)，(x_r')，(y_r) 是Cauchy列，则

$$(x_r)\sim(x_r')\ \Rightarrow\ (x_r\pm y_r)\sim(x_r'\pm y_r),$$

也就是

$$\widehat{(x_r)}=\widehat{(x_r')}\ \Rightarrow\ \widehat{(x_r\pm y_r)}=\widehat{(x_r'\pm y_r)}。$$

证明　由于 $x_r-x_r'\to 0$，所以对于0的任意邻域 U，存在 $s(U)$，使得

$$x_\mu-x_\mu'\in U,\ \forall\mu\geqslant s(U),$$

即

$$(x_\mu\pm y_\mu)-(x_\mu'\pm y_\mu)\in U,\ \forall\mu\geqslant s(U),$$

即 $(x_r\pm y_r)-(x_r'\pm y_r)\to 0$，所以 $(x_r\pm y_r)\sim(x_r'\pm y_r)$。证毕。

命题8-1-10 $\hat{G}$ 是交换群。

证明 命题8-1-9表明 $(x_r \pm y_r)$ 在 $\hat{G}$ 中的等价类 $\widehat{(x_r \pm y_r)}$ 仅依赖于 (x_r) 与 (y_r) 在 $\hat{G}$ 中的等价类 $\widehat{(x_r)}$ 和 $\widehat{(y_r)}$，由此可定义 $\hat{G}$ 中的加法：

$$\widehat{(x_r)} \pm \widehat{(y_r)}: = \widehat{(x_r \pm y_r)}。 \tag{8-1-1}$$

对于这个加法，$\hat{G}$ 是一交换群。证毕。

命题8-1-11 $\hat{G}$ 是拓扑交换群。

证明 $C(G)$ 是 $\prod_{n=1}^{\infty} G$ 的一个子集，自然有乘积拓扑（定义C-8），而 $\hat{G} = C(G)/\sim$ 具有商拓扑（定义C-15）。由命题C-18知 $C(G)$ 中的运算连续，由命题C-26知 $\hat{G}$ 中的运算连续。证毕。

定义8-1-6 对于 $x \in G$，记 $\varphi(x)$ 是常数序列 (x) 在 $\hat{G}$ 中的等价类 $\widehat{(x)}$，即有交换群同态：

$$\varphi: G \to \hat{G},\ x \mapsto \widehat{(x)}。 \tag{8-1-2}$$

命题8-1-12 φ 单 $\Leftrightarrow G$ 是Hausdorff的。

证明 记 H 是 G 中0的所有开邻域的交（引理8-1-1），则有

$$\begin{aligned} x \in \ker\varphi &\Leftrightarrow \widehat{(x)} = \widehat{(0)} \Leftrightarrow (x) \sim (0) \\ &\Leftrightarrow \text{（对于0的任意开邻域}U\text{，存在}s(U)\text{，使得}x \in U,\ \forall \mu \geqslant s(U)\text{）} \\ &\Leftrightarrow \text{（对于0的任意开邻域}U\text{，有}x \in U\text{）} \\ &\Leftrightarrow x \in H, \end{aligned}$$

即

$$\ker\varphi = H。 \tag{8-1-3}$$

由引理8-1-1（4）可得 φ 单 $\Leftrightarrow \ker\varphi = 0 \Leftrightarrow H = 0 \Leftrightarrow G$ 是Hausdorff的。证毕。

命题8-1-13 设 G 与 H 是两个拓扑交环群，$f: G \to H$ 是连续同态，则有以下情况。

（1）对于 H 中0的任意开邻域 V，存在 G 中0的开邻域 U，使得 $f(U) \subseteq V$。

（2）G 中Cauchy列在 f 下的像是 H 中Cauchy列。

（3）设 (x_r) 和 (x'_r) 是 G 中Cauchy列，则

$$\widehat{(x_r)} = \widehat{(x'_r)} \Rightarrow \widehat{(f(x_r))} = \widehat{(f(x'_r))}。$$

证明 （1）由于 f 是同态，所以 $f(0) = 0$。根据定义C-12（2′）可知结论成立。

（2）根据（1），对于 H 中0的任意邻域 V，存在 G 中0的邻域 U，使得 $f(U) \subseteq V$。设 (x_r) 是 G 中Cauchy列，则存在 $s(U)$，使得

$$x_\mu - x_\nu \in U,\ \forall\mu,\ \nu \geqslant s(U),$$

所以可得

$$f(x_\mu) - f(x_\nu) \in f(U) \subseteq V,\ \forall\mu,\ \nu \geqslant s(U),$$

即 $(f(x_r))$ 是 H 中 Cauchy 列。

（3）根据（1），对于 H 中 0 的任意邻域 V，存在 G 中 0 的邻域 U，使得 $f(U) \subseteq V$。由于 $(x_r) \sim (x_r')$，即 $x_\mu - x_\mu' \to 0$，所以存在 $s(U)$，使得

$$x_\mu - x_\mu' \in U,\ \forall\mu \geqslant s(U)。$$

所以可得

$$f(x_\mu) - f(x_\mu') \in f(U) \subseteq V,\ \forall\mu \geqslant s(U),$$

即 $f(x_\mu) - f(x_\mu') \to 0$，也就是 $(f(x_r)) \sim f(x_r')$。证毕。

定义 8-1-7　由命题 8-1-13（3）知连续同态 f：$G \to H$ 诱导出同态：

$$\hat{f}:\ \hat{G} \to \hat{H},\ \ \widehat{(x_r)} \mapsto \widehat{(f(x_r))}。 \tag{8-1-4}$$

命题 8-1-14　$\hat{f}$：$\hat{G} \to \hat{H}$ 连续。

证明　f：$G \to H$ 诱导出：

$$f^C:\ C(G) \to C(H),\ \ (x_r) \mapsto (f(x_r))。$$

由命题 C-18 知 f^C 连续。由命题 C-26 知 $\hat{f}$ 连续。证毕。

命题 8-1-15　如果 $G \xrightarrow{f} H \xrightarrow{g} K$，则 $\widehat{g \circ f} = \hat{g} \circ \hat{f}$。

证明　根据式（8-1-4）有

$$\widehat{g \circ f}\left(\widehat{(x_r)}\right) = \widehat{(g \circ f(x_r))} = \hat{g}\left(\widehat{(f(x_r))}\right) = \hat{g} \circ \hat{f}\left(\widehat{(x_r)}\right)。$$

证毕。

定义 8-1-8　滤链定义的拓扑　设 G 是（加法）交换群，G_n（$n \geqslant 0$）是 G 的子群，$0 \in G_n$（$n \geqslant 0$），且有

$$G = G_0 \supseteq G_1 \supseteq \cdots \supseteq G_n \supseteq \cdots。$$

$\{G_n\}_{n \geqslant 0}$ 称为 G 的一个滤链（filtration）。对于 $U \subseteq G$，约定：

$$U\text{是0的开邻域} \Leftrightarrow U\text{包含某个}G_n。 \tag{8-1-5}$$

G 中点 a 的开邻域是 $a + U$，其中 U 是 0 的开邻域。由此可定义 G 的拓扑，称为由滤链 $\{G_n\}_{n \geqslant 0}$ 定义的拓扑。G 成为拓扑交换群。

验证 φ：$(x,\ y) \mapsto x - y$ 连续：对于 0 的任意开邻域 W，设 $W \supseteq G_n$，取 $U = V = G_n$，

则命题8-1-6和命题8-1-6′成立。对于 $x-y$ 的开邻域 $x-y+W$ （W 是0的邻域），有0的开邻域 U，V，使得 $U-V\subseteq W$，则 $(x+U)-(y+V)\subseteq x-y+W$，所以 φ：$(x, y)\mapsto x-y$ 连续。

命题8-1-16 定义8-1-8中 G 的子群 G_n 都是既开且闭的。

证明 由式（8-1-5）知 G_n 是0的开邻域。$a+G_n$ 是 a 的开邻域，从而 $G\backslash G_n=\bigcup_{a\notin G_n}(a+G_n)$ 是开集，因此 G_n 是闭集。证毕。

命题8-1-17 设 τ 是 G 中 $\{G_n\}_{n\geqslant 0}$ 定义的拓扑（定义8-1-8），G' 是 G 的子群，τ' 是 G' 中由 $\{G_n\cap G'\}_{n\geqslant 0}$ 定义的拓扑，那么 τ' 是 τ 诱导的子拓扑。

证明 设 U' 是拓扑 τ' 下0的开邻域，即有

$$G'\supseteq U'\supseteq G_n\cap G'。$$

令

$$U=U'\cup G_n,$$

则 $U\supseteq G_n$，表明 U 是拓扑 τ 下0的开邻域。有

$$U\cap G'=(U'\cap G')\cup(G_n\cap G')=U'\cup(G_n\cap G')=U',$$

表明 τ' 是 τ 诱导的子拓扑。证毕。

下面设 G 的拓扑都是定义8-1-8中的拓扑。

定义8-1-9 协调序列（coherent sequence） 根据命题2-2-4有同态：

$$\theta_{n+1}:\ G/G_{n+1}\to G/G_n,\quad [x]_{n+1}\mapsto[x]_n, \tag{8-1-6}$$

其中，$[x]_n$ 表示 $x\in G$ 在商群 G/G_n 中的像。设 $\xi_n\in G/G_n$，若序列 (ξ_n) 满足

$$\theta_{n+1}(\xi_{n+1})=\xi_n,\quad \forall n。 \tag{8-1-7}$$

则称序列 (ξ_n) 为协调序列。

命题8-1-18 可由Cauchy列构造协调序列。

证明 设 (x_ν) 是Cauchy列，对于0的开邻域 G_n，存在 $s(G_n)$，使得

$$x_\mu-x_\nu\in G_n,\quad \forall\mu,\ \nu\geqslant s(G_n),$$

则

$$[x_\mu]_n-[x_\nu]_n=0,\quad \forall\mu,\ \nu\geqslant s(G_n)。$$

这表明 $([x_\nu]_n)$ 在 ν 充分大时是一个常数，记为 ξ_n。显然序列 (ξ_n) 满足式（8-1-7），所以是协调序列。证毕。

命题8-1-19 等价的Cauchy列构造同一协调序列。

证明　设$(x_\nu)\sim(x'_\nu)$，则存在$s(G_n)$，使得

$$x_\nu - x'_\nu \in G_n，\ \forall \nu \geqslant s(G_n),$$

所以可得

$$[x_\nu]_n - [x'_\nu]_n = 0，\ \forall \nu \geqslant s(G_n),$$

即ν充分大时$[x_\nu]_n = [x'_\nu]_n$。因此(x_ν)与(x'_ν)构造同一协调序列。证毕。

命题8-1-20　可由协调序列构造Cauchy列。

证明　给定一个协调序列(ξ_n)，其中$\xi_n \in G/G_n$，它是一个陪集。取陪集ξ_n中的任一元素x_n，即$\xi_n = [x_n]_n$，则式（8-1-7）式为

$$\theta_{n+1}\left([x_{n+1}]_{n+1}\right) = [x_n]_n。$$

根据式（8-1-6）有

$$\theta_{n+1}\left([x_{n+1}]_{n+1}\right) = [x_{n+1}]_n,$$

所以可得

$$[x_{n+1}]_n = [x_n]_n, \tag{8-1-8}$$

即

$$x_{n+1} - x_n \in G_n。 \tag{8-1-8′}$$

对于0的任意开邻域U，根据式（8-1-5），设$U \supseteq G_n$。对于$\mu > \nu \geqslant n$有

$$x_\mu - x_\nu = x_\mu - x_{\mu-1} + x_{\mu-1} - \cdots + x_{\nu+1} - x_\nu,$$

根据式（8-1-8′）有

$$x_\mu - x_{\mu-1} \in G_{\mu-1}，\ \cdots，\ x_{\nu+1} - x_\nu \in G_\nu,$$

而$G_{\mu-1} \subseteq G_n$，$\cdots$，$G_\nu \subseteq G_n$，所以可得

$$x_\mu - x_\nu \in G_n \subseteq U，\ \forall \mu,\ \nu \geqslant n。$$

这表明(x_n)是Cauchy列。证毕。

命题8-1-21　协调序列构造的不同Cauchy列是等价的。

证明　设协调序列(ξ_n)构造两个Cauchy列(x_n)和(x'_n)，即$\xi_n = [x_n]_n = [x'_n]_n$，则$x_n - x'_n \in G_n$。对于0的任意开邻域$U$，根据式（8-1-5），设$U \supseteq G_n$。当$\mu \geqslant n$时，有

$$x_\mu - x'_\mu \in G_\mu \subseteq G_n \subseteq U,$$

所以$(x_n)\sim(x'_n)$。证毕。

由命题8-1-18至命题8-1-21可知命题8-1-22。

命题8-1-22　完备化$\hat{G}$能够等价的定义为带有显然群结构的协调序列的集合。

命题8-1-23　若$\{0\}$是G中0的开邻域，则G有离散拓扑（定义C-2），且$\hat{G} \cong G$。

证明 根据定义8-1-8可知，任意单点集都是开集。而任意子集都是单点集之并，所以是开集。这表明 G 有离散拓扑。

设 (x_n) 是 G 中Cauchy列，则存在 s，使得

$$x_m - x_n \in \{0\},\ \forall m,\ n \geqslant s,$$

即

$$x_n = a,\quad \forall n \geqslant s,$$

其中，$a \in G$。上式表明 $(x_n) \sim (a)$，即 $\widehat{(x_n)} = \widehat{(a)}$。因此有同构：

$$\psi:\ \hat{G} \to G,\quad \widehat{\{a\}} \mapsto a。$$

证毕。

定义8-1-10 反向系统（inverse system）反向极限（inverse limit） 对于交换群列 $\{A_n\}$ 及同态列 $\{\theta_n:\ A_n \to A_{n-1}\}$，称 $\{A_n,\ \theta_n\}$ 为反向系统，一般简记为 $\{A_n\}$。若 θ_n 都是满的，则称该反向系统为满系统（surjective system）。

设 $a_n \in A_n$，若序列 (a_n) 满足

$$\theta_{n+1}(a_{n+1}) = a_n,\ \forall n,$$

则称 (a_n) 为协调序列。

所有协调序列组成的群叫作这个系统的反向极限，通常记作 $\varprojlim A_n$（省略了 θ_n）。

注（定义8-1-10） 反向系统 $\{G/G_n\}$ 是满系统，且有 $\hat{G} = \varprojlim G/G_n$。

定义8-1-11 设 $\{A_n\}$ 与 $\{A'_n\}$ 是两个交换群列，记

$$A = \prod_{n=1}^{\infty} A_n,\ A' = \prod_{n=1}^{\infty} A'_n。$$

对于同态列 $\{f_n:\ A_n \to A'_n\}$，可定义同态：

$$\hat{f}:\ A \to A',\quad (a_n) \mapsto \left(f_n(a_n)\right)。 \tag{8-1-9}$$

设 $\{A_n\}$ 与 $\{A'_n\}$ 是两个反向系统（相应同态列 $\{\theta_n\}$ 与 $\{\theta'_n\}$）。设同态列 $\{f_n:\ A_n \to A'_n\}$ 满足

$$\theta'_{n+1} \circ f_{n+1} = f_n \circ \theta'_{n+1}, \tag{8-1-10}$$

即有交环图：

$$\begin{array}{ccc} A_{n+1} & \xrightarrow{f_{n+1}} & A'_{n+1} \\ {\scriptstyle\theta_{n+1}}\downarrow & & \downarrow{\scriptstyle\theta'_{n+1}} \\ A_n & \xrightarrow{f_n} & A'_n \end{array}。 \tag{8-1-11}$$

设 $(a_n) \in A$ 是协调序列，即 $(a_n) \in \varprojlim A_n$，则 $\theta_{n+1}(a_{n+1}) = a_n$。由式（8-1-10）可得

$$\theta'_{n+1}\left(f_{n+1}\left(a_{n+1}\right)\right)=f_n\left(\theta_{n+1}\left(a_{n+1}\right)\right)=f_n\left(a_n\right),$$

表明 $\hat{f}\left(\left(a_n\right)\right)=\left(f_n\left(a_n\right)\right)$ 是协调序列，即 $\hat{f}\left(\left(a_n\right)\right)\in\varprojlim A'_n$，则式（8-1-9）可写成

$$\hat{f}:\varprojlim A_n\to\varprojlim A'_n,\quad\left(a_n\right)\mapsto\left(f_n\left(a_n\right)\right)。\tag{8-1-12}$$

定义 8-1-12　设 $\{A_n\}$，$\{A'_n\}$，$\{A''_n\}$ 是三个反向系统，并且有行正合的交换图：

$$\begin{array}{ccccccccc} 0 & \longrightarrow & A'_{n+1} & \longrightarrow & A_{n+1} & \longrightarrow & A''_{n+1} & \longrightarrow & 0 \\ & & \big\downarrow{\scriptstyle\theta'_{n+1}} & & \big\downarrow{\scriptstyle\theta_{n+1}} & & \big\downarrow{\scriptstyle\theta''_{n+1}} & & \\ 0 & \longrightarrow & A'_n & \longrightarrow & A_n & \longrightarrow & A''_n & \longrightarrow & 0 \end{array},\tag{8-1-13}$$

那么可以说有一个反向系统的正合序列：

$$0\to\{A'_n\}\to\{A_n\}\to\{A''_n\}\to 0。\tag{8-1-14}$$

根据式（8-1-12）自然地诱导出同态列：

$$0\to\varprojlim A'_n\to\varprojlim A_n\to\varprojlim A''_n\to 0。$$

命题 8-1-24　若有反向系统正合列：

$$0\to\{A'_n\}\xrightarrow{g_n}\{A_n\}\xrightarrow{f_n}\{A''_n\}\to 0,\tag{8-1-15}$$

则有正合列［其中，$\hat{g}$ 和 $\hat{f}$ 都由式（8-1-12）定义］：

$$0\to\varprojlim A'_n\xrightarrow{\hat{g}}\varprojlim A_n\xrightarrow{\hat{f}}\varprojlim A''_n。\tag{8-1-16}$$

若再设 $\{A'_n\}$ 是满系统，则有正合列：

$$0\to\varprojlim A'_n\xrightarrow{\hat{g}}\varprojlim A_n\xrightarrow{\hat{f}}\varprojlim A''_n\to 0。\tag{8-1-17}$$

证明　记 $A=\prod\limits_{n=1}^{\infty}A_n$，$A'=\prod\limits_{n=1}^{\infty}A'_n$，$A''=\prod\limits_{n=1}^{\infty}A''_n$，易验证同态列：

$$0\to A'\xrightarrow{\hat{g}}A\xrightarrow{\hat{f}}A''\to 0$$

正合［其中 $\hat{g}$ 和 $\hat{f}$ 都由式（8-1-9）定义］。定义：

$$d:\ A\to A,\quad\left(a_n\right)\mapsto\left(a_n-\theta_{n+1}\left(a_{n+1}\right)\right),\tag{8-1-18}$$

则

$$\left(a_n\right)\in\ker d\ \Leftrightarrow\ a_n=\theta_{n+1}\left(a_{n+1}\right)\ \Leftrightarrow\ \left(a_n\right)\in\varprojlim A_n,$$

即 $\ker d=\varprojlim A_n$。同样可定义 d' 和 d''，有

$$\ker d=\varprojlim A_n,\quad\ker d'=\varprojlim A'_n,\quad\ker d''=\varprojlim A''_n。\tag{8-1-19}$$

对于 $\left(a_n\right)\in A$，根据式（8-1-18）和式（8-1-10）有

$$d''\left(\hat{f}\left(a_n\right)\right)=d''\left(f_n\left(a_n\right)\right)=\left(f_n\left(a_n\right)-\theta''_{n+1}\left(f_{n+1}\left(a_{n+1}\right)\right)\right)=\left(f_n\left(a_n\right)-f_n\left(\theta_{n+1}\left(a_{n+1}\right)\right)\right)$$
$$=\left(f_n\left(a_n-\theta_{n+1}\left(a_{n+1}\right)\right)\right)=\hat{f}\left(a_n-\theta_{n+1}\left(a_{n+1}\right)\right)=\hat{f}\left(d\left(a_n\right)\right),$$

即

$$d''\circ\hat{f}=\hat{f}\circ d。\tag{8-1-20}$$

同样，有

$$d\circ\hat{g}=\hat{g}\circ d',\tag{8-1-21}$$

于是有正合列交换图表：

$$\begin{array}{ccccccccc}
0 & \longrightarrow & A' & \xrightarrow{\hat{g}} & A & \xrightarrow{\hat{f}} & A'' & \longrightarrow & 0 \\
 & & \downarrow{\scriptstyle d'} & & \downarrow{\scriptstyle d} & & \downarrow{\scriptstyle d''} & & \\
0 & \longrightarrow & A' & \xrightarrow{\hat{g}} & A & \xrightarrow{\hat{f}} & A'' & \longrightarrow & 0
\end{array}。$$

根据引理2-6-15′，有正合序列：

$$0\to\ker d'\xrightarrow{\hat{g}}\ker d\xrightarrow{\hat{f}}\ker d''\to\operatorname{Coker}d'\to\operatorname{Coker}d\to\operatorname{Coker}d''\to 0。$$

根据式（8-1-19），上式为

$$0\to\varprojlim A''_n\xrightarrow{\hat{g}}\varprojlim A_n\xrightarrow{\hat{f}}\varprojlim A''_n\to\operatorname{Coker}d'\to\operatorname{Coker}d\to\operatorname{Coker}d''\to 0。\tag{8-1-22}$$

因此式（8-1-16）正合。

设 $\{A'_n\}$ 是满系统，即 θ'_n 满。任意给定 $(a'_n)\in A'$。任取 $x'_1\in A'_1$，由于 θ'_2 满，所以存在 $x'_2\in A'_2$，使得 $\theta'_2(x'_2)=x'_1-a'_1$，即 $x'_1-\theta'_2(x'_2)=a'_1$。同样地，存在 $x'_3\in A'_3$，使得 $\theta'_3(x'_3)=x'_2-a'_2$，即 $x'_2-\theta'_3(x'_3)=a'_2$，以此进行下去，可得到序列 $(x'_n)\in A'$，使得

$$x'_n-\theta'_{n+1}\left(x'_{n+1}\right)=a'_n,$$

即

$$d'\left(x'_n\right)=\left(a'_n\right),$$

这表明 d' 满，从而 $\operatorname{Coker}d'=0$。由式（8-1-22）知式（8-1-17）正合。证毕。

命题8-1-25 设有群正合列：

$$0\to G'\xrightarrow{i}G\xrightarrow{p}G''\to 0\tag{8-1-23}$$

根据注（命题2-6-7），可将 G' 看作 G 的子群，i 看作包含同态，G'' 看作商群 G/G'，p 看作自然同态。G 有滤链 $\{G_n\}$ 定义的拓扑（定义8-1-8），记

$$G'_n=G'\cap G_n,\quad G''_n=p(G_n)=G_n/G'。$$

对 G' 和 G'' 给出滤链 $\{G'_n\}$ 和 $\{G''_n\}$ 诱导的拓扑，则有正合列：

$$0\to\hat{G}'\xrightarrow{\hat{i}}\hat{G}\xrightarrow{\hat{p}}\hat{G}''\to 0。\tag{8-1-24}$$

这里 $\hat{i}$ 和 $\hat{p}$ 由式（8-1-12）定义，i_n 和 p_n 由式（8-1-25）和式（8-1-26）定义。

证明　根据命题2-2-4，有同态：

$$i_n：G'/G'_n\to G/G_n，\ x+G'_n\mapsto x+G_n，\tag{8-1-25}$$

$$p_n：G/G_n\to G''/G''_n，\ x+G_n\mapsto p(x)+G''_n。\tag{8-1-26}$$

显然 i_n 单，p_n 满。有

$$x+G_n\in\ker p_n\ \Leftrightarrow\ p(x)+G''_n=0\ \Leftrightarrow\ p(x)\in G''_n=p(G_n),$$

根据命题2-2-1，可得

上式 $\Leftrightarrow\ x\in G_n+G'\ \Leftrightarrow\ x=x_n+x'\ (x_n\in G_n，\ x'\in G')\ \Leftrightarrow\ x+G_n=x'+G_n\in\operatorname{Im}i_n$，

所以 $\ker p_n=\operatorname{Im}i_n$。从而有正合列：

$$0\to G'/G'_n\xrightarrow{i_n}G/G_n\xrightarrow{p_n}G''/G''_n\to 0,$$

记

$$\theta_{n+1}：G/G_{n+1}\to G/G_n，\ x+G_{n+1}\mapsto x+G_n,$$

同样有 θ'_{n+1}：$G'/G'_{n+1}\to G'/G'_n$ 和 θ''_{n+1}：$G''/G''_{n+1}\to G''/G''_n$。对于 $\forall x\in G$ 有

$$\theta''_{n+1}\big(p_{n+1}(x+G_{n+1})\big)=\theta''_{n+1}\big(p(x)+G''_{n+1}\big)=p(x)+G''_n=p_n(x+G_n)=p_n\big(\theta_{n+1}(x+G_{n+1})\big),$$

即

$$\theta''_{n+1}\circ p_{n+1}=p_n\circ\theta_{n+1}。$$

对于 $\forall x\in G'$ 有

$$\theta_{n+1}\big(i_{n+1}(x+G'_{n+1})\big)=\theta_{n+1}(x+G_{n+1})=x+G_n=i_n(x+G'_n)=i_n\big(\theta'_{n+1}(x+G'_{n+1})\big),$$

即

$$\theta_{n+1}\circ i_{n+1}=i_n\circ\theta'_{n+1},$$

从而有正合列交换图表：

$$\begin{array}{ccccccccc}
0 & \longrightarrow & G'/G'_{n+1} & \xrightarrow{i_{n+1}} & G/G_{n+1} & \xrightarrow{p_{n+1}} & G''/G''_{n+1} & \longrightarrow & 0\\
 & & \downarrow{\scriptstyle\theta'_{n+1}} & & \downarrow{\scriptstyle\theta_{n+1}} & & \downarrow{\scriptstyle\theta''_{n+1}} & & \\
0 & \longrightarrow & G'/G'_n & \xrightarrow{i_n} & G/G_n & \xrightarrow{p_n} & G''/G''_n & \longrightarrow & 0
\end{array},$$

即有反向系统正合列：

$$0\to\{G'/G'_n\}\xrightarrow{i_n}\{G/G_n\}\xrightarrow{p_n}\{G''/G''_n\}\to 0。$$

根据命题8-1-24可知，由于 $\{G'/G'_n\}$ 是满系统（θ'_{n+1} 满），所以有正合列：

$$0\to\varprojlim G'/G'_n\xrightarrow{\hat{i}}\varprojlim G/G_n\xrightarrow{\hat{p}}\varprojlim G''/G''_n\to 0,$$

即式（8-1-24）。证毕。

命题8-1-26 $\hat{G}_n$ 是 $\hat{G}$ 的子群，且 $\hat{G}/\hat{G}_n\cong G/G_n$。

证明 取 $G'=G''$，则

$$G''=G/G_n,\ \ G''_m=p(G_m)=G_m/G_n。$$

当 $m\geqslant n$ 时，由于 $G_m\subseteq G_n$，所以 $G''_m=0$，从而 $\{0\}$ 是 G'' 中 0 的开邻域，由命题8-1-23知

$$\hat{G}''\cong G''。$$

根据命题8-1-25的式（8-1-24）知 $\hat{G}'=\hat{G}_n$ 是 $\hat{G}$ 的子群，且有

$$\hat{G}''\cong\hat{G}/\hat{G}_n,$$

由以上两式知 $G''\cong\hat{G}/\hat{G}_n$，即 $G/G_n\cong\hat{G}/\hat{G}_n$。证毕。

定义8-1-13 如果 φ：$G\to\hat{G}$，$a\mapsto\widehat{(a)}$ 是同构，则称 G 是完备的（complete）。

命题8-1-27 $\hat{G}$ 完备：$\hat{\hat{G}}\cong\hat{G}$。

证明 由命题8-1-26知 $\hat{G}/\hat{G}_n\cong G/G_n$，所以可得

$$\hat{\hat{G}}=\varprojlim\hat{G}/\hat{G}_n\cong\varprojlim G/G_n=\hat{G}。$$

证毕。

命题8-1-28 若 G 是完备的，那么 G 中任意Cauchy列在 G 中收敛。

证明 对于 G 中的任意Cauchy列 (a_n)，存在 $a\in G$，使得 $\widehat{(a_n)}=\varphi(a)=(a)$。由命题8-1-8知 $a_n\to a$。证毕。

命题8-1-29 设 H 是 G 中 0 的所有邻域的交，则 $H=\bigcap_n G_n$。

证明 设 $x\in H$，则 x 属于任何0的邻域。由于 G_n 是0的邻域，所以 $x\in G_n$，从而 $x\in\bigcap_n G_n$。反之，设 $x\in\bigcap_n G_n$。对于任何0的邻域 U，有 $U\supseteq G_n$，所以 $x\in G_n\subseteq U$，从而 $x\in H$。证毕。

由引理8-1-1（4）和命题8-1-29可得命题8-1-30。

命题8-1-30 G 是Hausdorff的 $\Leftrightarrow\bigcap_n G_n=0$。

命题8-1-31 在 $\{G_n\}$ 拓扑下，(x_n) 为Cauchy列的充分必要条件是：对于 $\forall G_n$，存在正整数 N_n，使得

$$x_{m+1}-x_m\in G_n,\ \ \forall m>N_n。$$

证明 必要性：显然。充分性：对于任意 0 的开邻域 U，设 $U\supseteq G_n$，存在正整数

N_n，使得上式满足。当$k\geqslant m>N_n$时，有

$$x_k-x_m=x_k-x_{k-1}+x_{k-1}-\cdots+x_{m+1}-x_m\in G_n\subseteq U。$$

所以(x_n)是Cauchy列。证毕。

命题8–1–32　在$\{G_n\}$拓扑下，$(x_n)\to a$的充分必要条件是：对于$\forall G_n$，存在正整数N_n，使得

$$x_m-a\in G_n，\quad \forall m>N_n。$$

命题8–1–33　设(x_n)与(x'_n)是$\{G_n\}$拓扑下的Cauchy列，那么$(x_n)\sim(x'_n)$的充分必要条件是：对于$\forall G_n$，存在正整数N_n，使得

$$x_m-x'_m\in G_n，\quad \forall m>N_n。$$

由命题8–1–12中的式（8–1–3）和命题8–1–29可得命题8–1–34。

命题8–1–34　在$\{G_n\}$拓扑下，φ：$G\to\hat{G}$，$x\mapsto\widehat{(x)}$的核为

$$\ker\varphi=\bigcap_n G_n。$$

定义8–1–14　$\mathfrak{a}$-adic拓扑　在定义8–1–8中取$G=A$，$G_n=\mathfrak{a}^n$，其中，A是环，$\mathfrak{a}$是A的理想。这样定义的A的拓扑叫作$\mathfrak{a}$-adic拓扑，简称$\mathfrak{a}$-拓扑。

命题8–1–35　环A在$\mathfrak{a}$-拓扑下构成一个拓扑环（topological ring），即环的运算是连续的。

需要验证乘法运算连续：设$U\supseteq\mathfrak{a}^n$是0的邻域，取0的邻域$\mathfrak{a}^k$和$\mathfrak{a}^l$，其中k，$l\geqslant n$。对于$\forall x$，$y\in A$，由理想的吸收性知$x\mathfrak{a}^l\subseteq\mathfrak{a}^l\subseteq\mathfrak{a}^n$，$y\mathfrak{a}^k\subseteq\mathfrak{a}^k\subseteq\mathfrak{a}^n$，$\mathfrak{a}^{k+l}\subseteq\mathfrak{a}^n$（命题1–6–25），所以可得

$$(x+\mathfrak{a}^k)(y+\mathfrak{a}^l)=xy+x\mathfrak{a}^l+y\mathfrak{a}^k+\mathfrak{a}^{k+l}\subseteq xy+\mathfrak{a}^n\subseteq xy+U。$$

这表明乘法连续。

由命题8–1–30可得命题8–1–36。

命题8–1–36　A是Hausdorff的$\Leftrightarrow\bigcap_n\mathfrak{a}^n=0$。

命题8–1–37　若(x_n)与(y_n)是A中Cauchy列，那么(x_ny_n)也是A中Cauchy列。

证明　根据命题8–1–31可知，对于任意$\mathfrak{a}^n$，存在N_1，N_2，使得

$$x_{m+1}-x_m\in\mathfrak{a}^n，\quad \forall m>N_1，$$

$$y_{m+1}-y_m\in\mathfrak{a}^n，\quad \forall m>N_2。$$

有

$$x_{m+1}y_{m+1}-x_my_m=(x_{m+1}-x_m)y_{m+1}+x_m(y_{m+1}-y_m)\in\mathfrak{a}^n，\quad \forall m>N=\max\{N_1，N_2\}。$$

表明(x_ny_n)是Cauchy列。证毕。

命题8-1-38 若(x_n)，(x_n')，(y_n)是A中Cauchy列，且$(x_n)\sim(x_n')$，那么

$$(x_n y_n)\sim(x_n' y_n)。$$

证明 根据命题8-1-33可知，对于$\forall \mathfrak{a}^n$，存在正整数N_n，使得

$$x_m - x_m' \in \mathfrak{a}^n,\quad \forall m > N_n。$$

所以可得

$$x_m y_m - x_m' y_m = (x_m - x_m') y_m \in \mathfrak{a}^n,\quad \forall m > N_n。$$

表明$(x_n y_n)\sim(x_n' y_n)$。证毕。

定义8-1-15 $\mathfrak{a}$-adic完备化 在$\mathfrak{a}$-adic拓扑下定义的完备化称为$\mathfrak{a}$-adic完备化。用$\hat{A}$表示A的$\mathfrak{a}$-adic完备化，即

$$\hat{A} = \varprojlim A/\mathfrak{a}^n。\tag{8-1-27}$$

根据命题8-1-37和命题8-1-38可知，$\hat{A}$是环，乘法定义为

$$\widehat{(x_n)}\widehat{(y_n)} = \widehat{(x_n y_n)}。\tag{8-1-28}$$

类似命题8-1-11有命题8-1-39。

命题8-1-39 $\hat{A}$是拓扑环。

定义8-1-16 有连续的环同态：

$$\varphi:\ A \to \hat{A},\quad x \mapsto \widehat{(x)},\tag{8-1-29}$$

由命题8-1-34可得命题8-1-40。

命题8-1-40 $\ker\varphi = \bigcap_n \mathfrak{a}^n$。

定义8-1-17 $\mathfrak{a}$-adic拓扑 在定义8-1-8中取$G = M$，$G_n = \mathfrak{a}^n M$，其中M是A-模，$\mathfrak{a}$是A的理想，由此定义的拓扑叫作M上的$\mathfrak{a}$-adic拓扑，简称$\mathfrak{a}$-拓扑。

由命题8-1-33可得命题8-1-41。

命题8-1-41 M是Hausdorff的$\Leftrightarrow \bigcap_n (\mathfrak{a}^n M) = 0$。

定义8-1-18 记$\hat{M}$是M的$\mathfrak{a}$-adic完备化，即

$$\hat{M} = \varprojlim M/(\mathfrak{a}^n M)。\tag{8-1-30}$$

可定义标量乘法：

$$\widehat{(a_n)}\widehat{(x_n)} = \widehat{(a_n x_n)}。\tag{8-1-31}$$

其中，$a_n \in A$，$x_n \in M$。

命题8-1-42 $\hat{M}$是一拓扑$\hat{A}$-模，即标量乘法连续。

定义8-1-19 同态：

$$\varphi:\ M\to\hat{M},\ x\mapsto\widehat{(x)}。\tag{8-1-32}$$

由命题8-1-34可得命题8-1-43。

命题8-1-43　$\ker\varphi=\bigcap_n(\mathfrak{a}^n M)$。

命题8-1-44　任一 A-模同态 f: $M\to N$ 是连续的（相对于 M 和 N 的 $\mathfrak{a}$-拓扑）。

证明　$\forall x\in M$，对于 $f(x)$ 的邻域 $f(x)+\mathfrak{a}^n N$，有 x 的邻域 $x+\mathfrak{a}^n M$ 满足

$$f(x+\mathfrak{a}^n M)=f(x)+\mathfrak{a}^n f(M)\subseteq f(x)+\mathfrak{a}^n N,$$

因此 f 是连续的。证毕。

定义8-1-20　由 A-模同态 f: $M\to N$ 可定义连续 $\hat{A}$-模同态：

$$\hat{f}:\ \hat{M}\to\hat{N},\ \widehat{(x_n)}\mapsto\widehat{(f(x_n))}。\tag{8-1-33}$$

命题8-1-45　设 k 是域，$A=k[x]$ 是一元多项式环，$\mathfrak{a}=(x)$，则 $\hat{A}$ 是形式幂级数环：

$$\widehat{k[x]}\cong k[[x]]=\left\{\sum_{n=0}^{\infty}a_n x^n\,\middle|\,a_n\in k\right\}。$$

证明　$\mathfrak{a}^n=(x^n)$，它是最低次数为 n 的多项式的集合。对于幂级数 $\sum_{n=0}^{\infty}a_n x^n\in k[[x]]$，令 $s_n(x)=\sum_{i=0}^{n}a_i x^i$。对于任意 $\mathfrak{a}^n$，有

$$s_{m+1}(x)-s_m(x)=a_{m+1}x^{m+1}\in\mathfrak{a}^n,\quad\forall m>n,$$

表明 $(s_n(x))$ 是 A 中的Cauchy列（命题8-1-31）。令

$$\varphi:\ k[[x]]\to\hat{A},\ \sum_{n=0}^{\infty}a_n x^n\mapsto\widehat{\left(\sum_{i=0}^{n}a_i x^i\right)}。\tag{8-1-34}$$

显然保加法，且 $\varphi(1)=1$，下面验证它也保乘法。有

$$\varphi\left(\sum_{n=0}^{\infty}a_n x^n\cdot\sum_{n=0}^{\infty}b_n x^n\right)=\varphi\left(\sum_{n=0}^{\infty}\sum_{k=0}^{n}a_k b_{n-k}x^n\right)=\widehat{\left(\sum_{i=0}^{n}\sum_{k=0}^{i}a_k b_{i-k}x^i\right)}=\widehat{(f_n(x))},$$

$$\varphi\left(\sum_{n=0}^{\infty}a_n x^n\right)\varphi\left(\sum_{n=0}^{\infty}b_n x^n\right)=\widehat{\left(\sum_{i=0}^{n}a_i x^i\right)}\widehat{\left(\sum_{i=0}^{n}b_i x^i\right)}=\widehat{\left(\sum_{i=0}^{2n}\sum_{k=0}^{i}a_k b_{i-k}x^i\right)}=\widehat{(f'_n(x))}。$$

对于任意 $\mathfrak{a}^n$，有

$$f'_m(x)-f_m(x)=\sum_{i=m+1}^{2m}\sum_{k=0}^{i}a_k b_{i-k}x^i\in\mathfrak{a}^n,\quad\forall m>n,$$

所以 $\widehat{(f'_n(x))}=\widehat{(f_n(x))}$（命题8-1-33），表明 φ 保乘法。因此 φ 是环同态。

设 $\sum_{n=0}^{\infty}a_n x^n\in\ker\varphi$，则 $(s_n(x))\sim(0)$，即对于任意0的邻域 $\mathfrak{a}^n$，存在整数 N，使得

$$s_m(x)=\sum_{i=0}^{m}a_ix^i\in\mathfrak{a}^n\text{，}\quad\forall m>N\text{。}$$

表明 $a_0=\cdots=a_{n-1}=0$，从而对于 $\forall n\geqslant 0$ 有 $a_n=0$，也就是 $\sum\limits_{n=0}^{\infty}a_nx^n=0$。这说明 $\ker\varphi=0$，φ 是单射。

设 $\widehat{(f_n(x))}\in\hat{A}$。记 $f_n(x)=\sum\limits_{i=0}^{k_n}a_i^nx^i$，由于 $(f_n(x))$ 是Cauchy列，所以对于任意 $\mathfrak{a}^{n+1}$，存在整数 N_n，使得

$$f_{m+1}(x)-f_m(x)=\sum_{i=0}^{k_{m+1}}a_i^{m+1}x^i-\sum_{i=0}^{k_m}a_i^mx^i\in\mathfrak{a}^{n+1},\quad\forall m>N_n,$$

即

$$a_0^{m+1}=a_0^m,\quad a_1^{m+1}=a_1^m,\quad\cdots,\quad a_n^{m+1}=a_n^m,\quad\forall m>N_n\text{。}$$

取

$$a_n=a_n^m,\quad m>N_n,$$

令

$$s_n(x)=\sum_{i=0}^{n}a_ix^i,$$

对于任意0的邻域 $\mathfrak{a}^{n+1}$，有

$$f_m(x)-s_m(x)=\sum_{i=0}^{k_m}a_i^mx^i-\sum_{i=0}^{m}a_ix^i\in\mathfrak{a}^{n+1},\quad\forall m>\max\{N_0,\ \cdots,\ N_n\},$$

表明 $(f_n(x))\sim(s_n(x))$，从而 $\widehat{(f_n(x))}=\widehat{(s_n(x))}=\varphi\left(\sum\limits_{n=0}^{\infty}a_nx^n\right)$，表明 φ 是满射。证毕。

命题8-1-46 令 $A=Z$，$\mathfrak{a}=(p)$，p 是素数，则 $\hat{A}$ 是 p-adic整数环。它的元素是无穷级数 $\sum\limits_{n=0}^{\infty}a_np^n$，其中 $0\leqslant a_n\leqslant p-1$。当 $n\to\infty$ 时有 $p^n\to 0$。

8.2 滤链

定义8-2-1 滤链（filtration） 设 M 是 A-模，它的子模链：

$$M=M_0\supseteq M_1\supseteq\cdots\supseteq M_n\supseteq\cdots$$

叫作 M 的一个滤链，记作 $\{M_n\}$。

定义8-2-2 $\mathfrak{a}$-滤链 若有环 A 的理想 $\mathfrak{a}$，使得 A-模 M 的滤链 $\{M_n\}$ 满足

$$M_{n+1}\supseteq \mathfrak{a}M_n,\ \forall n\geqslant 0,$$

则称 $\{M_n\}$ 是 M 的一个 $\mathfrak{a}$-滤链。

命题8-2-1　设 $\{M_n\}$ 是 M 的一个滤链，则

$$\{M_n\}\text{是}M\text{的}\mathfrak{a}\text{-滤链}\Leftrightarrow (M_{n+k}\supseteq \mathfrak{a}^k M_n,\ \forall n,\ k\geqslant 0)。$$

证明　$\Leftarrow$：取 $k=1$。

$\Rightarrow$：根据定义有 $M_{n+k}\supseteq \mathfrak{a}M_{n+k-1}\supseteq \mathfrak{a}^2M_{n+k-2}\supseteq\cdots\supseteq \mathfrak{a}^kM_n$。证毕。

定义8-2-3　稳定 $\mathfrak{a}$-滤链　对于 M 的 $\mathfrak{a}$-滤链 $\{M_n\}$，若存在正整数 n_0，使得

$$M_{n+1}=\mathfrak{a}M_n,\ \forall n\geqslant n_0,$$

则称 $\{M_n\}$ 为 M 的稳定 $\mathfrak{a}$-滤链。

例8-2-1　$\{\mathfrak{a}^nM\}$ 是 M 的一个稳定 $\mathfrak{a}$-滤链。

命题8-2-2　设 $\{M_n\}$ 是 M 的一个 $\mathfrak{a}$-滤链，则

$$\begin{aligned}\{M_n\}\text{是}M\text{的稳定}\mathfrak{a}\text{-滤链}&\Leftrightarrow (\exists n_0>0,\ \forall k\geqslant 0,\ M_{n_0+k}=\mathfrak{a}^kM_{n_0})\\&\Leftrightarrow (\exists n_0>0,\ \forall n\geqslant n_0,\ M_n=\mathfrak{a}^{n-n_0}M_{n_0})\\&\Leftrightarrow (\exists n_0>0,\ \forall n\geqslant n_0,\ \forall m\geqslant n,\ M_m=\mathfrak{a}^{m-n}M_n)。\end{aligned}$$

证明　只需证第一个等价式。

$\Leftarrow$：$M_{n_0+k+1}=\mathfrak{a}^{k+1}M_{n_0}=\mathfrak{a}\mathfrak{a}^kM_{n_0}=\mathfrak{a}M_{n_0+k}$，即对于 $\forall n\geqslant n_0$ 有 $M_{n+1}=\mathfrak{a}M_n$。

$\Rightarrow$：$M_{n_0+k}=\mathfrak{a}M_{n_0+k-1}=\mathfrak{a}^2M_{n_0+k-2}=\cdots=\mathfrak{a}^kM_{n_0}$。证毕。

引理8-2-1　如果 $\{M_n\}$ 和 $\{M'_n\}$ 都是 M 的稳定 $\mathfrak{a}$-滤链，那么它们有有界差(bounded difference)，即存在一个正整数 n_0，使得

$$M_{n+n_0}\subseteq M'_n,\ M'_{n+n_0}\subseteq M_n,\ \forall n\geqslant 0。\tag{8-2-1}$$

因此，所有稳定 $\mathfrak{a}$-滤链定义相同拓扑，即 $\mathfrak{a}$-拓扑。

证明　对于 $\{M_n\}$，由命题8-2-1知

$$\mathfrak{a}^nM\subseteq M_n,\ \forall n\geqslant 0。\tag{8-2-2}$$

由命题8-2-2知存在正整数 n_1，使得

$$M_{n+n_1}=\mathfrak{a}^nM_{n_1}\subseteq \mathfrak{a}^nM,\ \forall n\geqslant 0。\tag{8-2-3}$$

同样地，对于 $\{M'_n\}$ 有

$$\mathfrak{a}^nM\subseteq M'_n,\ \forall n\geqslant 0,\tag{8-2-4}$$

存在正整数 n_2，使得

$$M'_{n+n_2}\subseteq \mathfrak{a}^nM,\ \forall n\geqslant 0。\tag{8-2-5}$$

由式（8-2-3）和式（8-2-4）可得

$$M_{n+n_1} \subseteq \mathfrak{a}^n M \subseteq M'_n,\ \forall n \geqslant 0,$$

所以可得

$$M_{n+n_1+n_2} \subseteq M'_{n+n_2} \subseteq M'_n,\ \forall n \geqslant 0。\tag{8-2-6}$$

由式（8-2-2）和式（8-2-5）可得

$$M'_{n+n_2} \subseteq \mathfrak{a}^n M \subseteq M_n,\ \forall n \geqslant 0,$$

所以可得

$$M'_{n+n_1+n_2} \subseteq M_{n+n_1} \subseteq M_n,\ \forall n \geqslant 0。\tag{8-2-7}$$

记 $n_0 = n_1 + n_2$，则式（8-2-6）和式（8-2-7）就是式（8-2-1）。

若 U 是 $\{M_n\}$-拓扑的 0 的开邻域，即有 $U \supseteq M_n$，则有 $U \supseteq M'_{n+n_0}$，说明 U 也是 $\{M'_n\}$-拓扑的 0 的开邻域。同样地，若 U 是 $\{M'_n\}$-拓扑的 0 的开邻域，那么 U 也是 $\{M_n\}$-拓扑的 0 的开邻域。也就是说 $\{M_n\}$-拓扑与 $\{M'_n\}$-拓扑是一样的。

$\{\mathfrak{a}^n M\}$ 是 M 的稳定 $\mathfrak{a}$-滤链（例8-2-1），它定义的拓扑就是 $\mathfrak{a}$-拓扑（见8.1节的定义），所以所有稳定 $\mathfrak{a}$-滤链定义相同拓扑，即 $\mathfrak{a}$-拓扑。证毕。

8.3 分次环和分次模

定义 8-3-1　分次环（graded ring）　设有环 A 的一组加法子群 $\{A_n\}_{n \geqslant 0}$，使得（命题2-4-4）

$$A = \bigoplus_{n=0}^{\infty} A_n,$$

且有

$$A_m A_n \subseteq A_{m+n},\ \forall m,\ n \geqslant 0,$$

则称 A 是一个分次环。

注（定义 8-3-1）

（1）根据命题2-4-4有 $A_m \cap A_n = 0$（$m \neq n$）。

（2）分次环 A 中元素可以写成（这是有限和）

$$\sum_{n \geqslant 0} a_n,\ a_n \in A_n,$$

也可写成（只有有限项不为零）

$$(a_0,\ \cdots,\ a_n,\ \cdots),\ a_n \in A_n。$$

实际上是作如下等同：

$$a_n \sim (0,\ \cdots,\ 0,\ a_n,\ 0,\ \cdots),\ a_n \in A_n。 \tag{8-3-1}$$

A 中加法为

$$\sum_{n\geqslant 0} a_n + \sum_{n\geqslant 0} b_n = \sum_{n\geqslant 0}(a_n + b_n),$$

或者写成

$$(a_0,\ \cdots,\ a_n,\ \cdots) + (b_0,\ \cdots,\ b_n,\ \cdots) = (a_0 + b_0,\ \cdots,\ a_n + b_n,\ \cdots)。$$

A 中乘法为

$$\left(\sum_{n\geqslant 0} a_n\right)\left(\sum_{n\geqslant 0} b_n\right) = \sum_{n\geqslant 0}\sum_{i=0}^{n} a_{n-i} b_i,$$

或者写成

$$(a_0,\ \cdots,\ a_n,\ \cdots)(b_0,\ \cdots,\ b_n,\ \cdots) = (c_0,\ \cdots,\ c_n,\ \cdots),\ c_n = \sum_{i=0}^{n} a_{n-i} b_i。$$

可以看出，这与多项式的运算是一样的。实际上，多项式环就是分次环。

例8-3-1　$A = k[x_1,\ \cdots,\ x_n]$ 是分次环，$A_n = \{0\} \cup \{n\text{次齐次多项式}\}$。

命题8-3-1　A_0 是 A 的子环，从而 A 是 A_0-代数。每个 A_n 都是 A_0-模。

证明　根据定义有 $A_0 A_0 \subseteq A_0$，即 A_0 的乘法封闭。

设 $1 \in A$ 和 $a \in A$ 的直和分解为

$$1 = \sum_{n\geqslant 0} e_n,\ a = \sum_{n\geqslant 0} a_n,\ e_n,\ a_n \in A_n,$$

则

$$a = 1 \cdot a = \sum_{n\geqslant 0}\sum_{i=0}^{n} a_{n-i} e_i。$$

根据直和分解的唯一性有

$$a_n = \sum_{i=0}^{n} a_{n-i} e_i,\ n \geqslant 0,$$

即

$$a_0 = a_0 e_0,\ a_1 = a_1 e_0 + a_0 e_1,\ a_2 = a_2 e_0 + a_1 e_1 + a_0 e_2 \cdots,$$

显然 $e_0 = 1$，$e_n = 0$（$n > 0$）满足上式，由直和分解的唯一性知这是1的直和分解，即 $1 = e_0 \in A_0$。所以 A_0 是（含单位元的）子环。

有 $A_0 A_n \subseteq A_n$，所以 A_n 是 A_0-模。证毕。

定义8-3-2　分次模　设 $A=\bigoplus_{n=0}^{\infty}A_n$ 是分次环。若有 A-模 M 及 M 的一组子群 $\{M_n\}_{n\geqslant 0}$，使得（命题2-4-4）

$$M=\bigoplus_{n=0}^{\infty}M_n,$$

且有

$$A_mM_n\subseteq M_{m+n},\ \forall m,\ n\geqslant 0,$$

则称 M 是一个分次 A-模。

注（定义8-3-2）

（1）每个 M_n 都是 A_0-模。

（2）根据命题2-4-5有 $M_m\cap M_n=0$（$m\neq n$）。

（3）对于分次 A-模 M 作如下等同

$$x_n\sim(0,\ \cdots,\ 0,\ x_n,\ 0,\ \cdots),\ x_n\in M_n。\tag{8-3-2}$$

M 中的加法为

$$\sum_{n\geqslant 0}x_n+\sum_{n\geqslant 0}y_n=\sum_{n\geqslant 0}(x_n+y_n),\ x_n,\ y_n\in M_n,$$

或者写成

$$(x_0,\ \cdots,\ x_n,\ \cdots)+(y_0,\ \cdots,\ y_n,\ \cdots)=(x_0+y_0,\cdots,\ x_n+y_n,\ \cdots),\ x_n,\ y_n\in M_n。$$

标量乘法为

$$\left(\sum_{n\geqslant 0}a_n\right)\left(\sum_{n\geqslant 0}x_n\right)=\sum_{n\geqslant 0}\sum_{i=0}^{n}a_{n-i}x_i,\ a_n\in A_n,\ x_n\in M_n,$$

或者写成

$$(a_0,\cdots,a_n,\cdots)(x_0,\cdots,x_n,\cdots)=(z_0,\cdots,z_n,\cdots),\quad z_n=\sum_{i=0}^{n}a_{n-i}x_i。$$

定义8-3-3　齐次分量（homogeneous component）　对于分次模 M，设 $x\in M\backslash\{0\}$，若存在 n 使得 $x\in M_n$，那么称 x 是 n 次齐次元，n 称为 x 的次数，记为 $\deg(x)=n$。且根据注［定义8-3-1（1）］可知，次数是唯一确定的。

根据命题2-4-4可知，任意 $x\in M$ 可唯一写成和 $x=\sum_{n}x_n$，其中 $x_n\in M_n$（$n\geqslant 0$），且除有限个 x_n 外全是0。非零分量 x_n 称为 x 的齐次分量。

注（定义8-3-3）　设 M 是有生成元的分次 A-模，那么 M 的生成元可以取成齐次元。同样地，若 A 是分次环，A 作为 A_0-代数是有限生成的，那么生成元可以取成齐次元。

事实上，设 M 的生成元是 $\{x^i\}_{i\in I}$，记 $x^i=\sum_{n\geqslant 0}x_n^i$，其中 x_n^i 是 x^i 的 n 次齐次分量，那

么 M 的生成元可以取成 $\{x_n^i\}_{i\in I,n\geqslant 0}$。

定义8-3-4　分次A-模同态　设M，N是分次 A-模，若 A-模同态 f：$M\to N$ 满足

$$f(M_n)\subseteq N_n,\ \forall n\geqslant 0,$$

则称 f 是一个分次 A-模同态。

命题8-3-2　设 A 是分次环，a_1，…，$a_s\in A$，那么

$$\sum_{i=1}^{s}a_i\in A_n \Rightarrow a_1,\ \cdots,\ a_s\in A_n。$$

证明　做 a_i 的直和分解：

$$a_i=\sum_{j\geqslant 0}a_{ij},\ a_{ij}\in A_j,$$

记

$$a=\sum_{i=1}^{s}a_i=\sum_{i=1}^{s}\sum_{j\geqslant 0}a_{ij}\in A_n,\ b_j=\sum_{i=1}^{s}a_{ij}\in A_j,$$

则（$\sum_{j\geqslant 0}a_{ij}$ 是有限和，所以可交换求和顺序）

$$a=\sum_{j\geqslant 0}b_j。$$

上式是 $a\in A_n$ 的直和分解，由分解唯一性知 $b_j=0$（$j\neq n$），即

$$0=\sum_{i=1}^{s}a_{ij},\ j\neq n。$$

上式是0的直和分解，由分解唯一性知

$$a_{ij}=0,\ i=1,\ \cdots,\ s,\ j\neq n。$$

因此

$$a_i=a_{in}\in A_n,\ i=1,\ \cdots,\ s。$$

证毕。

命题8-3-3　设 A 是分次环，$a\in A$，$b\in A_m$，$ab\in A_n$，约定当 $n<0$ 时 $A_n=0$，那么存在 $a'\in A_{n-m}$，使得 $ab=a'b$。

证明　设 a 的直和分解：

$$a=\sum_{i\geqslant 0}a_i,\ a_i\in A_i,$$

有（上式是有限和，所以可逐项相乘）

$$ab=\sum_{i\geqslant 0}a_ib\in A_n。$$

由于 $b\in A_m$，根据分次环定义有 $a_ib\in A_{i+m}$。上式是 ab 的直和分解式，由分解的唯一性知

$$a_ib=0,\ i\neq n-m,$$

因而

$$ab=a_{n-m}b。$$

取 $a'=a_{n-m}$ 即可。证毕。

命题8-3-4 设 A 是分次环，则 $\bigoplus_{n\geqslant i}A_n$ （$i\geqslant 0$）是 A 的理想。特别地，$A_+=\bigoplus_{n\geqslant 1}A_n$ 是 A 的理想。

证明 设 $a\in A$，$b\in\bigoplus_{n\geqslant i}A_n$，它们有直和分解：

$$a=\sum_{n\geqslant 0}a_n,\ b=\sum_{n\geqslant i}b_n,\ a_n,\ b_n\in A_n,$$

则

$$ab=\sum_{n\geqslant i}\sum_{j=0}^{n}a_{n-j}b_j\in\bigoplus_{n\geqslant i}A_n,$$

所以 $\bigoplus_{n\geqslant i}A_n$ （$i\geqslant 0$）是 A 的理想。证毕。

命题8-3-5 设 A 是分次环，那么

A 是Noether环 $\Leftrightarrow$ A_0 是Noether环且 A 是有限生成 A_0-代数。

证明 $\Leftarrow$：由定理6-2-1′（Hilbert基定理）可得。

$\Rightarrow$：A_+ 是 A 的理想（命题8-3-4），而 $A=A_0\oplus A_+$，根据命题2-4-8有 $A_0\cong A/A_+$。由命题6-1-6′知 A_0 是Noether环。由定义6-2-1知 A_+ 是有限生成的。设 x_1，…，x_s 是 A_+ 的生成元，即 $\forall x\in A_+$ 可写成

$$x=\sum_{i=1}^{s}a_ix_i,\ a_i\in A。$$

可令

$$\deg(x_i)=k_i>0。$$

令

$$A'=A_0[x_1,\cdots,x_s],$$

我们要证 $A=A'$，而 $A'\subseteq A$，所以只需证 $A\subseteq A'$。

下面对 n 归纳证明：

$$A_n\subseteq A',\ \forall n\geqslant 0。$$

当 $n=0$ 时上式显然成立。设 $n>0$，假设当 $k<n$ 时 $A_k\subseteq A'$。对于 $\forall y\in A_n$，有 $y\in A_+$，所以可用 x_1，…，x_s 线性表达：

$$y=\sum_{i=1}^{s}a_ix_i,\ a_i\in A。$$

由命题8-3-2知 $a_ix_i\in A_n$ （$i=1$，…，s），而 $x_i\in A_{k_i}$，根据命题8-3-3，不妨设 $a_i\in A_{n-k_i}$（约定当 $n<0$ 时，$A_n=0$）。由归纳假设知 $A_{n-k_i}\subseteq A'$，所以 $a_i\in A'=A_0[x_1,\ \cdots,\ x_s]$，即 a_i 是系数属于 A_0 的 x_1，…，x_s 的多项式，从而 y 也是系数属于 A_0 的 x_1，…，x_s 的多项式，即 $y\in A_0[x_1,\ \cdots,\ x_s]=A'$，表明 $A_n\subseteq A'$。因此 $A=\bigoplus_{n\geqslant 0}A_n\subseteq A'$。证毕。

定义8-3-5　设 A 是环，$\mathfrak{a}$ 是 A 的理想。令（$\mathfrak{a}^0=A$）

$$A^*=\bigoplus_{n=0}^{\infty}\mathfrak{a}^n,\tag{8-3-3}$$

由于 $\mathfrak{a}^m\mathfrak{a}^n=\mathfrak{a}^{m+n}$，所以 A^* 是一个分次环。

设 M 是一个 A-模，$\{M_n\}$ 是 M 的一个 $\mathfrak{a}$-滤链，即有

$$M=M_0\supseteq M_1\supseteq\cdots\supseteq M_n\supseteq\cdots,$$

$$M_{n+1}\supseteq\mathfrak{a}M_n,\ \forall n\geqslant 0,$$

则由命题8-2-1知

$$\mathfrak{a}^mM_n\subseteq M_{m+n},\ \forall m,\ n\geqslant 0。$$

令

$$M^*=\bigoplus_{n=0}^{\infty}M_n,\tag{8-3-4}$$

它是一个分次 A^*-模。

命题8-3-6　设 A 是Noether环，$\mathfrak{a}$ 是 A 的理想，则 A^* 是Noether环。

证明　根据Noether环定义，$\mathfrak{a}$ 是有限生成的，设 $\mathfrak{a}=(x_1,\ \cdots,\ x_r)$，即 $\mathfrak{a}$ 中元素为

$$a_1x_1+\cdots+a_rx_r,$$

$A^*=\bigoplus_{n=0}^{\infty}\mathfrak{a}^n$ 中元素为

$$\left(a,a_1x_1+\cdots+a_rx_r,\ \ \sum_i\left(a_{i,1}^1x_1+\cdots+a_{i,r}^1x_r\right)\left(a_{i,1}^2x_1+\cdots+a_{i,r}^2x_r\right),\ \cdots\right)。\tag{8-3-5}$$

可以看出，$x_{i_1}^{k_1}\cdots x_{i_n}^{k_n}$ 的次数对应分次环 A^* 中的次数。作如下的等同：

$$\begin{array}{ccc} & 0 & k_1+\cdots+k_n\\ & \downarrow & \downarrow\\ x_{i_1}^{k_1}\cdots x_{i_n}^{k_n}\sim(& 0,\ \cdots,\ 0, & x_{i_1}^{k_1}\cdots x_{i_n}^{k_n},\ 0,\ \cdots)\end{array},$$

特别地，有

$$1\sim(1,\ 0,\ 0,\ \cdots),\ x_i\sim(0,\ x_i,\ 0,\ \cdots),$$

那么式（8-3-5）写成

$$a+a_1x_1+\cdots+a_rx_r+\sum_i\left(a_{i,1}^1x_1+\cdots+a_{i,r}^1x_r\right)\left(a_{i,1}^2x_1+\cdots+a_{i,r}^2x_r\right)+\cdots,$$

其实就是系数属于 A 的关于 $x_1,\cdots,x_r$ 的多项式，所以可得

$$A^*=A[x_1,\ \cdots,\ x_r]。$$

注意上式中的 x_i 是 A^* 中的一次分量，而 A 中元素是 A^* 中的零次分量，也就是说在这种表示法下 $x_i\notin A$，不要引淆。根据定理6-2-1′（Hilbert基定理），A^* 是Noether环。证毕。

引理8-3-1 设 A 是Noether环，M 是有限生成 A-模，$\{M_n\}$ 是 M 的一个 $\mathfrak{a}$-滤链，那么

$$M^* 是有限生成 A^*\text{-模} \Leftrightarrow 滤链 \{M_n\} 是稳定的。$$

证明 令

$$M_n^*=M_0\oplus\cdots\oplus M_n\oplus\mathfrak{a}M_n\oplus\mathfrak{a}^2M_n\oplus\cdots\oplus\mathfrak{a}^rM_n\oplus\cdots,\tag{8-3-6}$$

对于 $\mathfrak{a}$-滤链有（命题8-2-1）

$$\mathfrak{a}^kM_l\subseteq M_{k+l},\tag{8-3-7}$$

又有

$$\mathfrak{a}^{k+l}M_{n-l}=\mathfrak{a}^k\mathfrak{a}^lM_{n-l}\subseteq\mathfrak{a}^kM_n,\tag{8-3-8}$$

$$\mathfrak{a}^k\left(\mathfrak{a}^lM_n\right)=\mathfrak{a}^{k+l}M_n。\tag{8-3-9}$$

式（8-3-7）至式（8-3-9）表明 M_n^* 是一个分次 A^*-模。

任取 M_n^* 中元素：

$$\sum_{i=0}^n x_i+\sum_{i\geqslant1}\sum_k c_i^kx_n^k,\ \ x_i\in M_i,\ \ c_i^k\in\mathfrak{a}^i,\ \ x_n^k\in M_n。$$

由于 M_i 是 M 的子模，所以是有限生成 A-模。设 M_i 的生成元是 $\hat{x}_{i,j}$（$0\leqslant i\leqslant n$，j 取值有限），则上式可写成

$$\sum_{i=0}^n\sum_j a_{i,j}\hat{x}_{i,j}+\sum_{i\geqslant1}\sum_k\sum_j c_i^ka_j^k\hat{x}_{n,j},\ \ a_{i,j},a_j^k\in A。$$

由于 $a_{i,j}\in A=\mathfrak{a}^0$，$c_i^ka_j^k\in\mathfrak{a}^iA=\mathfrak{a}^i$，上式表明 M_n^* 是有限生成 A^*-模。

对比 M^* 的定义式（8-3-4）和 M_n^* 的定义式（8-3-6），由式（8-3-7）可知 M_n^* 是 M^* 的子模。由式（8-3-8）可得 $M_n^*\subseteq M_{n+1}^*$，即有升链：

$$M_0^*\subseteq M_1^*\subseteq\cdots\subseteq M_n^*\subseteq\cdots。\tag{8-3-10}$$

任取 M^* 中元素 $(x_0,\ \cdots,\ x_n,\ \cdots)$，其中 $x_n\in M_n$ 是最后一个非零元，显然

$(x_0, \cdots, x_n, \cdots) \in M_n^*$，因此 $M^* \subseteq \bigcup_{n\geqslant 0} M_n^*$。而 $M^* \supseteq \bigcup_{n\geqslant 0} M_n^*$，所以可得

$$M^* = \bigcup_{n\geqslant 0} M_n^*。\tag{8-3-11}$$

下述条件等价：

（1）M^* 是有限生成 A^*-模。

（2）升链式（8-3-10）稳定。

（3）存在 n_0，使得 $M^* = M_{n_0}^*$。

（4）存在 n_0，使得对于 $\forall r \geqslant 0$ 有 $M_{n_0+r} = \mathfrak{a}^r M_{n_0}$。

（5）滤链 $\{M_n\}$ 是稳定的。

证明　（1）⇒（2）：A^* 是Noether环（命题8-3-6），由命题6-1-8知 M^* 是Noether模，所以升链式（8-3-10）稳定。

（2）⇒（3）：存在 n_0，使得当 $n \geqslant n_0$ 时 $M_n^* = M_{n_0}^*$，由式（8-3-11）知 $M^* = M_{n_0}^*$。

（3）⇒（1）：前面已证 $M_{n_0}^*$ 是有限生成 A^*-模，即 M^* 是有限生成 A^*-模。

（3）⇔（4）：根据 M^* 和 M_n^* 的定义即可知。

（4）⇔（5）：同命题8-2-2。

证毕。

命题8-3-7　设 $\{M_n\}$ 是 M 的一个 $\mathfrak{a}$-滤链，M' 是 M 的一个子模，则 $\{M' \cap M_n\}$ 是 M' 的一个 $\mathfrak{a}$-滤链。

证明　有（命题2-3-21）

$$\mathfrak{a}(M' \cap M_n) \subseteq (\mathfrak{a}M') \cap (\mathfrak{a}M_n)。$$

根据子模定义有

$$\mathfrak{a}M' \subseteq AM' = M'。$$

由于 $\{M_n\}$ 是 M 的 $\mathfrak{a}$-滤链，所以可得

$$\mathfrak{a}M_n \subseteq M_{n+1}。$$

由以上三式可得

$$\mathfrak{a}(M' \cap M_n) \subseteq M' \cap M_{n+1},$$

表明 $\{M' \cap M_n\}$ 是 M' 的一个 $\mathfrak{a}$-滤链。证毕。

引理8-3-2　Artin-Rees　设 A 是Noether环，$\mathfrak{a}$ 是 A 的一个理想，M 是一个有限生成的 A-模，$\{M_n\}$ 是 M 的一个稳定 $\mathfrak{a}$-滤链，设 M' 是 M 的一个子模，则 $\{M' \cap M_n\}$ 是 M' 的一个稳定 $\mathfrak{a}$-滤链。

证明　由命题8-3-7知 $\{M' \cap M_n\}$ 是 M' 的一个 $\mathfrak{a}$-滤链。令 $M'^* = \bigoplus_{n=0}^{\infty}(M' \cap M_n)$，它是

一个分次 A^*-模，且是 $M^*=\bigoplus_{n=0}^{\infty}M_n$ 的 A^*-子模。由命题8-3-6知 A^* 是Noether环，由引理8-3-1知 M^* 是有限生成 A^*-模，由命题6-1-8知 M^* 是Noether模。由命题6-1-3知 M'^* 是有限生成 A^*-模。再由引理8-3-1知 $\{M'\cap M_n\}$ 稳定。证毕。

引理8-3-3 Artin-Rees 设 A 是Noether环，$\mathfrak{a}$ 是 A 的一个理想，M 是一个有限生成的 A-模，M' 是 M 的一个子模，那么 $\{(\mathfrak{a}^nM)\cap M'\}$ 是 M' 的一个稳定 $\mathfrak{a}$-滤链，即存在整数 n_0，使得

$$(\mathfrak{a}^nM)\cap M'=\mathfrak{a}^{n-n_0}\left((^{n_0}M)\cap M'\right),\ \forall n\geqslant n_0。$$

证明 $\{\mathfrak{a}^nM\}$ 是 M 的一个稳定 $\mathfrak{a}$-滤链（例8-2-1），根据引理8-3-2（Artin-Rees），$\{(\mathfrak{a}^nM)\cap M'\}$ 是 M' 的一个稳定 $\mathfrak{a}$-滤链。根据命题8-2-2知结论成立。证毕。

定理8-3-1 设 A 是Noether环，$\mathfrak{a}$ 是 A 的一个理想，M 是一个有限生成的 A-模，M' 是 M 的一个子模，那么滤链 $\{\mathfrak{a}^nM'\}$ 和 $\{(\mathfrak{a}^nM)\cap M'\}$ 具有有界差。特别地，M' 的 $\mathfrak{a}$-拓扑与 M 的 $\mathfrak{a}$-拓扑诱导的子拓扑相同。

证明 $\{\mathfrak{a}^nM'\}$ 是 M' 的一个稳定 $\mathfrak{a}$-滤链（例8-2-1），根据引理8-3-3（Artin-Rees），$\{(\mathfrak{a}^nM)\cap M'\}$ 是 M' 的一个稳定 $\mathfrak{a}$-滤链。根据引理8-2-1可知，$\{\mathfrak{a}^nM'\}$ 和 $\{(\mathfrak{a}^nM)\cap M'\}$ 具有有界差，两者定义拓扑相同。$\{\mathfrak{a}^nM'\}$ 定义的拓扑是 M' 的 $\mathfrak{a}$-拓扑，$\{(\mathfrak{a}^nM)\cap M'\}$ 定义的拓扑是 M 的 $\mathfrak{a}$-拓扑诱导的子拓扑（命题8-1-17）。证毕。

命题8-3-8 完备化的正合性质 设 A 是Noether环，$\mathfrak{a}$ 是 A 的一个理想，则

$$0\rightarrow M'\xrightarrow{i}M\xrightarrow{p}M''\rightarrow 0$$

是有限生成 A-模的正合序列，那么有 $\mathfrak{a}$-adic完备化（由 $\mathfrak{a}$-拓扑定义的完备化）正合序列：

$$0\rightarrow \hat{M}'\xrightarrow{\hat{i}}\hat{M}\xrightarrow{\hat{p}}\hat{M}''\rightarrow 0。\tag{8-3-12}$$

这里

$$\hat{i}:\ \hat{M}'\rightarrow\hat{M},\ \ (x_n)\mapsto\left(i_n(x_n)\right),$$

$$i_n:\ M'/\mathfrak{a}^nM'\rightarrow M/\mathfrak{a}^nM,\ \ x+\mathfrak{a}^nM'_n\mapsto i(x)+\mathfrak{a}^nM,$$

$$\hat{p}:\ \hat{M}\rightarrow\hat{M}'',\ \ (x_n)\mapsto\left(p_n(x_n)\right),$$

$$p_n:\ M/\mathfrak{a}^nM\rightarrow M''/\mathfrak{a}^nM'',\ \ x+\mathfrak{a}^nM_n\mapsto p(x)+\mathfrak{a}^nM''。$$

证明 根据命题8-1-25可知，若 $\hat{M}'$ 中取 $\{(\mathfrak{a}^nM)\cap M'\}$ 定义的拓扑，$\hat{M}''$ 中取 $\{(\mathfrak{a}^nM)/M'\}$ 定义的拓扑，那么式（8-3-12）是正合列。根据定理8-3-1可知，$\hat{M}'$ 中 $\{(\mathfrak{a}^nM)\cap M'\}$ 定义的拓扑就是 $\hat{M}'$ 的 $\mathfrak{a}$-拓扑。有 $(\mathfrak{a}^nM)/M'=\mathfrak{a}^n(M/M')=\mathfrak{a}^nM'$（命题2-3-

7)，即 $\hat{M}''$ 中 $\{(\mathfrak{a}^n M)/M'\}$ 定义的拓扑就是 $\hat{M}''$ 的 $\mathfrak{a}$-拓扑。证毕。

定义 8-3-6 由 A-模同态 $M\to\hat{M}$，$x\mapsto(x)$ 定义一个 $\hat{A}$-模同态［最右边的等式是命题2-7-5（4）］：

$$\hat{A}\otimes_A M\to\hat{A}\otimes_A\hat{M}\to\hat{A}\otimes_{\hat{A}}\hat{M}=\hat{M},$$

$$\sum_i a^i\widehat{\left(a_n^i\right)}\otimes x^i\mapsto\sum_i\widehat{\left(a^i a_n^i x^i\right)}。\tag{8-3-13}$$

命题 8-3-9 对于任意环 A，如果 A-模 M 是有限生成的，那么 $\hat{A}\otimes_A M\to\hat{M}$ 是满的（$\hat{A}$ 和 $\hat{M}$ 分别是 A 和 M 的 $\mathfrak{a}$-adic 完备化）。

如果再设 A 是Noether环，那么 $\hat{A}\otimes_A M\to\hat{M}$ 是同构。

证明 用命题 8-1-25 或其他方法看出 $\mathfrak{a}$-adic 完备化与有限直和可以交换。记 $F=A^n$，则 $\hat{F}=\hat{A}^n$。由命题2-7-5（3）（4）可得

$$\hat{A}\otimes_A F=\hat{A}\otimes_A(A\oplus\cdots\oplus A)=\left(\hat{A}\otimes_A A\right)\oplus\cdots\oplus\left(\hat{A}\otimes_A A\right)=\hat{A}\oplus\cdots\oplus\hat{A},$$

即

$$\hat{A}\otimes_A F=\hat{F}。\tag{8-3-14}$$

根据命题2-5-11有 $M\cong F/N$，其中，N 是 F 的子模。有正合列：

$$0\to N\xrightarrow{i}F\xrightarrow{p}M\to 0。$$

根据定理2-9-1有正合列：

$$\hat{A}\otimes_A N\xrightarrow{1\otimes i}\hat{A}\otimes_A F\xrightarrow{1\otimes p}\hat{A}\otimes_A M\to 0。$$

根据命题8-3-8有正合列：

$$0\to\hat{N}\xrightarrow{\hat{i}}\hat{F}\xrightarrow{\hat{p}}\hat{M}\to 0,$$

记

$$\hat{A}\otimes_A M\xrightarrow{\alpha}\hat{M},\ \hat{A}\otimes_A F\xrightarrow{\beta}\hat{F},\ \hat{A}\otimes_A N\xrightarrow{\gamma}\hat{N}$$

是式（8-3-13）定义的同态，由式（8-3-14）知 β 是同构。有

$$\beta\circ(1\otimes_A i)\left(\sum_j a^j\widehat{\left(a_n^j\right)}\otimes x^j\right)=\beta\left(\sum_j a^j\widehat{\left(a_n^j\right)}\otimes x^j\right)=\sum_j\widehat{\left(a^j a_n^j x^j\right)},$$

$$\hat{i}\circ\gamma\left(\sum_j a^j\widehat{\left(a_n^j\right)}\otimes x^j\right)=\hat{i}\left(\sum_j\widehat{\left(a^j a_n^j x^j\right)}\right)=\sum_j\widehat{\left(a^j a_n^j x^j\right)},$$

即

$$\beta\circ(1\otimes_A i)=\hat{i}\circ\gamma。\tag{8-3-15}$$

有

$$\alpha\circ(1\otimes_A p)\left(\sum_j a^j\widehat{(a_n^j)}\otimes x^j\right)=\alpha\left(\sum_j a^j\widehat{(a_n^j)}\otimes \bar{x}^j\right)=\sum_j\widehat{(a^j a_n^j \bar{x}^j)}=\sum_j\widehat{(a^j a_n^j x^j)},$$

$$\hat{p}\circ\beta\left(\sum_j a^j\widehat{(a_n^j)}\otimes x^j\right)=\hat{p}\left(\sum_j\widehat{(a^j a_n^j x^j)}\right)=\sum_j\widehat{(a^j a_n^j x^j)},$$

即

$$\alpha\circ(1\otimes_A p)=\hat{p}\circ\beta。\qquad (8-3-16)$$

因此有正合交换图表：

$$\begin{array}{ccccccccc} & & \hat{A}\otimes_A N & \xrightarrow{1\otimes i} & \hat{A}\otimes_A F & \xrightarrow{1\otimes p} & \hat{A}\otimes_A M & \longrightarrow & 0 \\ & & \downarrow{\scriptstyle\gamma} & & \downarrow{\scriptstyle\beta} & & \downarrow{\scriptstyle\alpha} & & \\ 0 & \longrightarrow & \hat{N} & \xrightarrow{\hat{i}} & \hat{F} & \xrightarrow{\hat{p}} & \hat{M} & \longrightarrow & 0 \end{array}\ 。\qquad (8-3-17)$$

由于 $\hat{p}$ 满，β 是同构，所以 $\hat{p}\circ\beta$ 满［命题A-8（8）］，由式（8-3-16）知 $\alpha\circ(1\otimes_A p)$ 满，由命题A-8（1）知 α 满，即 $\hat{A}\otimes_A M\to\hat{M}$ 满。

若 A 是Noether环，而 $F=A^n$ 是有限生成的 A-模，所以是Noether模（命题6-1-8），而 N 是 F 的子模，因此 N 是有限生成的（命题6-1-3）。根据前述结论，γ：$\hat{A}\otimes_A N\to\hat{N}$ 满。由命题2-6-17知 α 单，因此是同构。证毕。

命题8-3-10 设 A 是Noether环，$\mathfrak{a}$ 是一个理想，$\hat{A}$ 是 A 的 $\mathfrak{a}$-adic完备化，那么 $\hat{A}$ 是平坦 A-代数：对于任意有限生成 A-模的正合序列：

$$0\to M'\to M\to M''\to 0,$$

有正合序列：

$$0\to\hat{A}\otimes_A M'\to\hat{A}\otimes_A M\to\hat{A}\otimes_A M''\to 0。\qquad (8-3-18)$$

证明 由命题8-3-8知有正合列：

$$0\to\hat{M}'\to\hat{M}\to\hat{M}''\to 0。$$

其中，$\hat{M}$，$\hat{M}'$，$\hat{M}''$ 分别是 M，M'，M'' 的 $\mathfrak{a}$-adic完备化。再由命题8-3-9知 $\hat{M}\cong\hat{A}\otimes_A M$，$\hat{M}'\cong\hat{A}\otimes_A M''$，$\hat{M}''\cong\hat{A}\otimes_A M''$，所以有正合列（8-3-18）。证毕。

命题8-3-11 设 A 是Noether环，$\mathfrak{a}$ 是 A 的理想，M 是有限生成 A-模，那么

$$\mathfrak{a}\hat{M}=\mathfrak{a}\hat{M}=\hat{\mathfrak{a}}\hat{M}。$$

证明 记 i：$\mathfrak{a}M\to M$ 是包含映射，则对于 $1\otimes i$：$\hat{A}\otimes_A(\mathfrak{a}M)\to\hat{A}\otimes_A M$ 有

$$\operatorname{Im}1\otimes i=\mathfrak{a}\left(\hat{A}\otimes_A M\right)。$$

参考命题8-3-9中的式（8-3-17），有交换图：

$$\begin{array}{ccc} \hat{A}\otimes_A(\mathfrak{a}M) & \xrightarrow{1\otimes i} & \hat{A}\otimes_A M \\ \downarrow{\scriptstyle\gamma} & & \downarrow{\scriptstyle\beta} \\ \widehat{\mathfrak{a}M} & \xrightarrow{\hat{i}} & \hat{M} \end{array}\ ,$$

其中，γ 和 β 是同构，$1\otimes i$ 和 $\hat{i}$ 都是单的。根据命题A-16有

$$\widehat{\mathfrak{a}M}=\operatorname{Im}\hat{i}=\beta(\operatorname{Im}1\otimes i)=\beta\left(\mathfrak{a}\left(\hat{A}\otimes_A M\right)\right)=\mathfrak{a}\beta\left(\hat{A}\otimes_A M\right)=\mathfrak{a}\hat{M}。$$

上式中 M 取 A 可得 $\widehat{\mathfrak{a}A}=\mathfrak{a}\hat{A}$，而 $A\mathfrak{a}=\mathfrak{a}$ ［注（定义1-2-1（1））］，所以可得

$$\hat{\mathfrak{a}}=\mathfrak{a}\hat{A}。\tag{8-3-19}$$

由于 $\hat{A}\hat{M}=\hat{M}$ ［注（定义2-1-1）］，所以 $\mathfrak{a}\hat{M}=\mathfrak{a}\hat{A}\hat{M}=\hat{\mathfrak{a}}\hat{M}$。证毕。

命题8-3-12　设 A 是Noether环，$\mathfrak{a}$ 是 A 的理想，那么 $\mathfrak{a}\hat{A}=\hat{\mathfrak{a}}$，即 $\hat{\mathfrak{a}}$ 是 $\hat{A}$ 的理想。

证明　命题8-3-11中 M 取 A 可得 $\mathfrak{a}\hat{A}=\hat{\mathfrak{a}}\hat{A}$，再由式（8-3-19）可得 $\hat{\mathfrak{a}}\hat{A}=\hat{\mathfrak{a}}$。证毕。

命题8-3-13　设 A 是Noether环，$\hat{A}$ 是 A 的 $\mathfrak{a}$-adic完备化，则可得以下结果。

（1）$\hat{\mathfrak{a}}=\hat{A}\mathfrak{a}\cong\hat{A}\otimes_A\mathfrak{a}$；

（2）$\widehat{\mathfrak{a}^n}=\hat{\mathfrak{a}}^n$；

（3）$A/\mathfrak{a}^n\cong\hat{A}/\hat{\mathfrak{a}}^n$，$\mathfrak{a}^n/\mathfrak{a}^{n+1}\cong\hat{\mathfrak{a}}^n/\hat{\mathfrak{a}}^{n+1}$；

（4）$\hat{\mathfrak{a}}\subseteq\mathfrak{R}=\hat{A}$ 的大根。

证明　（1）由于 A 是Noether环，所以 $\mathfrak{a}$ 是有限生成的。由命题8-3-9知 $\hat{\mathfrak{a}}\cong\hat{A}\otimes_A\mathfrak{a}$，再由式（8-3-19）知 $\hat{\mathfrak{a}}=\mathfrak{a}\hat{A}$。

（2）把式（8-3-19）中的 $\mathfrak{a}$ 换成 $\mathfrak{a}^n$ 得到

$$\widehat{\mathfrak{a}^n}=\hat{A}^n。$$

把 $\hat{A}\mathfrak{a}$ 看成 $A\to\hat{A}$ 下的扩理想，即 $\hat{A}\mathfrak{a}=\mathfrak{a}^e$，由命题1-7-4知 $(\mathfrak{a}^n)^e=(\mathfrak{a}^e)^n$，即

$$\hat{A}\mathfrak{a}^n=\left(\hat{A}\mathfrak{a}\right)^n。$$

由以上两式和式（8-3-19）可得 $\widehat{\mathfrak{a}^n}=\hat{\mathfrak{a}}^n$。

（3）根据命题8-1-26有 $A/\mathfrak{a}^n\cong\hat{A}/\widehat{\mathfrak{a}^n}$，再由（2）得 $A/\mathfrak{a}^n\cong\hat{A}/\hat{\mathfrak{a}}^n$。写成 $A/\mathfrak{a}^{n+1}\cong\hat{A}/\hat{\mathfrak{a}}^{n+1}$，取 A 为 $\mathfrak{a}^n$，则 $\mathfrak{a}^n/\mathfrak{a}^{n+1}\cong\widehat{\mathfrak{a}^n}/\hat{\mathfrak{a}}^{n+1}=\hat{\mathfrak{a}}^n/\hat{\mathfrak{a}}^{n+1}$。

（4）由命题8-3-12知 $\hat{\mathfrak{a}}$ 是 $\hat{A}$ 的理想。根据命题8-1-27可知，在 $\hat{A}$ 中取 $\{\widehat{\mathfrak{a}^n}=\hat{\mathfrak{a}}^n\}$ 定义的拓扑（$\hat{\mathfrak{a}}$-拓扑），则 $\hat{A}$ 是完备的。

对于 $\hat{\mathfrak{a}}$-拓扑，$\hat{\mathfrak{a}}^n$ 是0的邻域。$\forall x\in\hat{\mathfrak{a}}$，记 $s_n=\sum_{i=0}^{n}x^i$，有

$$s_{n+k}-s_n=x^{n+1}+\cdots+x^{n+k}\in\hat{\mathfrak{a}}^n,$$

表明 (s_n) 是 $\hat{A}$ 中的Cauchy列。由于 $\hat{A}$ 完备，所以 (s_n) 收敛（命题8-1-28）。显然有

$$(1-x)\sum_{i=0}^{n}x^i=1,$$

即 $1-x$ 可逆。由命题1-5-5知 $x\in\mathfrak{R}$，因此 $\hat{\mathfrak{a}}\subseteq\mathfrak{R}$。证毕。

命题8-3-14　设 A 是Noether环，$\mathfrak{m}$ 是它的极大理想，那么 A 的 $\mathfrak{m}$-adic完备化 $\hat{A}$ 是

局部环，$\hat{\mathfrak{m}}$ 是其极大理想。

证明 根据命题8-3-13（3）有 $\hat{A}/\hat{\mathfrak{m}}\cong A/\mathfrak{m}$。由定理1-4-2知 $A/\mathfrak{m}$ 是域，从而 $\hat{A}/\hat{\mathfrak{m}}$ 是域，因此 $\hat{\mathfrak{m}}$ 是 $\hat{A}$ 的极大理想。由命题8-3-13（4）知 $\hat{\mathfrak{m}}\subseteq\mathfrak{R}$，所以 $\hat{A}$ 是局部环（命题1-5-8）。证毕。

定理8-3-2 Krull 设 A 是Noether环，$\mathfrak{a}$ 是 A 的一个理想，M 是有限生成 A-模，$\hat{M}$ 是 M 的 $\mathfrak{a}$-adic完备化，则 $M\to\hat{M}$ 的核为

$$E=\bigcap_n\mathfrak{a}^nM=\{x\in M|\exists\alpha\in\mathfrak{a},\ (1+\alpha)x=0\}。$$

证明 由命题8-1-43知 $M\to\hat{M}$ 的核为 $E=\bigcap_n\mathfrak{a}^nM$。对于 M 中0的任意邻域 U，设 $U\supseteq\mathfrak{a}^nM$，则有 $U\cap E=E$，表明在 E 作为 M 的子空间诱导的子拓扑中，E 是0的唯一邻域。根据定理8-3-1可知，E 的这一子拓扑就是它的 $\mathfrak{a}$-拓扑。而在 $\mathfrak{a}$-拓扑下，$\mathfrak{a}E$ 是0的邻域，所以 $\mathfrak{a}E=E$。由命题6-1-8知 M 是Noether模，所以 E 是有限生成的（命题6-1-3）。根据命题2-5-13，存在 $\alpha\in\mathfrak{a}$，使得 $(1+\alpha)E=0$，即对于 $\forall x\in E$ 有 $(1+\alpha)x=0$。

反之，设 $x\in M$，$\exists\alpha\in\mathfrak{a}$ 使得 $(1-\alpha)x=0$，即 $x=\alpha x$，则有

$$x=\alpha x=\alpha^2x=\cdots\in\bigcap_n\mathfrak{a}^nM=E。$$

证毕。

命题8-3-15 设 $\mathfrak{a}$ 是Noether环 A 的理想，$S=1+\mathfrak{a}$ 是乘法封闭子集，那么 $S^{-1}A$ 可与 $\hat{A}$ 的一个子环等同。

证明 对于

$$f:\ A\to S^{-1}A,\ x\mapsto\frac{x}{1},$$

由命题3-1-5知

$$\ker f=\{x\in A|\exists s\in S,\ sx=0\},$$

记

$$\varphi:\ A\to\hat{A},\ x\mapsto\widehat{(x)},$$

由定理8-3-2知

$$\ker\varphi=\ker f。$$

根据命题8-3-13（4）的证明，$\forall\hat{\alpha}\in\hat{\mathfrak{a}}$，$(1-\hat{\alpha})^{-1}=\sum_{i=0}^{\infty}\hat{\alpha}^i$ 在 $\hat{A}$ 中收敛。φ 把 S 中元素 $1-\alpha$ 映为 $\hat{A}$ 中可逆元 $1-\widehat{(\alpha)}$。根据命题3-1-10，存在同态：

$$h:\ S^{-1}A\to\hat{A},\ \ \frac{x}{1-\alpha}\mapsto\varphi(x)\varphi(1-\alpha)^{-1}=\widehat{(x)}\left(1-\widehat{(\alpha)}\right)^{-1}$$

满足

$$\varphi = h \circ f。$$

由此可知 $\ker h = 0$，即 h：$S^{-1}A \to \hat{A}$ 是单的，这样 $S^{-1}A$ 可与 $\hat{A}$ 的一个子环等同。证毕。

命题8-3-16 设 A 是Noether整环，$\mathfrak{a} \neq (1)$ 是 A 的一个理想，那么 $\bigcap_n \mathfrak{a}^n = 0$，即 A 是Hausdorff的（命题8-1-36）。

证明 定理8-3-2中取 $M = A$，由于 $A\mathfrak{a} = \mathfrak{a}$，所以可得

$$\bigcap_n \mathfrak{a}^n = \{x \in A | \exists \alpha \in \mathfrak{a},\ (1+\alpha)x = 0\}。$$

由 $\mathfrak{a} \neq (1)$ 知 $1 \notin \mathfrak{a}$（命题1-2-2），进而 $-1 \notin \mathfrak{a}$，所以对于 $\forall \alpha \in \mathfrak{a}$，$1 + \alpha \neq 0$。由于 A 是整环，所以 $(1+\alpha)x = 0 \Rightarrow x = 0$，因此 $\bigcap_n \mathfrak{a}^n = 0$。证毕。

命题8-3-17 设 A 是Noether环，$\mathfrak{a}$ 是 A 的一个理想，且 $\mathfrak{a} \subseteq \mathfrak{R}$（大根）。$M$ 是有限生成 A-模，那么 M 的 $\mathfrak{a}$-拓扑是Hausdorff拓扑，即 $\bigcap_n \mathfrak{a}^n M = 0$（命题8-1-41）。

证明 根据定理8-3-2有

$$\bigcap_n \mathfrak{a}^n M = \{x \in M | \exists \alpha \in \mathfrak{a},\ (1+\alpha)x = 0\}。$$

$\forall \alpha \in \mathfrak{a} \subseteq \mathfrak{R}$，由命题1-5-5知 $1+\alpha$ 可逆，所以 $(1+\alpha)x = 0 \Rightarrow x = 0$，因此 $\bigcap_n \mathfrak{a}^n M = 0$。证毕。

命题8-3-18 设 A 是Noether局部环，$\mathfrak{m}$ 是它的极大理想，M 是有限生成 A-模，那么 M 的 $\mathfrak{m}$-拓扑是Hausdorff拓扑（即 $\bigcap_n \mathfrak{a}^n M = 0$）。特别地，$A$ 的 $\mathfrak{m}$-拓扑是Hausdorff拓扑（即 $\bigcap_n \mathfrak{m}^n = 0$）。

证明 有 $\mathfrak{m} = \mathfrak{R}$（命题1-5-8），利用命题8-3-17可得结论。证毕。

命题8-3-19 设 A 是Noether局部环，$\mathfrak{m}$ 是它的极大理想，那么 A 中一切 $\mathfrak{m}$-准素理想之交为0。

证明 根据命题4-1-7可知，$\mathfrak{m}$ 的幂都是 $\mathfrak{m}$-准素理想。设 $\mathfrak{a}$ 是 $\mathfrak{m}$-准素理想，则由命题6-3-3知有 $\mathfrak{a} \supseteq \sqrt{\mathfrak{a}}^n = \mathfrak{m}^n$，所以可得

$$\bigcap_{\sqrt{\mathfrak{a}} = \mathfrak{m}} \mathfrak{a} = \left(\bigcap_{\sqrt{\mathfrak{a}} = \mathfrak{m},\text{不是}\mathfrak{m}\text{的幂}} \mathfrak{a} \right) \cap \left(\bigcap_n \mathfrak{m}^n \right) = \bigcap_n \mathfrak{m}^n。$$

由命题8-3-18可知上式为零。证毕。

命题8-3-20 设 A 是Noether环，$\mathfrak{p}$ 是 A 的一个素理想，那么 A 的所有 $\mathfrak{p}$-准素理想之交是 f: $A \to A_\mathfrak{p}$ 的核。

证明 根据命题6-2-3′可知，$A_\mathfrak{p}$ 是Noether环，根据命题3-1-13可知，$A_\mathfrak{p}$ 是局部环，$S^{-1}\mathfrak{p}$ 是它的极大理想。根据命题8-3-19可知，$A_\mathfrak{p}$ 中一切 $S^{-1}\mathfrak{p}$ -准素理想之交为0：

$$\bigcap_{S^{-1}\mathfrak{q}\text{是}S^{-1}\mathfrak{p}\text{-准素理想}} S^{-1}\mathfrak{q}=0。$$

由命题A-2（8）可得

$$\bigcap_{S^{-1}\mathfrak{q}\text{是}S^{-1}\mathfrak{p}\text{-准素理想}} f^{-1}\left(S^{-1}\mathfrak{q}\right)=f^{-1}(0)=\ker f。$$

根据命题4-1-15知上式为

$$\bigcap_{\mathfrak{q}\text{是}\mathfrak{p}\text{-准素理想}} \mathfrak{q}=\ker f。$$

证毕。

8.4 相伴分次环

定义8-4-1 相伴分次环（associated graded ring） 设A是一个环，$\mathfrak{a}$是A的一个理想，定义：

$$G(A)=G_{\mathfrak{a}}(A)=\bigoplus_{n=0}^{\infty}\left(\mathfrak{a}^{n}/\mathfrak{a}^{n+1}\right),\tag{8-4-1}$$

其中，$\mathfrak{a}^0=A$。这是一个分次环，称为A的（对$\mathfrak{a}$的）相伴分次环。

其中乘法为：对于每个$a_n\in\mathfrak{a}^n$，用$\overline{a_n}$记a_n在$\mathfrak{a}^n/\mathfrak{a}^{n+1}$中的像。定义：

$$\overline{a_m}\cdot\overline{a_n}=\overline{a_m a_n},\tag{8-4-2}$$

其中，$\overline{a_m a_n}$是$a_m a_n$在$\mathfrak{a}^{m+n}/\mathfrak{a}^{m+n+1}$中的像。

式（8-4-2）不依赖于代表元的选择：设$\overline{a_n}=\overline{a_n'}$，即$a_n-a_n'\in\mathfrak{a}^{n+1}$，则$a_m a_n-a_m a_n'\in\mathfrak{a}^{m+n+1}$，因此$\overline{a_m a_n}=\overline{a_m a_n'}$。

定义8-4-2 相伴分次模 设M是一个A-模，$\{M_n\}$是M的一个$\mathfrak{a}$-滤链，定义：

$$G(M)=\bigoplus_{n=0}^{\infty}G_n(M)=\bigoplus_{n=0}^{\infty}\left(M_n/M_{n+1}\right),\tag{8-4-3}$$

其中，$G_n(M)=M_n/M_{n+1}$。$G(M)$是用自然方式定义的分次$G(A)$-模，称为M的（对$\mathfrak{a}$的）相伴分次模。其中乘法定义如下：

由于$\{M_n\}$是M的一个$\mathfrak{a}$-滤链，所以可得（命题8-2-1）

$$\mathfrak{a}^n M_m\subseteq M_{n+m},\ \forall n,\ m\geqslant 0。\tag{8-4-4}$$

对于每个$x_m\in M_m$，用$\overline{x_m}$记x_m在M_m/M_{m+1}中的像。仍用$\overline{a_n}$记$a_n\in\mathfrak{a}^n$在$\mathfrak{a}^n/\mathfrak{a}^{n+1}$中的像，定义$\mathfrak{a}^n/\mathfrak{a}^{n+1}$与$M_m/M_{m+1}$上的乘法：

$$\overline{a_n}\cdot\overline{x_m}=\overline{a_n x_m}。\tag{8-4-5}$$

由式（8-4-4）知 $a_n x_m \in M_{n+m}$。

设 $\overline{a_n} = \overline{a'_n}$，即 $a_n - a'_n \in \mathfrak{a}^{n+1}$，由式（8-4-4）知 $a_n x_m - a'_n x_m = (a_n - a'_n) x_m \in M_{n+m+1}$，因此 $\overline{a_n x_m} = \overline{a'_n x_m}$，即式（8-4-5）不依赖于代表元 a_n 的选择。设 $\overline{x_m} = \overline{x'_m}$，即 $x_m - x'_m \in M_{m+1}$，由式（8-4-4）知 $a_n x_m - a_n x'_m = a_n(x_m - x'_m) \in M_{n+m+1}$，因此 $\overline{a_n x_m} = \overline{a_n x'_m}$，表明式（8-4-5）也不依赖于代表元 x_m 的选择。

定义 $G(A)$ 与 $G(M)$ 的乘法：

$$\left(\sum_n \overline{a_n}\right)\left(\sum_n \overline{x_n}\right) = \sum_n \sum_{i=0}^{n} \overline{a_{n-i} x_i}。 \tag{8-4-6}$$

定义 8-4-3　对于 A 的 $\mathfrak{a}$-adic 完备化 $\hat{A}$，由命题 8-3-12 知 $\hat{\mathfrak{a}}$ 是 $\hat{A}$ 的理想，可定义：

$$G(\hat{A}) = G_{\hat{\mathfrak{a}}}(\hat{A}) = \bigoplus_{n=0}^{\infty} (\hat{\mathfrak{a}}^n / \hat{\mathfrak{a}}^{n+1})。 \tag{8-4-7}$$

命题 8-4-1　设 A 是 Noether 环，$\hat{\mathfrak{a}}$ 是 A 的一个理想，则有以下情况。

（1）$G_{\mathfrak{a}}(A)$ 是 Noether 环。

（2）$G_{\mathfrak{a}}(A)$ 和 $G_{\hat{\mathfrak{a}}}(\hat{A})$ 作为分次环是同构的，因此 $G_{\hat{\mathfrak{a}}}(\hat{A})$ 是 Noether 环。

（3）若 M 是有限生成 A-模，$\{M_n\}$ 是 M 的稳定 $\mathfrak{a}$-滤链，那么 $G(M)$ 是有限生成分次 $G_{\mathfrak{a}}(A)$-模。

证明　（1）因 A 是 Noether 环，所以 $\mathfrak{a}$ 是有限生成的，设 $\mathfrak{a}$ 的生成元是 x_i（$i=1$，…，s），记 $\overline{x_i}$ 是 x_i 在 $\mathfrak{a}/\mathfrak{a}^2$ 中的像。记 $y_n \in \mathfrak{a}^n$，则

$$y_0 \in A，\ y_n = \sum_k \prod_{j=1}^{n} (a_1^{j,k} x_1 + \cdots + a_s^{j,k} x_s)，\ a_i^{j,k} \in A，\ n > 0。$$

记 $\overline{y_n}$ 是 y_n 在 $\mathfrak{a}^n/\mathfrak{a}^{n+1}$ 中的像，则

$$\overline{y_0} \in A/\mathfrak{a}，\ \overline{y_n} = \sum_k \overline{\prod_{j=1}^{n} (a_1^{j,k} x_1 + \cdots + a_s^{j,k} x_s)} = \sum_k \prod_{j=1}^{n} (\overline{a_1^{j,k}}\,\overline{x_1} + \cdots + \overline{a_s^{j,k}}\,\overline{x_s})，\ \overline{a_i^{j,k}} \in A/\mathfrak{a}，\ n > 0。$$

上式利用了式（8-4-2）。$G(A)$ 中的元素为

$$\sum_{n \geqslant 0} \overline{y_n} = \overline{y_0} + \sum_{n>0} \sum_k \prod_{j=1}^{n} (\overline{a_1^{j,k}}\,\overline{x_1} + \cdots + \overline{a_s^{j,k}}\,\overline{x_s})，$$

这表明

$$G(A) = (A/\mathfrak{a})[\overline{x_1}，\ \cdots，\ \overline{x_s}]。 \tag{8-4-8}$$

由命题 6-1-6′ 知 $A/\mathfrak{a}$ 是 Noether 环，由定理 6-2-1′（Hilbert 基定理）知 $G(A)$ 是 Noether 环。

（2）根据命题 8-3-13（3）有 $\mathfrak{a}^n/\mathfrak{a}^{n+1} \cong \hat{\mathfrak{a}}^n/\hat{\mathfrak{a}}^{n+1}$，所以 $G_{\mathfrak{a}}(A) \cong G_{\hat{\mathfrak{a}}}(\hat{A})$［对比式（8-4-1）和式（8-4-7）］。

(3) 由于$\{M_n\}$是M的稳定$\mathfrak{a}$-滤链，所以$\exists n_0>0$（命题8-2-2），使得

$$M_n=\mathfrak{a}^{n-n_0}M_{n_0},\ \forall n\geqslant n_0。$$

记$x_n\in M_n$，当$n>n_0$时，$x_n\in\mathfrak{a}^{n-n_0}M_{n_0}$，所以可得

$$x_n=b_1y_1+\cdots+b_ry_r,\ b_i\in\mathfrak{a}^{n-n_0},\ y_i\in M_{n_0}。$$

记$\overline{x_n}$是x_n在M_n/M_{n+1}中的像，则

$$\overline{x_n}=\overline{b_1}\overline{y_1}+\cdots+\overline{b_r}\overline{y_r},\quad \overline{b_i}\in\mathfrak{a}^{n-n_0}/\mathfrak{a}^{n-n_0+1},\quad \overline{y_i}\in M_{n_0}/M_{n_0+1}。$$

上式用了式（8-4-5）。这表明当$n>n_0$时，M_n/M_{n+1}由M_{n_0}/M_{n_0+1}有限生成，从而只需证$\bigoplus\limits_{n\leqslant n_0}G_n(M)=\bigoplus\limits_{n\leqslant n_0}(M_n/M_{n+1})$是有限生成的。

由命题6-1-22知M_n是有限生成A-模，从而M_n/M_{n+1}也是有限生成A-模（命题2-3-9）。有$\mathfrak{a}(M_n/M_{n+1})=(\mathfrak{a}M_n)/M_{n+1}$（命题2-3-7），对于$\mathfrak{a}$-滤链有$\mathfrak{a}M_n\subseteq M_{n+1}$，所以$\mathfrak{a}(M_n/M_{n+1})=0$，即$\mathfrak{a}\subseteq\operatorname{Ann}(M_n/M_{n+1})$。根据命题2-3-3可知，$M_n/M_{n+1}$可视为$A/\mathfrak{a}$-模，即$M_n/M_{n+1}$是有限生成$A/\mathfrak{a}$-模。因此$\bigoplus\limits_{n\leqslant n_0}(M_n/M_{n+1})$是有限生成$A/\mathfrak{a}$-模（命题2-4-5），从而$G(M)$是有限生成$G(A)$-模。证毕。

定义8-4-4 设A是交环群，有滤链$\{A_n\}$（见定义8-1-8），可定义A的相伴分次群：

$$G(A)=\bigoplus_{n=0}^{\infty}(A_n/A_{n+1})。\tag{8-4-9}$$

设A和B是交环群，分别有滤链$\{A_n\}$和$\{B_n\}$。设φ：$A\to B$是一个群同态，且满足

$$\varphi(A_n)\subseteq B_n,\tag{8-4-10}$$

则称φ是一个滤链群同态（homomorphism of filtered groups）。

根据命题2-2-4，φ诱导出同态：

$$\varphi_n:\ A/A_n\to B/B_n,\ \bar{a}\mapsto\overline{\varphi(a)}\tag{8-4-11}$$

以及

$$G_n(\varphi):\ A_n/A_{n+1}\to B_n/B_{n+1},\quad \overline{a_n}\mapsto\overline{\varphi(a_n)},\tag{8-4-12}$$

从而有

$$G(\varphi):\ G(A)\to G(B),\ \ \sum_n\overline{a_n}\mapsto\sum_n G_n(\varphi)(\overline{a_n})=\sum_n\overline{\varphi(a_n)}。\tag{8-4-13}$$

φ诱导出完备化的同态［式（8-1-4）］：

$$\hat{\varphi}:\ \hat{A}\to\hat{B},\ \ \widehat{(a_\mu)}\mapsto\widehat{(\varphi(a_\mu))},\tag{8-4-14}$$

其中，$\widehat{(a_\mu)}$是A中Cauchy列的等价类。

根据命题8-1-22，完备化能够等价地定义为协调序列的集合，所以$\hat{\varphi}$还可写成

$$\hat{\varphi}: \hat{A}\to\hat{B},\quad (\xi_n)\mapsto(\varphi_n(\xi_n)), \tag{8-4-15}$$

其中，(ξ_n)是A中的协调序列，记

$$\xi_n=[a_n]_n,$$

其中，$a_n\in A$，$[\cdot]_n$表示A/A_n中的像，有［式（8-1-8）］

$$[a_{n+1}]_n=[a_n]_n。$$

根据式（8-4-11）有

$$\varphi_n(\xi_n)=\varphi_n([a_n]_n)=[\varphi(a_n)]_n,$$

其中，第二个$[\cdot]_n$表示B/B_n中的像。由于$[a_{n+1}]_n=[a_n]_n$，所以有$\varphi_n(\xi_n)=\varphi_n([a_{n+1}]_n)=[\varphi(a_{n+1})]_n$，从而有

$$[\varphi(a_{n+1})]_n=[\varphi(a_n)]_n,$$

表明$(\varphi_n(\xi_n))$是B中的协调序列。

引理8-4-1　设A和B是交环群，分别有滤链$\{A_n\}$和$\{B_n\}$，φ：$A\to B$是一个滤链群同态，诱导出$G(\varphi)$：$G(A)\to G(B)$和$\hat{\varphi}$：$\hat{A}\to\hat{B}$，则可得以下结果。

（1）$G(\varphi)$单 $\Rightarrow$ $\hat{\varphi}$单。

（2）$G(\varphi)$满 $\Rightarrow$ $\hat{\varphi}$满。

证明　根据定理2-3-2有$\dfrac{A/A_{n+1}}{A_n/A_{n+1}}\cong\dfrac{A}{A_n}$，从而有正合列：

$$0\to A_n/A_{n+1}\xrightarrow{i}A/A_{n+1}\xrightarrow{p}A/A_n\to 0,$$

$$0\to B_n/B_{n+1}\xrightarrow{i'}B/B_{n+1}\xrightarrow{p'}B/B_n\to 0。$$

对于$a_n\in A_n$有

$$\varphi_{n+1}\circ i(\overline{a_n})=\varphi_{n+1}(\overline{a_n})=\overline{\varphi(a_n)},\quad i'\circ G_n(\varphi)(\overline{a_n})=i'(\overline{\varphi(a_n)})=\overline{\varphi(a_n)},$$

所以可得

$$\varphi_{n+1}\circ i=i'\circ G_n(\varphi)。\tag{8-4-16}$$

对于$a\in A$有

$$\varphi_n\circ p(\bar{a})=\varphi_n(\bar{a})=\overline{\varphi(a)},$$

其中，第一个$\bar{a}\in A/A_{n+1}$，第二个$\bar{a}\in A/A_n$，$\overline{\varphi(a)}\in B/B_n$。有

$$p'\circ\varphi_{n+1}(a)=p'\left(\overline{\varphi(a)}\right)=\overline{\varphi(a)},$$

其中，第一个 $\overline{\varphi(a)}\in B/B_{n+1}$，第二个 $\overline{\varphi(a)}\in B/B_n$。有

$$\varphi_n\circ p=p'\circ\varphi_{n+1},\tag{8-4-17}$$

从而有正合列的交环图：

$$\begin{array}{ccccccccc} 0 & \longrightarrow & A_n/A_{n+1} & \xrightarrow{i} & A/A_{n+1} & \xrightarrow{p} & A/A_n & \longrightarrow & 0 \\ & & \downarrow{\scriptstyle G_n(\varphi)} & & \downarrow{\scriptstyle \varphi_{n+1}} & & \downarrow{\scriptstyle \varphi_n} & & \\ 0 & \longrightarrow & B_n/B_{n+1} & \xrightarrow{i'} & B/B_{n+1} & \xrightarrow{p'} & B/B_n & \longrightarrow & 0 \end{array}\quad。\tag{8-4-18}$$

根据引理2-6-1′（蛇snake引理）有正合列：

$$0\to\ker G_n(\varphi)\to\ker\varphi_{n+1}\to\ker\varphi_n\to\operatorname{Coker}G_n(\varphi)\to\operatorname{Coker}\varphi_{n+1}\to\operatorname{Coker}\varphi_n\to 0。$$

（8-4-19）

（1）$G(\varphi)$ 单意味着 $G_n(\varphi)$ 单，即 $\ker G_n(\varphi)=0$。由于 $A_0=A$，$B_0=B$，所以 φ_0: $A/A_0\to B/B_0$ 是零同态，从而 $\ker\varphi_0=0$。式（8-4-19）中取 $n=0$，则有正合列 $0\to\ker\varphi_1\to 0$，表明 $\ker\varphi_1=0$。式（8-4-19）中取 $n=1$，则有正合列 $0\to\ker\varphi_2\to 0$，表明 $\ker\varphi_2=0$，依次进行下去可得 $\ker\varphi_n=0$，即 φ_n 单。

根据命题2-6-15（1）有正合列：

$$0\to A/A_n\xrightarrow{\varphi_n}B/B_n\to\operatorname{Coker}\varphi_n\to 0,$$

从而有反向系统正合列：

$$0\to\{A/A_n\}\xrightarrow{\varphi_n}\{B/B_n\}\to\operatorname{Coker}\varphi^n\to 0。$$

由命题8-1-24知有正合列：

$$0\to\varprojlim A/A_n\xrightarrow{\hat{\varphi}}\varprojlim B/B_n\to\varprojlim\operatorname{Coker}\varphi_n,$$

即

$$0\to\hat{A}\xrightarrow{\hat{\varphi}}\hat{B}\to\varprojlim\operatorname{Coker}\varphi_n,$$

表明 $\hat{\varphi}$ 单。

（2）$G(\varphi)$ 满意味着 $G_n(\varphi)$ 满，即 $\operatorname{Coker}G_n(\varphi)=0$［命题2-2-3（2）］。由于 φ_0 是零同态，所以 $\operatorname{Coker}\varphi_0=0$。式（8-4-19）中取 $n=0$，则有正合列 $0\to\operatorname{Coker}\varphi_1\to 0$，表明 $\operatorname{Coker}\varphi_1=0$。式（8-4-19）中取 $n=1$，则有正合列 $0\to\operatorname{Coker}\varphi_2\to 0$，表明 $\operatorname{Coker}\varphi_2=0$，依次进行下去可得 $\operatorname{Coker}\varphi_n=0$，即 φ_n 满。根据（8-4-19）式有正合列：

$$0\to\ker G_n(\varphi)\to\ker\varphi_{n+1}\to\ker\varphi_n\to 0,$$

表明 $\ker\varphi_{n+1}\to\ker\varphi_n$ 是满的。

根据命题2-6-15（2）有正合列：

$$0\to\ker\varphi_n\to A/A_n\xrightarrow{\varphi_n}B/B_n\to 0,$$

从而有反向系统正合列：

$$0\to\{\ker\varphi_n\}\to\{A/A_n\}\xrightarrow{\varphi_n}\{B/B_n\}\to 0。$$

$\ker\varphi_{n+1}\to\ker\varphi_n$ 满表明 $\{\ker\varphi_n\}$ 是满系统。由命题8-1-24知有正合列：

$$0\to\varprojlim\ker\varphi_n\to\varprojlim A/A_n\xrightarrow{\hat{\varphi}}\varprojlim B/B_n\to 0,$$

即

$$0\to\varprojlim\ker\varphi_n\to\hat{A}\xrightarrow{\hat{\varphi}}\hat{B}\to 0,$$

表明 $\hat{\varphi}$ 满。证毕。

命题8-4-2　设 A 是环，$\mathfrak{a}$ 是 A 的一个理想，M 是一个 A-模，$\{M_n\}$ 是 M 的一个 $\mathfrak{a}$-滤链。假定 A 在 $\mathfrak{a}$-拓扑下完备，M 在它的滤链拓扑下是Hausdorff的，即 $\bigcap_n M_n=0$。又设 M 的相伴分次模 $G(M)$ 是有限生成 $G(A)$-模，那么 M 是有限生成 A-模。

证明　取 $G(M)=\bigoplus_{n=0}^{\infty}\left(M_n/M_{n+1}\right)$ 的一个有限生成元集合 $\{\xi_i\}_{1\leqslant i\leqslant r}$，不妨设 ξ_i 是齐次元［定义8-3-3］，记

$$\deg(\xi_i)=n(i),$$

设

$$\xi_i=\overline{x_i}\in M_{n(i)}/M_{n(i)+1},\quad x_i\in M_{n(i)}。$$

记 A-模：

$$F^i=A,\quad 1\leqslant i\leqslant r,$$

它的子模：

$$F_k^i=\mathfrak{a}^{k+n(i)}F^i=\mathfrak{a}^{k+n(i)},\quad 1\leqslant i\leqslant r,\quad k\geqslant 0,$$

显然 $\{F_k^i\}$ 是 F^i 的稳定 $\mathfrak{a}$-滤链。令

$$F=\bigoplus_{i=1}^{r}F^i,\quad F_k=\bigoplus_{i=1}^{r}F_k^i,$$

则 $\{F_k\}$ 是 F 的稳定 $\mathfrak{a}$-滤链。定义群同态：

$$\varphi:\ F\to M,\quad \sum_{i=1}^{r}a^i\mapsto\sum_{i=1}^{r}a^ix_i,$$

设 $a^i\in F_k^i$，则 $a^ix_i\in\mathfrak{a}^{k+n(i)}M_{n(i)}$，根据命题8-2-1有 $\mathfrak{a}^{k+n(i)}M_{n(i)}\subseteq M_{2n(i)+k}\subseteq M_k$，所以可得 $a^ix_i\in M_k$。这表明

$$\varphi(F_k) \subseteq M_k,$$

即 φ 是滤链群同态。F 的相伴分次模：

$$G(F) = \bigoplus_{k=0}^{\infty}\left(F_k/F_{k+1}\right),$$

φ 诱导 $G(A)$-模同态：

$$G(\varphi)\colon\ G(F) \to G(M),\quad \sum_k \sum_{i=1}^{r} \overline{a_k^i} \mapsto \sum_k \sum_{i=1}^{r} \overline{a_k^i x_i},$$

其中，$a_k^i \in F_k^i$，$\overline{a_k^i} \in F_k^i/F_{k+1}^i$，$a_k^i x_i \in M_k$，$\overline{a_k^i x_i} \in M_k/M_{k+1}$。由于 $\{\xi_i\}_{1 \leqslant i \leqslant r}$ 是 $G(M)$ 的生成元，所以 $G(\varphi)$ 是满的。φ 诱导同态 $\hat{\varphi}\colon \hat{F} \to \hat{M}$，由引理8-4-1（2）知 $\hat{\varphi}$ 满。有交换图：

$$\begin{array}{ccc} F & \xrightarrow{\ \varphi\ } & M \\ \downarrow{\scriptstyle\alpha} & & \downarrow{\scriptstyle\beta} \\ \hat{F} & \xrightarrow{\ \hat{\varphi}\ } & \hat{M} \end{array}$$

。

由于 A 在 $\mathfrak{a}$-拓扑下完备，所以 α 是同构。由于 $\hat{\varphi}$ 满，所以 $\hat{\varphi}\circ\alpha$ 满［命题A-8（8）］，即 $\beta\circ\varphi$ 满。由于 M 是Hausdorff的，所以 β 单（命题8-1-12），从而 φ 满［命题A-8（9）］。这就意味着 M 作为 A-模由 x_1，…，x_r 生成。证毕。

命题8-4-3 在命题8-4-2的假定下，如果 $G(M)$ 是Noether $G(A)$-模，那么 M 是Noether A-模。

证明 设 M' 是 M 的任一子模，令 $M'_n = M' \cap M_n$，则 $\{M'_n\}$ 是 M' 的 $\mathfrak{a}$-滤链（命题8-3-7）。根据命题2-2-4，包含映射 $i\colon M'_n \to M_n$ 诱导了单同态 $\bar{i}\colon M'_n/M'_{n+1} \to M_n/M_{n+1}$，因此有单同态 $\bar{i}\colon G(M') \to G(M)$，即 $G(M')$ 可看作 $G(M)$ 的子模。由命题6-1-3知 $G(M')$ 是有限生成的。有 $\bigcap_n M'_n \subseteq \bigcap_n M_n = 0$，所以 M' 是Hausdorff的（命题8-1-30），由命题8-4-2知 M' 是有限生成的。由命题6-1-3知 M 是Noether A-模。证毕。

定理8-4-1 设 A 是Noether环，$\mathfrak{a}$ 是 A 的一个理想，那么 A 的 $\mathfrak{a}$-adic完备化 $\hat{A}$ 是Noether环。

证明 由命题8-4-1（1）（2）知 $G_{\hat{\mathfrak{a}}}(\hat{A}) = G_{\mathfrak{a}}(A)$ 是Noether环。在完备环 $\hat{A}$ 上应用命题8-4-3，取 $M = \hat{A}$，有滤链 $\{\hat{\mathfrak{a}}^n\}$，则 M 是Hausdorff的。由此可得 $M = \hat{A}$ 是Noether $\hat{A}$-模，即 $\hat{A}$ 是Noether环。证毕。

参考文献

[1] ATIYAH M, MACDONALD I G. Introduction to commutative algebra[M]. Austin: Addison-Wesley Publishing, 1964.

[2] KLEIMAN S, ALTMAN A. A term of commutative algebra[M]. Cambridge: Worldwide Center of Mathematics, 2013.

[3] KEMPER G. A course in commutative algebra[M]. Heidelberg: Springer-Verlag, 2011.

[4] 孟道骥,王立云,袁腊梅. 抽象代数Ⅲ: 交换代数[M]. 北京:科学出版社,2016.

[5] 南基洙,王颖. 交换代数导论[M]. 北京:科学出版社,2012.

附　录

附录A　集合与映射

命题A-1　鸽笼原理　设A，B是具有相同基数的两个有限集，f：$A\to B$是一个映射。若f为单射，则f必为满射；若f为满射，则f必为单射。

命题A-2　设映射f：$X\to Y$，则：

（1）$A\subseteq B\Rightarrow f(A)\subseteq f(B)$；

（2）$A\subseteq B\Rightarrow f^{-1}(A)\subseteq f^{-1}(B)$；

（3a）$f\left(f^{-1}(B)\right)\subseteq B$；

（3b）f满$\Leftrightarrow$（$\forall B\subseteq Y$，$f\left(f^{-1}(B)\right)\supseteq B$）$\Leftrightarrow$（$\forall B\subseteq Y$，$f\left(f^{-1}(B)\right)=B$）；

（4a）$f^{-1}\left(f(A)\right)\supseteq A$；

（4b）f单$\Leftrightarrow$（$\forall A\subseteq X$，$f^{-1}\left(f(A)\right)\subseteq A$）$\Leftrightarrow$（$\forall A\subseteq X$，$f^{-1}\left(f(A)\right)=A$）；

（5）$f(A)\subseteq B\Leftrightarrow A\subseteq f^{-1}(B)$；

（6）$f^{-1}(B^c)=\left(f^{-1}(B)\right)^c$；

（7）$f^{-1}\left(\bigcup_\alpha B_\alpha\right)=\bigcup_\alpha f^{-1}(B_\alpha)$；

（8）$f^{-1}\left(\bigcap_\alpha B_\alpha\right)=\bigcap_\alpha f^{-1}(B_\alpha)$；

（9）$f^{-1}(A\backslash B)=f^{-1}(A)\backslash f^{-1}(B)$；

（10）$f\left(\bigcup_\alpha A_\alpha\right)=\bigcup_\alpha f(A_\alpha)$；

（11a）$f\left(\bigcap_\alpha A_\alpha\right)\subseteq\bigcap_\alpha f(A_\alpha)$；

（11b）f单$\Leftrightarrow\left(\forall A_\alpha\subseteq X，f\left(\bigcap_\alpha A_\alpha\right)\supseteq\bigcap_\alpha f(A_\alpha)\right)$

$\Leftrightarrow\left(\forall A_\alpha\subseteq X，f\left(\bigcap_\alpha A_\alpha\right)=\bigcap_\alpha f(A_\alpha)\right)$

$$\Leftrightarrow\left(\forall A,\ B\subseteq X,\ f(A\cap B)=f(A)\cap f(B)\right);$$

（12a） f 单 $\Leftrightarrow$ （ $\forall A\subseteq X$ ， $f(A^c)\subseteq\left(f(A)\right)^c$ ）；

（12b） f 双 $\Leftrightarrow$ （ $\forall A\subseteq X$ ， $f(A^c)=\left(f(A)\right)^c$ ）；

（13a） f 单 $\Leftrightarrow$ （ $\forall A$，$B\subseteq X$ ， $f(A\backslash B)\subseteq f(A)\backslash f(B)$ ）；

（13b） f 双 $\Leftrightarrow$ （ $\forall A$，$B\subseteq X$ ， $f(A\backslash B)=f(A)\backslash f(B)$ ）。

命题A-3 设有映射 $X\xrightarrow{f}Y\xrightarrow{g}Z$ ，则对 Z 中的任意子集 C 有

$$(g\circ f)^{-1}(C)=\left(f^{-1}\circ g^{-1}\right)(C)。$$

命题A-4 对于映射 f：$X\rightarrow Y$，有

f是双射 $\Leftrightarrow$ （ $\forall y\in Y$，存在唯一的 $x\in X$，使得 $y=f(x)$ ）。

命题A-5 （1）设有映射 g：$A\rightarrow B$ ，则

g 是满射 $\Leftrightarrow$ （ $\forall$ 集合 C ， $\forall f$，f'：$B\rightarrow C$，$f\circ g=f'\circ g\Rightarrow f=f'$ ）。

（2）设有映射 f：$B\rightarrow C$ ，则

f 是单射 $\Leftrightarrow$ （ $\forall$ 集合 A ， $\forall g$，g'：$A\rightarrow B$，$f\circ g=f\circ g'\Rightarrow g=g'$ ）。

证明 （1） $\Rightarrow$： $\forall b\in B$，由于 g 满，所以有 $b=g(a)$，其中 $a\in A$。有

$$f(b)=f\circ g(a)=f'\circ g(a)=f'(b),$$

即 $f=f'$。

$\Leftarrow$：如果 g 不是满射，则 $\exists b\in B$，使得

$$g(a)\neq b,\ \forall a\in A。$$

取 f，f'：$B\rightarrow C$ 满足

$$f(b)\neq f'(b),\ f(x)=f'(x),\ x\neq b,$$

显然 $f\circ g=f'\circ g$，但是 $f\neq f'$，矛盾。所以 g 是满射。证毕。

（2） $\Rightarrow$： $\forall a\in A$，有 $f\left(g(a)\right)=f\left(g'(a)\right)$，由于 f 单，所以 $g(a)=g'(a)$，即 $g=g'$。

$\Leftarrow$：如果 f 不是单射，则有 $b\neq b'$，使得 $f(b)=f(b')$。取 g，g'：$A\rightarrow B$ 满足：

$$g(a)=b,\ g'(a)=b',\ g(x)=g'(x),\ x\neq a,$$

则 $f\circ g=f\circ g'$，但是 $g\neq g'$，矛盾。所以 f 是单射。证毕。

命题A-6 设有映射 f：$X\rightarrow Y$， f'：$Y\rightarrow X$。若 $f'\circ f=\mathrm{id}_X$，则 f 是单射， f' 是满射。

证明 $\forall x\in X$，有 $f'\left(f(x)\right)=x$，表明 f' 是满射。

如果 f 不是单射，即有 $x\neq x'$，使得 $f(x)=f(x')$。可得

$$x=\mathrm{id}_X(x)=f'\circ f(x)=f'\circ f(x')=\mathrm{id}_X(x')=x',$$

矛盾，所以 f 是单射。证毕。

命题A-7 设有映射 f: $X\to Y$， f': $Y\to X$ 。若 $f'\circ f=\mathrm{id}_X$， $f\circ f'=\mathrm{id}_Y$，则 f 和 f' 是互逆的双射。

证明 由命题A-6知 f 和 f' 都既是单射又是满射。证毕。

命题A-8 设有映射 $X\xrightarrow{f}Y\xrightarrow{g}Z$。

（1） $g\circ f$ 满 $\Rightarrow g$ 满。

（2） $g\circ f$ 单 $\Rightarrow f$ 单。

（3） f 和 g 都是单射 $\Rightarrow g\circ f$ 是单射。

（4） f 和 g 都是满射 $\Rightarrow g\circ f$ 是满射。

（5）若 g 是双射，则 f 满 $\Leftrightarrow g\circ f$ 满。

（6）若 g 是双射，则 f 单 $\Leftrightarrow g\circ f$ 单。

（7）若 f 是双射，则 g 单 $\Leftrightarrow g\circ f$ 单。

（8）若 f 是双射，则 g 满 $\Leftrightarrow g\circ f$ 满。

（9）（ $g\circ f$ 满， g 单） $\Rightarrow f$ 满。

（10）（ $g\circ f$ 单， f 满） $\Rightarrow g$ 单。

证明 （1） $\forall z\in Z$，存在 $x\in X$，使得 $z=g(f(x))$。记 $y=f(x)\in Y$，则 $z=g(y)$，这表明 g 满。

（2）设 x_1，$x_2\in X$ 使得 $f(x_1)=f(x_2)$，则 $g\circ f(x_1)=g\circ f(x_2)$。由于 $g\circ f$ 单，所以 $x_1=x_2$，说明 f 单。

（3）设 x_1，$x_2\in X$， $g\circ f(x_1)=g\circ f(x_2)$。记 $y_1=f(x_1)$， $y_2=f(x_2)$，则 $g(y_1)=g(y_2)$。由于 g 单，所以 $y_1=y_2$，即 $f(x_1)=f(x_2)$。由于 f 单，所以 $x_1=x_2$。表明 $f\circ g$ 单。

（4） $\forall z\in Z$，由于 g 满，所以有 $y\in Y$，使得 $z=g(y)$。由于 f 满，所以有 $x\in X$，使得 $y=f(x)$。于是 $z=g\circ f(x)$，说明 $g\circ f$ 满。

（5） $\Rightarrow$： $\forall z\in Z$，由于 g 是双射的，所以有 $z=g(y)$，其中 $y\in Y$。由于 f 满，所以有 $y=f(x)$，其中 $x\in X$。有 $z=g\circ f(x)$，即 $g\circ f$ 满。

$\Leftarrow$： $\forall y\in Y$，记 $z=g(y)$，由于 $g\circ f$ 满，所以存在 $x\in X$，使得 $z=g\circ f(x)$，即 $f(x)=g^{-1}(z)=y$，表明 f 满。

（6） $\Rightarrow$：设 x_1，$x_2\in X$，使得 $g\circ f(x_1)=g\circ f(x_2)$。由于 g 是双射，所以 $f(x_1)=f(x_2)$。由于 f 单，所以 $x_1=x_2$，说明 $g\circ f$ 单。

$\Leftarrow$：见（2）。

（7） $\Rightarrow$：见（3）。

$\Leftarrow$：设 y_1，$y_2\in Y$， $g(y_1)=g(y_2)$。由于 f 是双射的，所以有 x_1，$x_2\in X$ 使得 $y_1=$

$f(x_1)$， $y_2=f(x_2)$，因而有 $g\circ f(x_1)=g\circ f(x_2)$。由于 $g\circ f$ 单，所以 $x_1=x_2$，因此 $y_1=y_2$，表明 g 单。

（8）⇒：见（4）。

⇐：见（1）。

（9）由（1）知 g 是双射，由（5）知 f 满。

（10）由（2）知 f 是双射，由（7）知 g 单。证毕。

命题A-9 设有映射 f：$X\to Y$， f'：$Y\to X$，且 $f'\circ f=\mathrm{id}_X$，那么

$$f'\text{是双射} \Leftrightarrow f\text{是双射。}$$

证明 ⇒：由命题A-6知 f 单，由命题A-8（5）知 f 满。

⇐：由命题A-6知 f' 满，由命题A-8（7）知 f' 单。证毕。

命题A-10 设 $S=\bigcap\limits_{\alpha\in I}S_\alpha$。若 $\exists\alpha_0\in I$，使得 $\forall\alpha\in I$，有 $S_{\alpha_0}\subseteq S_\alpha$，则 $S=S_{\alpha_0}$。

证明 显然 $S=\bigcap\limits_{\alpha\in I}S_\alpha\subseteq S_{\alpha_0}$。由 $S_{\alpha_0}\subseteq S_\alpha$ 可得 $S_{\alpha_0}\subseteq\bigcap\limits_{\alpha\in I}S_\alpha=S$，所以 $S=S_{\alpha_0}$。证毕。

命题A-11 设Ω是集合族， $A_0\in\Omega$，且对 $\forall A\in\Omega$，有 $A_0\subseteq A$，那么 $A_0=\bigcap\limits_{A\in\Omega}A$。

证明 由 $A_0\subseteq A$ 可得 $A_0\subseteq\bigcap\limits_{A\in\Omega}A$ 。又有 $\bigcap\limits_{A\in\Omega}A=\left(\bigcap\limits_{A\in\Omega,\ A\neq A_0}A\right)\bigcap A_0\subseteq A_0$。所以 $A_0=\bigcap\limits_{A\in\Omega}A$。证毕。

定义A-1 序关系（corder relative） 非空集合X上满足以下条件的二元关系“≤”称为一个序关系。

（1）自反性：$\forall x\in X$， $x\leqslant x$。

（2）反对称性：若 $x\leqslant y$， $y\leqslant x$，则 $x=y$。

（3）传递性：若 $x\leqslant y$， $y\leqslant z$，则 $x\leqslant z$。

定义A-2 偏序空间（partially ordered space） 全序空间（totally ordered space） 设 X 是非空集合，≤是 X 上的一个序关系，那么称$(X, \leqslant)$为一个偏序空间。

若对 $\forall x, y\in X$ ，有 $x<y$ 或 $x=y$ 或 $y<x$ （任意两个元能比较顺序），那么称$(X, \leqslant)$为一个全序空间。

定义A-3 全序子集 设$(X, \leqslant)$为一个偏序空间， $A\subseteq X$。如果$(A, \leqslant)$是全序空间，则称 A 是 X 的一个全序子集。

定义A-4 上界（upper bound） 下界（lower bound） 设$(X, \leqslant)$为一个偏序空间， $A\subseteq X$， $m\in X$。若对于 $\forall a\in A$，有 $a\leqslant m$，则称 m 是 A 的一个上界。

类似可定义下界。

定义A-5 上确界（supremum） 下确界（infimum） 设$(X, \leqslant)$为一个偏序空间， $A\subseteq X$， m 是 A 的一个上界。若对于 A 的任一上界m'，都有 $m\leqslant m'$，则称 m 是 A 的最小上界（least upper bound）或上确界，记作 $m=\sup A$ 。

类似可定义下确界。A 的下确界记作 $\inf A$。

命题A-12 上（下）确界若存在则必唯一。

证明 设 m_1，m_2 是两个上确界，由 m_1 是上确界可得 $m_1 \leqslant m_2$，由 m_2 是上确界可得 $m_2 \leqslant m_1$，所以 $m_1 = m_2$。证毕。

定义A-6 极大元 设 $(X, \leqslant)$ 为一个偏序空间，$m \in X$。若 X 中所有与 m 有序关系的元 x，都有 $x \leqslant m$，则称 m 是 X 的一个极大元。

引理A-1 Zorn引理 设 $(X, \leqslant)$ 为一个偏序空间。若 X 的每一个全序子集有上界，则 X 有极大元。

命题A-13 设 $(X, \leqslant)$ 为一个偏序空间，其中 X 是某个非空集的所有子集组成的集合，序关系"$\leqslant$"为集合包含关系"$\subseteq$"，则 $\forall A, B \in X$，有

$$\sup\{A, B\} = A \bigcup B, \quad \inf[A, B] = A \bigcap B。$$

证明 由于 $A \subseteq A \bigcup B$，$B \subseteq A \bigcup B$，所以 $A \bigcup B$ 是 $\{A, B\}$ 的一个上界。设 C 是 $\{A, B\}$ 的任一个上界，即 $A \subseteq C$，$B \subseteq C$，可得 $A \bigcup B \subseteq C$，说明 $A \bigcup B$ 是 $\{A, B\}$ 的最小上界。同理可证，$A \bigcap B$ 是 $\{A, B\}$ 的最大下界。证毕。

命题A-14 设 $(X, \leqslant)$ 是偏序空间，$m \in A \subseteq X$。如果 m 是 X 的极大元，那么 m 也是 A 的极大元。

证明 如果 m 不是 A 的极大元，则有 $x \in A \subseteq X$，使得 $x > m$，这与 m 是 X 的极大元矛盾。证毕。

定义A-7 保序 设 $(X, \leqslant)$ 和 $(Y, \leqslant)$ 是偏序空间。若映射 $f: X \to Y$ 满足

$$x < x' \implies f(x) < f(x'), \quad \forall x, x' \in X,$$

则称 f 是保序的。

命题A-15 设 $(X, \leqslant)$ 和 $(Y, \leqslant)$ 是偏序空间，$\varphi: X \to Y$ 是双射，且 φ^{-1} 保序。如果 m 是 X 的极大元，那么 $\varphi(m)$ 是 Y 的极大元。

证明 假设 $\varphi(m)$ 不是 Y 的极大元，则有 $y \in Y$，使得 $y > \varphi(m)$。由于 φ^{-1} 是保序双射的，所以 $\varphi^{-1}(y) > m$，这与 m 是 X 的极大元矛盾。证毕。

命题A-16 设有交换图：

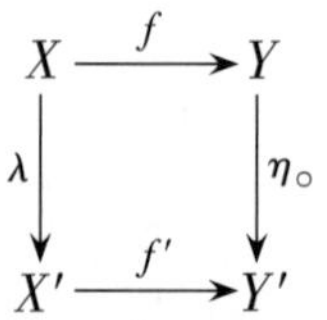

$$\begin{array}{ccc} X & \xrightarrow{f} & Y \\ \lambda \downarrow & & \downarrow \eta \\ X' & \xrightarrow{f'} & Y' \end{array}$$

若 λ 满，则

$$\operatorname{Im} f' = \eta(\operatorname{Im} f)。$$

证明 $\operatorname{Im} f' = f'(X') = f'(\lambda(X)) = \eta(f(X)) = \eta(\operatorname{Im} f)$。证毕。

附录B　代数基础

下面用 $k[x]$ 表示域 k 上的一元多项式环，用 $k[x_1,\cdots,x_n]$ 表示域 k 上的 n 元多项式环。

命题B-1　设 $p(x)\in k[x]$ 是次数大于0的多项式，则下列命题等价。

（1）$p(x)$ 不可约；

（2）对于任意 $f(x)\in k[x]$，有 $\left(p(x),\ f(x)\right)=1$ 或 $p(x)\mid f(x)$；

（3）$p(x)\mid f(x)g(x)\Rightarrow$（$p(x)\mid f(x)$ 或 $p(x)\mid g(x)$）；

（4）$p(x)$ 不能分解成两个次数比 $p(x)$ 低的多项式的乘积。

命题B-2　设 f，g，$h\in k[x]$，则 $\left.\begin{array}{l} f(x)\mid g(x)h(x) \\ \left(f(x),\ g(x)\right)=1 \end{array}\right\}\Rightarrow f(x)\mid h(x)$。

命题B-2′　设 a，b，$c\in Z$，则 $\left.\begin{array}{l} a\mid bc \\ (a,\ b)=1 \end{array}\right\}\Rightarrow a\mid c$。

命题B-3　对于 f，$g\in k[x]$，存在 u，$v\in k[x]$，使得

$$u(x)f(x)+v(x)g(x)=\left(f(x),\ g(x)\right)。$$

命题B-3′　对于 a，$b\in Z$，存在 u，$v\in Z$，使得

$$ua+vb=(a,\ b)。$$

命题B-4　f，$g\in k[x]$ 互素的充分必要条件是：存在 u，$v\in k[x]$，使得

$$u(x)f(x)+v(x)g(x)=1。$$

命题B-4′　整数 a，b 互素的充分必要条件是：存在整数 u，v，使得

$$ua+vb=1。$$

命题B-5　$k[x]$ 中任意两个多项式都有最小公倍式，且在相伴的意义下是唯一的。若 $f(x)$ 与 $g(x)$ 的首项系数为1，则有 $\left[f(x),\ g(x)\right]=\dfrac{f(x)g(x)}{\left(f(x),\ g(x)\right)}$。

命题B-5′　若 $a>0$，$b>0$，则有 $[a,\ b]=\dfrac{ab}{(a,\ b)}$。

命题B-6　在 Z 中，有以下两种情况。

（1）$\left[a,\ (b,\ c)\right]=\left([a,\ b],\ [a,\ c]\right)$；

（2）$\left(a,\ [b,\ c]\right)=\left[(a,\ b),\ (a,\ c)\right]$。

定理B-1　唯一分解定理　任一次数大于0的多项式 $f(x)\in k[x]$ 有分解式：

$$f(x)=p_1(x)\cdots p_n(x),$$

其中，$p_1(x)$，…，$p_n(x)$是不可约多项式。该分解式在相伴的意义下唯一，即如果$f(x)$有另一分解式：

$$f(x)=q_1(x)\cdots q_m(x),$$

其中，$q_1(x)$，…，$q_m(x)$是不可约多项式，则$n=m$，并且将$q_i(x)$的下标适当改写可使得

$$p_i(x)\sim q_i(x),\ i=1,\ \cdots,\ n。$$

或者任一次数大于0的多项式$f(x)$可唯一分解为

$$f(x)=ap_1^{r_1}(x)\cdots p_s^{r_s}(x)。$$

其中，a是$f(x)$的首项系数，$p_1(x)$，…，$p_s(x)$是两两不等的首一不可约多项式，r_1，…，r_s是正整数。

定理B–1′　算术基本定理　任一大于1的整数a可分解为

$$a=p_1\cdots p_n,$$

其中，p_1，…，p_n是素数。该分解式是唯一的，即如果a有另一分解式：

$$a=q_1\cdots q_m,$$

其中，q_1，…，q_m是素数，则$n=m$，并且将q_i的下标适当改写可使得

$$p_i=q_i,\ i=1,\ \cdots,\ n。$$

或者任一大于1的整数a可唯一分解为

$$a=p_1^{r_1}\cdots p_s^{r_s}。$$

其中，p_1，…，p_s是两两不等的素数，r_1，…，r_s是正整数。

命题B–7　设$f\in k[x]$，$a\in k$，则

$$(x-a)\,|\,f(x)\ \Leftrightarrow\ f(a)=0。$$

命题B–8　设$p(x)$是$k[x]$中次数大于0的多项式，则

$p(x)$是不可约多项式$\Leftrightarrow\big(p(x)\big)$是$k[x]$的素理想。

命题B–8′　设$p>1$，则p是素数$\Leftrightarrow(p)$是Z的素理想。

命题B–9　设$p\in k[x]$，则

$p(x)=0$或$p(x)$是不可约多项式 $\Leftrightarrow$ $\big(p(x)\big)$是$k[x]$的素理想。

命题B–9′　设$p\in Z$，则

$p=0$或p是素数 $\Leftrightarrow$ (p)是Z的素理想。

命题B–10　$k[x]$是主理想整环。

命题B-10′　Z是主理想整环。

命题B-11　设$p\in k[x]$是次数大于0的多项式，则

$$p(x)\text{是不可约多项式} \Leftrightarrow (p(x))\text{是}k[x]\text{的极大理想。}$$

命题B-11′　设$p>1$，则

$$p\text{是素数} \Leftrightarrow (p)\text{是}Z\text{的极大理想。}$$

命题B-12　$k[x_1,\cdots,x_n]$中的任意多项式可写成

$$f(x_1,\cdots,x_n)=c+x_1g_1(x_1,\cdots,x_n)+x_2g_2(x_2,\cdots,x_n)+\cdots+x_ng_n(x_n)\text{。}$$

证明　c是f的常数项。f中所有含x_1的项可写成$x_1g_1(x_1,\cdots,x_n)$。剩下不含x_1的项可写成$x_2g_2(x_2,\cdots,x_n)$，依此进行下去即可得结论。证毕。

命题B-13　在$k[x_1,\cdots,x_n]$中，$(x_1,\cdots,x_n)$ = {常数项为零的多项式}（命题B-12）。

命题B-14　设$m<n$，在$k[x_1,\cdots,x_n]$中有

$$f(0,\cdots,0,x_{m+1},\cdots,x_n)=0 \Leftrightarrow f(x_1,\cdots,x_n)\in(x_1,\cdots,x_m)\text{。}$$

证明　根据命题B-12有

$$f(x_1,\cdots,x_n)=c+x_1g_1(x_1,\cdots,x_n)+x_2g_2(x_2,\cdots,x_n)+\cdots+x_ng_n(x_n),$$

则

$$\begin{aligned}f(0,\cdots,0,x_{m+1},\cdots,x_n)=0&\Leftrightarrow c+x_{m+1}g_{m+1}(x_{m+1},\cdots,x_n)+\cdots+x_ng_n(x_n)=0\\&\Leftrightarrow f(x_1,\cdots,x_n)=x_1g_1(x_1,\cdots,x_n)+\cdots+x_mg_m(x_m,\cdots,x_n)\\&\Leftrightarrow f(x_1,\cdots,x_n)\in(x_1,\cdots,x_m)\text{。}\end{aligned}$$

证毕。

命题B-15　设$p_1,\cdots,p_r$是素数，$n>0$，$x>1$，则$p_1\cdots p_r|x^n \Rightarrow p_1\cdots p_r|x$。

证明　由定理B-1′（算术基本定理），$x=q_1^{r_1}\cdots q_s^{r_s}$，其中$q_1,\cdots,q_s$是素数，则有

$$p_1\cdots p_r\big|q_1^{nr_1}\cdots q_s^{nr_s},$$

表明$q_1,\cdots,q_s$中有与$p_1,\cdots,p_r$重合的部分，因此有$p_1\cdots p_r\big|q_1^{r_1}\cdots q_s^{r_s}$，即$p_1\cdots p_r|x$。证毕。

命题B-16　设r，s互素，如果$s|r^n$，那么$s=\pm1$。

证明　假设$s\neq\pm1$。由于r，s互素，由命题B-2′可得$s|r^{n-1}$，继续下去得到$s|r$，因而r，s的最大公因子是$|s|\neq1$，这与r，s互素矛盾。证毕。

命题B-17　设f: $A\to B$是同态，则f是单同态$\Leftrightarrow \ker f=0 \Leftrightarrow \ker f\subseteq\{0\}$。

命题B-18 设V'是有限维线性空间V的线性子空间，则

$$\dim(V/V')=\dim V-\dim V'\text{。}$$

命题B-19 设V和V'都是域k上的有限维线性空间，则

$$\dim_k(V\otimes_k V')=\dim_k(V)\cdot\dim_k(V')\text{。}$$

命题B-20 有限维线性空间同构的充分必要条件是维数相等。

命题B-21 设k是域，则$\dim(k^n)=n$。

命题B-22 设V和V'都是域k上的线性空间，$f\in\mathrm{Hom}_k(V,\ V')$，则

$$V/\ker f\cong\mathrm{Im}f\text{。}$$

命题B-23 设V和V'都是域k上的线性空间，且V是有限维的，$f\in\mathrm{Hom}_k(V,\ V')$，则$\ker f$和$\mathrm{Im}f$都是有限维的，且有

$$\dim\ker f+\dim\mathrm{Im}f=\dim V\text{。}$$

命题B-24 设V和V'都是域k上的线性空间，且V是有限维的，$f\in\mathrm{Hom}_k(V,\ V')$。如果$f$是满射，则$\dim V\geqslant\dim V'$。

命题B-25 设W是有限维线性空间V的子空间，则有以下两种情况。

（1）$\dim W\leqslant\dim V$。

（2）$\dim W=\dim V\Leftrightarrow W=V$。

命题B-26 设V和V'都是域k上的n维线性空间，$f\in\mathrm{Hom}_k(V,\ V')$，则

$$f\text{ 是单射}\quad\Leftrightarrow\quad f\text{ 是满射。}$$

证明 由命题B-17和命题B-23可得

$$f\text{ 是单射}\Leftrightarrow\ker f=0\Leftrightarrow\dim\mathrm{Im}f=\dim V=\dim V'\text{，}$$

根据命题B-25，可得

$$\text{上式}\Leftrightarrow\mathrm{Im}f=V'\Leftrightarrow f\text{ 是满射。}$$

证毕。

命题B-27 设$\dim V=n$，则V中任意n个线性无关的向量都是V的一个基。

命题B-28 在n维线性空间中，任意$n+1$个向量都线性相关。

命题B-29 n维线性空间存在$n-1$维子空间。

命题B-30 设E是交换加法群G的子群。若$x\in G$，$y\in G\backslash E$，则$x+y\in G\backslash E$。

证明 如果$x+y\in E$，则$y=(x+y)-x\in E$，矛盾。证毕。

命题B-31 设E_i（$i\in I$）是交换加法群G的子群，则$\bigcap_{i\in I}E_i$也是G的子群。

证明 设x，$y\in\bigcap_{i\in I}E_i$，则对于$\forall i\in I$，有x，$y\in E_i$，因而$x-y\in E_i$，于是

$x-y\in\bigcap_{i\in I}E_i$，表明$\bigcap_{i\in I}E_i$是$G$的子群。证毕。

命题B-32　设E_i（$i\in I$）与E是交换加法群G的子集，则

$$\bigcup_{i\in I}(E_i+E)=\left(\bigcup_{i\in I}E_i\right)+E，\quad \bigcap_{i\in I}(E_i+E)=\left(\bigcap_{i\in I}E_i\right)+E。$$

证明　$x\in\bigcup_{i\in I}(E_i+E)\Leftrightarrow(\exists i\in I，\ x\in E_i+E)\Leftrightarrow(\exists i\in I，\ \exists y\in E，\ x-y\in E_i)$

$$\Leftrightarrow\left(\exists y\in E，\ x-y\in\bigcup_{i\in I}E_i\right)\Leftrightarrow x\in\left(\bigcup_{i\in I}E_i\right)+E，$$

即$\bigcup_{i\in I}(E_i+E)=\left(\bigcup_{i\in I}E_i\right)+E$。同理可得，$\bigcap_{i\in I}(E_i+E)=\left(\bigcap_{i\in I}E_i\right)+E$。证毕。

命题B-33　若p是素数，则Z_p是域。

命题B-34　在Z_m中，当且仅当a与m互素时，$\bar{a}$是可逆元。

命题B-35　设R是有单位元的环，则R的零因子不是可逆元。或者设R是有单位元的环，则R的可逆元不是零因子。

命题B-36　在Z_m中，若a与m不互素，则$\bar{a}$是零因子。或者在Z_m中，若$\bar{a}$不是零因子，则a与m互素。

定义B-1　平凡因子　可逆元与a的相伴元称为a的平凡因子。

定义B-2　可约　在整环中，设$a\neq 0$是不可逆元。如果a只有平凡因子，那么称a是不可约元；否则，即a有非平凡因子，则称a是可约元。

命题B-37　在整环中，$a\neq 0$是不可逆元，则有

$$a\text{可约}\Leftrightarrow(\text{有分解式}\ a=bc，\text{其中}\ b,c\ \text{都不可逆})。$$

命题B-38　在整环中，$a\neq 0$是不可逆元，则有

$$a\text{不可约}\Leftrightarrow(\text{若}\ a=bc，\text{则}\ b\ \text{可逆或}\ c\ \text{可逆})。$$

命题B-39　极小多项式（minimal polynomial）　设R是域K的一个扩环，$u\in R$是K上代数元，f是$K[x]$中以u为根的非零首一多项式，则下列条件等价。

（1）f是$K[x]$中以u为根的次数最低的首一多项式。

（2）f是$K[x]$中的不可约多项式。

（3）对$K[x]$中任意非零多项式g有$g(u)=0\Leftrightarrow f|g$。

满足上述等价条件的$f\in K[x]$称为u在K上的极小多项式。显然极小多项式次数不小于1。

命题B-40　设F是一个域，R是F的一个扩环，且R是整环，$\alpha\in R$，$\beta\in F$。若$m(x)$是α在F上的极小多项式，则$\beta^n m\left(\dfrac{x}{\beta}\right)$是$\alpha\beta$在$F$上的极小多项式，这里$n$是$m(x)$的次数。

证明 显然 $\beta^n m\left(\dfrac{x}{\beta}\right)$ 是 F 上以 $\alpha\beta$ 为根的首一多项式。如果有 F 上次数为 $k<n$ 的以 $\alpha\beta$ 为根的多项式 $f(x)$，那么 $f(\beta x)$ 是 F 上以 α 为根的多项式，与 $m(x)$ 是 α 在 F 上的极小多项式矛盾。所以 $\beta^n m\left(\dfrac{x}{\beta}\right)$ 是 $\alpha\beta$ 在 F 上的极小多项式。证毕。

命题B-41 代数闭域（algebraically closed field） 在域 F 上，下列条件等价。

（1）每个非常数多项式 $f\in F[x]$ 在 F 中有根。

（2）每个非常数多项式 $f\in F[x]$ 在 F 上分裂。

（3）$F[x]$ 中每个既约多项式的次数为1。

（4）除 F 外不存在 F 的代数扩域。

（5）存在 F 的子域 K，使得 F 在 K 上是代数的，$K[x]$ 中每个多项式在 $K[x]$ 中分裂。

称满足上述等价条件的域 F 为代数闭域。

定义B-3 代数闭包（algebraic closure） 设 K/F 是域扩张（$K\supseteq F$），那么

$$\mathrm{Cl}_K(F)=\{\alpha\in K|\alpha\text{是}F\text{上的代数元}\}$$

是 K 的一个子域，称 F 为在 K 中的代数闭包。

定义B-4 代数闭包 设 K 是 F 的代数扩域，如果 K 是代数闭域，则称 K 是 F 的代数闭包。

命题B-42 设 K/F 是域扩张（$K\supseteq F$）。如果 K 是代数闭域，那么 $\mathrm{Cl}_K(F)$ 是代数闭域，从而 $\mathrm{Cl}_K(F)$ 就是定义B-4中 F 的代数闭包。

命题B-43 Vieta公式 若

$$f(x)=x^n+a_{n-1}x^{n-1}+\cdots+a_1x+a_0=(x-c_1)\cdots(x-c_n),$$

则

$$a_{n-1}=-(c_1+\cdots+c_n),$$

$$a_{n-2}=\sum_{1\leqslant i<j\leqslant n}c_ic_j,$$

$$\cdots,$$

$$a_{n-k}=(-1)^k\sum_{1\leqslant i_1<\cdots<i_k\leqslant n}c_{i_1}\cdots c_{i_k},$$

$$\cdots,$$

$$a_0=(-1)^n c_1\cdots c_n\text{。}$$

命题B-44 每个域 K 都有代数闭包，K 的任意两个代数闭包是 K-同构的。

命题B-45 设域 $E\supseteq F$，域 $E'\supseteq F'$，有域同构：

$$\sigma: F \to F',$$

$\alpha \in E$ 是 F 上的一个代数元，它在 F 上的极小多项式为

$$m(x) = x^r + a_{r-1}x^{r-1} + \cdots + a_1 x + a_0 \in F[x]。$$

记

$$m^\sigma(x) = x^r + \sigma(a_{r-1})x^{r-1} + \cdots + \sigma(a_1)x + \sigma(a_0) \in F'[x],$$

则

$$\sigma\text{能开拓成 } F(\alpha) \to E' \text{ 的单的环同态} \Leftrightarrow m^\sigma(x) \text{ 在 } E' \text{ 中有根},$$

此时有

$$\text{开拓的数目} = m^\sigma(x) \text{ 在} E'\text{中不同的根的数目。}$$

命题 B-46 设 $E \supseteq F$，$E' \supseteq F'$ 都是域，且 E' 是代数闭域，有域同构 $\sigma: F \to F'$。若 $\alpha \in E$ 是 F 上的一个代数元，那么 σ 能开拓成 $F(\alpha) \to E'$ 的单的环同态。

命题 B-47 设 R 是整环，则

$$\{R[x]\text{中可逆元}\} = \{f(x) = a \mid a\text{是}R\text{中可逆元}\},$$

$$\{R[x]\text{中不可逆元}\} = \{f(x) = a \mid a\text{是}R\text{中不可逆元}\} \cup \{f(x) \in R[x] \mid \deg f(x) > 0\}。$$

命题 B-48 设 F 是域，则

$$\{F[x]\text{中可逆元}\} = F \backslash \{0\},$$

$$\{F[x]\text{中不可逆元}\} = \{f(x) = 0\} \cup \{f(x) \in F[x] \mid \deg f(x) > 0\}。$$

定义 B-5 合成群列 群 G 的一个递降子群列：

$$G = G_0 \rhd G_1 \rhd \cdots \rhd G_r = \{e\}$$

称为 G 的一个次正规子群列。商群组：

$$G_0/G_1,\ G_1/G_2,\ \cdots,\ G_{r-1}/G_r$$

称为子群列的因子群组，其中含有非单位元的因子群的个数称为子群列长度。如果子群列中无重复项，则它的长度就是 r。如果 G_{i-1}/G_i（$i=1$，…，r）都是单群，则称该子群列是 G 的一个合成群列，它的长度正是 r。

定理 B-2 Jordan-Holder 定理 有限群 G 的任意两个无重复的合成群列有相同的长度，并且其因子群组可用某种方法配对，使得对应的因子群是同构的（注意：这里的配对不必按照群列的顺序）。

定义 B-6 代数相关（algebraically dependent） 设 $K \subseteq F$ 都是域，$S \subseteq F$。若 $\exists$ 正整数 n，$\exists \{s_1, \cdots, s_n\} \subseteq S$，$\exists$ 非零多项式 $g \in K[x_1, \cdots, x_n]$，使得

$$g(s_1, \cdots, s_n)=0,$$

则称 S 在 K 上代数相关，否则称 S 在 K 上代数无关。

命题B-49 线性相关⇒代数相关，代数无关⇒线性无关。

定义B-7 代数元 超越元 设 $K\subseteq F$ 都是域，$a\in F$。若存在非零多项式 $f\in K[x]$，使得 $f(a)=0$，则称 a 是 K 上的代数元，否则称 a 是 K 上的超越元。

定义B-8 代数扩张 对于域扩张 F/K（即 $F\supseteq K$），如果 F 中每个元素都是 K 上的代数元，则称 F/K 是代数扩张，F 是 K 的代数扩域。

命题B-50 设 F 是 K 的扩域，$F=K(X)$，其中 X 是 F 的子集。如果 X 中的元素都是 K 上的代数元，那么 F 是 K 的代数扩域。如果 X 是 K 上代数的，且是有限的，那么 F 是 K 的有限维代数扩域。

定理B-3 设 $E\supseteq F\supseteq K$ 都是域，若 F/K 和 E/F 都是代数扩张，则 E/K 也是代数扩张。

定义B-9 超越基（transcendental basis） 设 F 是 K 的扩域，$S\subseteq F$，如果 S 在 K 上代数无关（命题B-44）且极大（在 F 的所有 K 上代数无关集中，S 对于包含关系是极大的），那么称 S 为 F 在 K 上的超越基。超越基总是存在的。

定理B-4 超越维数 设 F 是 K 的扩域，那么 F 在 K 上的任意两组超越基具有相同的势，称 F 为对 K 的超越维数，记为 $\text{tr.d.}\,F/K$。

定理B-5 设 $E\supseteq F\supseteq K$ 都是域。若 U 是 F 在 K 上的超越基，V 是 E 在 F 上的超越基，那么 $U\cup V$ 是 E 在 K 上的超越基。

定理B-6 设 $E\supseteq F\supseteq K$ 都是域，则

$$\text{tr.d.}E/K=\text{tr.d.}E/F+\text{tr.d.}F/K。$$

附录C 拓扑基础

定义C-1 拓扑 设 X 是一个非空集合，τ 是 X 的一个子集族。如果 τ 满足以下条件，则称 τ 是 X 的一个拓扑，(X,τ) 为一个拓扑空间，τ 中成员为开集。

（1）$\varnothing\in\tau$，$X\in\tau$。

（2）τ 中任意个成员的并集仍在 τ 中。

（3）τ 中有限个成员的交集仍在 τ 中。

定义C-2 离散拓扑 X 的幂集 2^X（由 X 的所有子集组成的集合）是 X 上的一个拓扑，称为 X 上的离散拓扑。

定义C-3 生成子集族 设 X 是一个集合，$\mathcal{B}$是 X 的一个子集族。令

$$\langle\mathcal{B}\rangle=\{U|U\text{是}\mathcal{B}\text{中若干成员的并集}\},$$

其中，“若干”可以是零个、有限个或无限个，称$\langle\mathcal{B}\rangle$为$\mathcal{B}$生成的子集族。

定义 C-4　拓扑基　设$(X,\ \tau)$是一个拓扑空间，$\mathcal{B}\subseteq\tau$是 X 的一个开子集族。如果有

$$\langle\mathcal{B}\rangle=\tau,$$

则称$\mathcal{B}$是拓扑τ的一个拓扑基，或者说$\mathcal{B}$生成拓扑τ。

命题 C-1　$\mathcal{B}$是拓扑空间$(X,\ \tau)$的拓扑基的充分必要条件是：

（1）$\mathcal{B}$中成员是开集；

（2）τ中开集可表示成$\mathcal{B}$中一些成员的并集。

命题 C-2　设 X 是一个集合，$\mathcal{B}$是 X 的一个子集族，则以下两个命题等价。

（1）B_1，$B_2\in\mathcal{B}\Rightarrow B_1\cap B_2\in\langle\mathcal{B}\rangle$。

（2）若 B_1，$B_2\in\mathcal{B}$ 且 $B_1\cap B_2\neq\varnothing$，则对于 $\forall x\in B_1\cap B_2$，存在 $B_x\in\mathcal{B}$，使得 $x\in B_x\subseteq B_1\cap B_2$。

命题 C-3　设 X 是一个集合，$\mathcal{B}$是 X 的一个子集族。$\mathcal{B}$是 X 的一个拓扑基（$\tau=\langle\mathcal{B}\rangle$是 X 上的一个拓扑），当且仅当：

（1）$\bigcup\limits_{B\in\mathcal{B}}B=X$；

（2）若 B_1，$B_2\in\mathcal{B}$ 且 $B_1\cap B_2\neq\varnothing$，则对于 $\forall x\in B_1\cap B_2$，存在 $B\in\mathcal{B}$，使得 $x\in B\subseteq B_1\cap B_2$（等价于 B_1，$B_2\in\mathcal{B}\Rightarrow B_1\cap B_2\in\langle\mathcal{B}\rangle$）。

定义 C-5　邻域　内点　设 X 是拓扑空间，E 是 X 的一个子集，$x\in E$。如果存在开集 U 满足 $x\in U\subseteq E$，则称 E 是 x 的一个邻域，x 是 E 的一个内点。

注（定义 C-5）　有的书中的“邻域”指开邻域。

定义 C-6　邻域基　设$\mathcal{U}_x$是点 x 的一些邻域的集合，若 x 的任一邻域至少包含$\mathcal{U}_x$中的一个邻域，则称$\mathcal{U}_x$是 x 的一个邻域基。

定义 C-7　子空间拓扑　设$(X,\ \tau)$是一个拓扑空间，A 是 X 的一个子集，记

$$\tau_A=\{U\cap A|U\in\tau\},$$

是 A 上的一个拓扑，称为由τ导出的 A 上的子空间拓扑。称$(A,\ \tau_A)$是$(X,\ \tau)$的子空间。

定义 C-8　乘积拓扑　设$(X,\ \tau_X)$和$(Y,\ \tau_Y)$都是拓扑空间。令

$$\mathcal{B}=\{U\times V|U\in\tau_X,\ V\in\tau_Y\},$$

则由$\mathcal{B}$生成的子集族$\tau=\langle\mathcal{B}\rangle$是 $X\times Y$ 的一个拓扑，称为 $X\times Y$ 的乘积拓扑，$(X\times Y,\ \tau)$为$(X,\ \tau_X)$和$(Y,\ \tau_Y)$的乘积空间。

定义 C-9　闭包（closure）　设 E 是拓扑空间 X 的一个子集，E 的闭包定义为

$$\bar{E}=\{x\in X| \text{对 } x \text{ 的任意开邻域 } U,\ U\cap E\neq\varnothing\}。$$

定义 C-10　稠密（dense） 设 X 是拓扑空间，E 是 X 的一个子集。如果 $\bar{E}=X$，则称 E 在 X 中稠密。

命题 C-4 设 U，V 是两个开集，则 $U\cap V=\varnothing\Rightarrow U\cap\bar{V}=\varnothing$。

证明 若有 $x\in U\cap\bar{V}$，由 $x\in U$ 知有 x 的开邻域 $W\subseteq U$。而 $x\in\bar{V}$，根据闭包定义可知，W 与 V 相交，因而 U 与 V 相交，矛盾。证毕。

命题 C-5 设 U，V 是两个非空开集，则 $U\subseteq\bar{V}\Rightarrow U\cap V\neq\varnothing$。

证明 $U\subseteq\bar{V}\Rightarrow U\cap\bar{V}=U\neq\varnothing$，根据命题 C-4 可知，$U\cap\bar{V}\neq\varnothing\Rightarrow U\cap V\neq\varnothing$。证毕。

定义 C-11　分离公理

T_0：任意两个不同点 x，y，或者 x 有开邻域不含 y，或者 y 有开邻域不含 x。

T_1：任意两个不同点 x，y，x 有开邻域不含 y，y 有开邻域不含 x。

T_2（Hausdorff）：任意两个不同点有不相交的开邻域。

T_3：任意一点与不含它的闭集有不相交的开邻域。

T_4：任意两个不相交的闭集有不相交的开邻域。

命题 C-6 X 是 T_1 空间 $\Leftrightarrow X$ 的单点集是闭集 $\Leftrightarrow X$ 的有限子集是闭集。

命题 C-7 $T_2\Rightarrow T_1$。

命题 C-8 $T_3\Leftrightarrow$（任意点 x，任意 x 的开邻域 V，存在 x 的开邻域 U 满足 $\bar{U}\subseteq V$）。

命题 C-9 $T_4\Leftrightarrow$（任意闭集 A，任意 A 的开邻域 V，存在 A 的开邻域 U 满足 $\bar{U}\subseteq V$）。

命题 C-10 记 $X\times X$ 的对角子集 $\Delta=\{(x,\ x)|x\in X\}$。若 Δ 是 $X\times X$ 的闭集，则 X 是 Hausdorff 空间。

证明 任取 x，$y\in X$ 且 $x\neq y$，则 $(x,\ y)\in\Delta^c$，而 Δ^c 是开集，所以存在 $(x,\ y)$ 的开邻域 $N\subseteq\Delta^c$。这里 N 是 $X\times X$ 中的开集，所以写成 $N=\bigcup_\alpha(U_\alpha\times V_\alpha)$，其中 U_α，V_α 是 X 的开集。存在 α 使得 $(x,\ y)\in U_\alpha\times V_\alpha$，$U_\alpha$ 和 V_α 分别是 x 和 y 的开邻域。对于任意 $x'\in U_\alpha$，$y'\in V_\alpha$，有 $(x',\ y')\in U_\alpha\times V_\alpha\subseteq N\subseteq\Delta^c$，所以 $x'\neq y'$，这表明 $U_\alpha\cap V_\alpha=\varnothing$。也就是说 x，y 有不相交开邻域 U_α，V_α。证毕。

定义 C-12　连续映射 设 f: $X\to Y$ 是拓扑空间之间的映射。

（1）设 $x\in X$，若对于 $f(x)$ 的任意邻域 V，$f^{-1}(V)$ 是 x 的邻域，则称 f 在 x 点处连续；若 f 在 X 中任一点处连续，则称 f 在 X 上连续。

（1′）设 $x\in X$，若对于 $f(x)$ 的任意开邻域 V，$f^{-1}(V)$ 是 x 的开邻域，则称 f 在 x 点处连续；若 f 在 X 中任一点处连续，则称 f 在 X 上连续。

（2）设 $x \in X$，若对于 $f(x)$ 的任意邻域 V，存在 x 的邻域 U，使得 $f(U) \subseteq V$，则称 f 在 x 点处连续；若 f 在 X 中任一点处连续，则称 f 在 X 上连续。

（2′）设 $x \in X$，若对于 $f(x)$ 的任意开邻域 V，存在 x 的开邻域 U，使得 $f(U) \subseteq V$，则称 f 在 x 点处连续；若 f 在 X 中任一点处连续，则称 f 在 X 上连续。

（3）若 Y 中任意开集 V 的原像是 X 中开集，则称 f 在 X 上连续。

（4）若 Y 中任意闭集 V 的原像是 X 中闭集，则称 f 在 X 上连续。

命题 C-11　设 f：$X \to \boldsymbol{R}$ 连续，$x \in X$。如果 $f(x) \neq 0$，则存在 x 的开邻域 U，使得在 U 上 f 处处不为零。

证明　记 $y = f(x) \in \boldsymbol{R} \backslash \{0\}$，则有 y 的开邻域 I，使得 $0 \notin I$。根据连续映射定义 C-12（2′）可知，存在 x 的开邻域 U，使得 $f(U) \subseteq I$，即在 U 上 f 处处不为零。证毕。

命题 C-12　设 f：$X \to \boldsymbol{R}$ 连续，则 $U_f = \{x \in X | f(x) \neq 0\}$ 是 X 中的开集。

证明　$\forall x \in U_f$，有 $f(x) \neq 0$，根据命题 C-11 可知，存在 x 的开邻域 U，使得在 U 上 f 处处不为零，即 $U \subseteq U_f$，所以 U_f 是开集。证毕。

引理 C-1　Urysohn 引理　设 X 是 T_4 空间，则对于 X 的任意两个不相交闭集 A，B，存在 X 上的连续函数 f，它在 A，B 上取值分别是 0 和 1。

命题 C-13　连续映射的复合也连续。

命题 C-14　投影映射：

$$p: X \times Y \to X, \ (x, y) \mapsto x$$

是满的连续开映射。

命题 C-15　设 $u \in Y$，则映射 φ_u：$X \to X \times Y$，$x \mapsto (x, u)$ 连续。

命题 C-16　常值映射连续。

命题 C-17　设 $a \in Y$。如果 f：$X \times Y \to Z$ 连续，那么

$$f_a: X \to Z, \ x \mapsto f(x, a)$$

也连续。

命题 C-18　如果 f_i：$X_i \to Y_i$（$i = 1, 2$）连续，那么

$$f: X_1 \times X_2 \to Y_1 \times Y_2, \ (x_1, x_2) \mapsto (f_1(x_1), f_2(x_2))$$

也连续。

命题 C-19　映射 f：$X_1 \times X_2 \to Y$ 在 (x_1, x_2) 处连续的充分必要条件是：对于 $f(x_1, x_2)$ 的任意开邻域 V，存在 x_1 的开邻域 U_1 和 x_2 的开邻域 U_2，使得 $f(U_1 \times U_2) \subseteq V$。

定义 C-13　紧致（compact）　拓扑空间称为紧致的（或紧的），如果它的任意开覆盖有有限子覆盖。

命题 C-20　紧致空间的闭子集也紧致。

命题 C-21 紧致Hausdorff空间满足 T_3，T_4 公理。

定义 C-14 连通（connected） 若拓扑空间 X 不能分解成两个非空不相交开集之并，则称 X 是连通的。

命题 C-22 下列命题等价：

（1） X 连通；

（2） X 不能分解成两个非空不相交闭集之并；

（3） X 既开又闭的子集只有 $\varnothing$ 和 X 。

定义 C-15 商拓扑 设 (X, τ) 是拓扑空间，$\sim$ 是 X 上的一个等价关系，有

$$p: X \to X/\sim,\ x \mapsto [x]$$

是投影映射，其中 $[x]$ 表示 x 的等价类。规定商集 $X/\sim$ 上的子集族：

$$\tilde{\tau} = \left\{U \subseteq X/\sim \mid p^{-1}(U) \in \tau\right\},$$

则 $\tilde{\tau}$ 是 $X/\sim$ 上的一个拓扑，称为 τ 在 $\sim$ 下的商拓扑。称 $(X/\sim, \tilde{\tau})$ 是 (X, τ) 的商空间。

命题 C-23 投影映射 $p: X \to X/\sim$ 是连续映射。

定义 C-16 商映射 设 $f: X \to Y$ 是连续满映射，如果对于 $\forall B \subseteq Y$ 有

$$f^{-1}(B) \text{ 是 } X \text{ 的开集} \ \Rightarrow\ B \text{ 是 } Y \text{ 的开集},$$

则称 f 是商映射。

命题 C-24 投影映射 $p: X \to X/\sim$ 是商映射。

命题 C-25 设 $f: X \to Y$，$g: Y \to Z$，如果 f 是商映射，则

$$g \text{ 连续} \ \Leftrightarrow\ g \circ f \text{ 连续}。$$

命题 C-26 设 X 和 X' 上分别有等价关系 $\sim$ 和 $\sim'$，$f: X \to X'$ 是连续映射，且保持等价关系，即对于 $\forall x_1, x_2 \in X$ 有

$$x_1 \sim x_2 \ \Rightarrow\ f(x_1) \sim' f(x_2),$$

那么存在连续映射（$[\cdot]$ 和 $[\cdot]'$ 分别表示 $\sim$ 和 $\sim'$ 的等价类）：

$$f_*: X/\sim \to X'/\sim',\ [x] \mapsto [f(x)]'。$$

有（ p 和 p' 是投影映射）

$$p' \circ f = f_* \circ p,$$

即有交换图：

$$\begin{array}{ccc} X & \xrightarrow{f} & X' \\ \downarrow p & & \downarrow p' \\ X/\sim & \xrightarrow{f_*} & X'/\sim' \end{array}。$$

证明　由于 f 保持等价关系，所以 f_* 的定义是合理的。对于 $\forall x \in X$ 有

$$f_*\big(p(x)\big) = f_*([x]) = \big[f(x)\big]' = p'\big(f(x)\big),$$

即

$$f_* \circ p = p' \circ f。$$

p' 连续（命题C-23），由命题C-13知 $p' \circ f$ 连续，即 $f_* \circ p$ 连续。p 是商映射（命题C-24），由命题C-25知 f_* 连续。证毕。